SketchUp Pro 2022环艺设计

中文全彩铂金版案例教程

周敏 刘静 段培 主编

中国青年出版社

图书在版编目(CIP)数据

SketchUp Pro 2022环艺设计中文全彩铂金版案例教程/周敏，刘静，段培主编. 一北京：中国青年出版社，2023.5
ISBN 978-7-5153-6891-7

I.①S… II.①周… ②刘… ③段… III. ①建筑设计—计算机辅助设计—应用软件—高等学校—教材 IV. ①TU201.4

中国版本图书馆CIP数据核字(2022)第257337号

策划编辑：张鹏
执行编辑：张沣
责任编辑：张君娜
封面设计：乌兰

SketchUp Pro 2022环艺设计中文全彩铂金版案例教程
主　编：周敏 刘静 段培

出版发行：中国青年出版社
地　址：北京市东城区东四十二条21号
网　址：www.cyp.com.cn
电　话：(010)59231565
传　真：(010)59231381
企　划：北京中青雄狮数码传媒科技有限公司
印　刷：河北景丰印刷有限公司
开　本：787 x 1092 1/16
印　张：13
字　数：403千字
版　次：2023年5月北京第1版
印　次：2023年5月第1次印刷
书　号：ISBN 978-7-5153-6891-7
定　价：69.90元(附赠超值资料，含语音视频教学+案例素材文件+PPT课件+海量实用资源)

本书如有印装质量等问题，请与本社联系　电话：(010)59231565
读者来信：reader@cypmedia.com　投稿邮箱：author@cypmedia.com
如有其他问题请访问我们的网站：http://www.cypmedia.com

前言

首先，感谢您选择并阅读本书。

软件简介

SketchUp中文名“草图大师”，是一套直接面向设计方案创作过程的设计工具，其创作过程不仅能够充分表达设计师的思想，而且完全满足与客户即时交流的需要，使得设计师可以直接在计算机上进行十分直观的构思，是三维环艺设计方案创作的优秀工具。

SketchUp是一个极受欢迎并且易于使用的3D设计软件，官方网站将其比喻为电子设计中的“铅笔”，主要特点就是使用简便，人人都可以快速上手。用户可以将使用SketchUp创建的3D模型直接输出至Google Earth里，非常便捷！

内容提要

本书以理论知识结合实际案例操作的方式编写，以最新版的SketchUp 2022作为写作基础，分为基础知识和综合案例两个部分。

基础知识篇共6章，对SketchUp软件的基础知识和功能应用进行了全面介绍，按照逐渐深入的学习顺序，从易到难、循序渐进地对软件的功能应用进行讲解。本书的重点、难点主要集中在高级工具的应用，我们将对其进行有针对性、代表性的讲解。在介绍软件各个功能的同时，会根据所介绍功能的重要程度和使用频率，以具体案例的形式，拓展读者的实际操作能力。每章内容学习完成后，还会以“上机实训”的形式对本章所学内容进行综合应用。通过“课后练习”内容设计，使读者对所学知识进行巩固加深。

综合案例篇共3章内容，其中包括12个设计思维拓扑的模型与一整套商业街整体建模与效果设计的学习，通过这些案例的学习，对SketchUp的基础运行逻辑与隐藏特性进行整理，有针对性、代表性和侧重点。通过对这些设计思路的学习，使读者真正达到学以致用的目的。

赠送超值学习资料

为了帮助读者更加直观地学习，本书提供了非常丰富的学习资源，具体如下。

- 全部实例的素材文件和最终效果文件。
- 书中案例实现过程的语音教学视频。
- 海量设计素材。
- 本书PPT电子教学课件。

适用读者群体

本书将呈现给那些迫切希望了解和掌握应用SketchUp软件进行环境艺术效果设计的初学者，也可作为提高用户设计和创新能力的指导，适用读者群体如下。

- 各高等院校及高职高专相关专业的师生。
- 参加各类设计及工程培训的学员。
- 环境艺术效果图制作人员。
- 对SketchUp环境艺术设计感兴趣的读者。

本书在写作过程中力求谨慎，但因时间和精力有限，不足之处在所难免，敬请广大读者批评指正。

编 者

SketchUp Pro 2022

目录

第一部分　基础知识篇

第1章　快速了解SketchUp

第2章　准备工作

Everything
SketchUp...

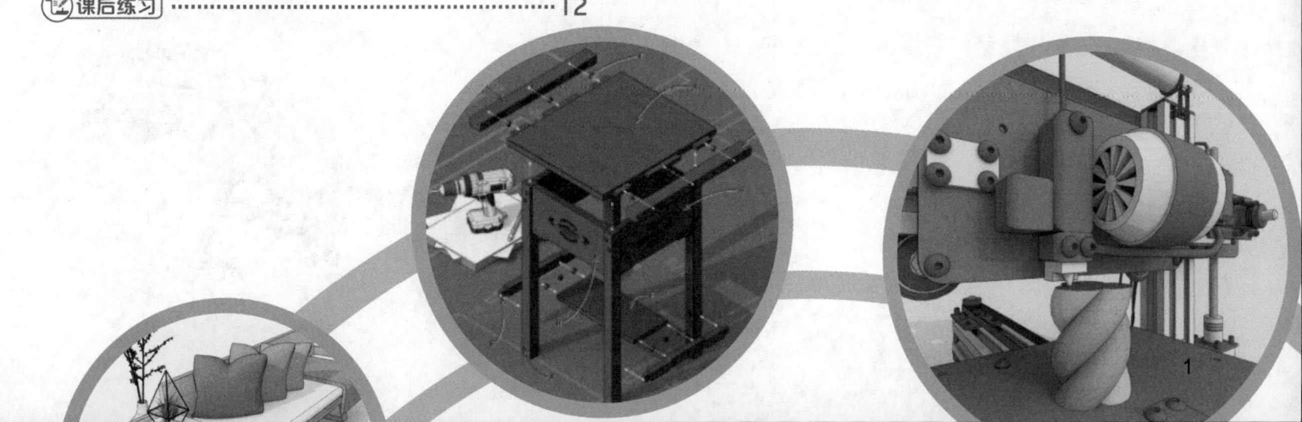

第3章 常用工具

第4章 视图工具

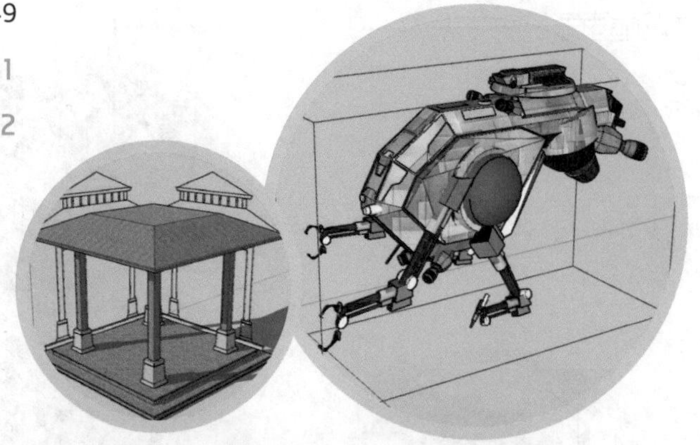

第5章 高级工具

第6章 文件的导入与导出

第二部分　综合案例篇

第7章　设计思路拓扑

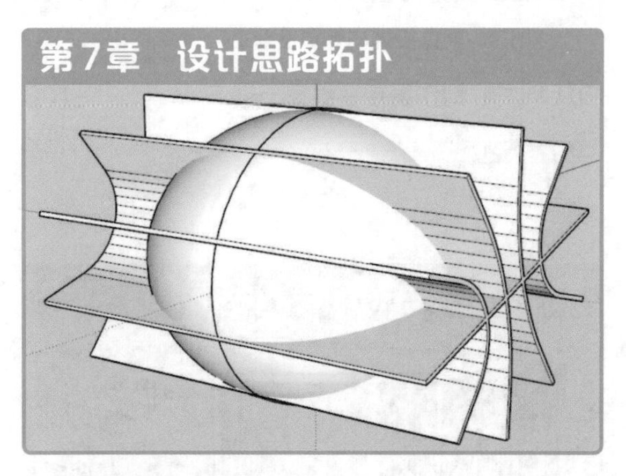

第8章　商业建筑外观效果设计

第9章　商业街整体效果设计

第一部分

基础知识篇

本篇主要对使用SketchUp 2022软件进行环艺设计的基本操作进行详细讲解，包括软件的特点与应用、系统设置、视图控制、基础工具、编辑工具、辅助建模工具、相机工具、文件的导入与导出等。在介绍软件功能的同时，结合丰富的实战案例，让读者全面掌握SketchUp三维建模技术。在高级工具讲解的章节，将难点与重点结合起来，通过对其中难点有针对性、代表性的讲解，帮助读者更高效地学习。

第1章 快速了解SketchUp

本章概述

SketchUp是一套直接面向设计方案创作过程的设计工具，它使得设计师可以直接在计算机上进行十分直观的构思。本章将对SketchUp软件的特点、实际应用以及操作界面进行介绍。

核心知识点

1. 了解SketchUp的设计初衷
2. 了解SketchUp的软件特点
3. 熟悉SketchUp的应用范围
4. 掌握SketchUp的基本操作界面

1.1 认识SketchUp

SketchUp是一款简单易用的3D设计软件，用于草图绘制、3D建模等方面，最早版本的SketchUp由Last Software公司研发。Last Software公司成立于2000年，公司规模不大，因为SketchUp的研发成功而闻名。2006年3月14日Google宣布收购SketchUp 及Last Software公司。而后，谷歌的SketchUp经过1~8的版本迭代更新，已然成为全球最受欢迎的3D建模工具之一，工具覆盖范围也逐渐广泛，给了更多人群一种新的认识。

最新版本的SketchUp 2022目前市场已经逐渐成熟，广泛应用于建筑、园林、室内设计、工业设计等领域，可以轻松实现2D图形和3D模型间的相互转换，完全适应设计师的工作节奏，同时可实现与AutoCAD、3ds Max、Revit等软件的协同办公，大大地提高了使用者的工作效率。SketchUp的开始界面如下图所示。

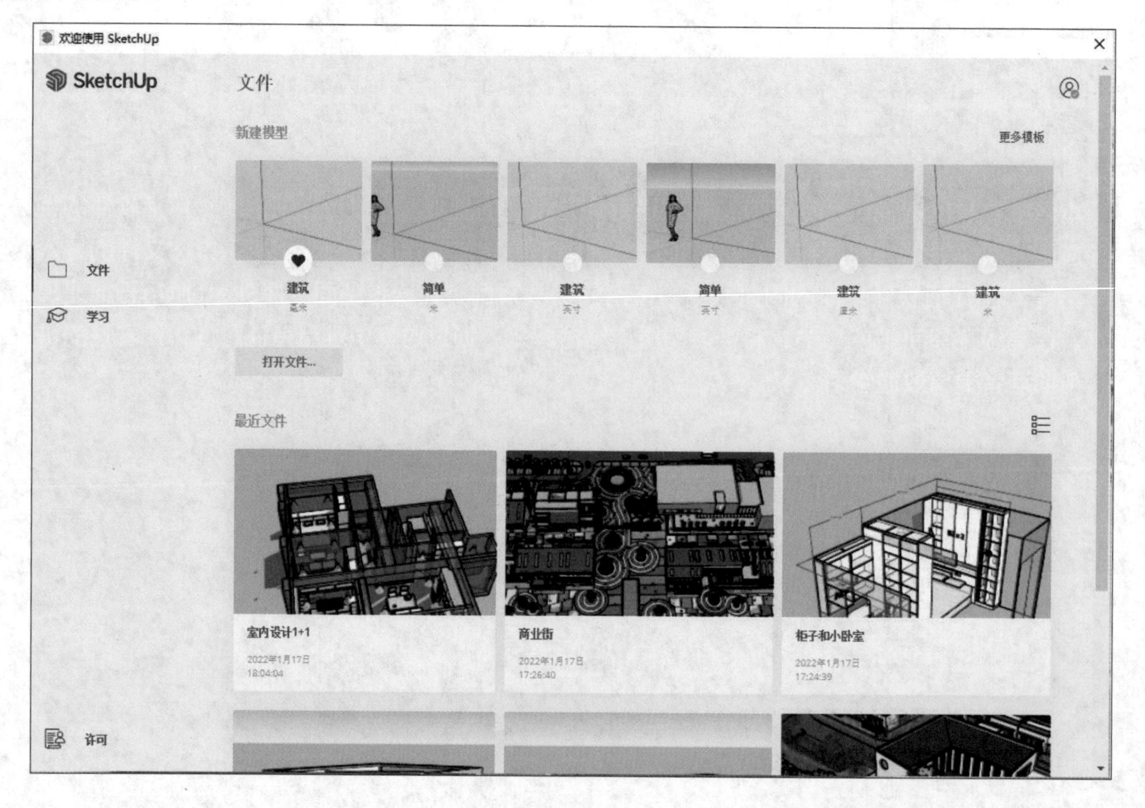

1.1.1 SketchUp软件的特点

SketchUp 2022是一款简单高效的绘图软件，具有界面简洁、易学易用、建模方法独特、直接面向设计过程、材质与贴图使用方便、剖切面功能强大、光影分析直观准确、组与组件方便编辑管理、与其他软件高度兼容等特点，具体如下。

- 独特简洁的界面，可以让设计师轻松掌握。
- 适用范围广，可以应用在建筑、园林、景观、室内以及工业设计等领域。
- 方便的推拉功能，能让设计师通过一个图形就可以迅速生成3D几何体，无须进行复杂的三维建模。
- 快速生成任何位置的剖面，使设计者清楚地了解建筑的内部结构，可以随意生成二维剖面图并快速导入AutoCAD进行处理。
- 与AutoCAD、Revit、3ds Max、Piranesi等软件结合使用，快速导入和导出DWG、DXF、JPG、3DS格式文件，实现方案构思、效果图与施工图绘制的完美结合，同时提供与AutoCAD和ARCHICAD等设计工具兼容的插件。
- 自带大量门、窗、柱、家具等组件库和建筑肌理边线需要的材质库。
- 轻松制作方案演示视频动画，全方位表达设计师的创作思路。
- 具有草稿、线稿、透视、渲染等不同显示模式。
- 准确定位阴影和日照，设计师可以根据建筑物所在地区和时间，实时进行阴影和日照分析。
- 便捷的空间尺寸和文字标注功能，并且标注部分始终面向设计者。

1.1.2 SketchUp软件的实际应用

在使用时，SketchUp提供了一种实质上可以视为“计算机草图”的手段，它吸收了“手绘草图”加“工作模型”两种传统辅助设计手段的特点，切实地使用数字技术辅助方案构思，而不仅仅是把计算机作为表现工具。SketchUp的实际应用具体表现在以下四个方面。

（1）环境模拟

用户可以利用SketchUp快速创建三维建筑环境模型，并在其上推敲设计方案。首先，利用灵活的视图控制和分析工具，从多个角度动态观察环境空间特征，从而触发构思创作灵感；其次，SketchUp丰富的环境素材图库，如人、树、车等，均按对象的实际尺寸建模，保证了配景素材能成为环境尺度的准确参照物。另外，SketchUp可以设定特定城市经纬度和时间下日照阴影效果，还可以形成阴影的演示动画。环艺设计师可以借助SketchUp这些特性随心所欲地在相对准确而真实的模拟环境中进行设计创作构思，决策将更加合理、科学，方案构思更具说服力。

（2）空间分析

利用SketchUp建模后，在虚拟场景中可以从任意角度浏览建筑外观、内部空间以及建筑细部，分析各种空间节点。用户可以自定义虚拟漫游路线，以身临其境的方式观察设计成果的展示，从而获得更逼真生动的空间体验。另外，SketchUp能根据需要方便快捷地生成各种空间分析剖面透视图，甚至可以生成空间剖切动画，表达建筑空间概念以及营造过程。这无疑提供了一种方便快捷而又相对准确的空间分析手段。

（3）形体构思

SketchUp建模操作简单直接，易于修改，完全迎合设计师推敲方案的工作思路，尊重他们的工作习惯。SketchUp配备了视点实时变换功能，可从多角度观察对象，重要的场景可存储为“页面”，方便以后比较抉择。用户还可以以各种比例放大或缩小建筑设计的细部形体以推敲细节，这是传统工作模型无法比拟的。

（4）成果表达

SketchUp直接面向设计构思过程，可以在任何阶段生成各种三维表现成果，提供了高效而低成本的设计表现技术。SketchUp针对方案设计各阶段的表现需要，提供了不同表现形式，分别模拟了方案设计的初期、中期和后期的成果表现。

1.1.3 SketchUp软件的主要应用范围

SketchUp目前主要应用于环艺设计、室内设计、建筑方案设计、城市规划、工业设计、3D打印等诸多领域，在不同的领域中都有其独特之处。

（1）环艺设计

在环艺设计中，SketchUp拥有非常丰富的景观和植物素材，能够快速地搭设出园林的大体效果。基于SketchUp强大的沙盒功能，复杂室外场景下的问题也能够直观解决。下左图为SketchUp在园林效果中的直观体现，下右图为其沙盒工具的便捷搭建。

（2）室内设计

在室内设计中，SketchUp能直观地表现室内效果，其强大的兼容性可以使用多种渲染器直接进行渲染。下左图为SketchUp在室内家装设计中的渲染效果，下右图为SketchUp在商业空间的渲染效果。

（3）建筑方案

在建筑方案中，SketchUp能够快速地进行方案的初期设计，对场地进行初步构造，制作出建筑的大体轮廓，光影和日照分布可以直接设定在某一城市，得到准确的光感效果。下左图为SketchUp中的咖啡馆建筑效果设计，下右图为商场内部的剖切面效果展示。

（4）城市规划

在城市规划设计中，SketchUp可以引导设计师设计城市概念性规划领域，制作宏观的城市空间形态。SketchUp拥有强大的3D建模库，也为城市规划提供了更多的可能。SketchUp的辅助建模与分析功能，拓展了设计师的思维，提高了规划编辑的科学性与合理性。下左图为使用SketchUp进行城市规划的部分场景，下右图来自SketchUp强大的3D建模库。

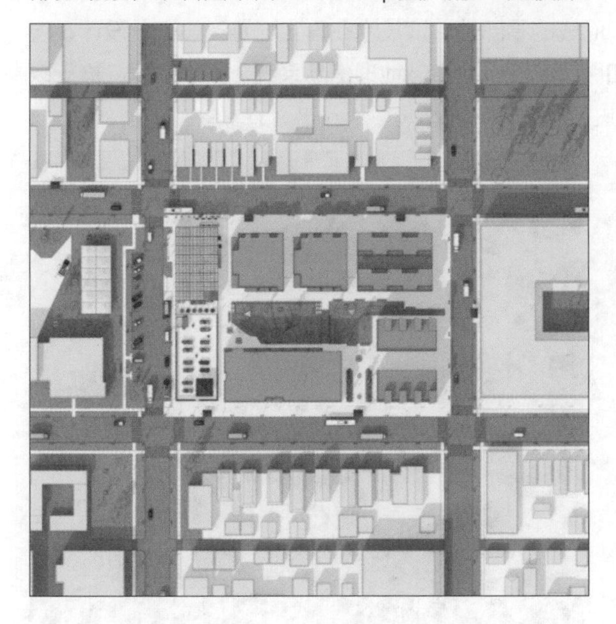

（5）工业设计

SketchUp以上手快、操作简单、能够应对复杂的模型等优势，成为工业设计入门的首选软件，普遍应用于工业设计领域。下左图为使用SketchUp进行沙发设计的效果，下右图为使用SketchUp进行桌子设计的过程。

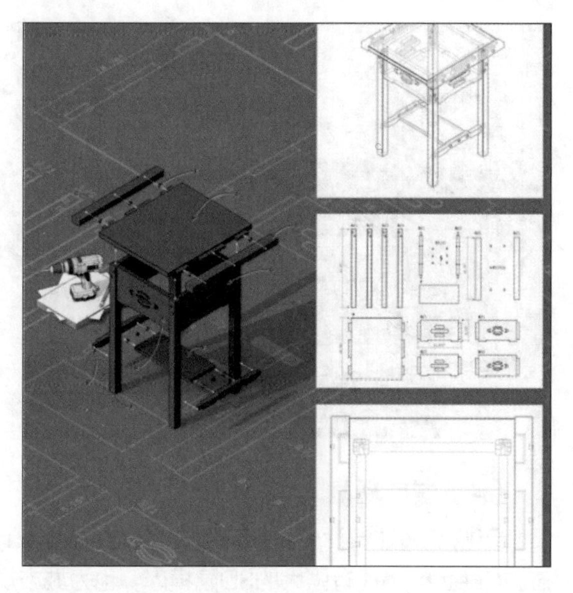

（6）3D打印

在3D打印领域，SketchUp起着重要的作用，最初常应用在模具制造、工业设计等领域，后逐渐用于一些产品的直接制造，现在已经有使用这种技术打印而成的零部件。该技术在珠宝、鞋类、工业设计、建筑、工程和施工（AEC）、汽车、航空航天、牙科和医疗产业、教育、地理信息系统、土木工程、枪支以及其他领域都有所应用，以下两图为使用SketchUp进行3D打印的模拟。

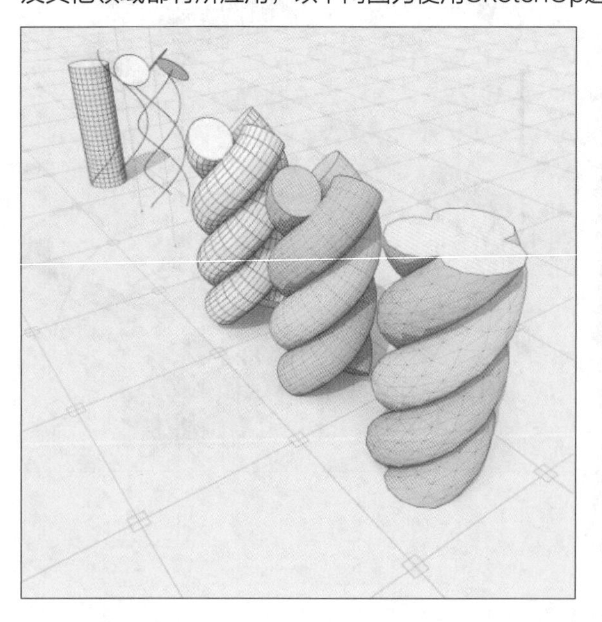

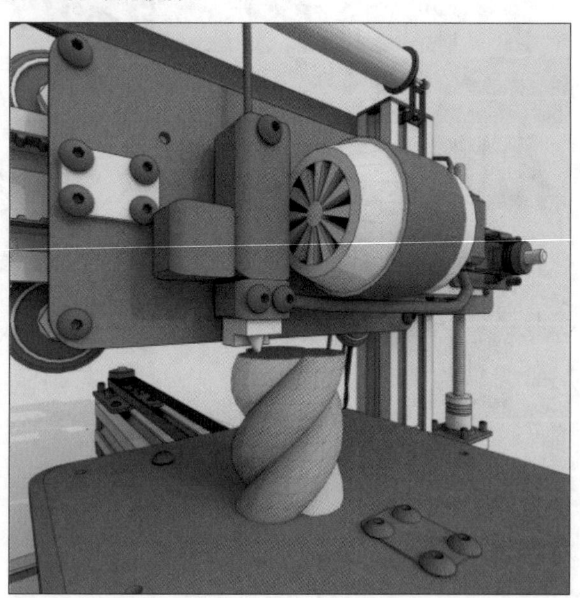

1.2 SketchUp 2022的基本操作界面

SketchUp 2022的设计宗旨是界面简洁、易学易用，其默认工作界面主要由标题栏、菜单栏、工具栏、绘图区、状态栏、数值输入框和默认控制面板等构成，如下图所示。

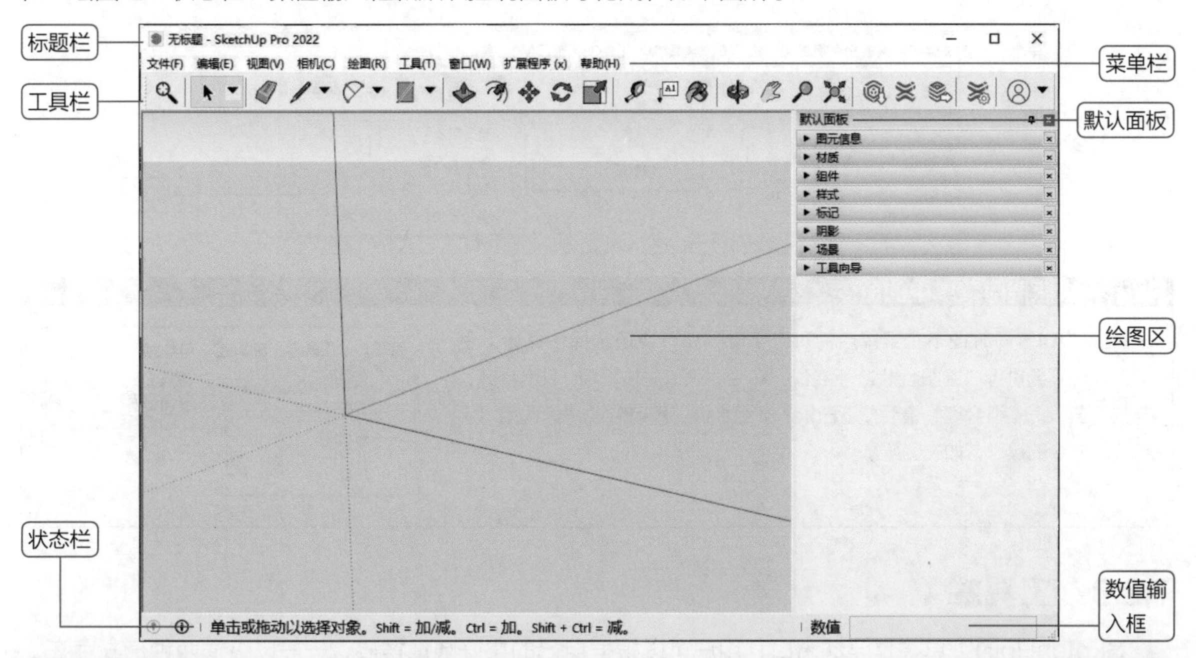

提示：SketchUp的模板选择

为了避免尺寸不同的问题，初学者建议选择“建筑毫米”模板，建筑模板“建筑毫米”同样也是通用的基础模板，如右图所示。熟练掌握软件后，可以通过自定义模板功能来创造最适合自己的模板。

1.2.1 标题栏

标题栏位于绘图窗口的顶部，其左侧从左至右分别为：软件图标、当前文件信息和当前软件版本。标题栏的右侧包含三个常见的控制按钮，即最小化、最大化/向下还原和关闭按钮。用户启动SketchUp后，若当前文件信息显示为“无标题”，系统将显示空白的绘图区，表示用户未保存自己的作业。标题栏的详细信息如下图所示。

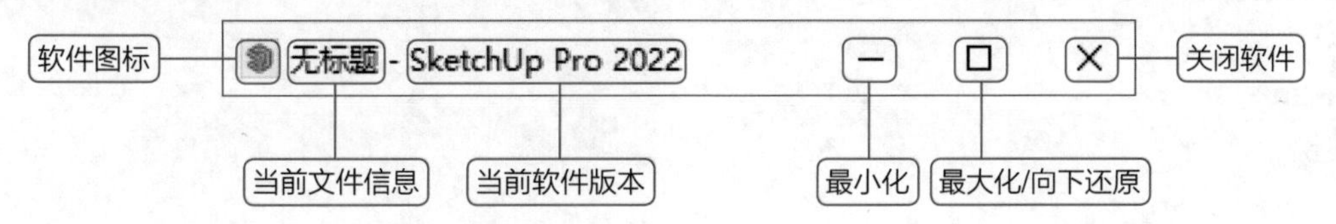

1.2.2 菜单栏

菜单栏位于标题栏的下方，其中拥有SketchUp中的大部分工具、命令与设置，主要由“文件”“编辑”“视图”“相机”“绘图”“工具”“窗口”和“帮助”8个主菜单组成，每个主菜单都可以打开相应的子菜单，如下图所示。

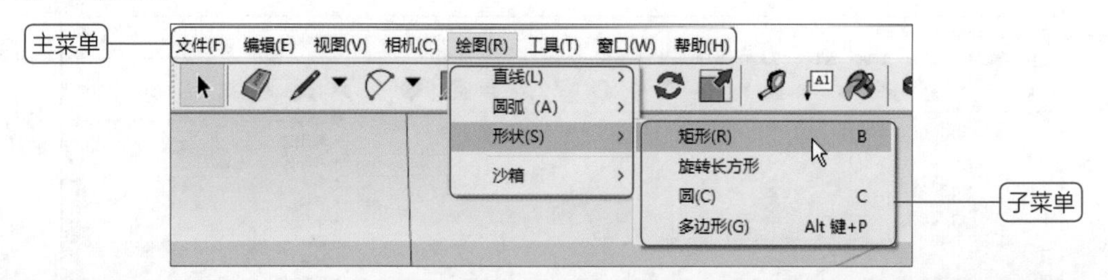

提示：快速调用菜单中的命令

按住Alt键同时按下主菜单后的对应字母，即可快速选择该命令。例如，我们需要执行“绘图>直线>手绘线”命令，则首先按下Alt+R组合键，再按下Enter+L组合键，最后按下Enter+F组合键，即可完成快速调用“手绘线”命令的操作，如右图所示。

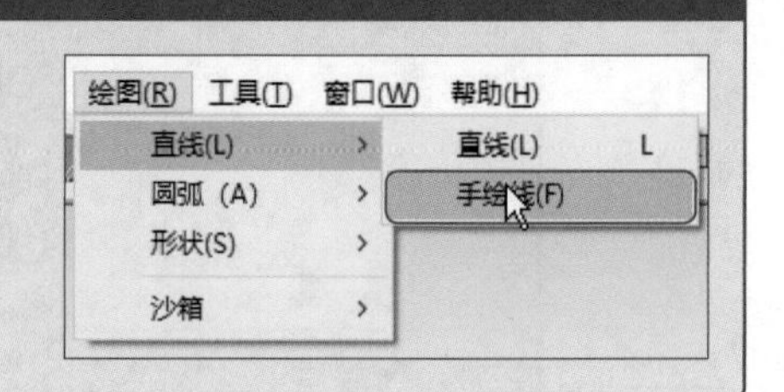

1.2.3 工具栏

SketchUp的工具栏是浮动窗口，用户可以根据自己的喜好随意摆放，一般以纵横两种形式存在。SketchUp 2022默认状态下仅有“使用入门”工具栏，主要包括的是软件入门绘图的基础工具与用户信息，如下图所示。

用户可以在菜单栏中执行“视图>工具栏”命令，在打开的“工具栏”对话框中根据个人绘图需要调出或者关闭某些工具栏，如下左图所示。在“工具栏”对话框的“工具栏”选项卡下勾选“大工具集”复选框，即可看到常用工具集出现在界面左侧，如下右图所示。

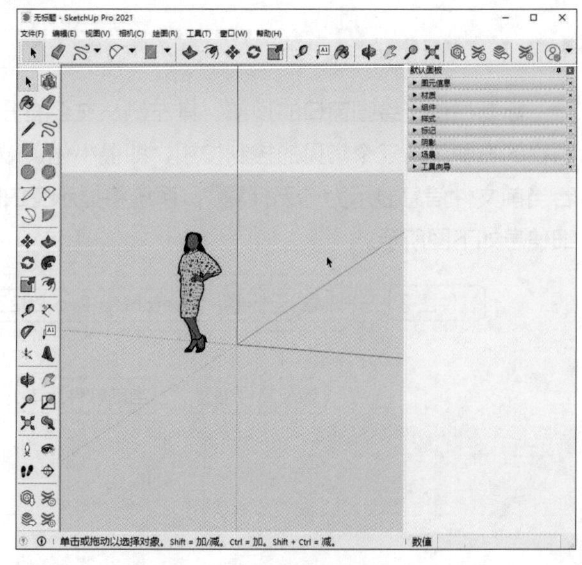

1.2.4 绘图区

绘图区占据了SketchUp工作界面的大部分空间，与Maya、3ds Max等大型三维软件平面、立面、剖面及透视多视口显示方式不同，SketchUp为了界面简洁，仅设置了单视口。用户通过对应的工具按钮或快捷键，可以快速进行各个视图的切换，有效节省了系统显示负荷，SketchUp绘图建模的绘图区如下图所示。

1.2.5 绘图工具

工具栏中包含SketchUp的基础绘图工具，其中包括“擦除”“直线”“圆弧”“形状”4大类工具，其图标如右图所示。

用户可以使用工具栏中的各种工具随意在绘图区绘制，如下两图所示。

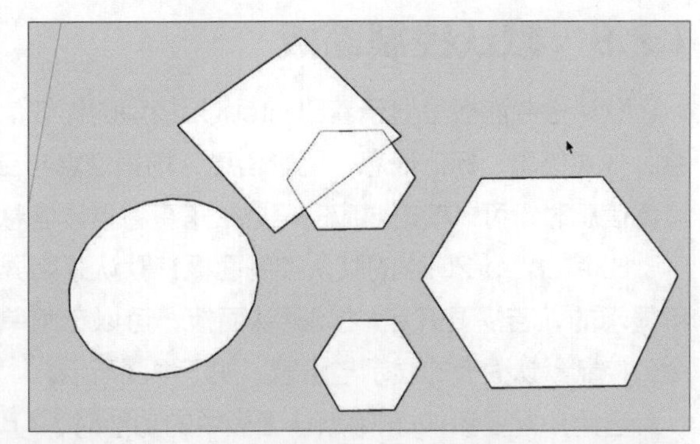

提示：SketchUp基础模型的正反面

在SketchUp的基础模型中，白色代表正面，灰色代表反面。当我们需要调整正反面时，选中需要调整的面，单击鼠标右键，在打开的快捷菜单中选择“反转平面”命令即可，如右图所示。

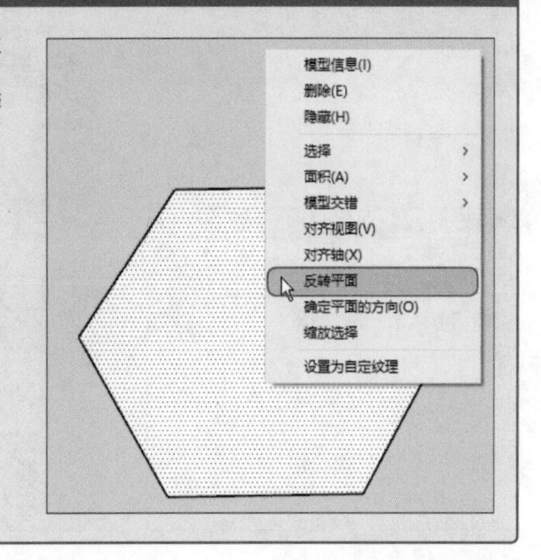

1.2.6 状态栏

SketchUp的状态栏位于界面的左下角，左端是命令提示和SketchUp的状态信息，用于显示当前操作的状态，也会对命令进行描述和操作提示。其中包括地理位置定位与版权信息两个按钮。

状态栏的信息会随着鼠标的移动、操作工具的更换及操作步骤的改变而改变。显示操作工具名称和操作方法，是对命令的描述。当用户在绘图区进行任意操作时，状态栏会出现相应的文字提示，根据这些提示，用户可以更加准确地完成操作，如下图所示。

1.2.7 数值输入框

数值输入框位于状态栏右侧，用于在用户绘制内容时显示尺寸信息。用户也可以在数值输入框中输入数值，以操作当前选中的物体。

在进行精确模型制作时，可以应用键盘在输入框内输入长度、半径、角度、个数等数值，以准确指定所绘图形的大小，右侧左图为随意绘制的矩形，右图为输入半径为500mm绘制的圆。

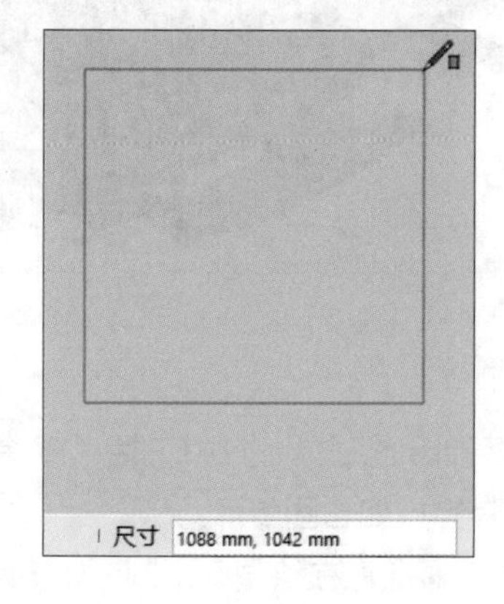

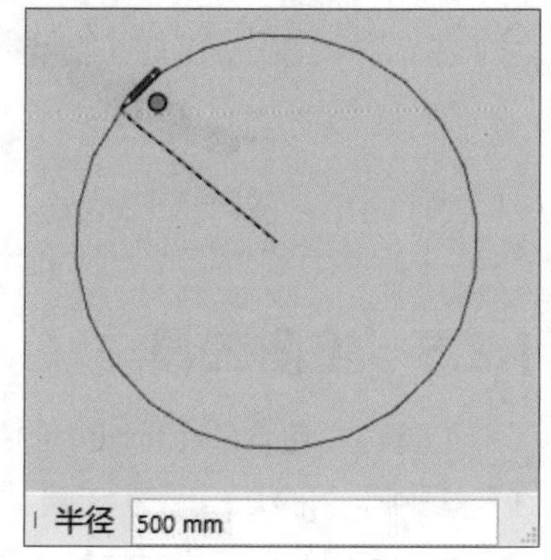

1.2.8 默认控制面板

默认控制面板里显示着SketchUp模型的详细信息，其默认状态下包括图元信息、材质信息、组件信息、样式信息、标记信息、阴影信息、场景信息与工具向导。根据需求，当用户需要查看某一模型的某一具体信息时，可以单击对应的信息栏来查看具体信息，下左图为打开的标记面板。

SketchUp 2022的默认控制面板在默认开始界面下显示在界面的右侧，以前的版本在默认状态下是不显示的，若需要开启/关闭默认面板，可以在菜单栏中执行“窗口>默认面板>隐藏面板/开启面板”命令，控制默认面板的显示与隐藏，如下中图所示。

当用户需要添加/删除默认面板中的功能时，可以通过勾选/取消勾选默认面板中的功能选项，实现添加/删除操作，如下右图所示。

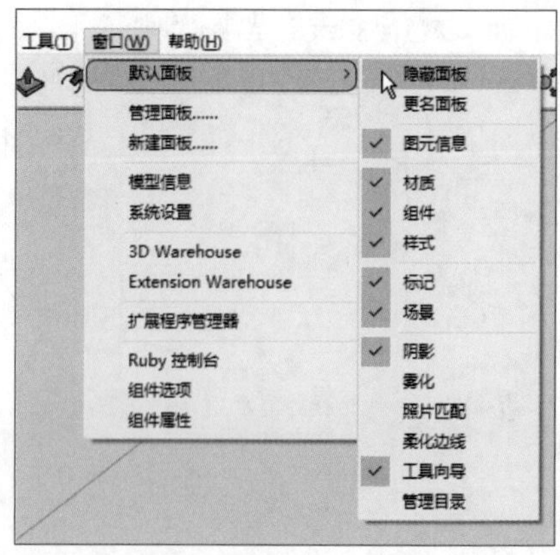

上机实训：自定义绘图背景与天空颜色

扫码看视频

在使用SketchUp进行绘图时，用户可以根据自己的需求与喜好自定义绘图背景、天空与地面颜色，具体操作步骤如下。

步骤 01 打开SketchUp 2022后，查看默认的绘图背景与天空颜色。要想自定义绘图背景与天空颜色，则展开“默认面板”下的“样式”选项区域，切换至“编辑”选项卡，如下左图所示。

步骤 02 单击“背景”右侧的颜色按钮，打开“选择颜色”对话框，设置需要的背景颜色后，单击“好”按钮，如下右图所示。

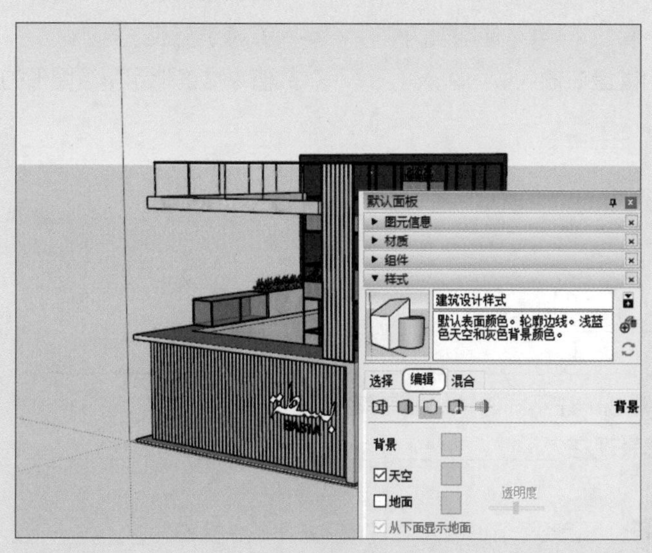

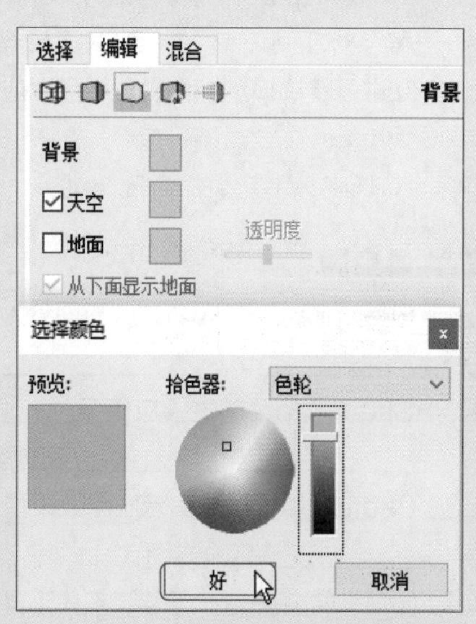

步骤 03 最后单击“天空”右侧的颜色按钮，打开“选择颜色”对话框，设置需要的天空颜色后，单击“好”按钮，如下左图所示。

步骤 04 定义完成后的具体效果，如下右图所示。

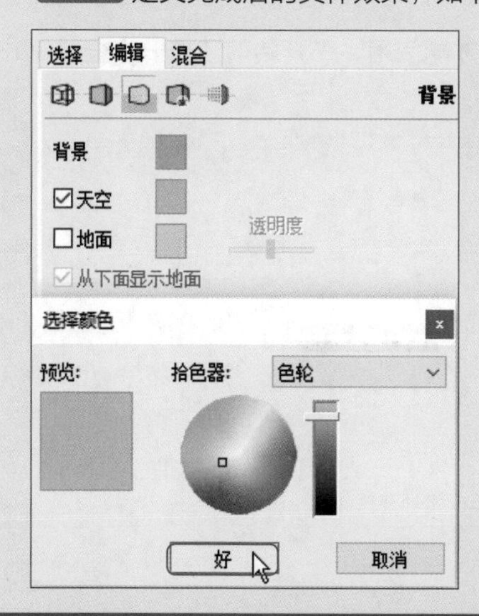

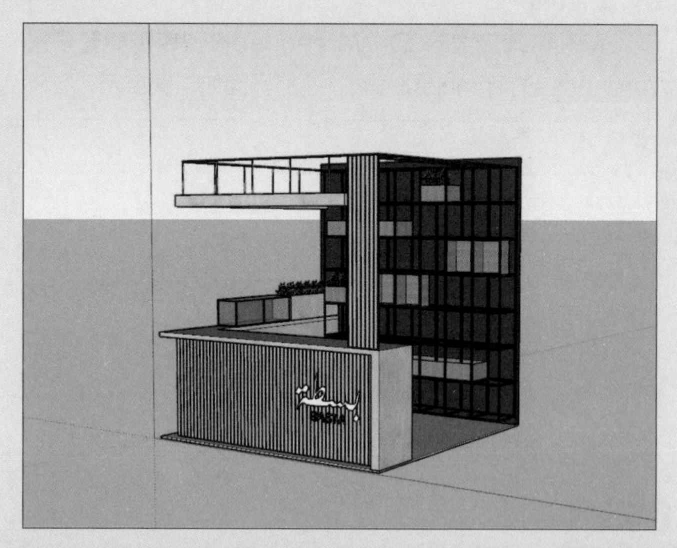

提示：拾色器的分类

拾色器分为色轮、HLS、HSB与RGB四种模式。

课后练习

一、选择题

（1）SketchUp基础模板中最通用的是（　　）模板。

A. 建筑毫米　　B. 木工毫米　　C. 平面图毫米　　D. 精致构造毫米

（2）按住（　　）键同时按下主菜单后的对应字母，即可快速打开对应的菜单。

A. Tab　　B.Alt　　C. 回车　　D. Delete

（3）SketchUp 2022默认状态下仅有（　　）工具栏。

A. 实体工具　　B. 大工具集　　C. 使用入门　　D. 建筑施工

（4）在进行精确模型制作时，不可以应用键盘在输入框内输入（　　）数值来准确指定所绘图形的大小。

A. 长度　　B. 半径　　C. 角度　　D 体积

二、填空题

（1）SketchUp 2022基本操作界面分为＿＿＿＿＿＿、＿＿＿＿＿＿、＿＿＿＿＿＿、＿＿＿＿＿＿、＿＿＿＿＿＿、＿＿＿＿＿＿、＿＿＿＿＿＿七个部分。

（2）SketchUp目前主要应用于＿＿＿＿＿＿、＿＿＿＿＿＿、＿＿＿＿＿＿、＿＿＿＿＿＿、＿＿＿＿＿＿与＿＿＿＿＿＿等诸多领域，在不同的领域都有其独特之处。

（3）SketchUp软件的实际应用效果具体表现在＿＿＿＿＿＿、＿＿＿＿＿＿、＿＿＿＿＿＿、＿＿＿＿＿＿四个方面。

（4）如果需要快速执行“工具>实体工具>拆分”命令，用户需要在键盘上按下的快捷键为＿＿＿＿＿＿、＿＿＿＿＿＿、＿＿＿＿＿＿。

（5）在SketchUp基础建模中＿＿＿＿＿＿色代表正面，＿＿＿＿＿＿色代表反面。

三、上机题

SketchUp庞大的3D Warehouse模型库需要登录账号才能使用，在开始前注册一个登录3D Warehouse的Trimble账号吧，注册界面如下图所示。

操作提示

① 单击工具栏中的按钮，可以快速进入3D Warehouse界面。

② 开启加速器可以避免掉线问题。

第2章 准备工作

本章概述

在正式使用SketchUp前要做好万全准备，本章将总结SketchUp使用前的各种设置，其中包括使用前的系统设置与自定义操作。设置适合自己的绘图系统，将使工作事半功倍。

核心知识点

❶ 了解SketchUp的OpenGL设置
❷ 了解SketchUp的常规设置
❸ 了解SketchUp的辅助功能设置
❹ 掌握自定义SketchUp系统的方法

2.1 常用系统设置

知己知彼，方能战无不胜。了解一个软件的系统设置，才能从根本开始学习软件的功能。用户可以通过执行菜单栏中的“窗口>系统设置”命令来进入系统设置界面，SketchUp的系统设置界面分为OpenGL设置、常规设置、辅助功能设置、工作区设置、绘图设置、兼容性设置、快捷方式设置、模板设置、文件设置与应用程序设置10部分，“SketchUp系统设置”对话框如下图所示。

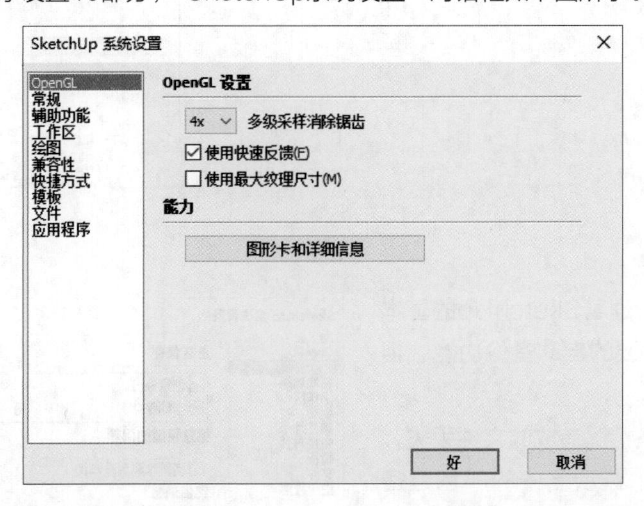

SketchUp的文件设置分为模型、组件、材质、风格、纹理图形、水印图形、导出、分类与模板9个部分。

2.1.1 OpenGL设置

OpenGL即“开放式图形库”，是用于渲染2D、3D矢量图形的跨语言、跨平台的应用程序编程接口（API）。这个接口由近350个不同的函数调用组成，可以绘制从简单平面图形到复杂三维场景图形。而另一种程序接口系统是仅用于Microsoft Windows上的Direct3D。OpenGL常用于CAD、虚拟现实、科学可视化程序和电子游戏开发。

OpenGL主要影响图像显示精度与画面质量，用于调高“多级采样消除锯齿”，从而改善画面显示效果，但对计算机负荷较大，建议在建模时使用默认的4x设置，最后渲染出图时可以设置到16x或者更高，如下页左图所示。建议勾选“使用快速反馈”复选框，勾选后有关OpenGL的问题将第一时间被反馈。“使用最大纹理尺寸”复选框不建议勾选，启动使用最大纹理尺寸后所有贴图会以最大分辨率显示，画面质量将会得到很大的提升，但会极大地增加对计算机的负荷，在大型场景中极易造成卡死，其开启时会有系统提示，如下右图所示。

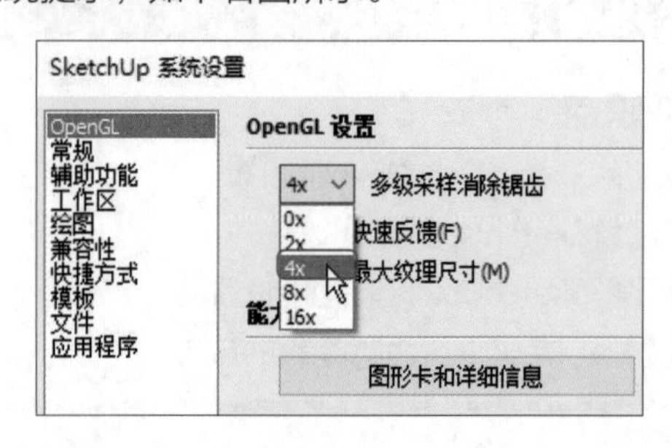

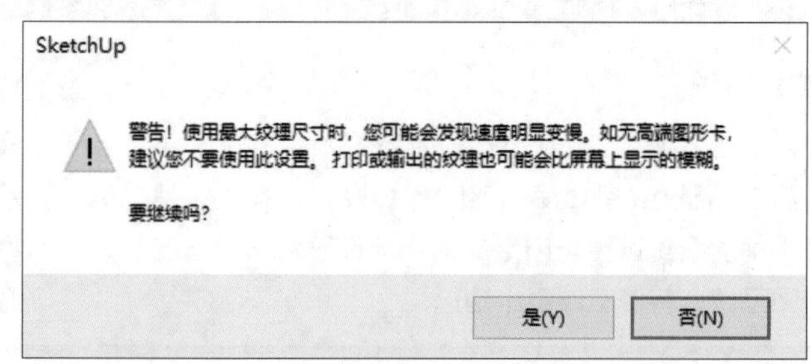

在OpenGL设置中单击“能力”选项区域的“图形卡和详细信息”按钮，即可查看图形卡具体信息与警告，如右图所示。

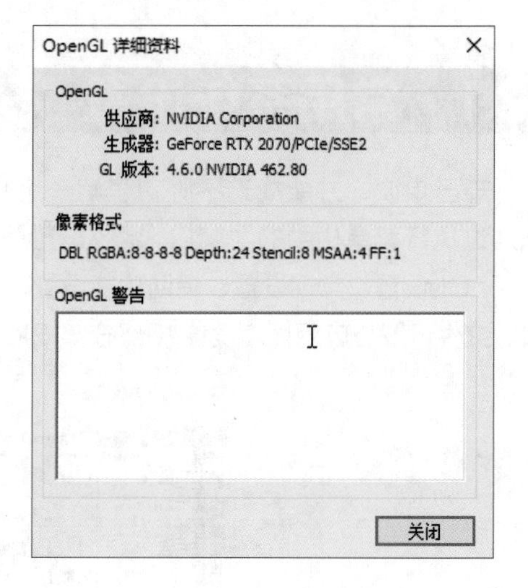

2.1.2 常规设置

“常规”选项面板管理着SketchUp的基本启动情况，有着非常重要的自动备份功能，相关参数设置如右图所示。

为了应对断电等突发情况造成的文件丢失，建议勾选“正在保存”选项区中的“创建备份”与“自动保存”复选框，保存间隔按需求设定。“检查模型的问题”选项区域的“问题修复后通知我”复选框按需求勾选，勾选后模型问题被修复后会收到提示。若勾选“软件更新”选项区域中的“允许检查更新”复选框，在打开SketchUp时会提醒用户是否是最新版本，并提供更新选择。

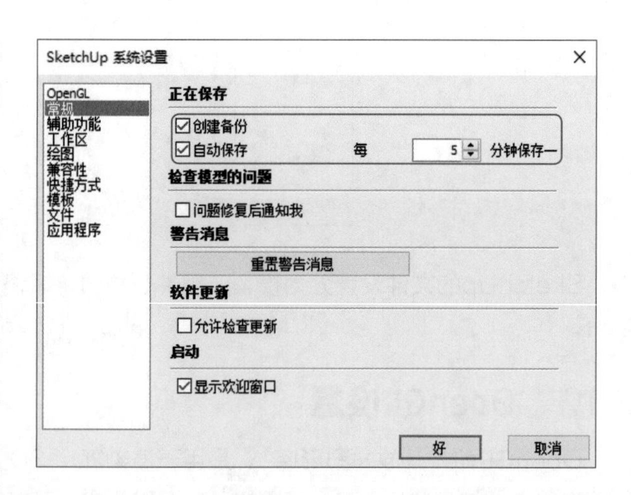

提示：辅助功能设置

辅助功能设置管理着各种辅助线的颜色，SketchUp 2022默认状态下的绘图区中，绿色为X轴，红色为Y轴，蓝色为Z轴，实线为坐标轴正方向，虚线为坐标轴负方向。在辅助功能设置中，用户可以根据自己的喜好任意更改，但是其主要目的是设计给色盲群体，具体信息可以单击轴方向和颜色后的选项，进入SketchUp官网色盲特征界面进行详细查看。

2.2 自定义SketchUp

操作简单是SketchUp软件的亮点之一。与模板软件兼容多种使用场景和用户在功能操作上的烦琐不同，SketchUp软件可以完全按照现有的工作流程和需求快速定义，用户只需具备基本的计算机操作能力，通过简单的使用培训，就能快速掌握系统的使用。

2.2.1 自定义快捷键

SketchUp为一些常用工具设置了默认快捷键，常用绘图工具名称的右侧都有快捷键提示，如下左图所示。用户也可以自定义快捷键，以符合个人使用习惯，操作步骤如下。

步骤 01 单击“窗口”菜单，在弹出的列表中执行“系统设置”命令，如下右图所示。

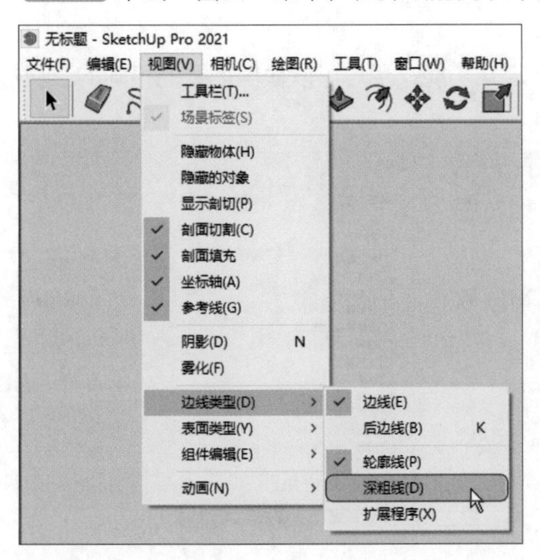

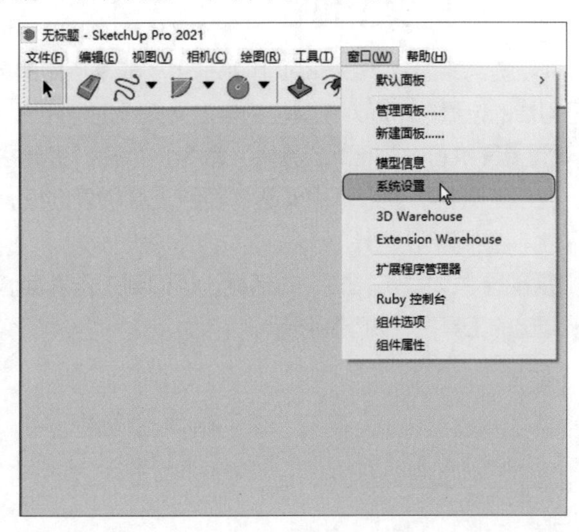

步骤 02 打开“SketchUp系统设置”对话框，在左侧列表框中选择“快捷方式”选项，即可在右侧执行自定义快捷键操作，如下左图所示。

步骤 03 输入快捷键后，单击“添加”按钮。如果该快捷键已经被其他命令占用，系统则会弹出下右图的提示框，此时单击“是”按钮即会代替原有的快捷键。

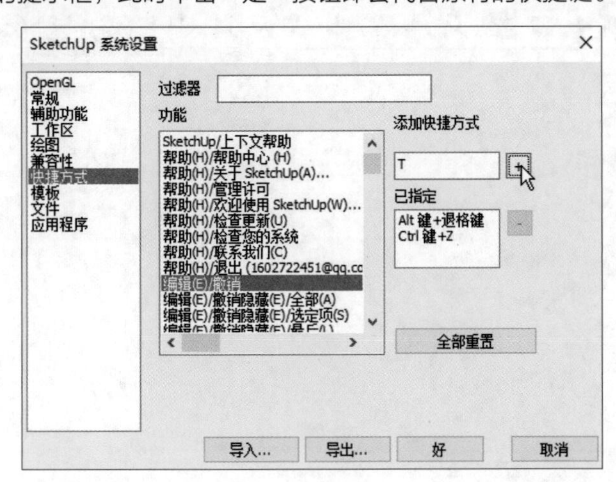

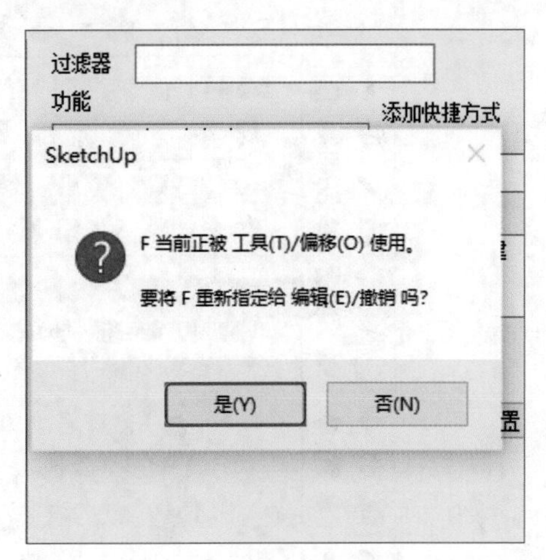

提示：删除快捷键

如果需要删除已经设置好的快捷键，则在“系统设置”对话框中选择已经指定好的快捷键，单击“删除”按钮即可，如右图所示。

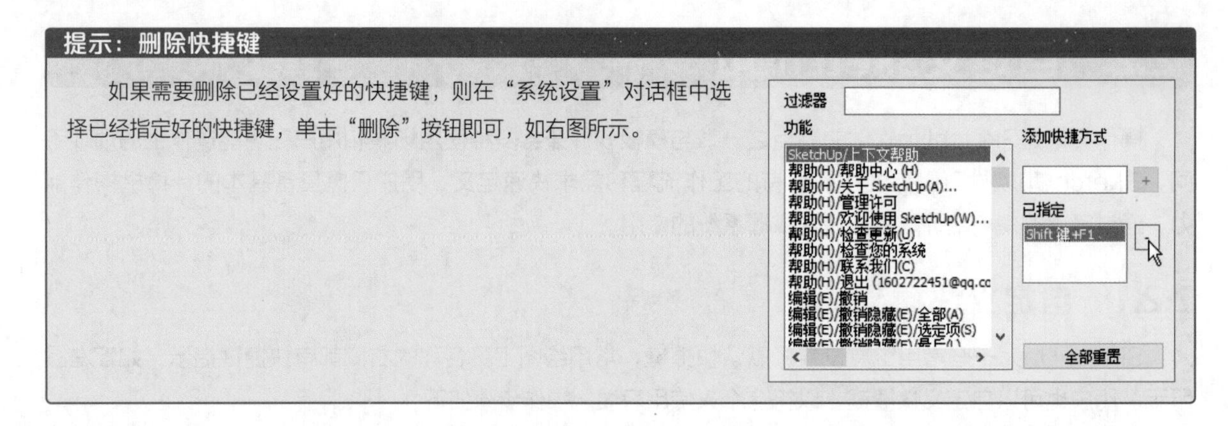

2.2.2 自定义工具栏

为了提高绘图效率，SketchUp提供了非常自由的自定义功能，用户可以根据需要把不同的工具放在自己习惯的位置，下面对工具栏的自定义操作进行介绍。

步骤 01 执行“视图>工具栏”命令，打开“工具栏”对话框。在“工具栏”列表框中勾选需要的工具栏复选框，如右图所示。

步骤 02 关闭“工具栏”对话框，返回到工作界面，可以看到被调出的工具栏，如下图所示。

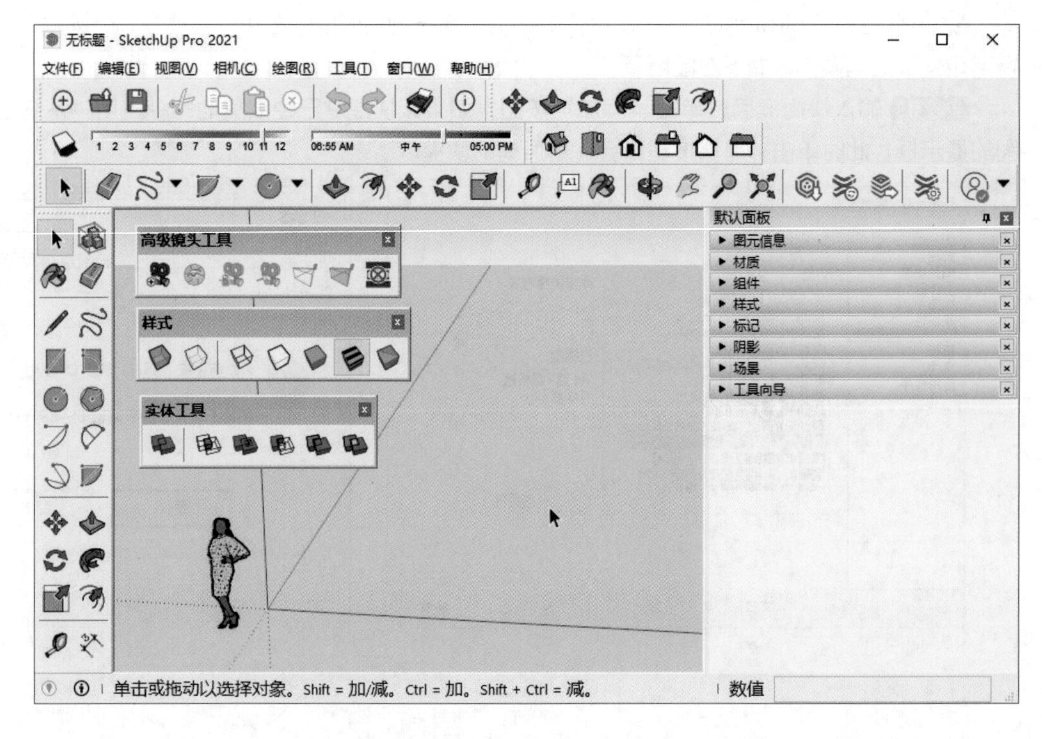

步骤03 除了系统原有的工具栏，用户还可以根据自己的绘图习惯创建自定义的工具栏。再次打开“工具栏”对话框，单击“新建”按钮，在弹出的Toolbar Name文本框中输入“自定义”文本，如下左图所示。单击OK按钮，在“工具栏”对话框中会自动添加“自定义”复选框，在界面中也会增加一个空白的“自定义”工具栏，如下右图所示。

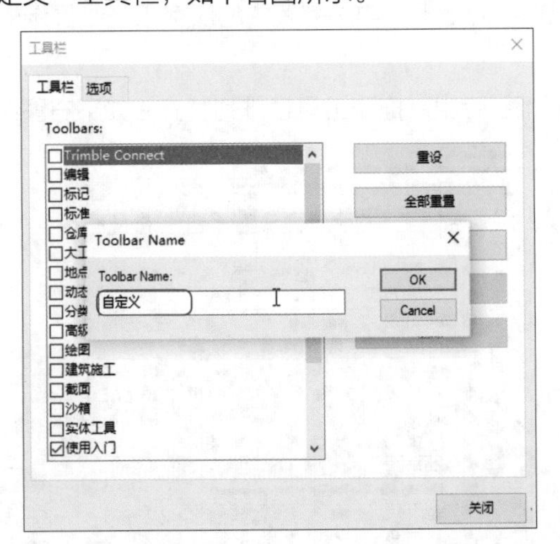

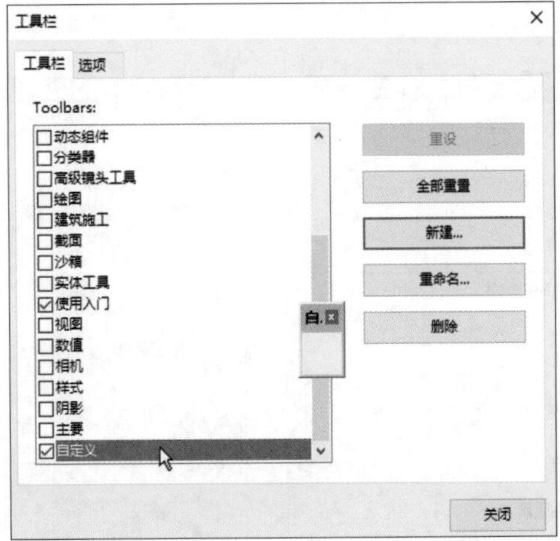

步骤04 调整“自定义”工具栏到合适位置，在其他工具栏列表框中选择需要的工具，这里选择直线工具，按住Alt+鼠标左键，将其拖拽到“自定义”工具栏中，如下左图所示。继续拖动其他工具到“自定义”工具栏中，完成“自定义”工具栏的创建，同时所拖动的工具会从左侧工具箱中消失，如下右图所示。

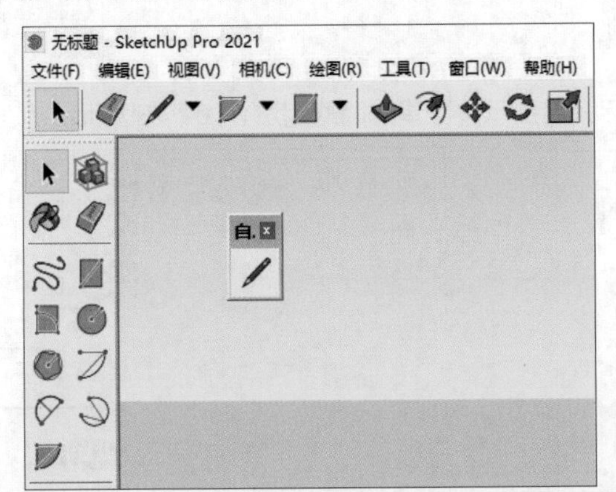

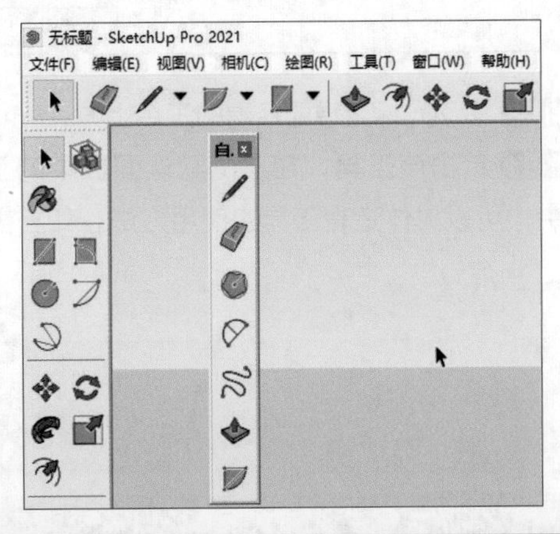

提示：还原工具栏

拖动工具时可能会造成工具丢失，这时只需要执行“视图>工具栏”命令，打开“工具栏”对话框，单击右侧的“全部重置”按钮，在弹出的SketchUp对话框中单击“是”按钮，即可将所有工具栏恢复至初始状态，如右图所示。

实战练习 查询工具的使用方法

想要高效地使用SketchUp绘图，了解所有的工具是必不可少的前提，SketchUp默认状态下仅显示很少的工具，下面介绍查询所有工具的具体操作方法。

步骤 01 执行“视图>工具栏”命令，打开“工具栏”对话框，勾选列表中的所有工具栏复选框，如下左图所示。

步骤 02 返回工作主界面，可以看到所有的工具栏都已弹出，拖动工具栏排列整齐，如下右图所示。

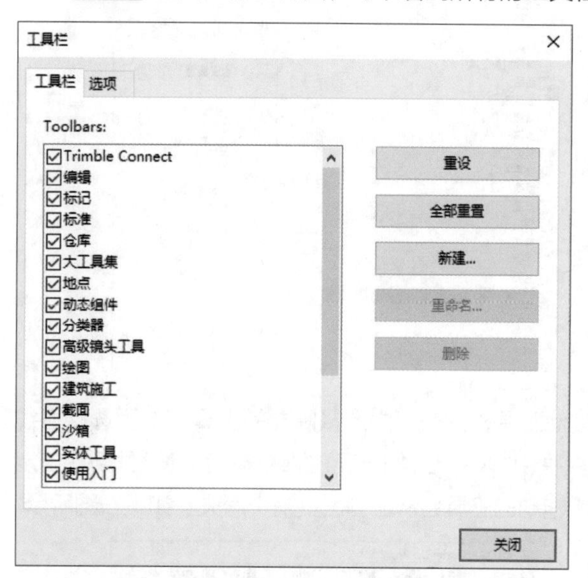

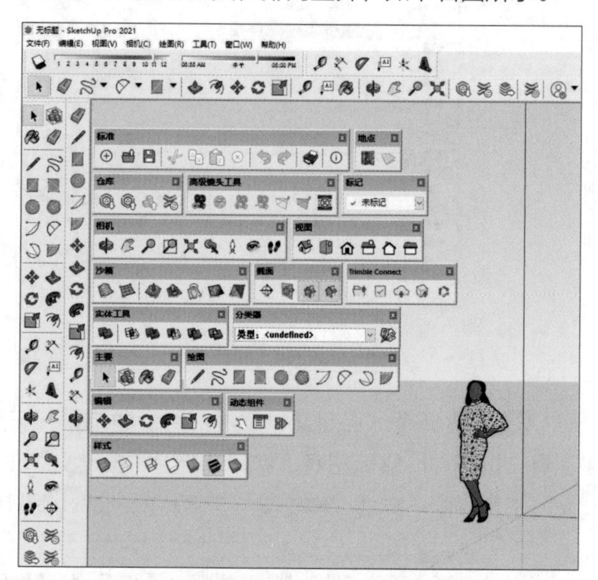

步骤 03 移动光标至想要查看的工具上方，光标旁会提示该工具的简略用法，如下左图所示。

步骤 04 单击该工具，在右侧默认面板中的工具向导中，可以具体查看工具的使用方法，如右图所示。

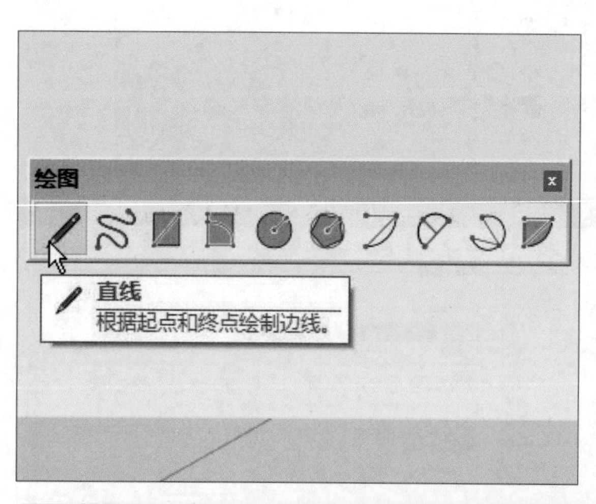

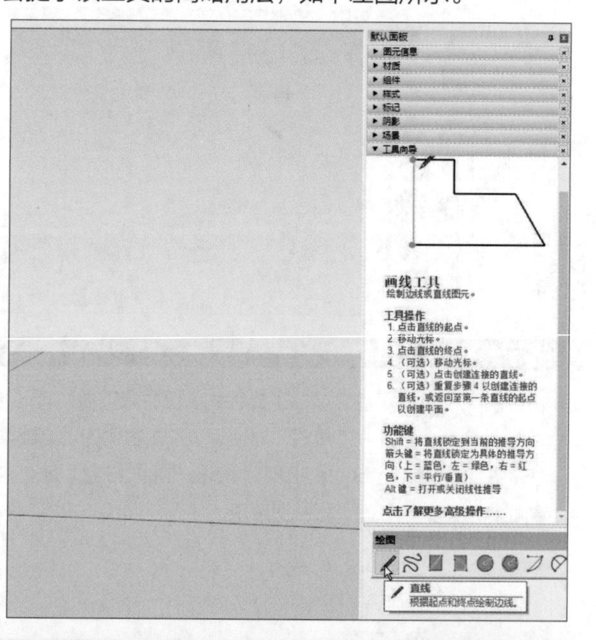

提示：SketchUp的应用

SketchUp是最易于上手的设计软件之一，但也是很难精通的设计软件，即下限很低但上限极高。SketchUp在高端设计中主要起到意向建模功能，大部分的大型设计都开始于SketchUp。SketchUp也同样具有其他专业建模软件的深化能力，SketchUp既是基石，也是成功的奖杯。

2.2.3 设置场景单位

SketchUp默认情况下是以美制英寸为绘图单位，而我国设计规范均以毫米（米制）为单位，精确度通常保持为0mm。因此，在使用SketchUp绘图前要将系统中的单位调整好，具体操作步骤如下。

步骤 01 执行“窗口>模型信息”命令，打开“模型信息”对话框，如下左图所示。

步骤 02 在左侧列表框中选择“单位”选项，在右侧的面板中设置单位格式为“十进制”，设置长度单位为“毫米”，设置显示精确度为0mm；设置面积单位为“米^2”，设置显示精确度为0.0m^2；设置体积单位为“米^3”，设置显示精确度为0.00m^3，具体如下右图所示。

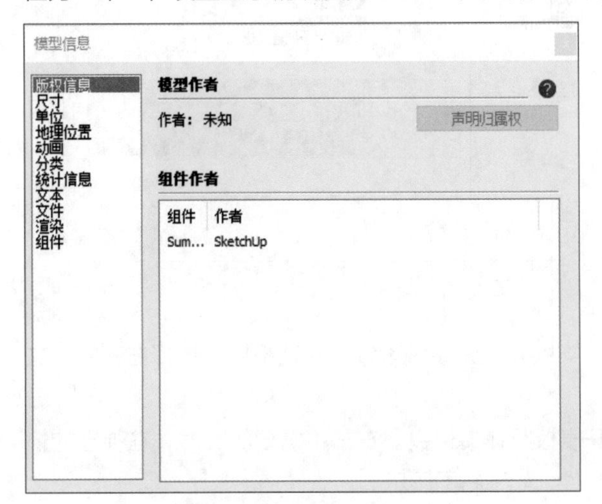

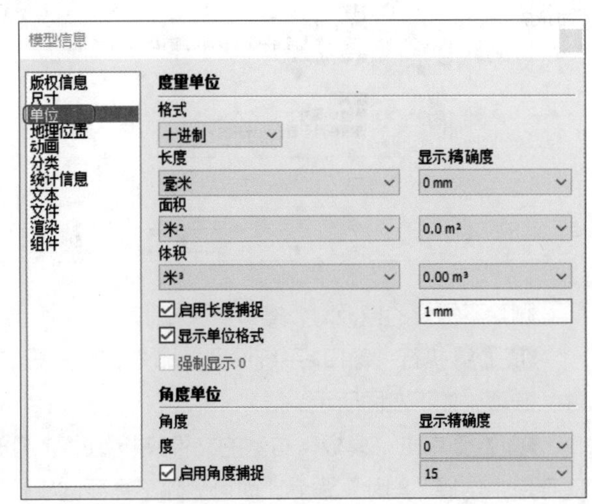

2.2.4 保存与调用模板

对绘图环境进行自定义调整后，用户可以将其保存为模板文件，在今后需要时可以随时调用，具体操作步骤如下。

步骤 01 执行“文件>另存为模板”命令，在弹出的“另存为模板”对话框中设置模板名称和保存路径，单击“保存”按钮，如下左图所示。

步骤 02 保存完成后关闭当前文件，再次打开SketchUp，在开始界面单击“更多模板”选项，在“我的模板”选项卡下可以看到保存的模板，如下右图所示。

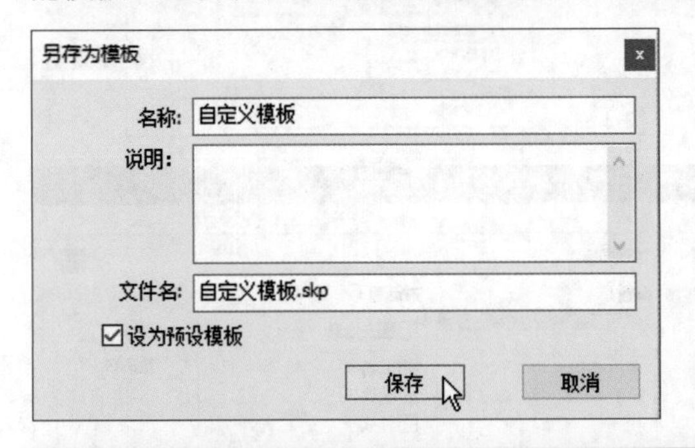

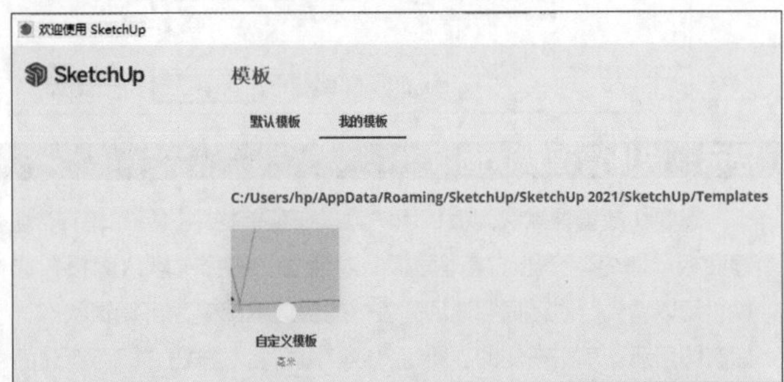

提示：在自动保存面板中区分创建备份与自动保存

创建备份与自动保存是两个概念，如果只勾选“自动保存”复选框，则会将数据直接保存在已经打开的文件中。只有同时勾选“创建备份”复选框，才能够将数据另存在一个新的文件上，这样，即使打开的文件出现损坏，还可以使用备份文件。

步骤 03 如果在开启SketchUp时忘记调用模板，可以在“SketchUp系统设置”对话框中选择“模板”选项，如下左图所示。

步骤 04 然后单击右侧想要选择的模板，单击对话框下方的“好”按钮即可，如下右图所示。

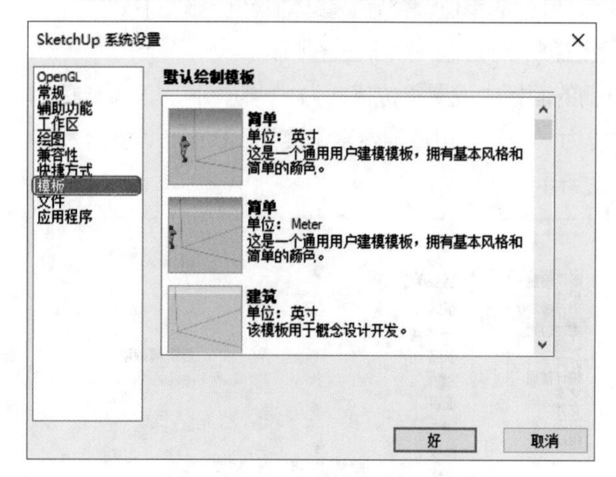

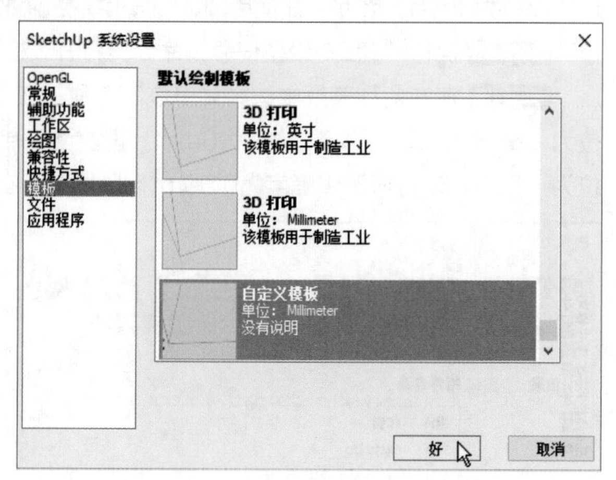

删除不需要的模板时，操作步骤如下。

步骤 01 执行“窗口>系统设置”命令，在打开的“SketchUp系统设置”对话框中，选择左侧的“文件”选项，如下左图所示。

步骤 02 单击“模板”右侧的文件夹按钮，打开模板所在文件夹。右击不需要的文件，在弹出的快捷菜单中选择“删除”命令，即可删除不需要的模板文件，如下右图所示。

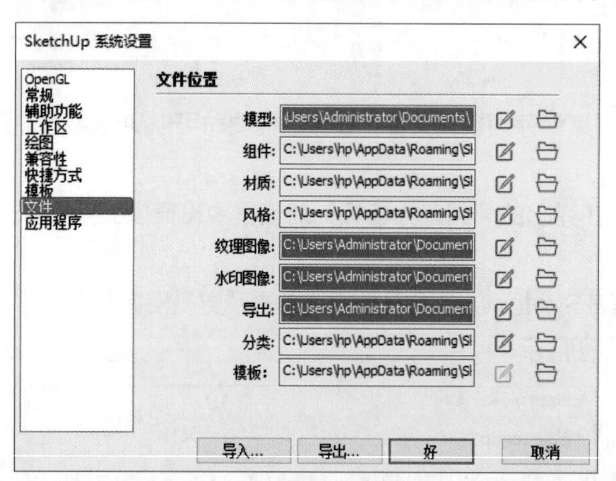

提示：快捷管理默认面板

想要快捷管理默认面板，用户可以在菜单栏中执行“窗口>管理面板”命令，弹出“管理面板”对话框，选择“默认面板”选项，可以看到“对话框”选项列表中的复选框都变为可编辑状态，如右图所示。单击右侧的“新建”或“重命名”按钮，即可新建面板或对现有面板进行更名。

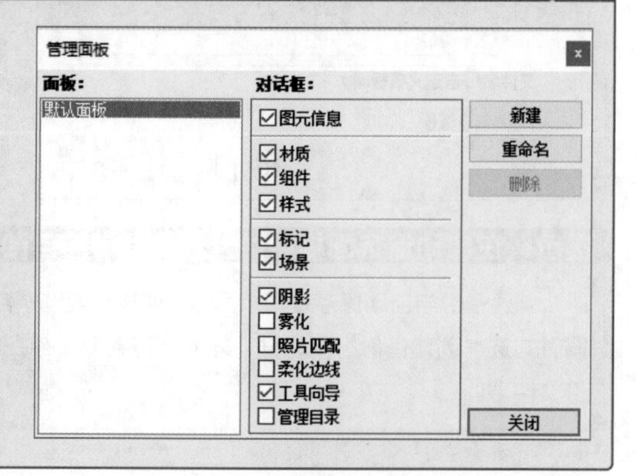

上机实训：自定义工作界面

扫码看视频

在使用SketchUp进行设计工作时，用户可以根据自己的需求与喜好自定义工作界面，具体操作步骤如下。

步骤 01 打开SketchUp软件，单击开始面板中的“更多模板”选项，如下左图所示。

步骤 02 打开默认面板列表，选择需要的模板，这里选择“建筑 毫米”模板，如下右图所示。

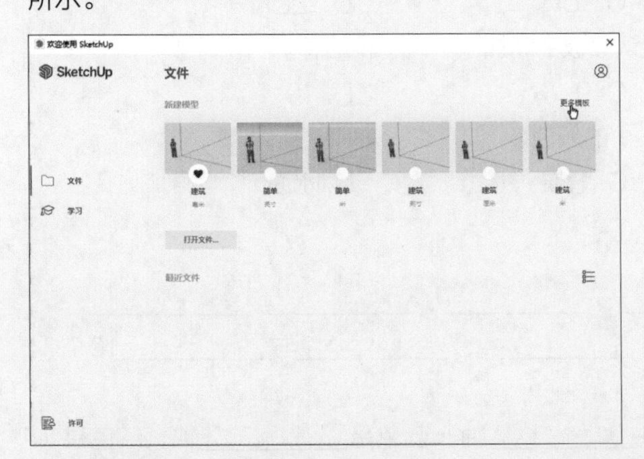

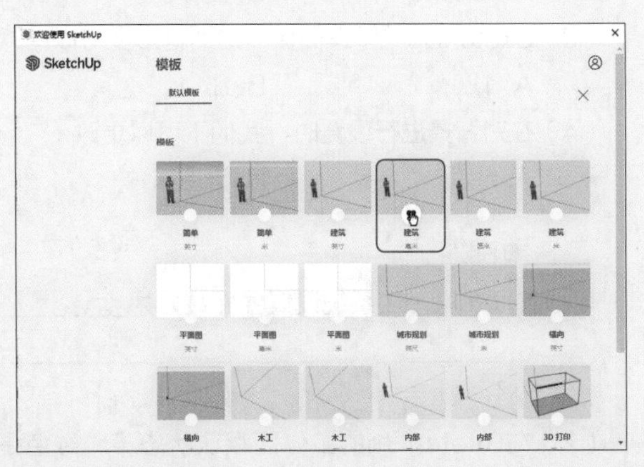

步骤 03 打开右侧默认面板下的“样式”折叠按钮，将风格调整为“预设风格”选项列表中的“景观建筑样式”风格选项，如下左图所示。

步骤 04 执行“视图>工具栏”命令，打开“工具栏”对话框，勾选“大工具集”“实体工具”“使用入门”“视图”和“样式”复选框，如右图所示。

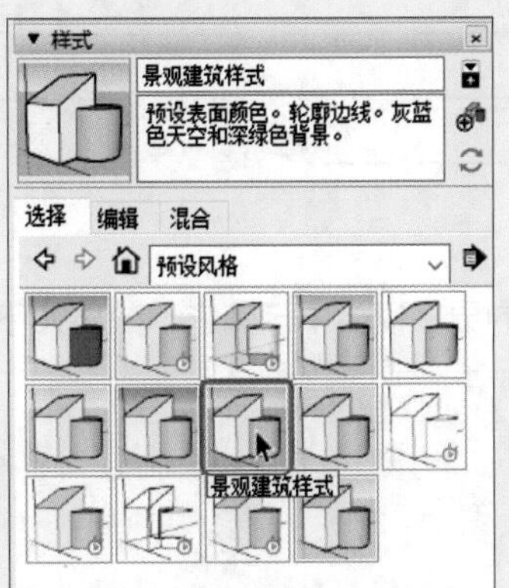

步骤 05 调整工具栏至合适位置，效果如右图所示。

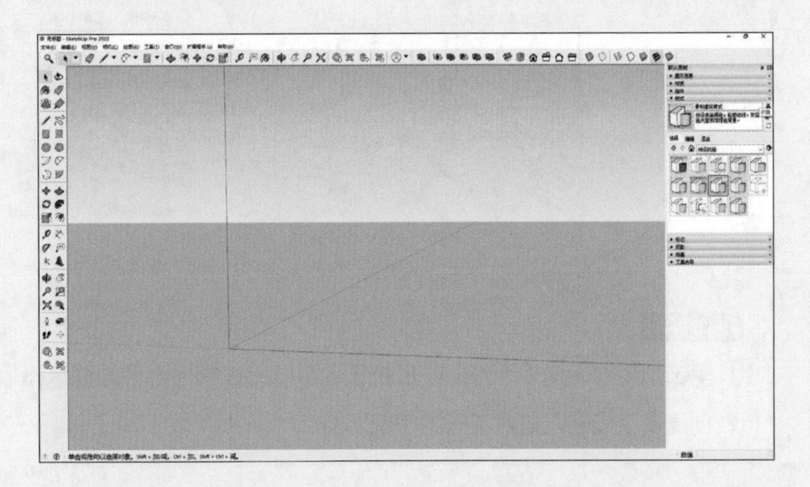

课后练习

一、选择题

（1）OpenGL不常用于（　　）开发。

A. 虚拟现实　　B. 程序编制　　C. 科学可视化程序　　D. 电子游戏

（2）在SketchUp的“SketchUp系统设置”对话框中不包括（　　）设置。

A. 常规　　B. 工作区　　C. 工具　　D. 绘图

（3）SketchUp“管理面板”对话框最多可以向默认面板中添加（　　）种信息。

A. 12　　B. 8　　C. 9　　D. 10

（4）在对背景进行设置时，我们不可以更改（　　）的颜色。

A. 地面　　B. 天空　　C. 背景　　D. 水面

二、填空题

（1）SketchUp的系统设置界面共分为________、________、________、________、________、________、________、________、________与________10个部分。

（2）在SketchUp的工作区默认状态下，绿色是________轴，蓝色是________轴，红色是________轴。

（3）SketchUp的文件设置共分为________、________、________、________、________、________、________、________与________9个部分。

（4）选择颜色中的拾色器有________、________、________与________四种模式。

（5）模板分为________模板与________模板。

三、上机题

创建自己的模板并在开始界面的更多模板中选择它，效果如下图所示。

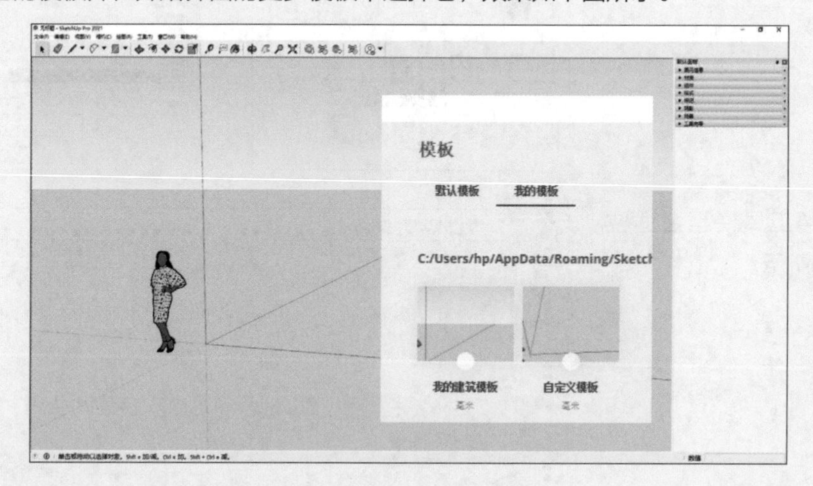

操作提示

① 单击模板界面模板下方的圆形按钮，可以将该模板设置为默认模板。

② 创建多个模板以应对不同的情况。

第3章 常用工具

本章概述

本章将对SketchUp软件的基础绘图工具、编辑工具、视图工具、辅助建模工具的应用进行详细介绍，使用户通过本章知识的学习，掌握准确绘制出想要的图形的方法。

核心知识点

❶ 掌握基本绘图工具的使用
❷ 掌握辅助线与标注工具的使用
❸ 掌握基本建模方法
❹ 了解模型制作的技巧

3.1 基础绘图工具

基础绘图工具主要包括“选择”“擦除”“线段”“弧线”“形状”5大类二维图形绘制工具，在“使用入门”工具栏与“绘图”工具栏中都可以选择，下图为“使用入门”工具栏中的基础绘图工具。

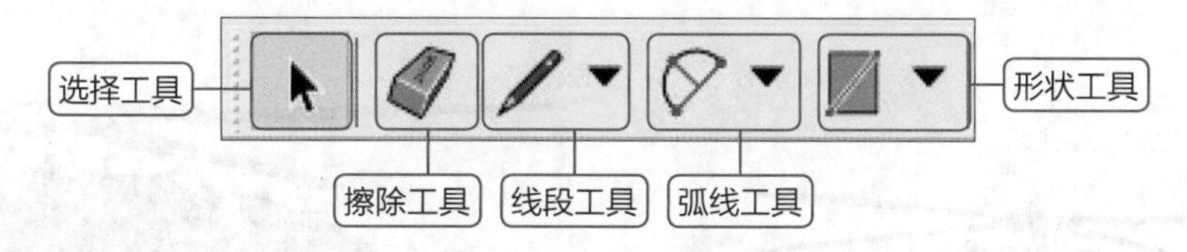

3.1.1 选择工具

SketchUp是一个对模型对象进行操作的软件，即首先创建简单的模型，然后再对模型进行深入细化。因此在工作中能否快速、准确地选择目标对象，对工作效率有着很大的影响。SketchUp常用的选择方式有“一般选择”“框选与叉选”和“扩展选择”三种。

（1）一般选择

SketchUp中的“选择”命令可以通过单击工具栏的“选择”按钮或按下键盘上的空格键来激活，具体操作说明如下。

打开下左图直升机文件，该模型由多个构建组成。单击“选择”按钮或直接按键盘上的空格键，激活选择工具，此时视图内将出现一个箭头图标，如下右图所示。

此时在任意对象上单击均可将其选中，这里选择机身，可以看到被选择的对象以高亮显示，以区分其他对象，如下左图所示。选择一个对象后，若要继续选择其他对象，则首先要按住Ctrl键不放，当视图中的光标变成时，再单击下一个目标对象，即可将其继续加入选择，如下右图所示。

（2）框选与叉选

框选是指在激活选择工具后，使用鼠标从左至右拖动出下左图的实线选择框，被该选择框包围的对象将会被选中，如下右图所示。

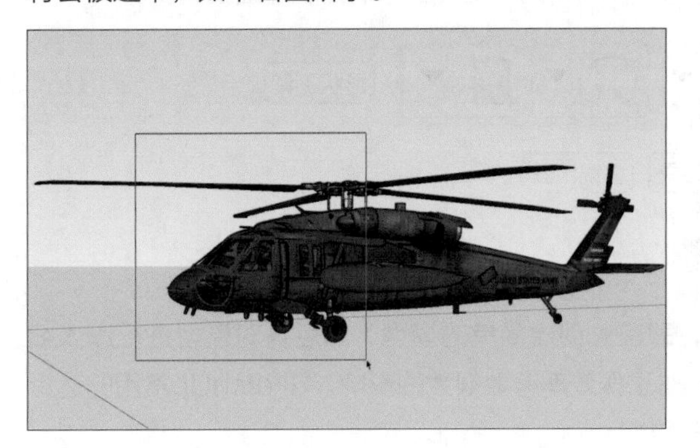

叉选是指在激活选择工具后，使用鼠标从右到左拖动出下左图的虚线选择框，全部或部分位于选择框内的对象将被选中，如下右图所示。

选择完成后，单击视图中的任意空白处，取消当前所有选择。如果想选择全部对象，则可以按Ctrl+A组合键进行全选。

（3）扩展选择

在SketchUp中，“线”是最小的可选择单位，“面”则是由“线”组成的基本建模单位，通过扩展选择，用户可以快速选择关联的面或线。

- 用鼠标单击某个“面”，则这个面会被单独选中。
- 用鼠标双击某个“面”，则与这个面相关的“线”会被选中。
- 用鼠标三击某个“面”，则与这个面相关的其他“面”“线”都将会被选中。

3.1.2 擦除工具

擦除工具的主要作用是擦除图元，其具体操作方法为单击要删除的图元或者按住鼠标左键在图元上拖动，被擦除的部分会以高亮提示，以区别于其他对象，如下左图所示。松开鼠标左键后，所有被选中的图元会被删除，具体如下右图所示。

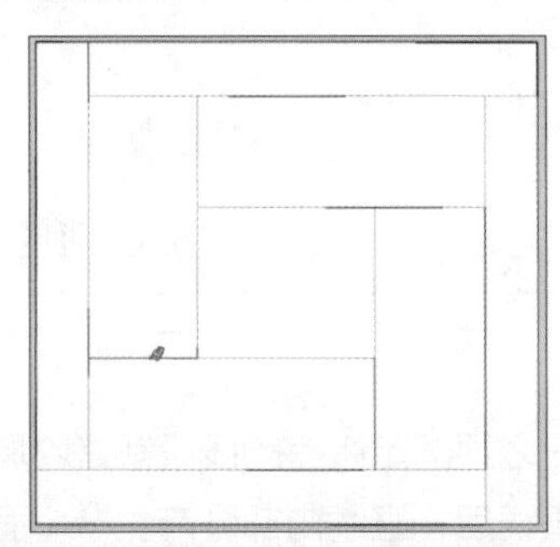

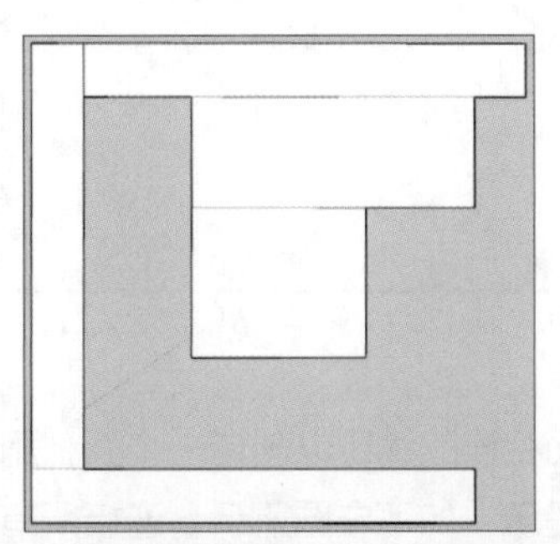

提示：快速删除

使用“选择”命令选中需要删除的目标后，按下键盘上的Delete键，即可快速将其删除。

3.1.3 线段工具

线段是绘制模型最基本的构成，在SketchUp中线段工具由直线工具与手绘线工具两个小工具组成，下面对这两种工具的应用进行介绍。

（1）直线工具

在SketchUp中，使用直线工具可以绘制单段直线、多段连接线或者闭合的面，用户还可以利用直线来分割面，绘制与X、Y、Z轴平行的线段或者修复面等其他操作。

① 绘制直线线段

激活直线工具，单击确定直线段的起点，往需要画线的方向移动鼠标，此时在界面右下角的数值控制框中会动态显示线段的长度，再次单击确定直线的终点，如下左图所示。

用户也可以在确定线段终点之前，直接输入具体的长度值与单位，具体输入的长度在右下角的数值输入框中显示，确定直线长度，按下回车键，即可生成一个指定长度的直线，如下右图所示。

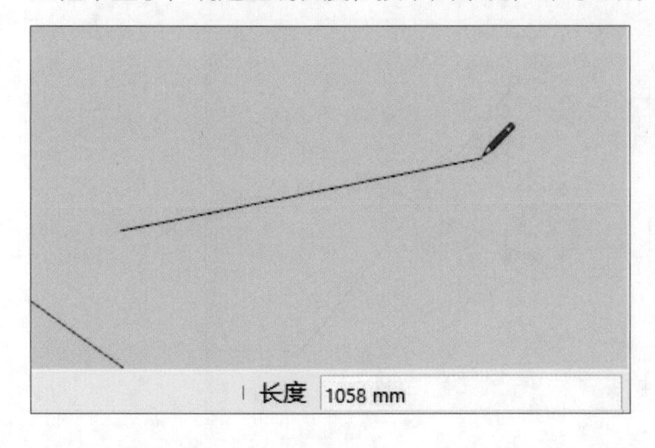

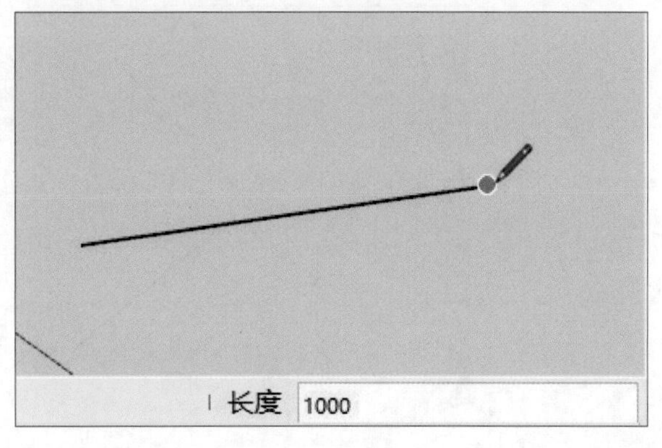

提示：锁定线轴

在绘制图形时，直线线段对其相应的轴向，会变成对应的颜色，在此时按住Alt+Shift组合键，即可锁定对应轴向（线段将加粗显示，以区别其他图形），这时即使鼠标移动，线段的方向也不会随着鼠标移动而移动，如右图所示。

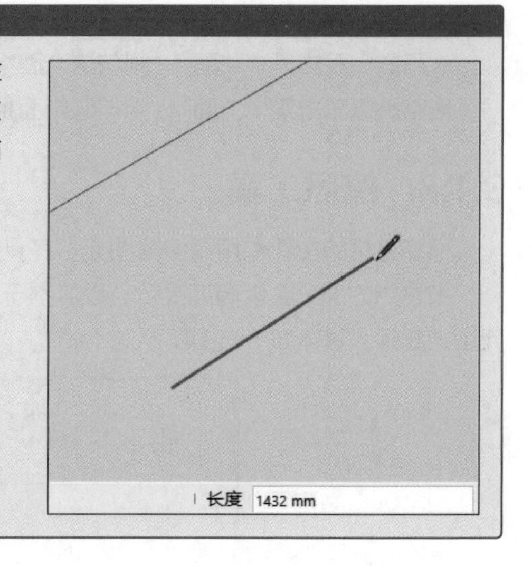

② 创造表面

三条及以上的共面相连的线可以创造一个面，用户必须确定所有的线段都是收尾相连，在闭合的时候可以看到“端点”的提示，如下左图所示。连接所有直线后，直线内部会产生一个面，此时直线工具会处于闲置状态，用户可以直接绘制其他图形，如下右图所示。

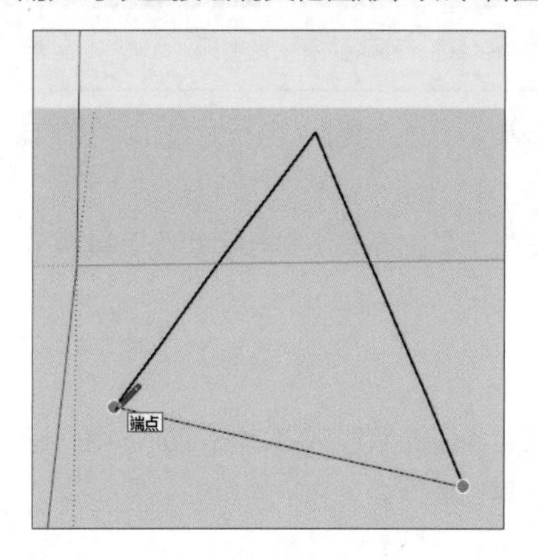

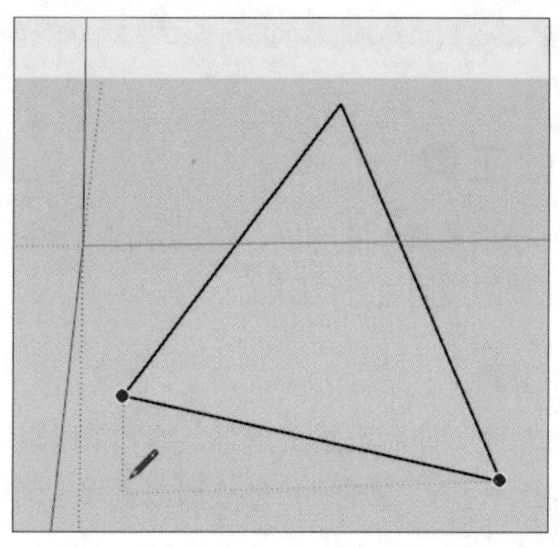

③ 分割线段

在绘制线段时，如果绘制了多条产生交点的直线，那么绘制的多条直线产生的交点便会将直线分割为多段线。例如，要将一条线分为两段，则可在该线上任意位置绘制一条新的直线或绘制一条直线与该直线相交，如下两图所示。

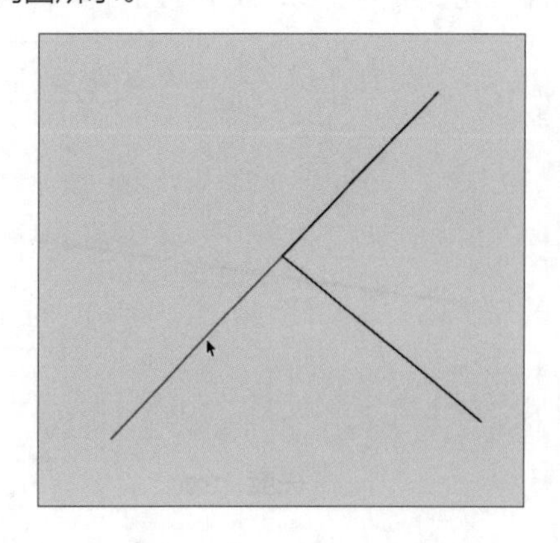

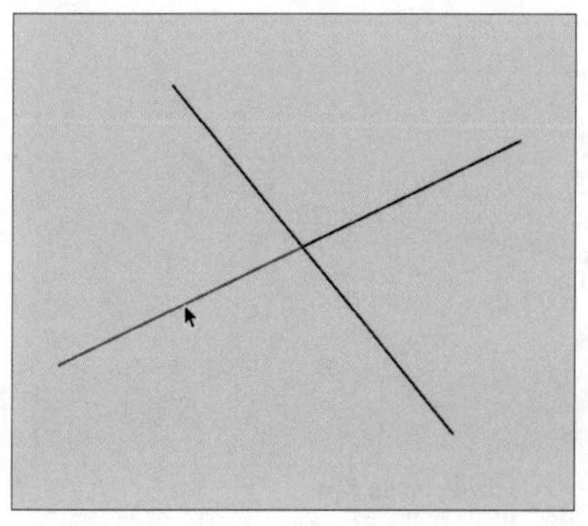

④ 分割平面

用户可以通过绘制一条起点和端点都在平面边线上的直线来分割平面，将已有的平面上的一条边作为起点并单击，再向另一条边上的终点移动，如下左图所示。单击确定好终点，完成绘制，就可以看到已有的平面变成了两个，如下右图所示。

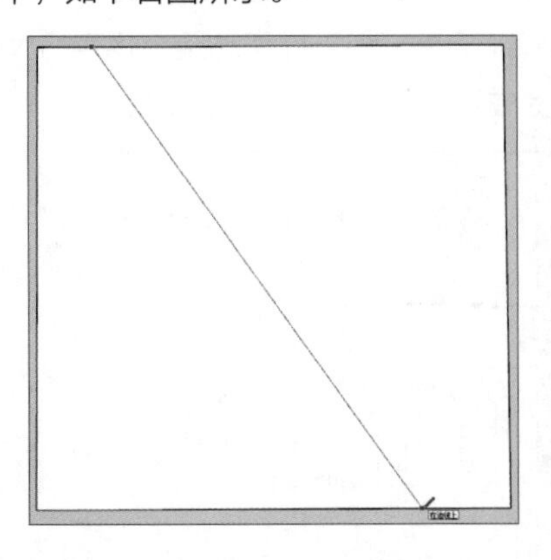

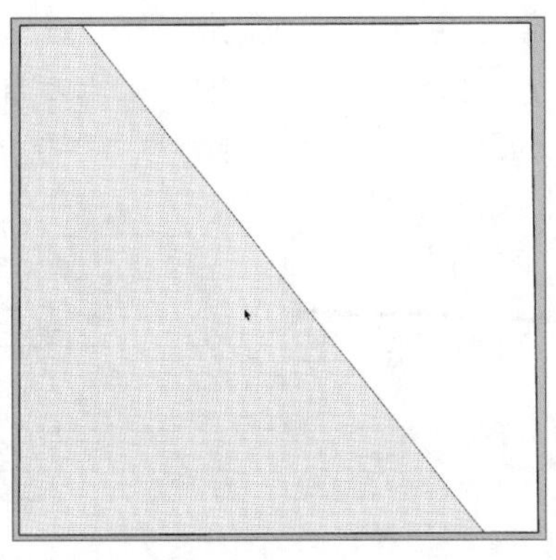

⑤ 修复平面

有时因为系统故障或是误删而造成有些首尾相连的线段无法形成平面，这时用户可以激活直线工具，重新描一下其中的线，下左图为6条边线组成的六边形，没有形成平面。使用直线工具重新描一下就可以形成平面，如下右图所示。

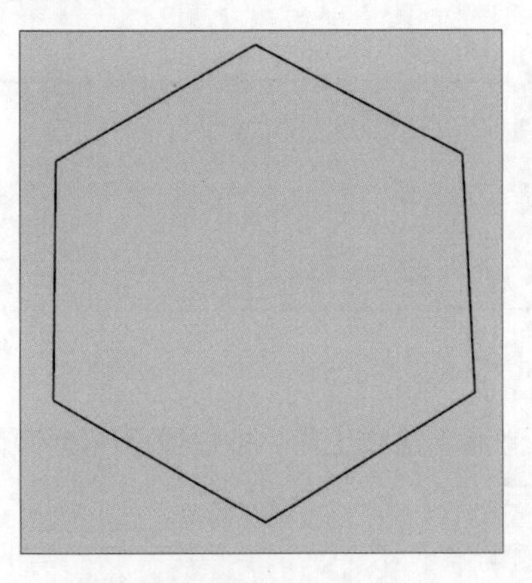

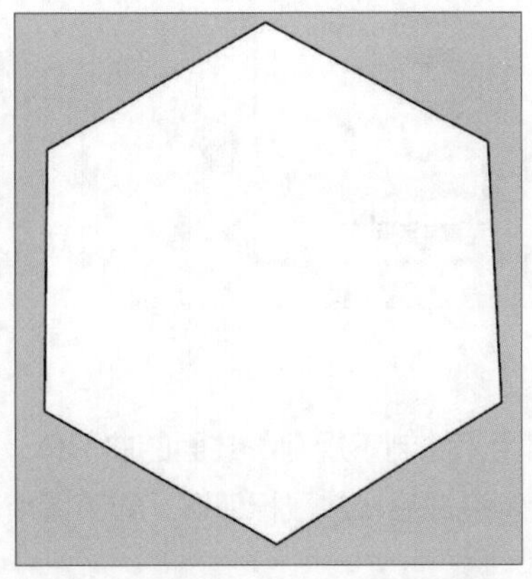

⑥ 绘制与X、Y、Z轴平行的直线

在实际应用中，绘制正交直线，即与X、Y、Z轴平行的直线更有意义，因为不管是建筑设计、工业设计还是室内设计，其基本绘制内容都要求互相平行与垂直以保证精确的建模。

激活直线工具，在绘图区任选一点作为起点，移动光标直至其变色成与轴线对应的颜色，同时光标边会显示“在X色轴线上”的提示字样，这时若想要执行锁定轴向操作，可以按Alt+Shift组合键，在这个轴上进行直线绘制，如下三图所示。

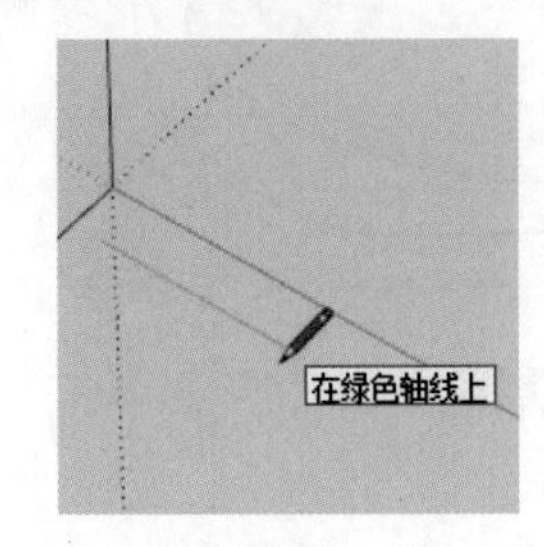

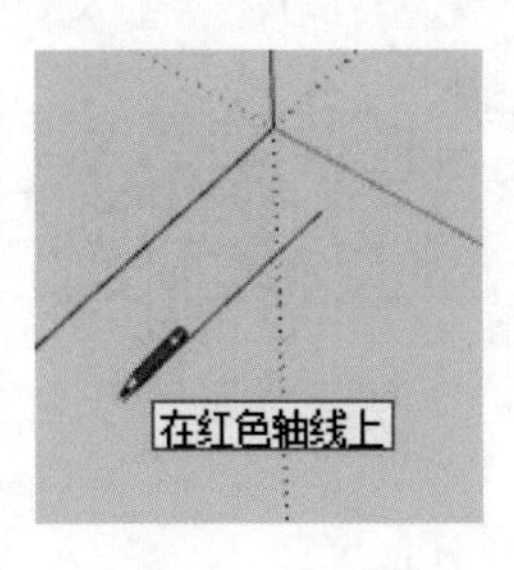

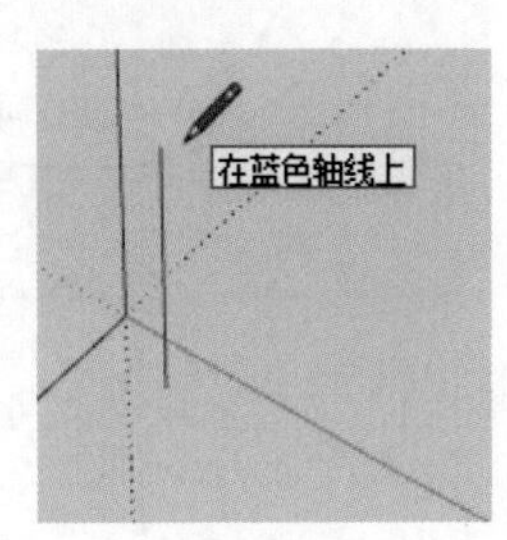

⑦ 直线的捕捉与追踪功能

与其他软件相比，SketchUp的捕捉与追踪功能显得更简便、更易操作。在绘制直线时，大多数情况下都需要使用到捕捉功能。

选择直线工具后，光标可以精确地捕捉到线的中点（下左图）、端点（下中图）以及圆的中心（下右图），这些点可以帮助用户更精确地制作模型。选择直线工具，将光标移动至寻找点的大致位置并移动，直至光标显示出中点、端点和中心等字样，即代表捕捉成功。

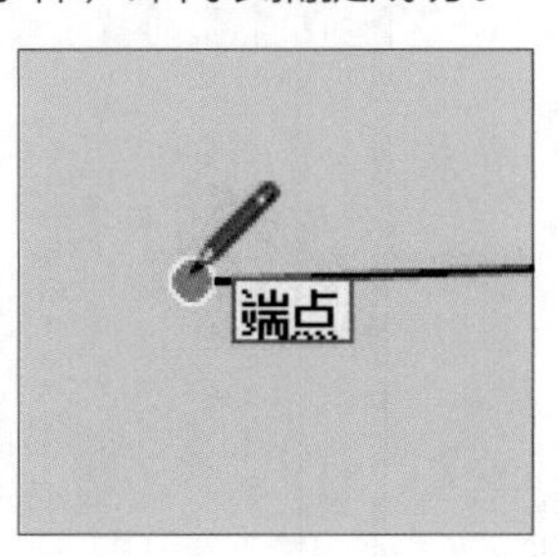

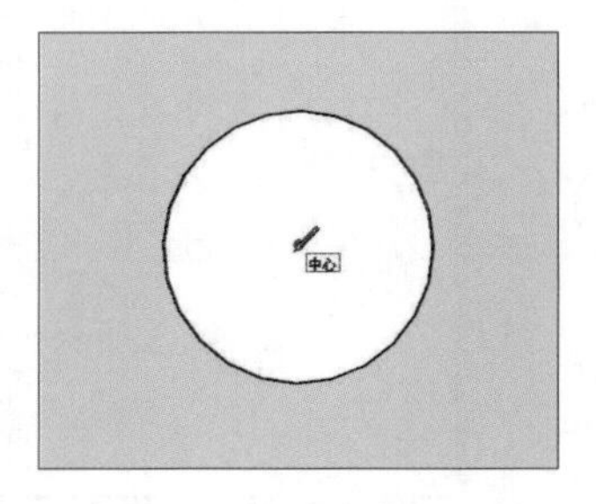

⑧ 等分线段

SketchUp中的线段可以等分为若干段。选中线段后单击鼠标右键，在打开的快捷菜单中选择“拆分”命令，如下左图所示。在线段上移动光标，系统会自动计算分段数量以及长度，如下右图所示。

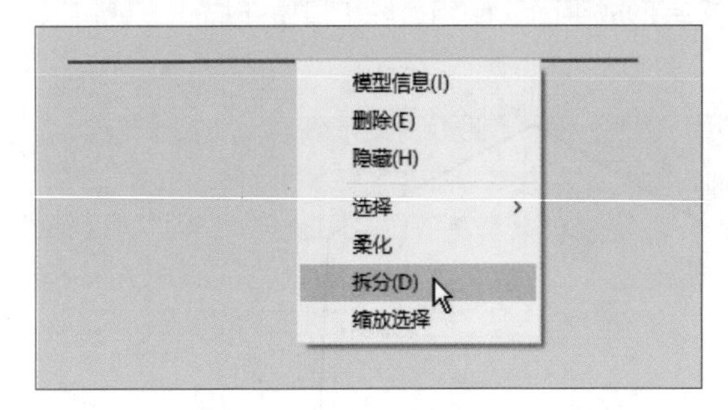

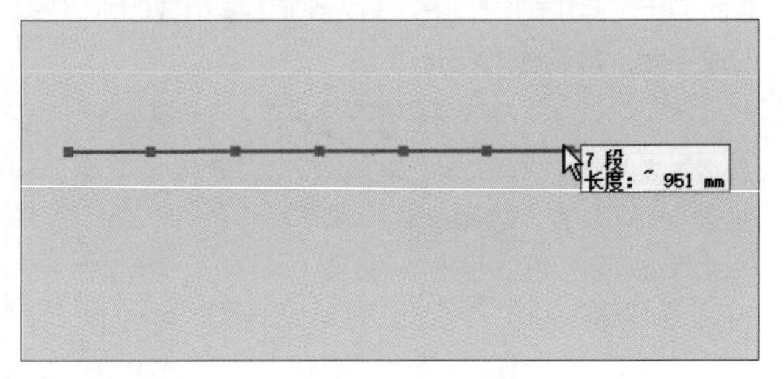

（2）手绘线工具

手绘线工具常用来绘制不规则、共面的曲形体。激活手绘线工具，按住鼠标左键不放，移动光标绘制所需要的曲线，绘制完成后释放鼠标即可，如下图所示。

3.1.4 弧形工具

在SketchUp中，弧形工具包括圆弧、两点圆弧、三点圆弧和扇形四种绘制方式。用户可以单击工具栏中的对应按钮或者在菜单栏中执行“绘图>圆弧”子菜单中的命令，执行相应的圆弧绘制操作。

（1）圆弧

激活“圆弧”命令，此时光标会变成一支带量角器的圆弧铅笔，如下左图所示。单击确定圆心位置，移动光标确定一个端点的位置，如下右图所示。

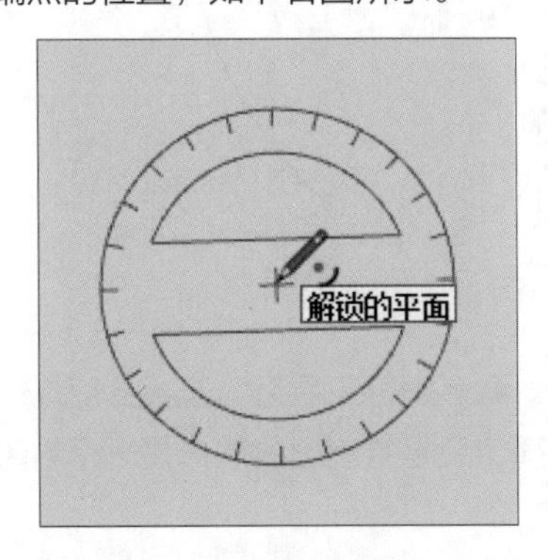

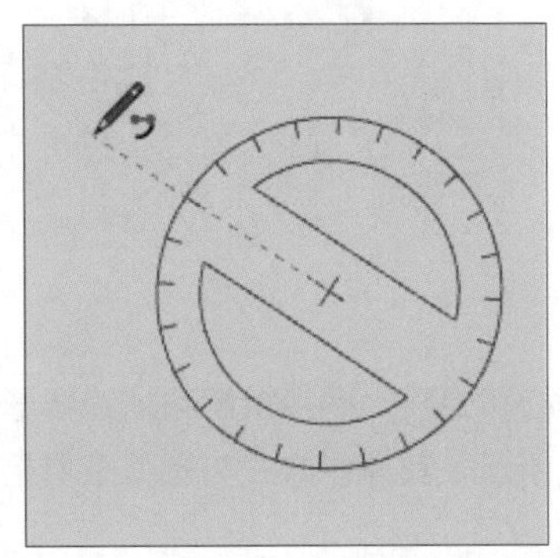

单击确定该点位置，拖动光标至第二点，如下左图所示。确定第二点位置后单击，即可完成圆弧的绘制，如下右图所示。

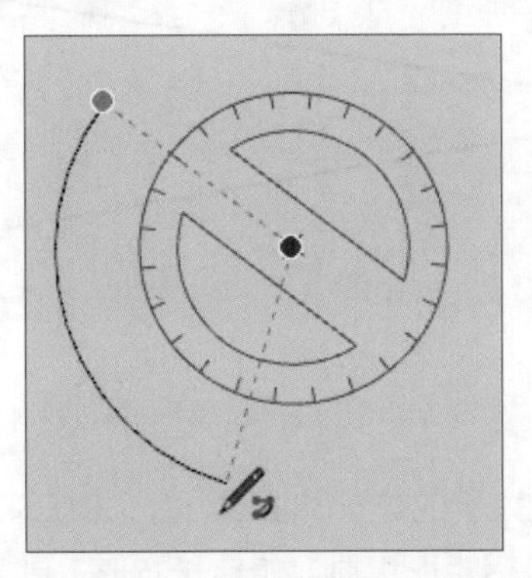

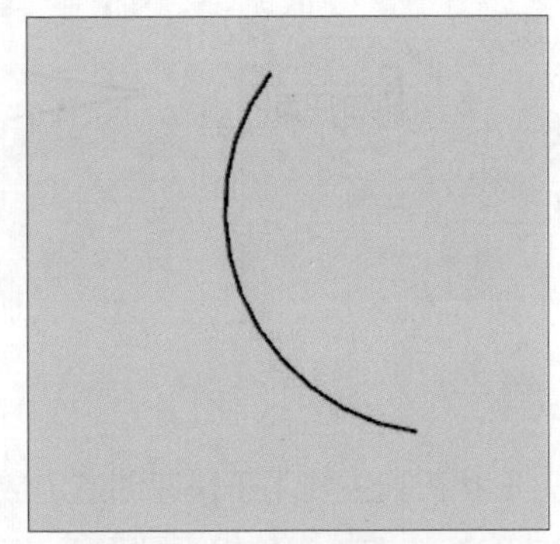

（2）两点圆弧

两点圆弧是根据确定圆弧的起点、终点以及凸起的高度来绘制圆弧，具体步骤如下。

步骤 01 激活两点圆弧工具，单击确定圆弧起点，移动光标确定终点位置，如下左图所示。

步骤 02 单击确定终点，移动光标确定圆弧高度，单击鼠标左键，确定两点圆弧的绘制，效果如下右图所示。

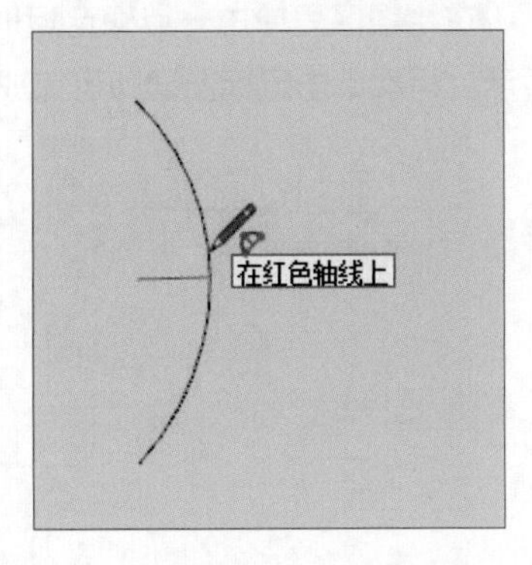

（3）三点圆弧

三点圆弧就是通过圆周上的三个点绘制弧线。激活三点圆弧工具，首先确定圆弧起点，再确定圆弧上一点，如下左图所示。最后确定圆弧终点，单击鼠标左键完成绘制，如下右图所示。

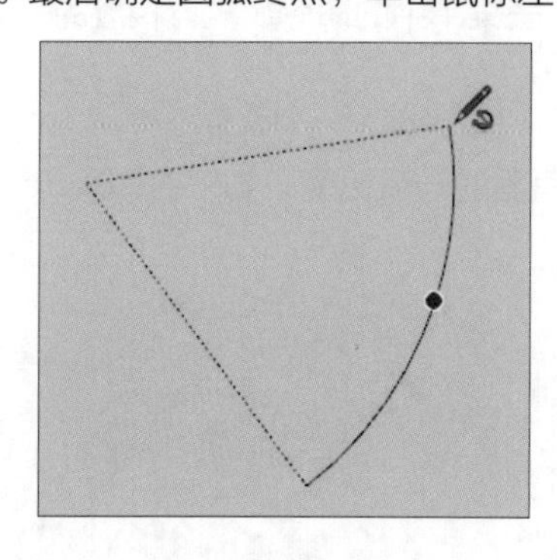
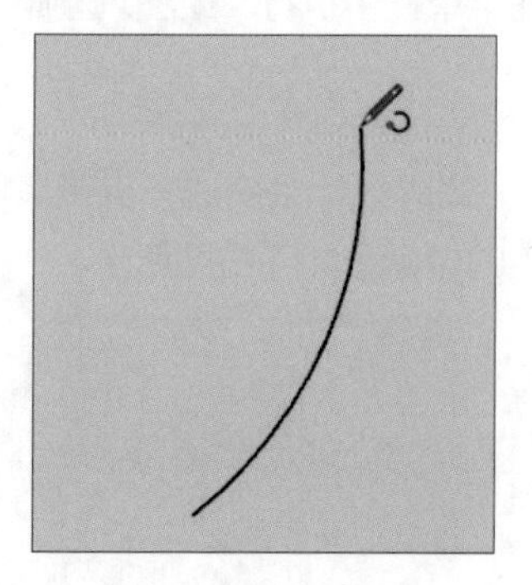

（4）扇形

用户可以根据圆心和弧线上两点绘制封闭的扇形。激活扇形工具后，光标会变成一个带着扇形和量角器的图标，如下左图所示。其操作方式与圆弧工具相同，只是绘制出的扇形是一个封闭的面，效果如下右图所示。

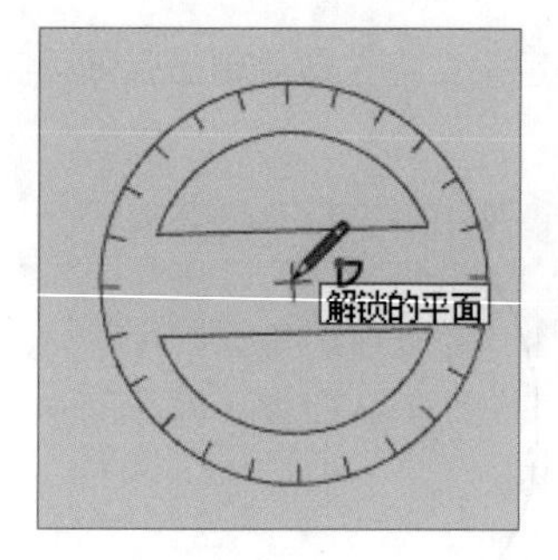

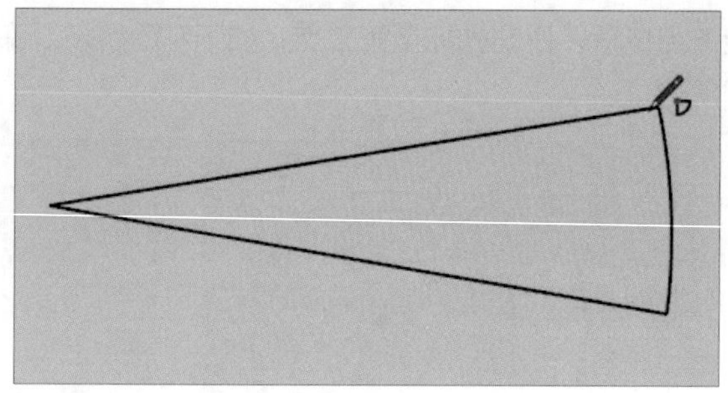

3.1.5 形状工具

在SketchUp中，形状工具主要用于快速创造边数大于或等于3的正多边形（在SketchUp中，圆与圆弧都是由正多边形组成的，边数越多越接近圆形），包括矩形工具、旋转长方形工具、圆工具与多边形工具等。

（1）矩形工具

矩形工具通过定位两个对角点来绘制规则的平面矩形，并且自动封闭成一个面。用户可以单击工具栏中的矩形工具或者执行“绘图>矩形”命令，均可激活该工具。

选择矩形工具后，在绘图区里单击一点确定矩形的第一个角点，然后拖动光标至需要绘制的矩形的对焦点上，如下左图所示。再次单击鼠标左键即可完成绘制，如下右图所示。

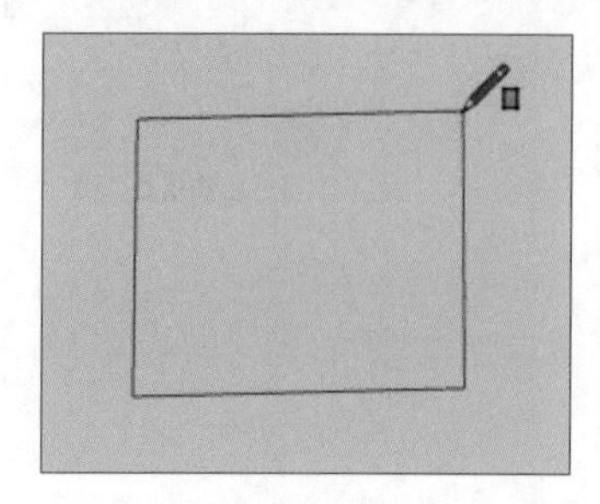
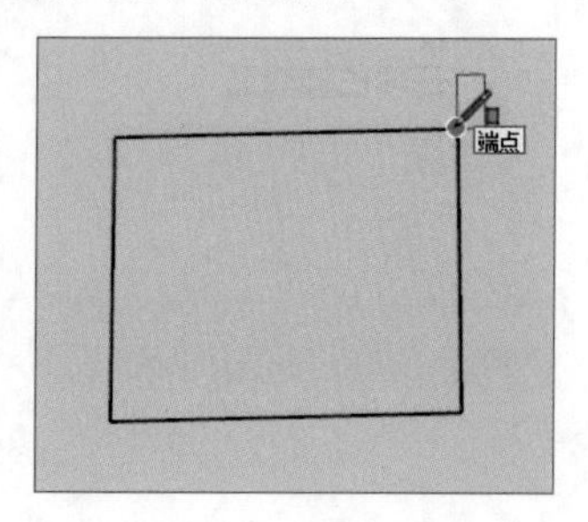

选择矩形工具后，按下Ctrl键，即可切换为以中心画矩形模式，样式如右图所示。

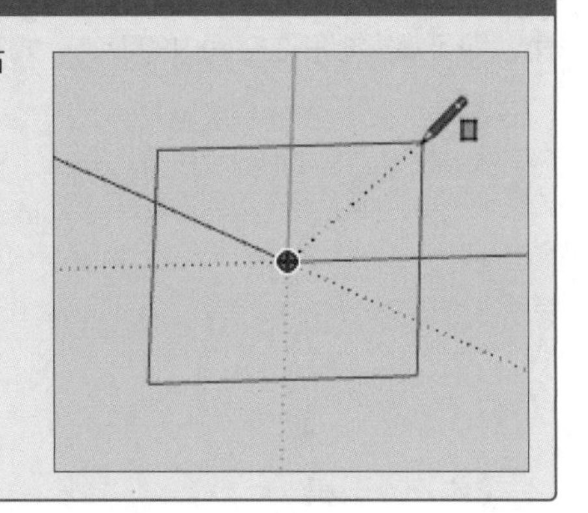

在绘制矩形时，若长宽比例满足黄金分割比例或者相等，则在拖动鼠标定位时，会在矩形中出现一条虚线表示的对角线，在光标旁会出现“黄金分割”或者“正方形”的文字提示，如下两图所示。

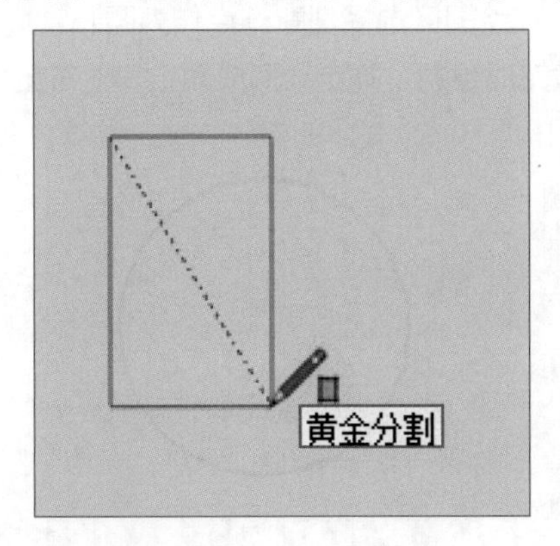

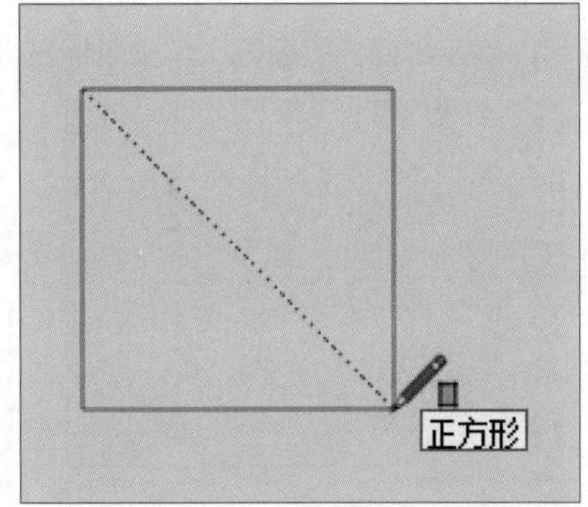

（2）旋转长方形工具

旋转长方形工具用于在平面上绘制非90°的矩形，其工作原理是通过三个交点来绘制一个矩形平面，具体操作步骤如下。

步骤 01 激活旋转长方形工具，光标会变成一个带着量角器的矩形工具图标，如下左图所示。

步骤 02 单击一点作为矩形起点，沿某一轴向移动光标，单击确定一点为矩形的终点，调整需要的角度，如下右图所示。

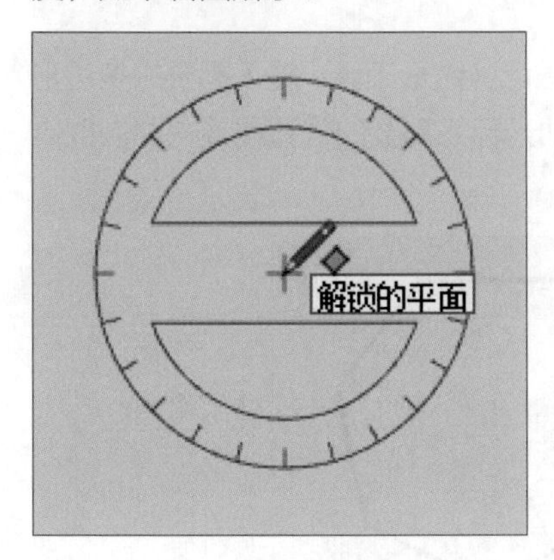

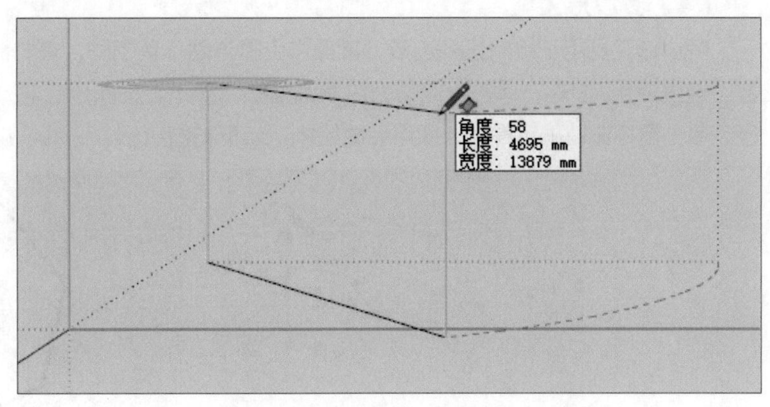

步骤 03 单击确定第三点完成绘制，调整视角，即可观察矩形在空间内的形态，如右图所示。

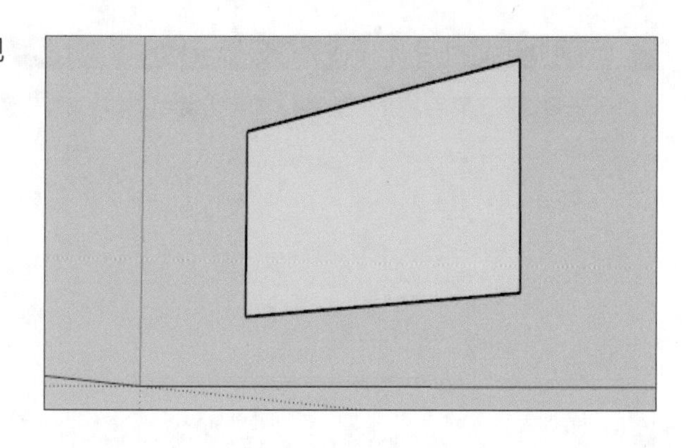

(3) 圆工具

SketchUp中没有严格意义上的圆，使用圆工具其实是绘制多边形以达到圆形的效果。用户选择圆工具后，可以通过边数、圆心和半径的设置，来制作一个圆的面。

激活圆工具，此时光标会变成一支带圆圈的铅笔，在绘图区选择任意一点作为圆心，移动光标拉出半径，如下左图所示。确定半径长度后再次单击鼠标左键完成绘制，并自动形成面，如下右图所示。

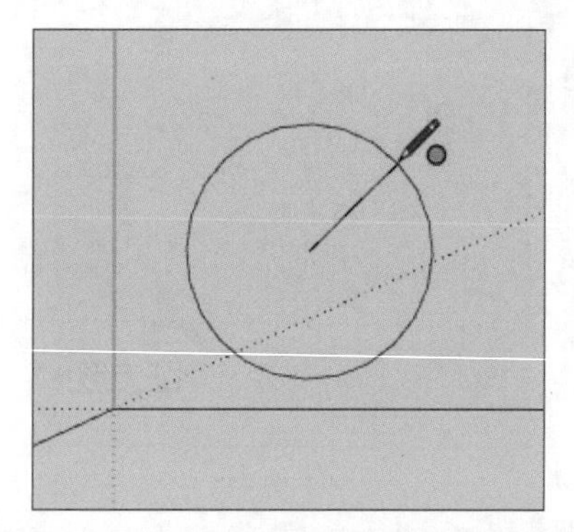

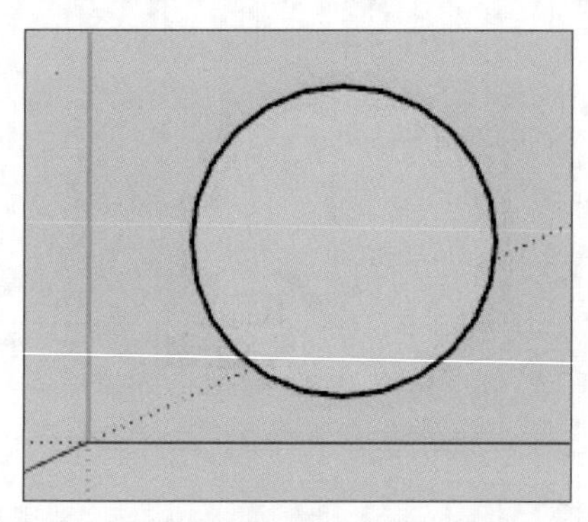

提示：SketchUp中圆的构成

在SketchUp中，圆实际上是由正多边形组成的，所以在SketchUp中绘制圆形时可以调整圆的片数（即多边形的边数）。激活圆工具后，直接输入片段数，在数值控制框中有所体现，如输入32表示片段数为32，也就是此圆用正32边形来显示，输入64表示正64边形，然后再绘制圆形。注意尽量不要使用片段数低于16的圆，那会让圆看起来像多边形。

(4) 多边形工具

多边形工具用于绘制正多边形，其操作步骤与圆工具相同。首先激活多边形工具，输入需要的多边形数，这里使用7边形，单击一点作为内切圆圆心，如下左图所示。移动光标到需要的位置或输入内切圆半径，单击鼠标左键确定操作，即可完成绘制，如下右图所示。

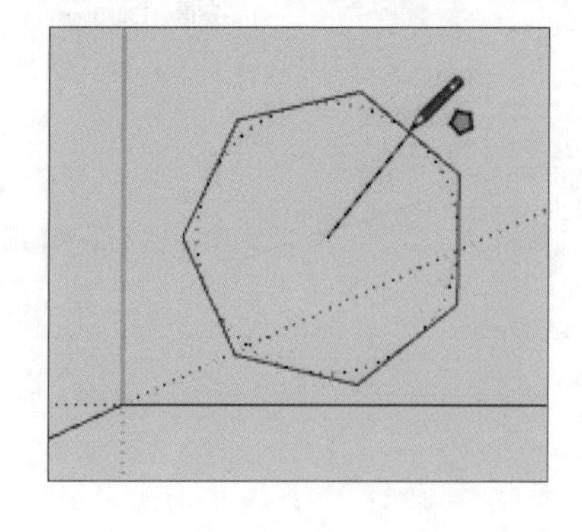

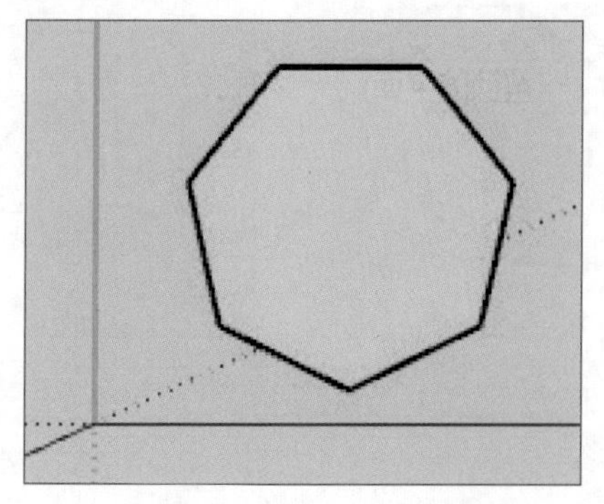

实战练习 绘制餐桌平面图

学习了基础的二维绘图工具后，用户已经可以使用SketchUp进行一些简单的平面图形绘制了。本小节将会利用所学知识来绘制餐桌平面图，具体操作步骤如下。

步骤01 激活矩形工具，绘制4400mm×1500mm的矩形，如下左图所示。

步骤02 使用偏移工具向内偏移50mm，制作边框示意，如下右图所示。

步骤03 继续使用偏移工具沿内侧向里偏移600mm，制作出中心造型，如下左图所示。

步骤04 使用直线工具沿两侧中心绘制分割线，如下右图所示。

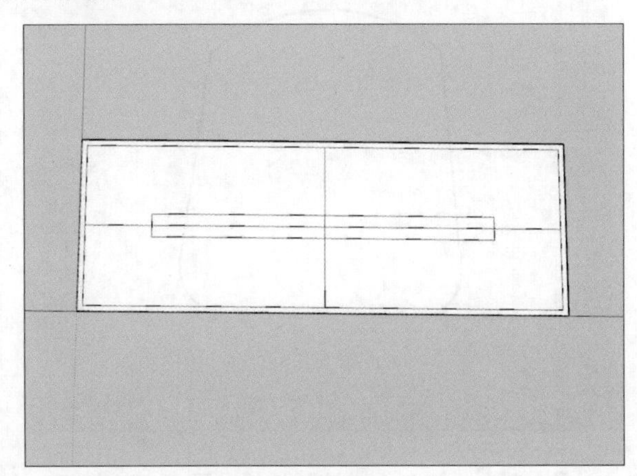

步骤05 在餐桌旁使用矩形工具绘制600mm×600mm的矩形，如下左图所示。

步骤06 使用直线工具进行大致切割，如下右图所示。

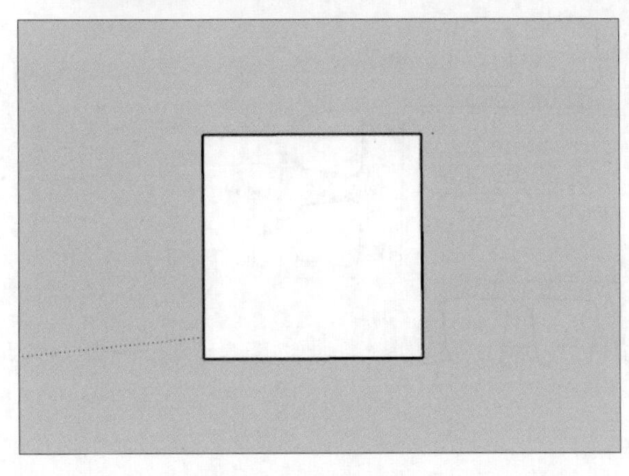

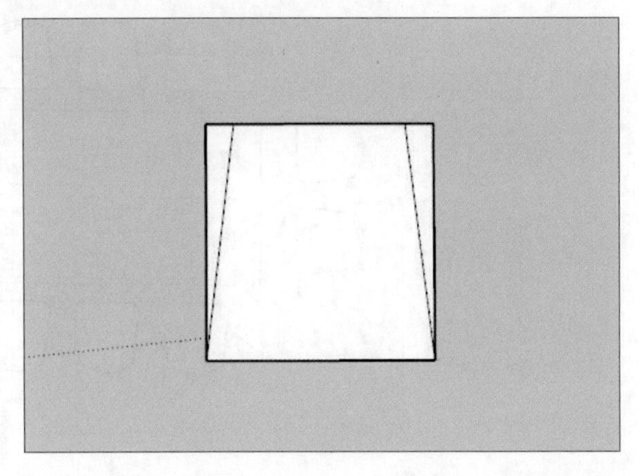

步骤 07 使用擦除工具删除多余的部分，如下左图所示。

步骤 08 使用圆弧工具进行细化，如下右图所示。

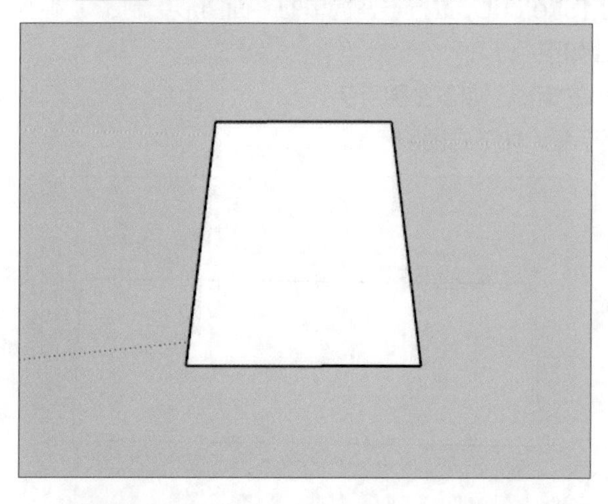

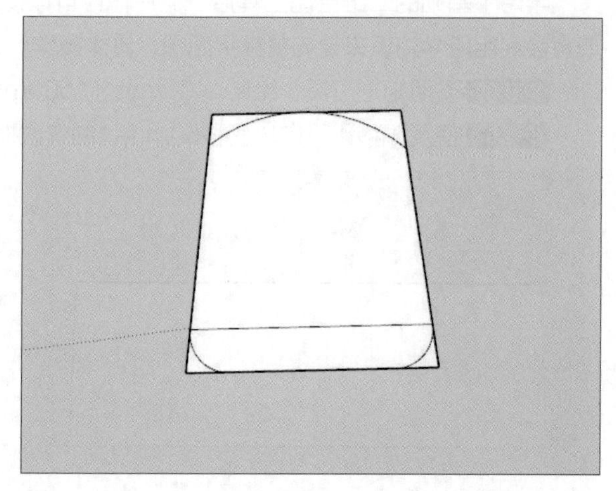

步骤 09 擦除多余部分后的效果，如下左图所示。

步骤 10 使用偏移工具与直线工具细化座椅，如下右图所示。

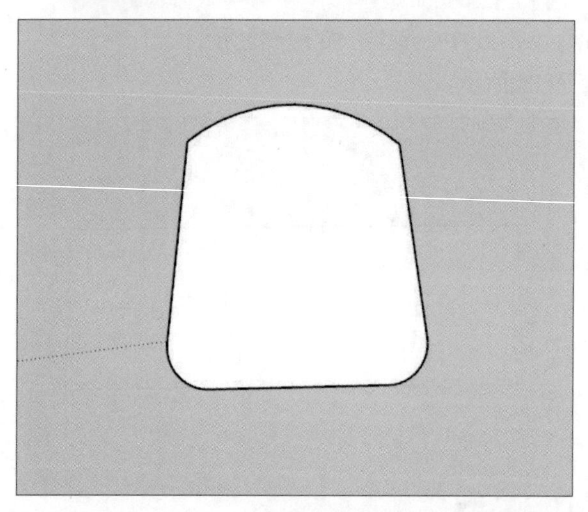

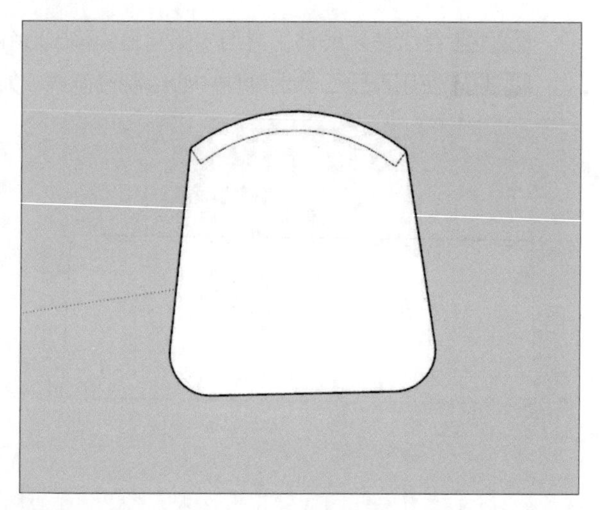

步骤 11 绘制多个座椅并将其放置在餐桌周围，效果如下图所示。

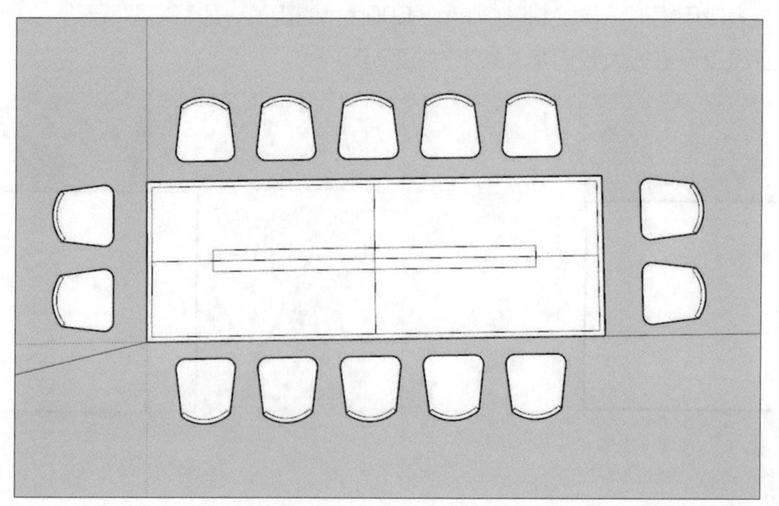

3.2 编辑工具

SketchUp的“编辑”工具栏中包含了“移动”“推/拉”“旋转”“路径跟随”“缩放”以及“偏移”6种工具，如下图所示。其中“移动”“旋转”“缩放”与“偏移”4种工具用于对象位置、形态的变化和复制，而“推/拉”“路径跟随”两种工具则用于将二维图形转变为三维实体。

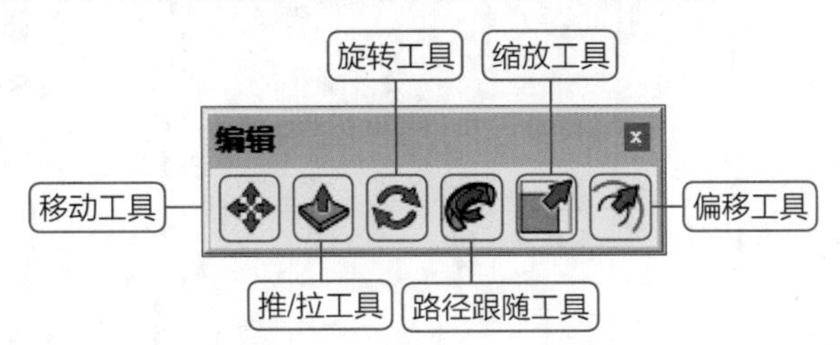

3.2.1 移动工具

在SketchUp中移动工具不仅可以进行对象的移动，还可以同时完成移动与复制操作，下面将分别进行介绍。

(1) 线、面的移动

使用移动工具可以随意对线、面进行移动。移动时，与之相关的线和面也会产生改变，从而达到相应的模型效果，下面介绍对矩形的线和面分别进行移动的方法。首先在矩形中线处画一条直线，选中它，如下左图所示。向上移动边线，效果如下右图所示。

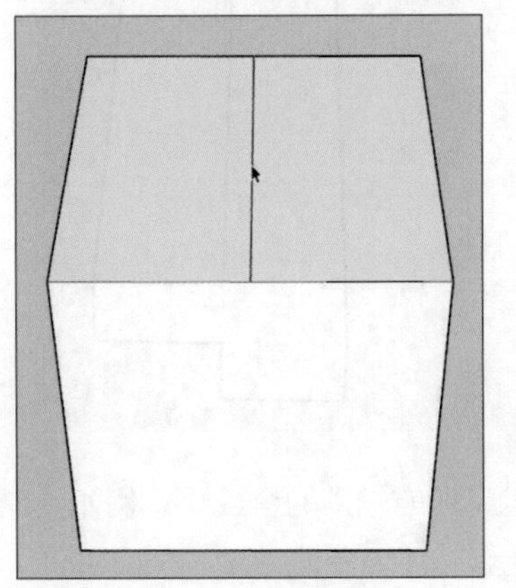
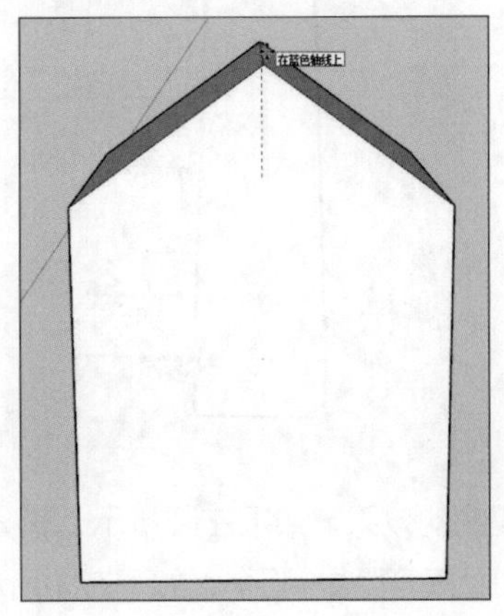

选中顶面上下移动，对比效果如下两图所示。

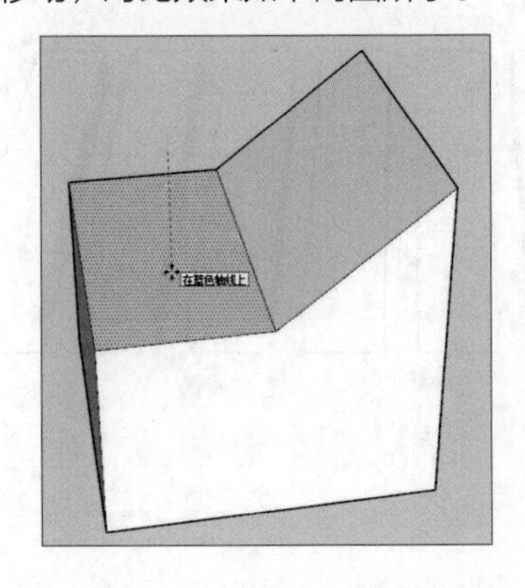
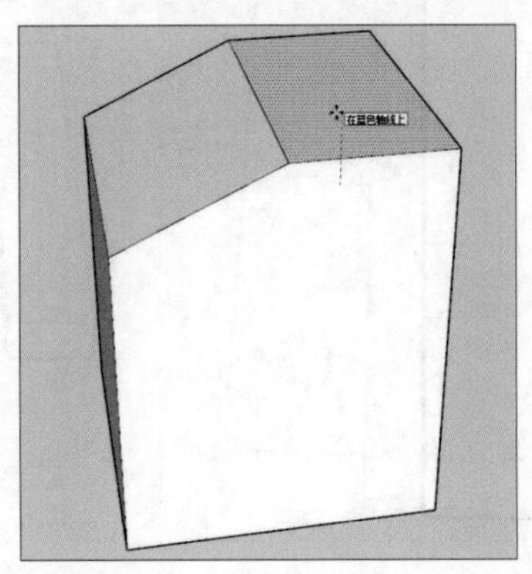

（2）移动对象

全选需要移动的物体，激活移动工具，单击物体上的一个点进行移动（建议选中物体的端点，较好操作），如下左图所示。再次单击或输入移动距离，确定移动的终点，如下右图所示。

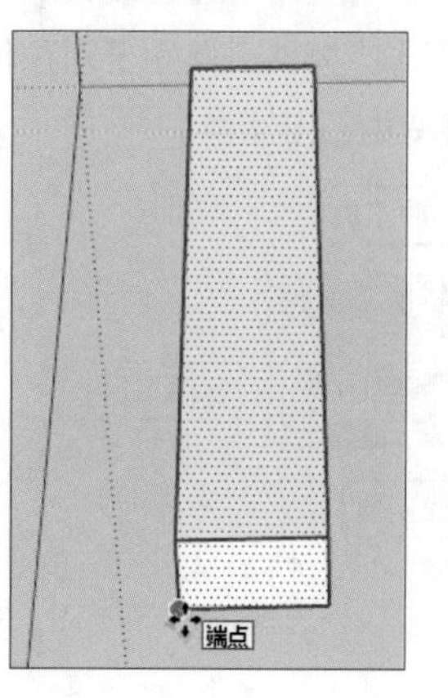

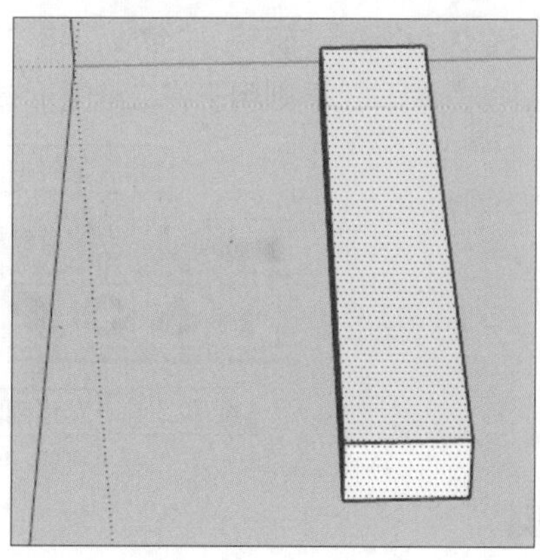

（3）移动复制对象

在SketchUp中，复制功能是通过移动工具来实现的。全选物体后，激活移动工具，按Ctrl键切换为移动复制状态，此时选择物体上的一个点再移动，就变为了复制，如下左图所示。复制到合适的位置，再次单击鼠标左键确定复制位置，即可完成复制，如下右图所示。

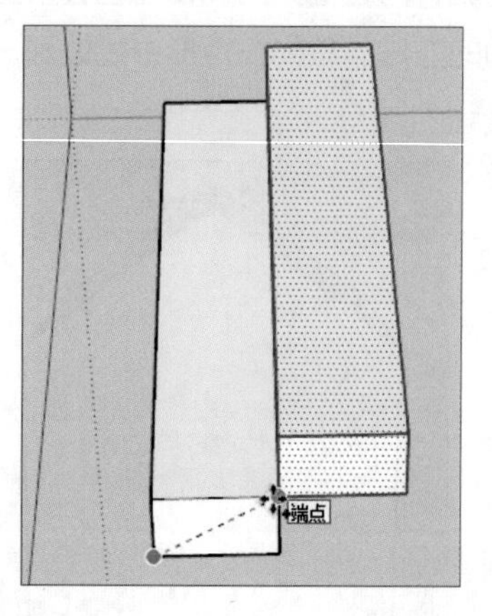

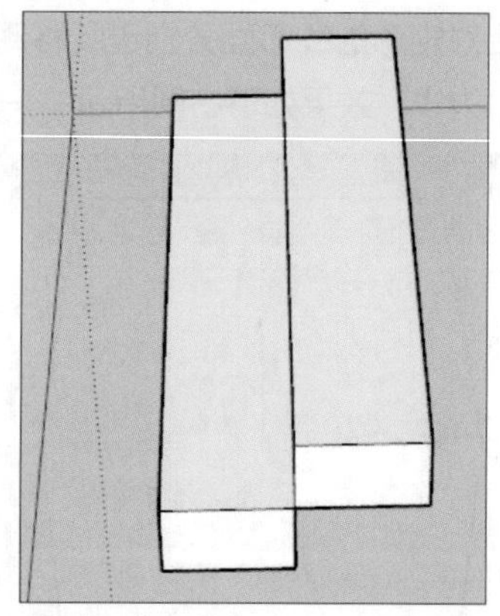

完成一次物体复制的效果，如下左图所示。输入“所需输入的个数*”，例如“5*”，SketchUp会将原物体按第一次移动距离等距复制5个，如下右图所示。

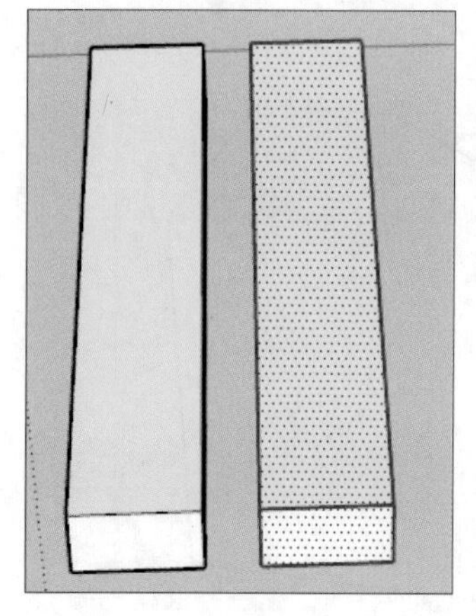
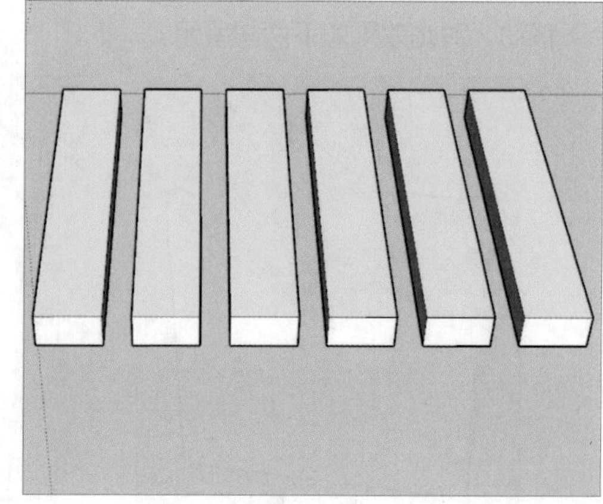

提示：另一种移动复制方式

在完成一次较远的物体复制后，输入所需复制的个数/，例如“5/”，SketchUp会按照第一次移动复制的距离五等分，同时复制5个。

3.2.2 推/拉工具

推/拉工具是将二维平面推拉生成三维实体模型的常用工具，具体操作步骤如下。

激活推/拉工具，将光标移动到模型已有的面上，可以看到已有的面会显示为被选中状态，如下左图所示。单击鼠标左键拖动光标，根据推或拉的不同变化，原有的面也会随之变化，如下右图所示。

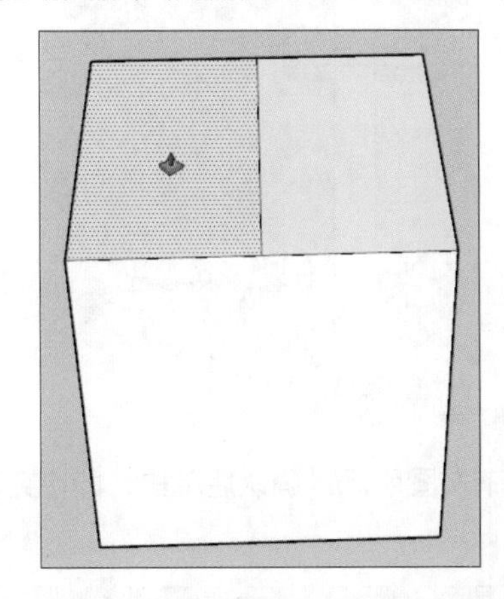
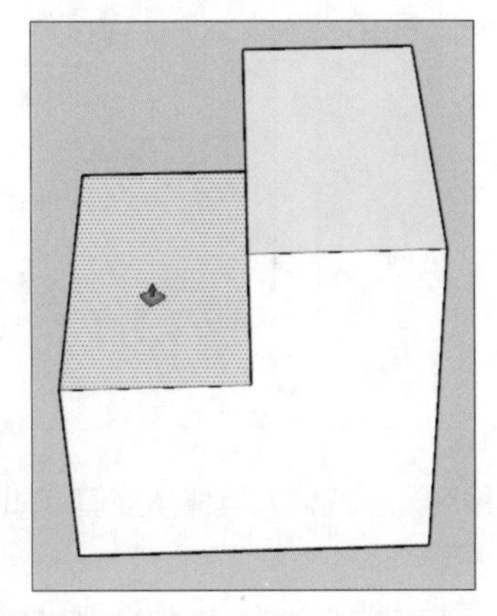

若需要在实体中挖空一个通道，用户可以在需要挖空的位置绘出一个平面，如下左图所示。使用推/拉工具推拉所绘制的面，将厚度推拉至0时便会挖空实体，如下右图所示。

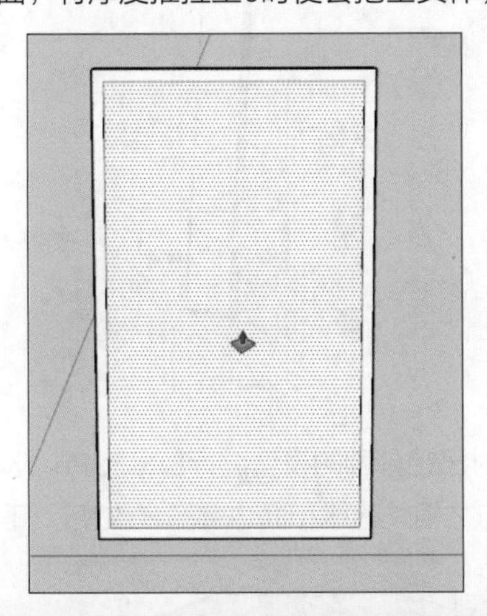
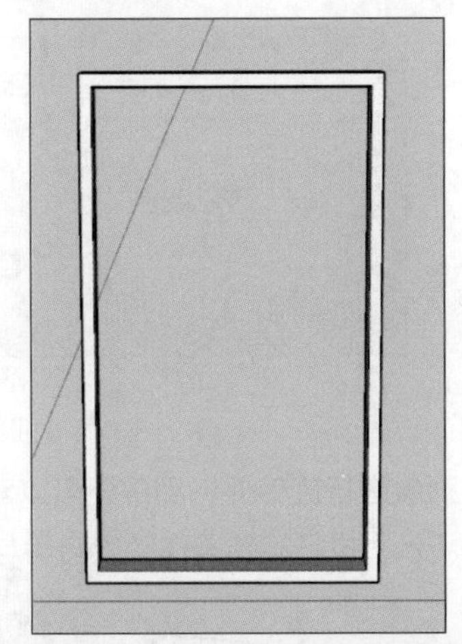

提示：快速重复上一次推拉命令

当我们遇到多个需要推拉相同距离的面时，在推拉工具激活的状态下，双击鼠标左键即可快速重复上一次推拉命令，推拉的尺寸与方向与上次相同。

3.2.3 旋转工具

旋转工具用于旋转对象，可以对单个物体、多个物体进行旋转，也可以对物体中的某一个部分进行旋转，还可以在旋转的过程中执行复制操作。

(1) 旋转对象

全选需要旋转的物体，激活旋转工具，单击确定旋转轴心，如下左图所示。单击第二个点确定旋转轴方向，如下右图所示。

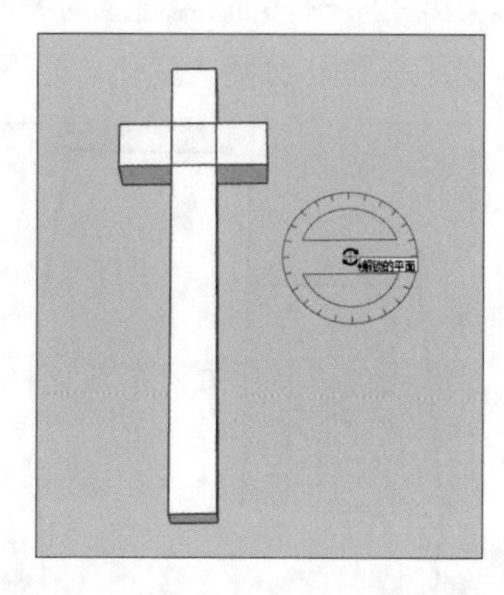

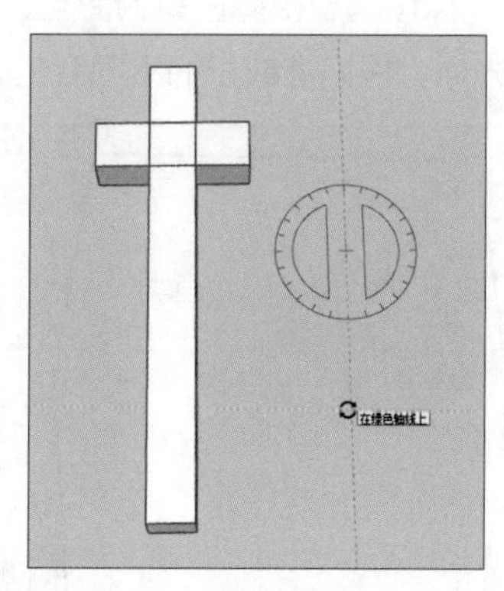

单击确定该点，移动光标或输入具体角度值，如下左图所示。确认后单击，即可完成旋转操作，如下右图所示。

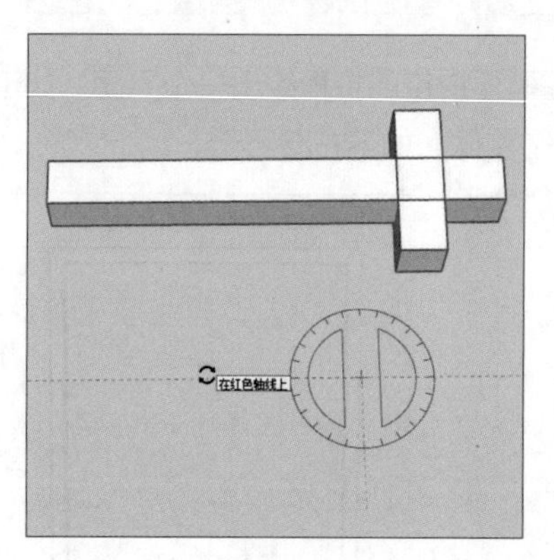

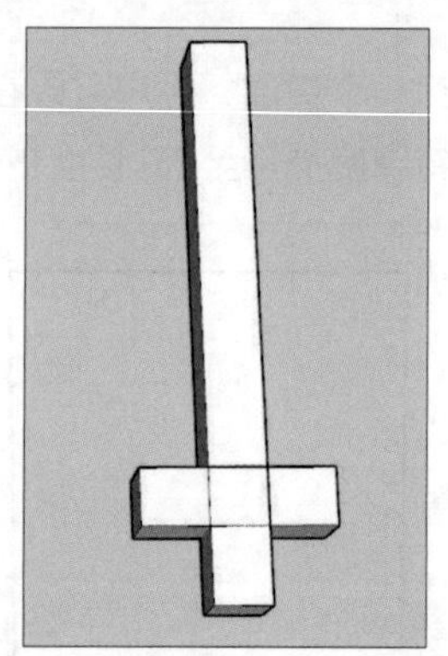

(2) 局部旋转

除了对整个模型对象进行旋转外，用户还可以对已经分割的模型进行部分旋转。选中物体局部，激活旋转工具，如下左图所示。执行旋转操作，旋转后与之相关的线和面也会随之改变，如下右图所示。

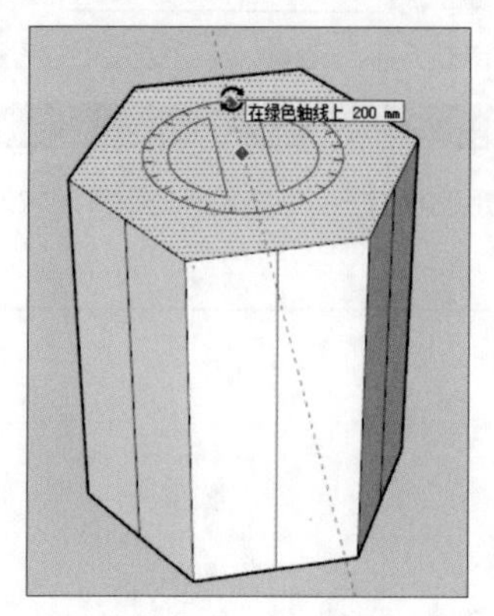

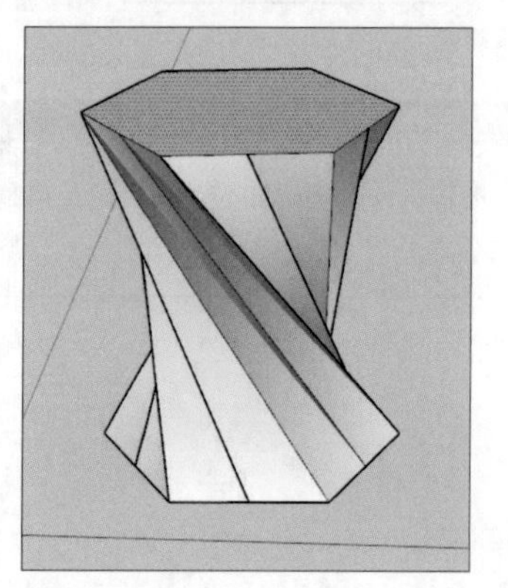

（3）旋转复制

选中需要复制的对象，激活旋转工具，选择坐标中心为轴心点，如下左图所示。单击确定轴心点，第二个点定在所要复制的物体，如下右图所示。

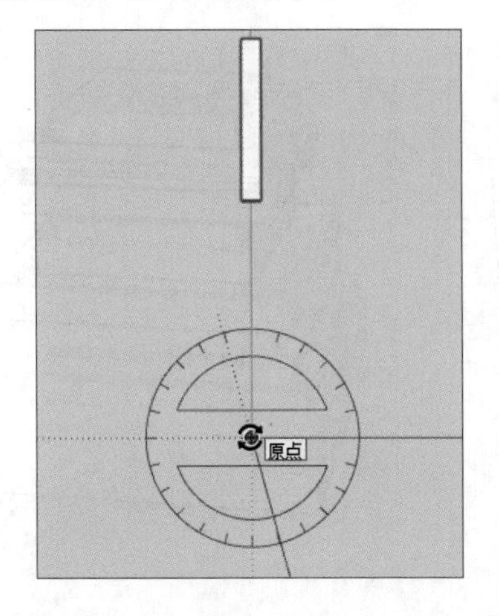

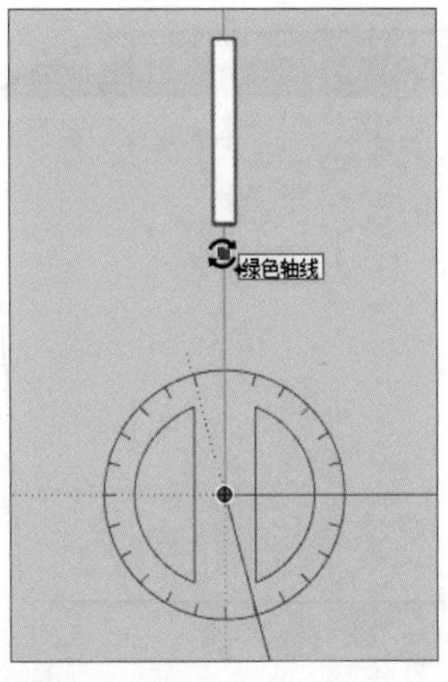

旋转好角度复制模型，如下左图所示。输入“所需复制的个数*”完成复制，这里为“11*”，如下右图所示。

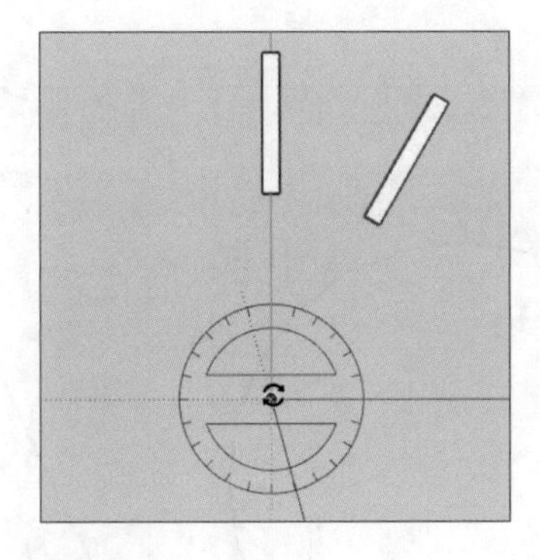

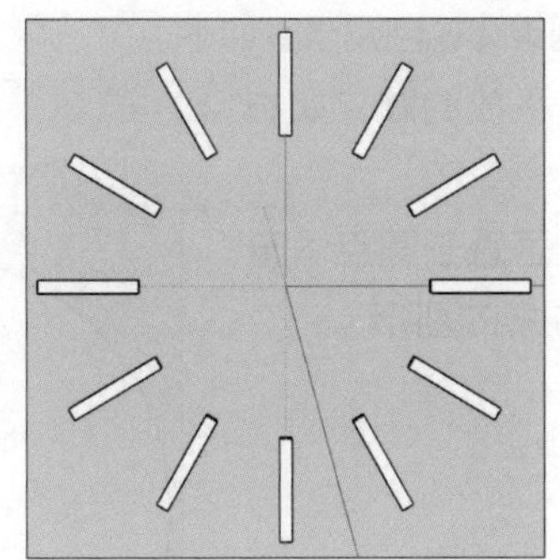

3.2.4 路径跟随工具

路径跟随是指将一个对象沿着某一路线进行拉伸的建模方式，是一种传统的利用两个二维图形生成三维实体的工具。

（1）线与面的应用

激活路径跟随工具，根据状态栏中的提示单击截面，选择拉伸面，如下左图所示。再将光标移动到作为拉伸路径的曲线上，这时可以看到曲线变红，光标随着曲线移动，截面也会随之形成三维模型，如下右图所示。

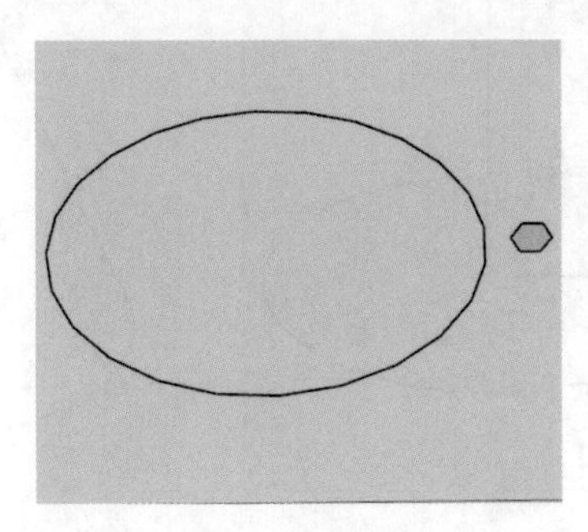

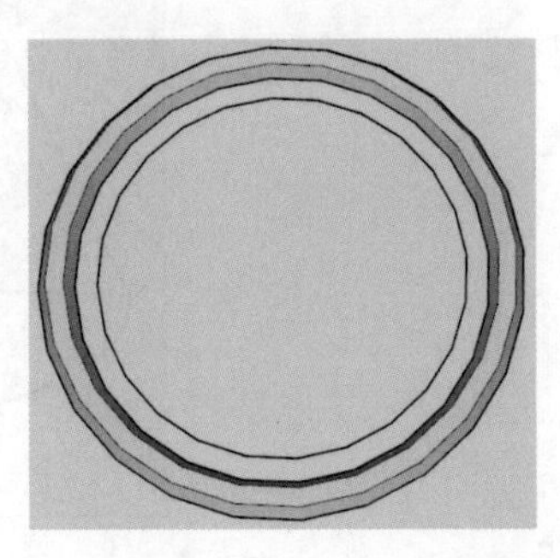

（2）面与面的应用

在物体上绘制边缘线，如下左图所示。选中需要路径跟随的边线，激活路径跟随工具，单击需要跟随的面，即可完成路径跟随，效果如下右图所示。

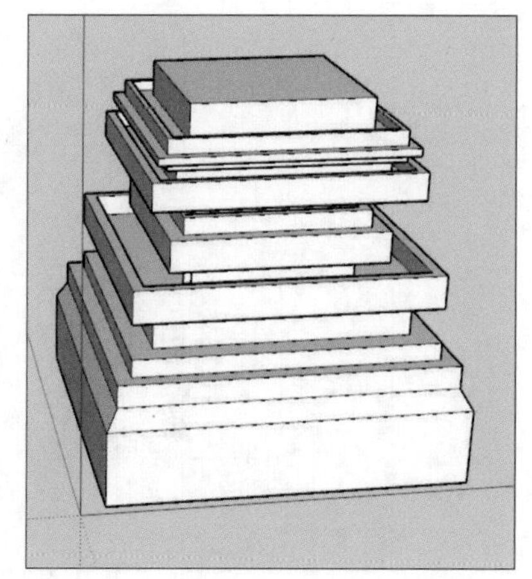

（3）制作圆锥体

SketchUp并不能直接创造球体、棱锥、圆锥等几何体，通常需要在“面”与“面”上应用路径跟随工具进行创建，其中圆锥体的创建步骤如下。

步骤 01 绘制一个平放的圆，如右侧左图所示。

步骤 02 绘制一个垂直于圆且垂直于圆心的三角形，如右侧右图所示。

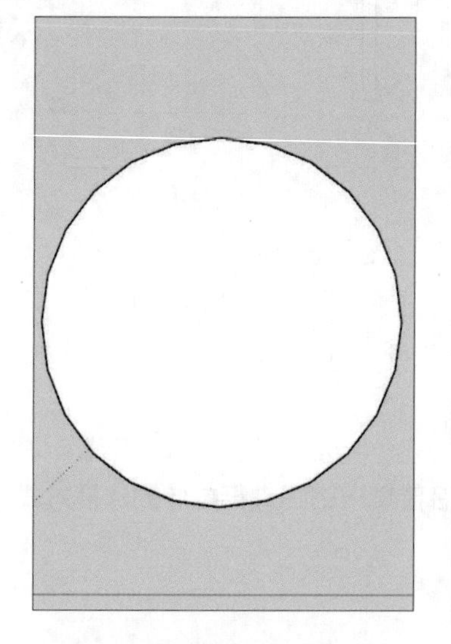

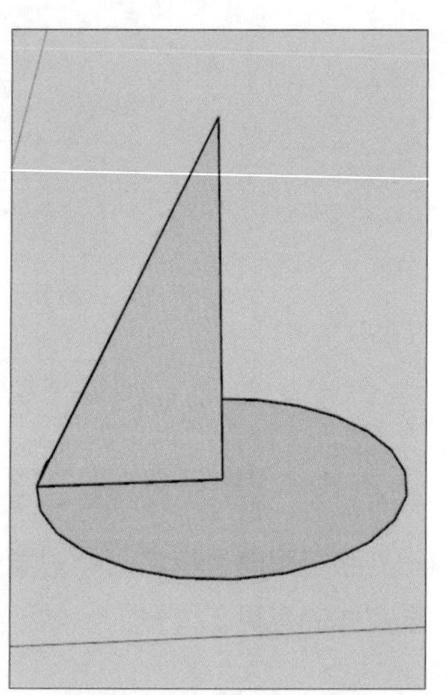

步骤 03 选中需要路径跟随的边，激活路径跟随工具，如右侧左图所示。

步骤 04 单击需要路径跟随的面，效果如右侧右图所示。

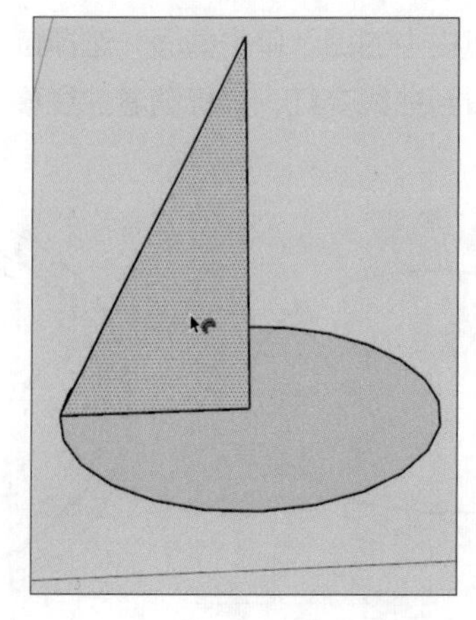

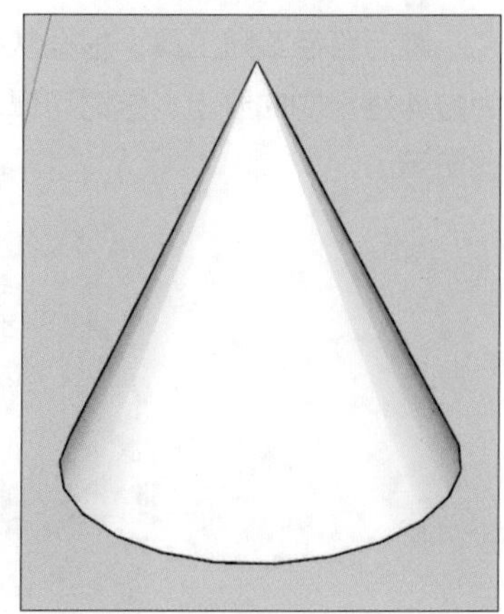

3.2.5 缩放工具

在SketchUp中，缩放工具可以对单个物体、多个物体或物体中的某一个部分进行缩放，可以是在X、Y、Z三个轴同时进行等比缩放，也可以对锁定的任意两个或单个轴向进行非等比缩放。

（1）等比缩放

选择需要等比缩放的物体，激活缩放工具，此时光标会变成缩放箭头，而三维物体会被缩放栅格所围绕，如下左图所示。将光标移动到对角点，此时光标会出现“统一调整比例在对角点附近”的提示，表明此时为X、Y、Z三个轴向同时进行的等比缩放，如下右图所示。

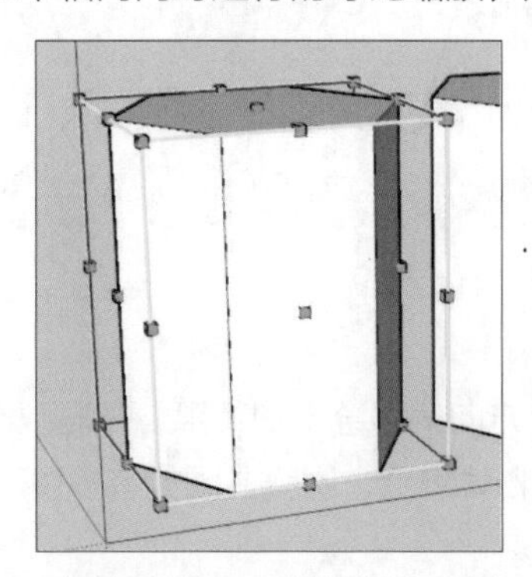

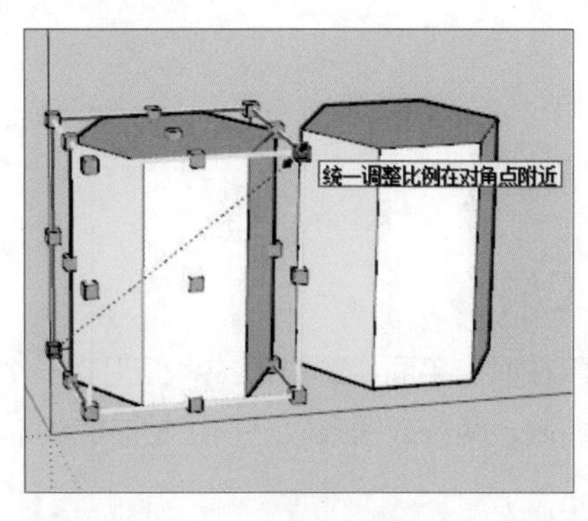

单击并按住鼠标左键不放，移动光标，向下移动是缩小，向上移动是放大。当物体缩放到需要的大小时释放鼠标，结束缩放操作。下左图为缩小后效果，下右图为放大后效果。

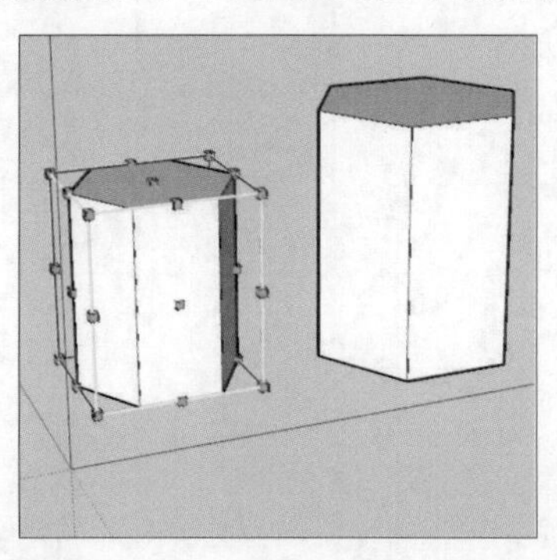

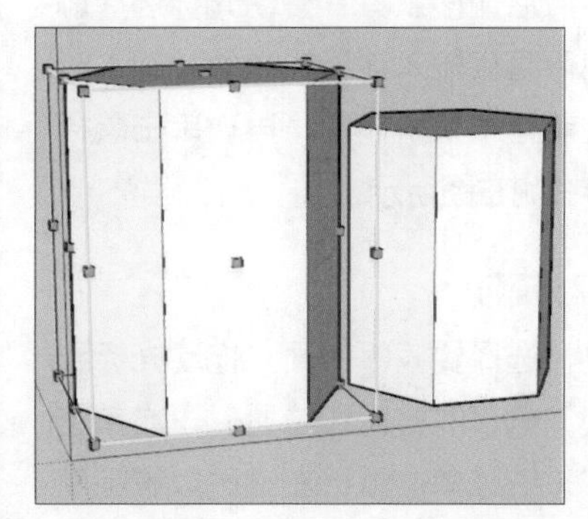

（2）非等比缩放

选中需要缩放的物体，激活缩放工具，选中物体非对角点中的一个进行缩放操作。下左图为沿蓝轴缩放的效果，下右图为沿红轴缩放的效果。

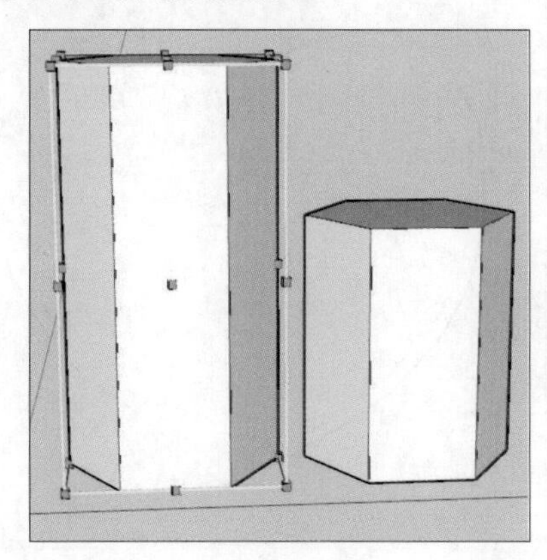

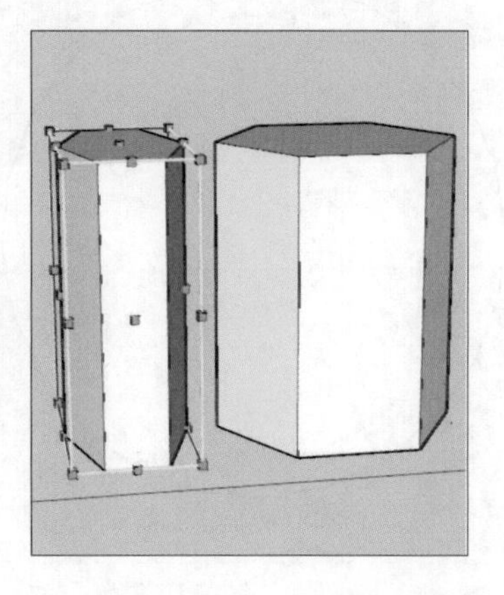

（3）局部缩放

选中需要缩放的物体的局部，激活缩放工具，执行缩放操作后，与之相关的面和线也会随之改变。在执行局部缩放时，按住Ctrl键打开局部等比缩放功能，局部缩放效果如右侧左图所示。局部等比缩放效果如右侧右图所示。

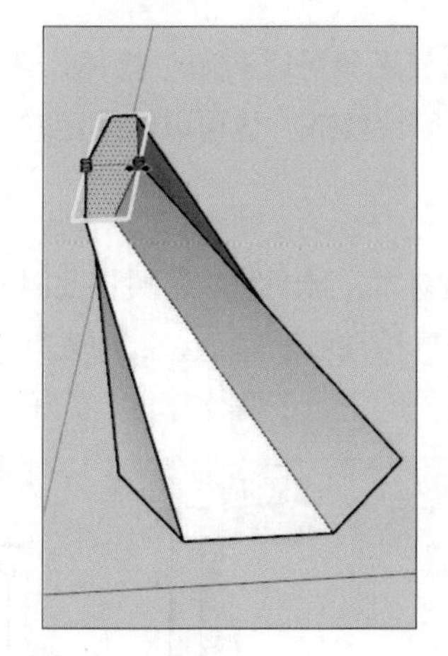

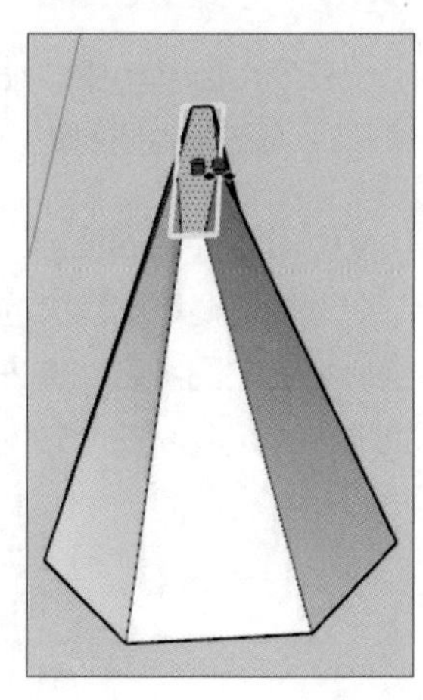

3.2.6 偏移工具

偏移工具可以将在同一平面中的线段或者面沿着一个方向偏移统一的距离，并复制出一个新的物体。偏移的对象可以是面域、两条或两条以上首尾相连的线形物体集合、圆弧、圆或者多边形。

（1）线的偏移复制

选择要偏移的线段、多段线、弧线或复合线，如右侧左图所示。激活偏移工具，移动光标选择偏移方向和位置，也可直接输入精确的数值，输入时在左下角的数值控制框中有所体现，再次单击鼠标左键完成偏移，如右侧右图所示。

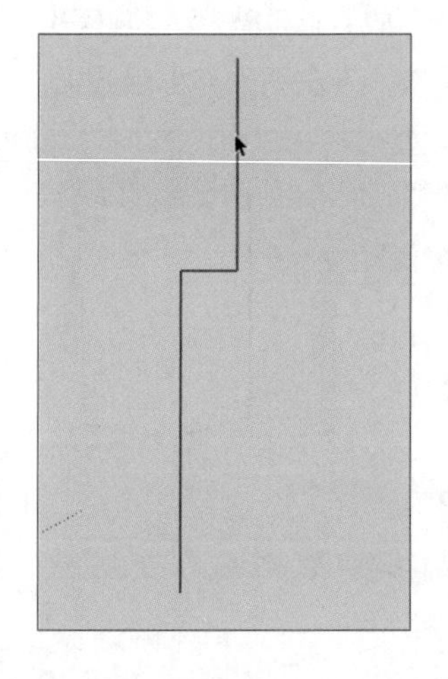

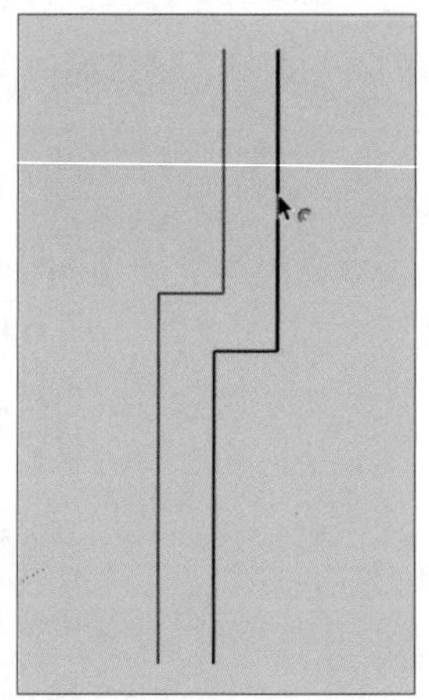

（2）面的偏移复制

激活偏移工具，选择要偏移的面，拖动光标到需要偏移的面，控制偏移的方向和位置，再次单击鼠标左键完成偏移（继续单击鼠标左键可以等距离再次偏移）。下左图为圆面的偏移效果，下右图为不规则面的偏移效果。

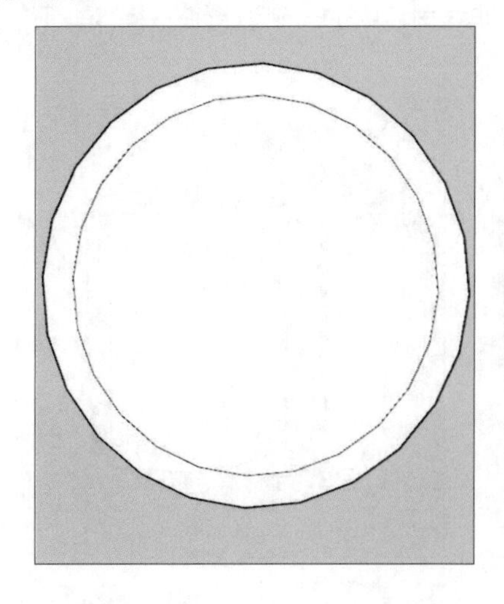

实战练习 制作桌子模型

在学习了常用的二维与三维绘图工具的应用后，用户已经可以使用SketchUp进行一些简单的模型绘制了。本练习将会利用所学知识来创建桌子模型，具体操作步骤如下。

步骤01 首先使用矩形工具绘制一个800mm×400mm的矩形，再使用推拉工具向上推40mm，效果如下左图所示。

步骤02 使用偏移工具向外偏移40mm，再使用推拉工具向上推1000mm，完成后的效果如下中图所示。

步骤03 使用矩形工具对模型的上方进行封口，再使用推拉工具向上推30mm，效果如下右图所示。

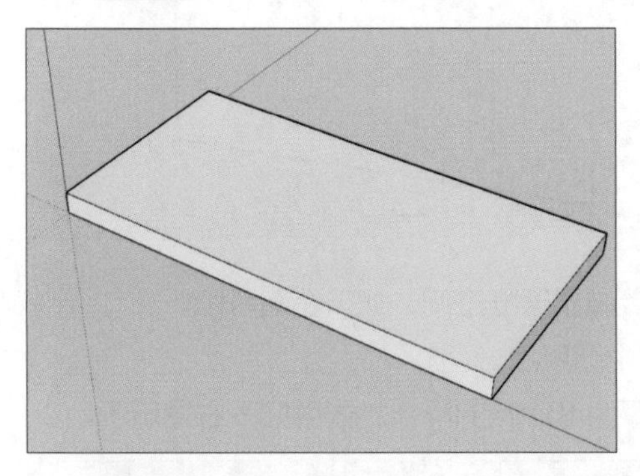
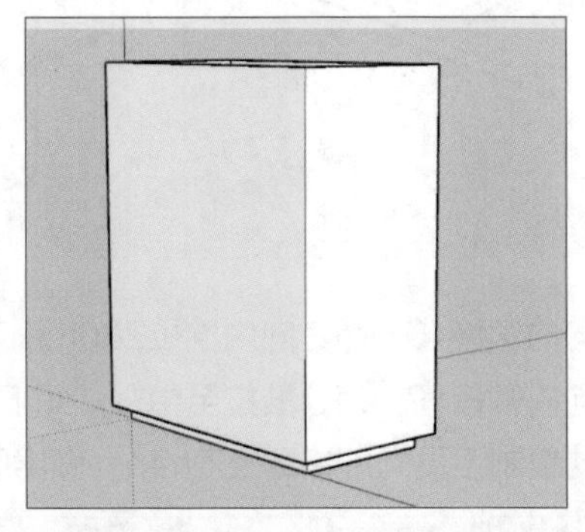
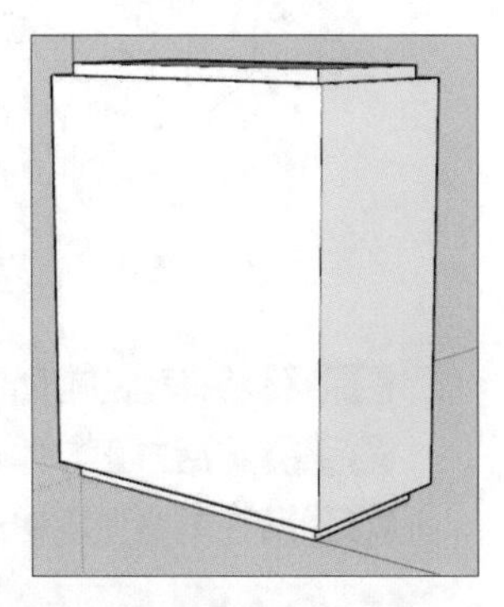

步骤04 使用偏移工具向外偏移40mm，再使用推拉工具向上推40mm，效果如下左图所示。

步骤05 使用橡皮擦工具擦除顶面多余的线，使其变为桌面，如下中图所示。

步骤06 选中中间的夹层，向右移动复制，距离为1800mm，修补夹层，完成后的效果如下右图所示。

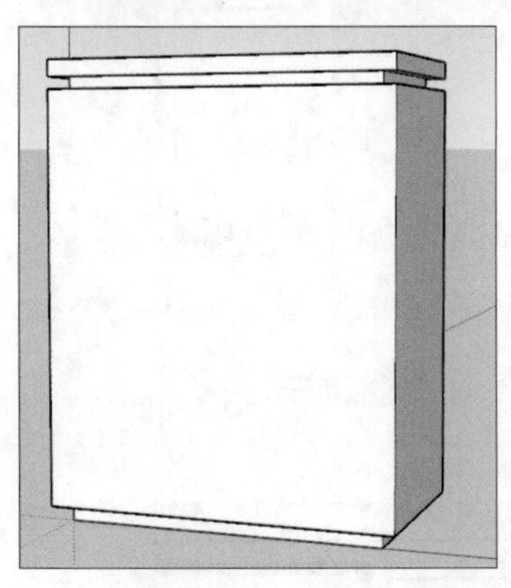

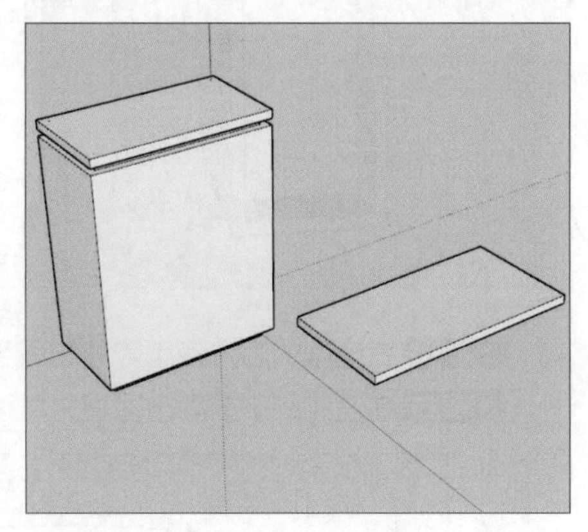

步骤07 使用推拉工具向右推桌面，距离为1840mm，如下左图所示。

步骤08 将右侧底面夹层向外偏移40mm，向下推拉40mm，补齐底面，擦除多余的线，如下右图所示。

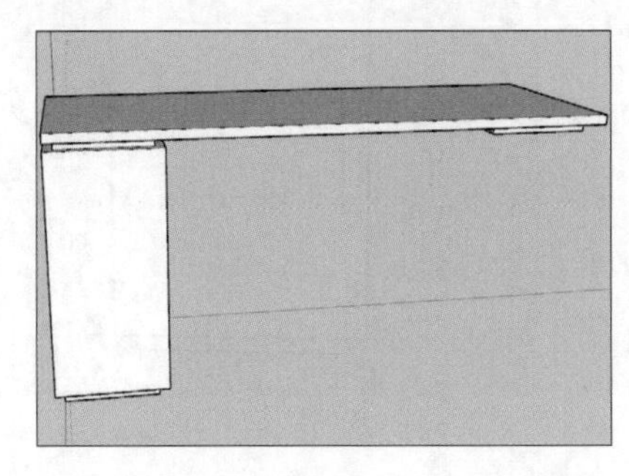

步骤09 将下层面向前推560mm，效果如下左图所示。

步骤10 在底面向内移动复制一条线，移动距离为300mm。将一个底面推拉至地面，补齐线段，再将另一个底面推拉至地面，补齐线段，最终效果如下右图所示。

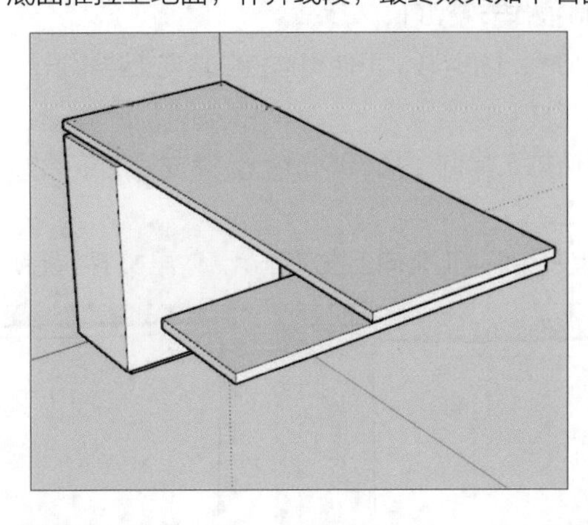

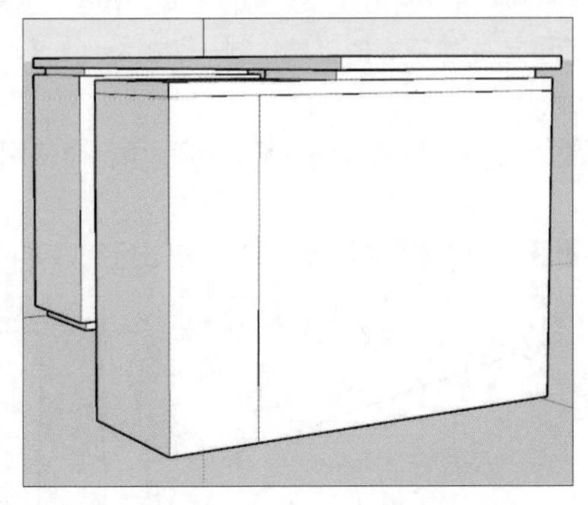

步骤11 将模型的前面向内偏移40mm，向内推拉280mm，做出置物空间，如下左图所示。

步骤12 将后方正方体向内偏移40mm，推拉至中空，如下中图所示。

步骤13 在前方使用移动复制工具向下移动300mm，做出厚为40mm的隔断，效果如下右图所示。

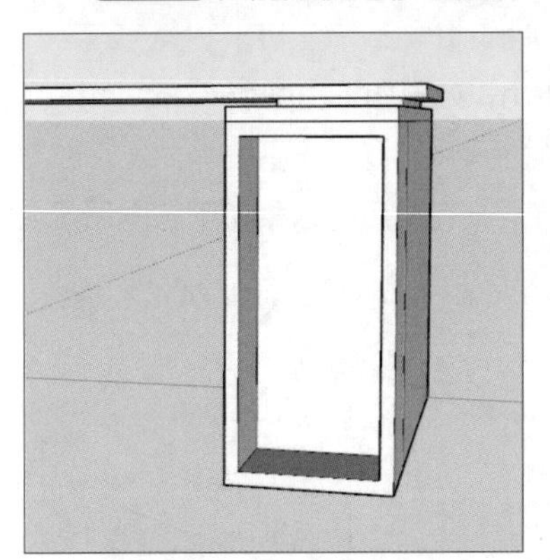

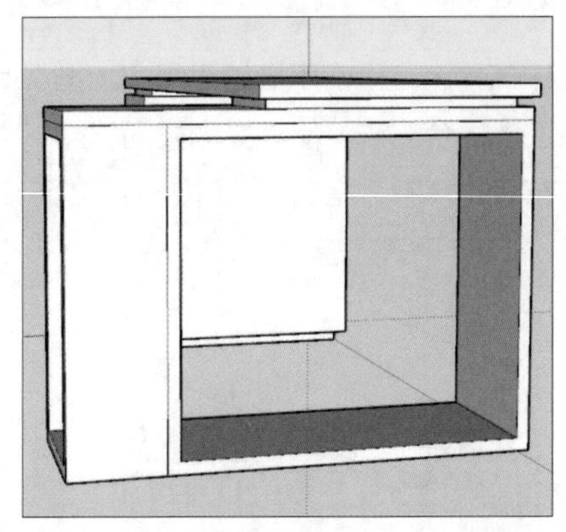

步骤14 在模型的后方使用等分线段工具制作出两层厚为40mm的隔断，如下左图所示。

步骤15 在左侧柜子前画出抽屉，具体数据如下右图所示。

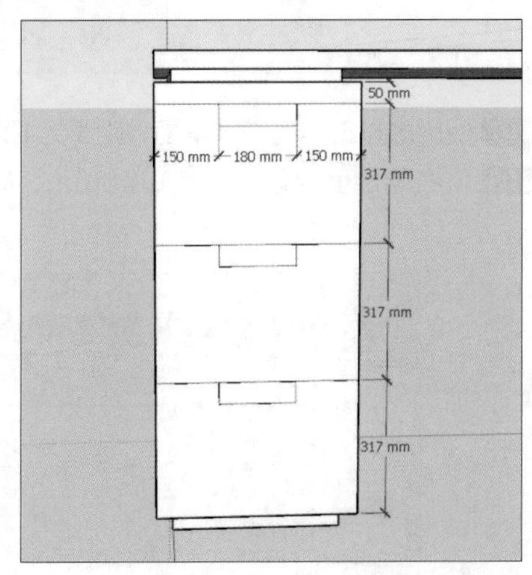

步骤16 将抽屉把手翻转平面，使用推拉工具向后方推50mm，最终完成效果如右图所示。

3.3 辅助建模工具

辅助建模工具又称建筑施工工具。在SketchUp中建模可以达到很高的精确度，这主要得益于功能强大的建筑施工工具的应用。

建筑施工工具包括“卷尺”“尺寸”“量角器”“文本”“轴”及“三维文字”工具，如右图所示。其中“卷尺”与“量角器”工具主要用于尺寸与角度的精确测量与辅助定位，其他工具用于各种标识与文字的创建。

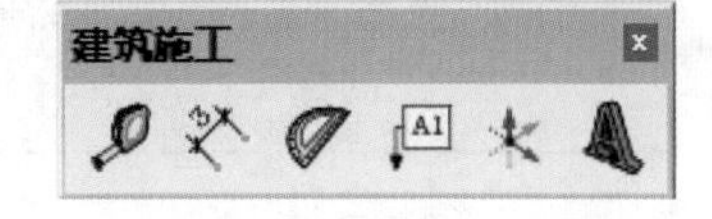

3.3.1 卷尺工具

卷尺工具可以执行一系列与尺寸相关的操作，包括测量两点间的距离、创造辅助线或对整个模型进行等比缩放。

(1) 测量距离

激活卷尺工具后，单击鼠标左键确定需要测量的起始点，如下左图所示。移动鼠标确定需要测量的终点，测量结果显示在光标旁与右下角的数值输入框中，如下右图所示。

（2）创造辅助线

辅助线是在绘图时非常有用的工具，用户可以在参考单元上单击拖出辅助线，辅助线平行于参考单元且无限长。首先激活卷尺工具，单击需要做出参考单元的线段，如下左图所示。向参考单元线段平行方向拖出辅助线，再次单击确定辅助线位置，如下右图所示。

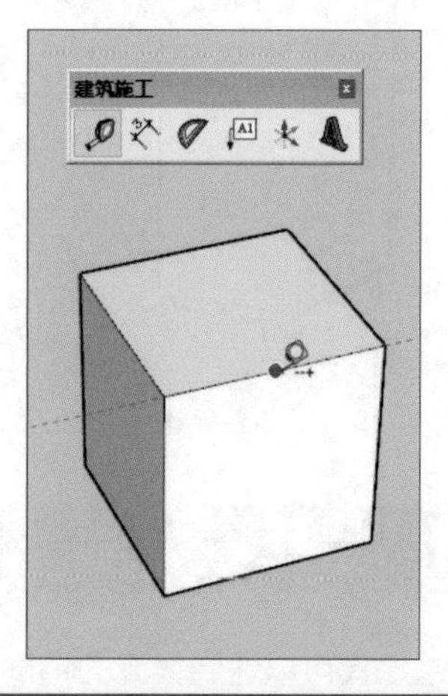

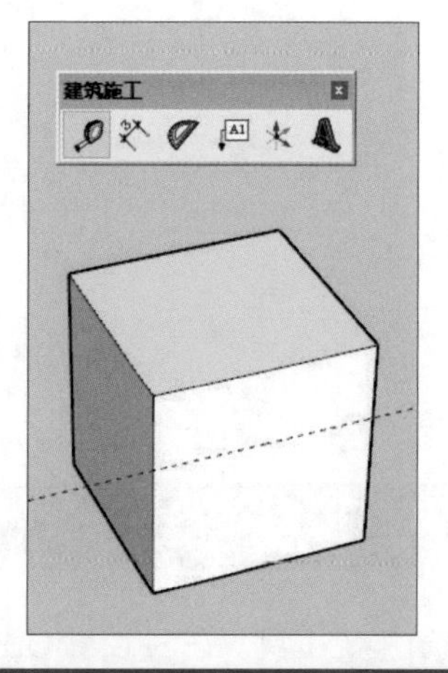

提示：精确等比放大/缩小模型

激活卷尺工具，测量模型中的一条参照线得到数值，输入要将模型按照参照线放大或缩小多少的值，按下回车键完成输入。在打开的提示对话框中单击“确定”按钮，完成精确等比放大或缩小操作。

3.3.2 尺寸标注工具

在SketchUp中，使用尺寸标注工具可以对模型进行尺寸标注。SketchUp中的尺寸信息十分全面，能够直接显示不同的标注类型。

（1）设置标注样式

不同类型的图纸有不同的标注要求，在进行图纸标注前，第一步是设置需要的标注样式。在菜单栏中执行“窗口>模型信息”命令，打开“模型信息”对话框，选择左侧列表框中的“尺寸”选项，如下图所示。单击右侧面板中的“字体”按钮，打开“字体”对话框，设置字体为“宋体”，根据场景模型大小设置字体大小。

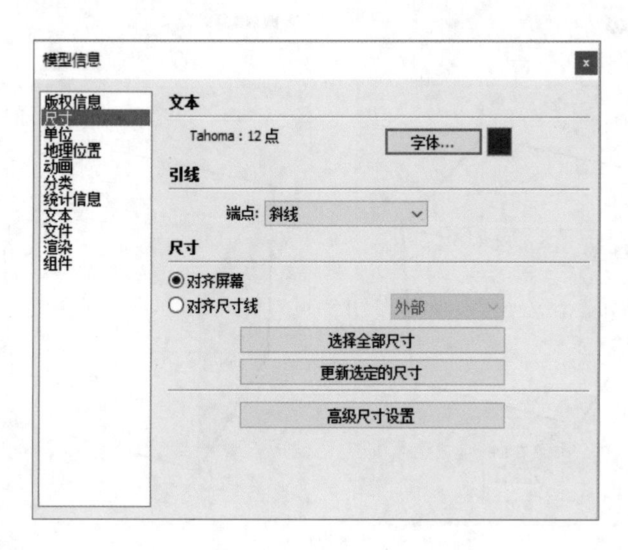

（2）尺寸标注

SketchUp的尺寸标注是三维的，其引出的点可以是端点、终点、交点或边线，可以标注三种类型的尺寸，即长度标注、半径标注、直径标注。激活尺寸工具，在需要标注的线段起点处单击，移动光标至需要标注的终点再次单击，移动光标拖出标注即可，标注效果如下图所示。

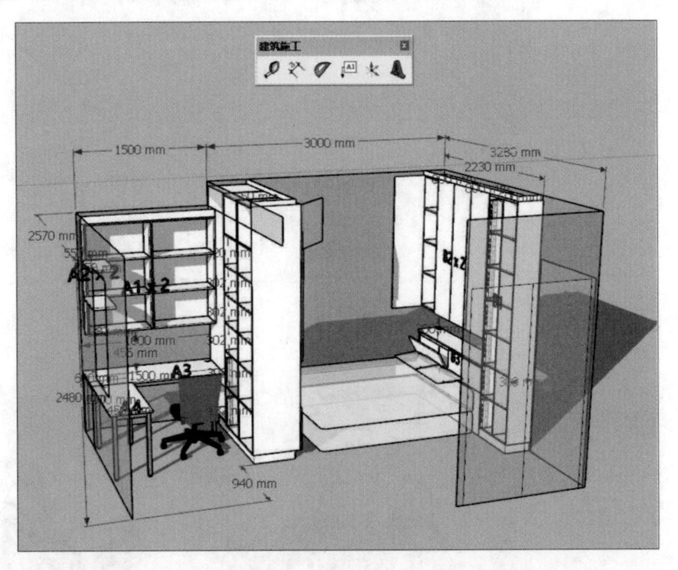

3.3.3 量角器工具

量角器工具主要用于测量角度或创造辅助线。激活量角器工具，单击确定端点，拖动鼠标确定测量角的一条边，再次单击确定边线，如下左图所示。拖动测量线至需要测量的位置，再次单击完成测量，测量角度显示在右下角的数值输入框中，如下右图所示。

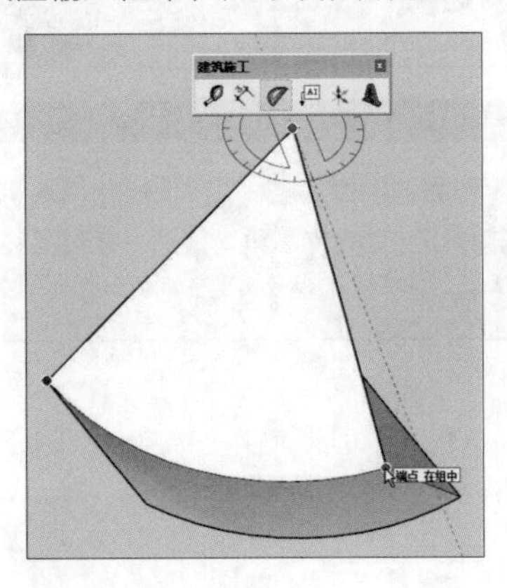

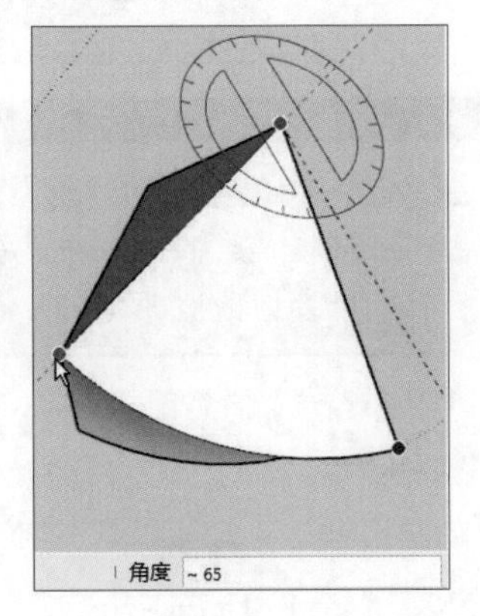

3.3.4 文字工具

在遇到图形元素无法正确表达设计意图时，文本标注可以帮助解决这个问题，用户可以通过文字工具进行系统标注与文字标注。

（1）系统标注

系统标注可以直接对面积、长度、定点坐标进行标注。激活文字工具，在目标对象的表面单击，即可引出引线，对目标的面积进行标注，如下页左图所示。双击则会在当前位置直接显示标注的内容，如下页右图所示。

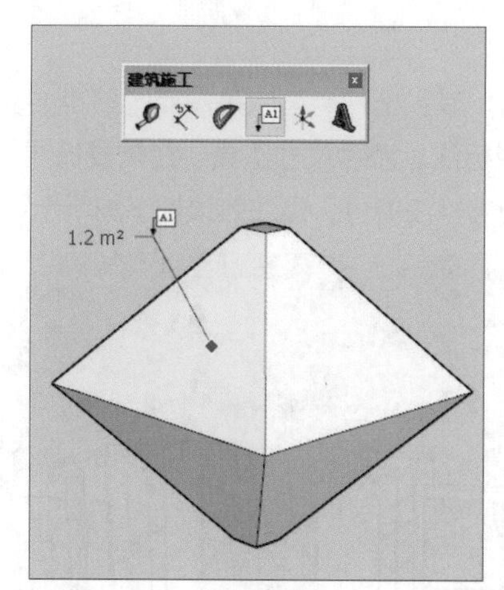

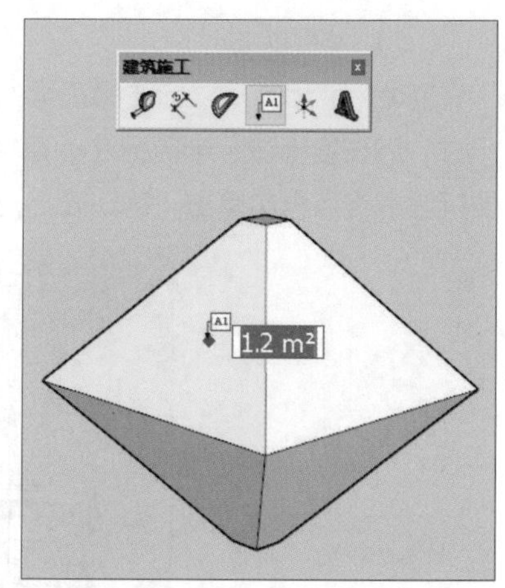

（2）名称标注

我们可以使用文本工具轻松编写文字内容。激活文字工具，移动光标至需要标注的物体上并单击，引出引线，在合适的位置再次单击，文本变为可编辑状态，如右侧左图所示。输入新的内容，在空白处单击确定输入即可，右侧右图为文本编辑完成的效果。

> **提示：轴工具**
>
> SketchUp和其他三维软件一样，都是通过“轴”来进行位置定位。为了方便模型创建，SketchUp还可以自定义“轴”，激活轴工具，移动光标确定原点并单击。拖动光标确定X轴方向。再次拖动光标确定Y轴与Z轴方向，单击确定完成新“轴”的定义。

3.3.5 三维文字工具

使用三维文字工具可以快速创建三维或平面的文字效果。激活三维文字工具，系统会自动弹出“放置三维文本”对话框，输入需要的文字后，设置文字字体与高度，如右侧左图所示。将创建好的三维文字放置在需要的地方，效果如右侧右图所示。

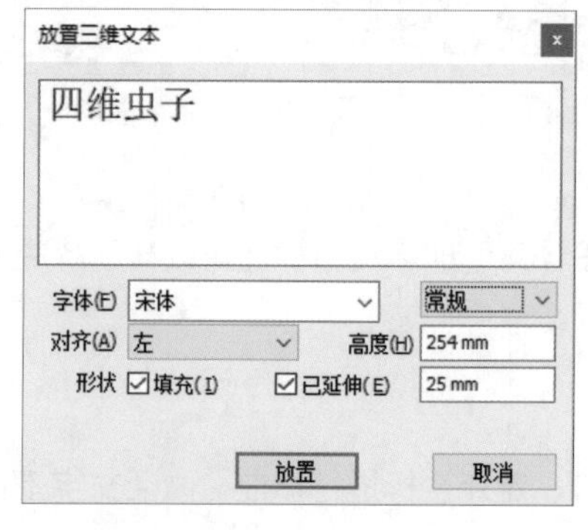

实战练习 制作组合酒柜模型

学习了各种SketchUp建模工具的应用后，下面介绍使用辅助建模工具与三维建模工具制作组合酒柜模型的操作方法，具体步骤如下。

步骤 01 首先使用矩形工具绘制一个500mm×2000mm的矩形，选中三边并向内偏移40mm，如下左图所示。

步骤 02 使用推拉工具将矩形的外部推高3000mm，将内部推高2960mm，然后将顶部封口，如下右图所示。

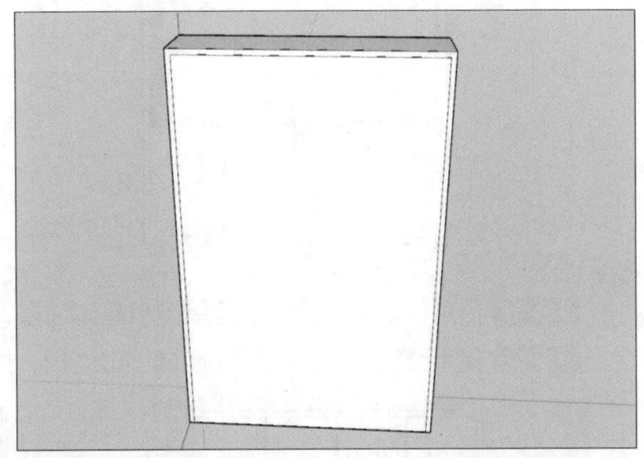

步骤 03 将柜面向内推入40mm，删除多余的线，使用卷尺工具画好基本结构，如下左图所示。

步骤 04 深化细节，删除多余的线，效果如下右图所示。

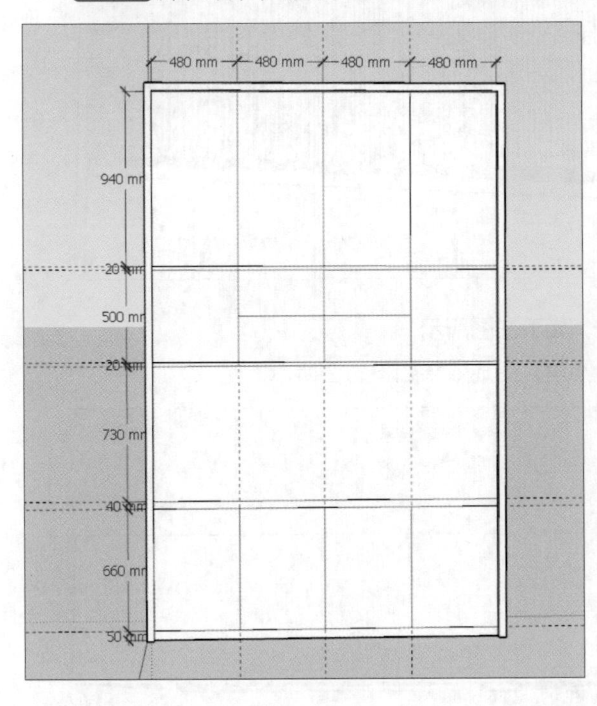

步骤05 将中空部分向内推440mm，将柜门部分向外拉30mm，如下左图所示。

步骤06 绘制出把手并向外拉20mm，效果如下右图所示。

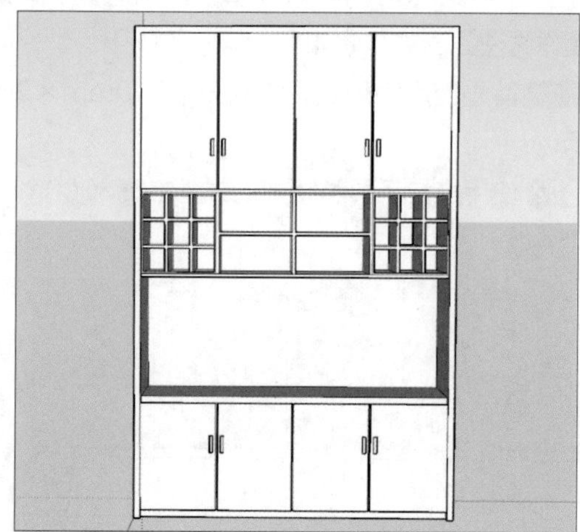

步骤07 使用移动复制功能创建造型板基本线条，如下左图所示。

步骤08 使用推拉工具拉出20mm做出造型板，如下右图所示。

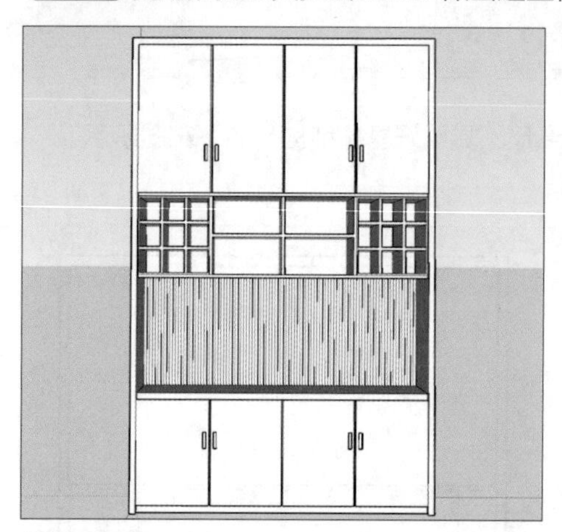

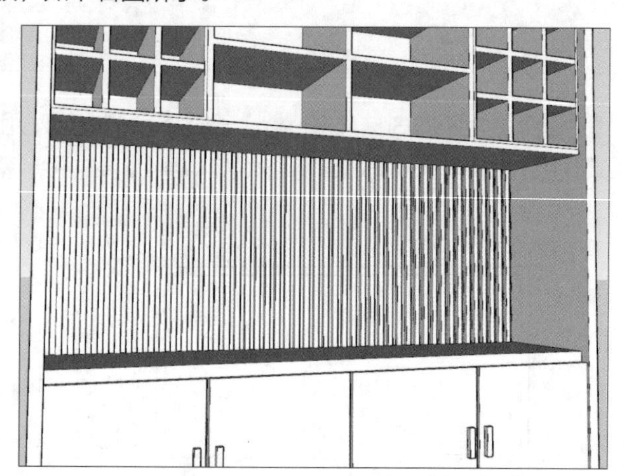

步骤09 在柜子两角上方用两点画弧工具画出弧线，如下左图所示。

步骤10 使用路径跟随工具沿柜边向下跟随，做出圆角，完成效果如下右图所示。

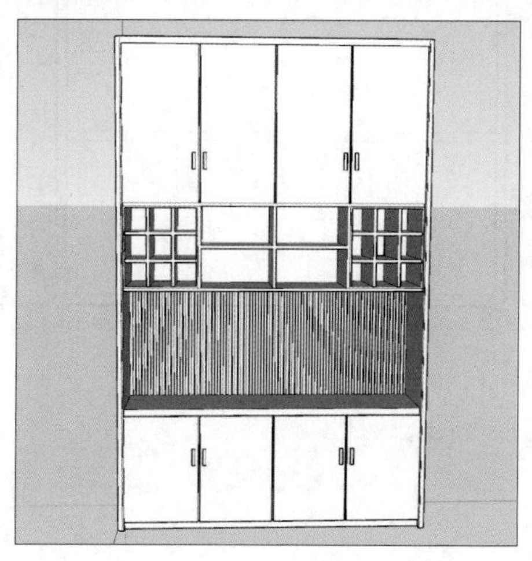

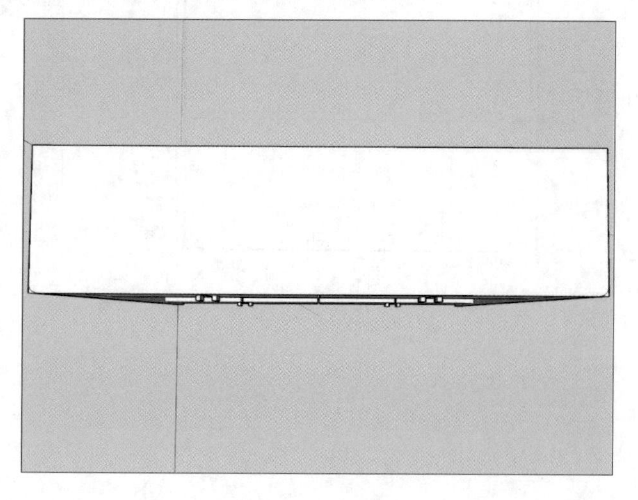

上机实训：制作比萨斜塔模型

扫码看视频

通过本章内容的学习，相信用户已经掌握了大部分绘图工具的应用。下面以制作比萨斜塔模型为例，进一步对所学知识进行巩固与提升，具体操作步骤如下。

步骤 01 首先使用圆形工具制作一个边数为100、半径为1600mm的圆，向上推移1200mm，在顶面向内偏移200mm，将偏移出的面向下推进200mm，如下左图所示。

步骤 02 将模型的底面向内偏移450mm，制作三层高楼梯，每层高50mm、向内偏移50mm，如下右图所示。

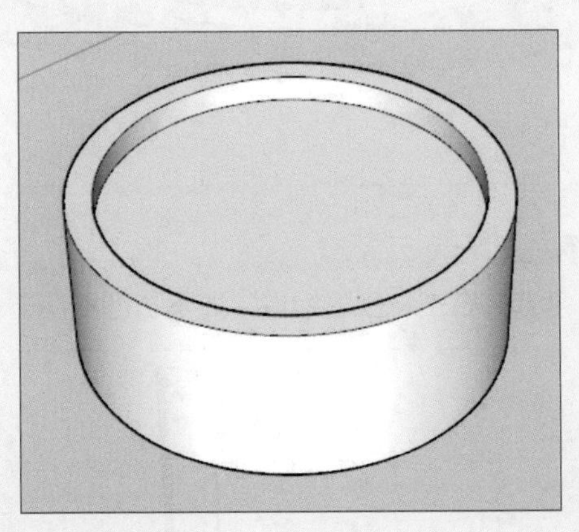

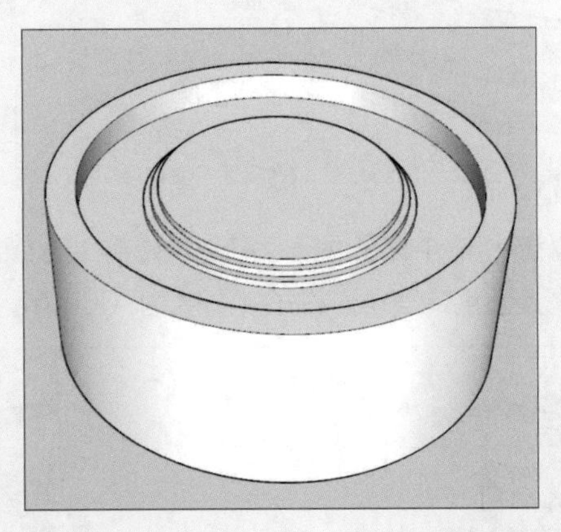

步骤 03 全选物体并右击，在打开的快捷菜单中选择“创建组件”命令，在弹出的“创建组件”对话框中单击“创建”按钮，如下左图所示。

步骤 04 在底座上绘制一个半径为750mm的圆，向上推进1100mm，全选新圆柱，右击创建组件，如下右图所示。

创建组件

常规

定义：组件#1

描述(E)：

对齐

黏接至：无

设置组件轴

切割开口

总是朝向相机

阴影朝向太阳

高级属性

价格：输入定义价格

尺寸：输入定义大小

URL：输入定义 URL

类型：类型：<undefined>

用组件替换选择内容

创建 取消

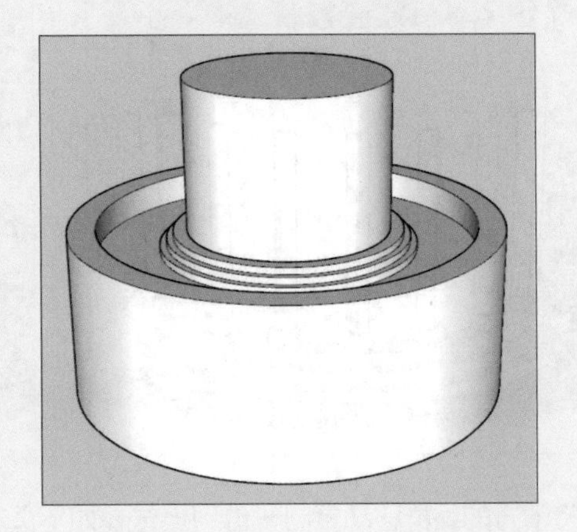

步骤 05 绘制一个100mm×60mm、高50mm的柱子底座，将其放置在楼梯上，如下左图所示。

步骤 06 使用旋转复制功能，以圆心为中心旋转复制，每20° 复制一个，共18个，如下右图所示。

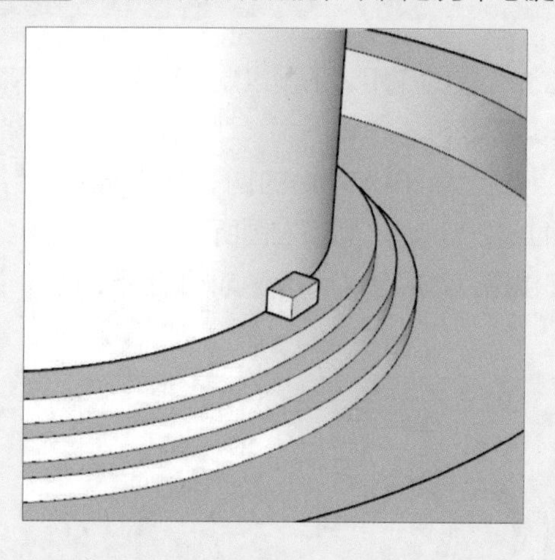
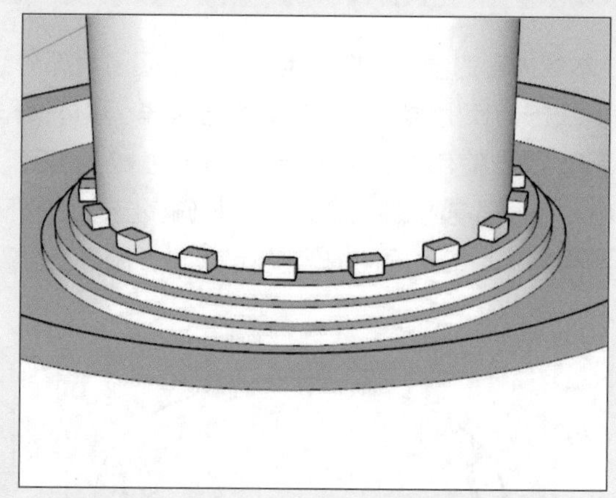

步骤 07 选中18个柱子底座，右击创建群组，如下左图所示。

步骤 08 接着创建三角形柱子，高度为700mm，全选并右击，创建组件，如下右图所示。

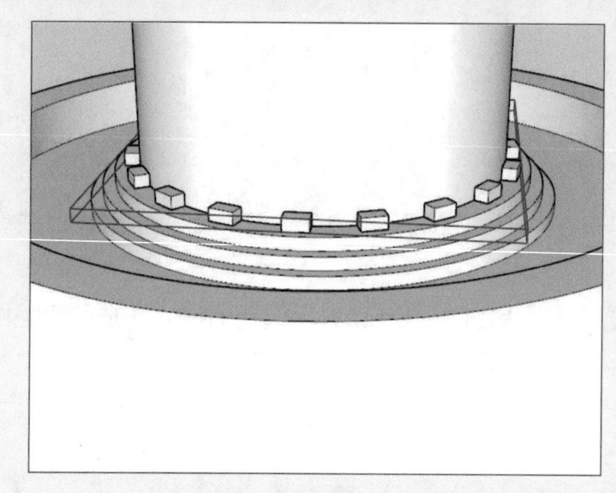
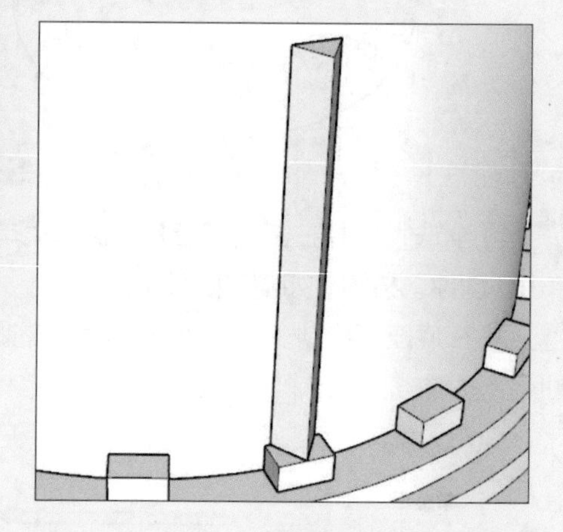
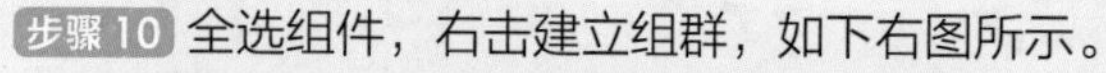

步骤 09 使用旋转复制功能，以圆心为中心旋转复制，每20° 复制一个，共18个，如下左图所示。

步骤 10 全选组件，右击建立组群，如下右图所示。

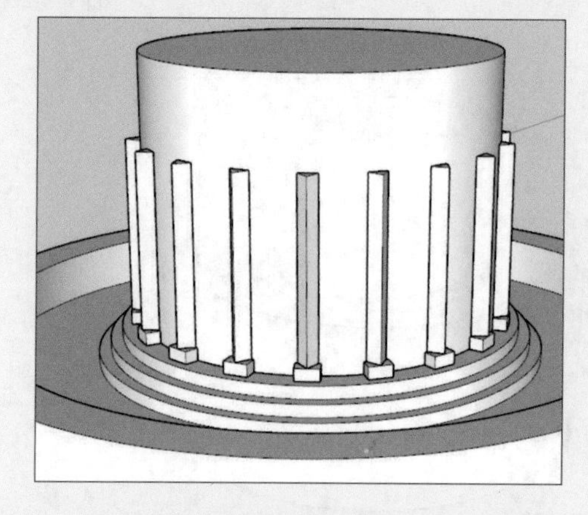
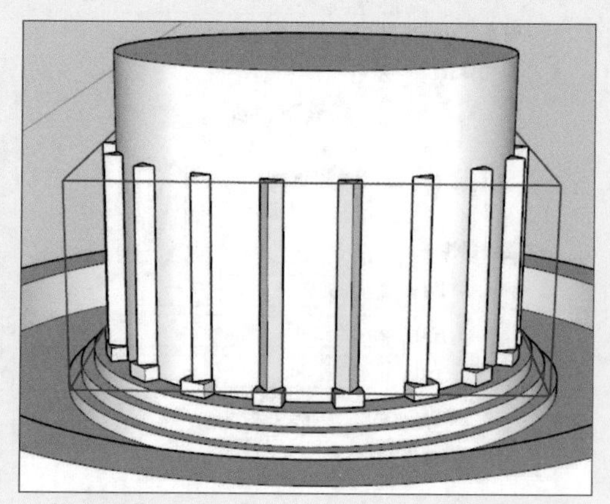

步骤 11 将下方的组群移动复制一份到上方，如下页左图所示。

步骤 12 在上方以圆心为中心绘制一个半径为910mm的圆，向上推50mm，全选并右击，创建组件，如下页右图所示。

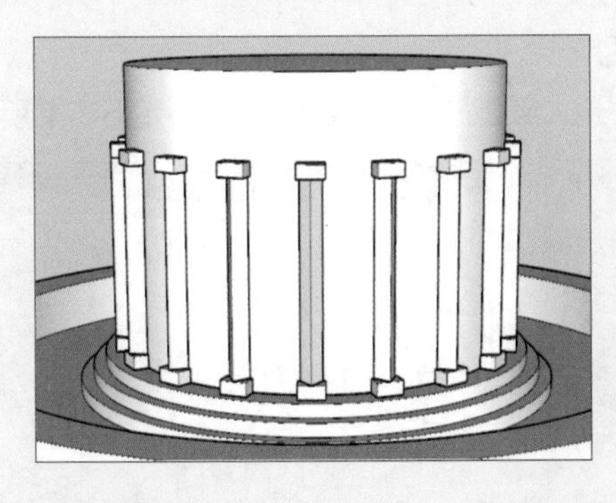

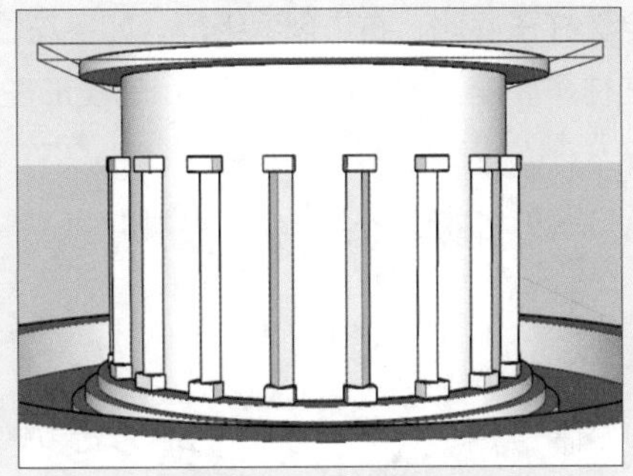

步骤13 在两个柱体间绘制拱形结构，向后方推30mm，全选并右击，创建组件，如下左图所示。

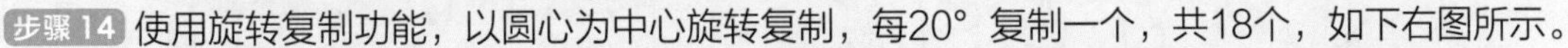

步骤14 使用旋转复制功能，以圆心为中心旋转复制，每20° 复制一个，共18个，如下右图所示。

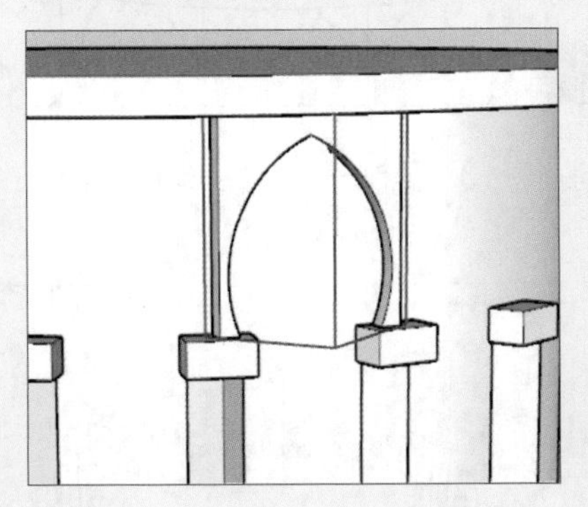

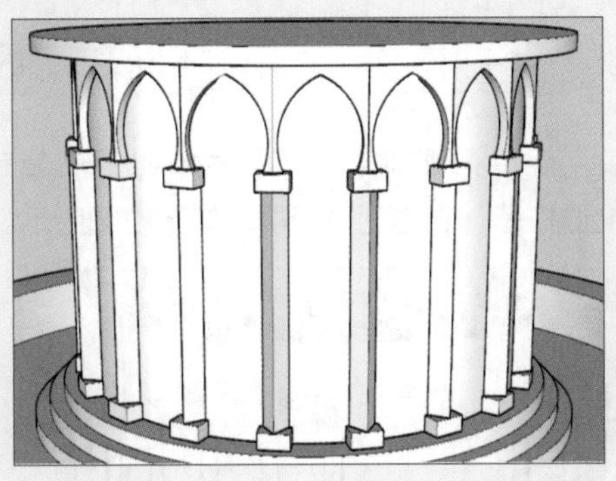

步骤15 全选组件，右击建立组群，如下左图所示。

步骤16 接下来开始添加第二层，先绘制一个半径为650mm的圆，推高540mm，如下右图所示。

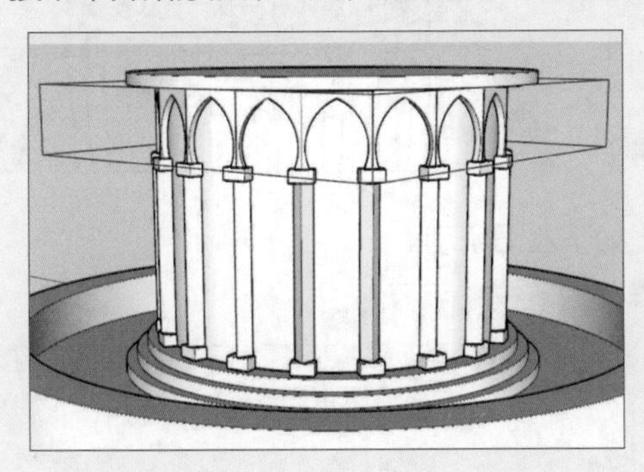

步骤17 在二层边缘处绘制一个60mm×60mm、高30mm的柱子底座，全选并右击，创建组件，如下左图所示。

步骤18 使用旋转复制功能，以圆心为中心旋转复制，每10° 复制一个，共36个，如下右图所示。

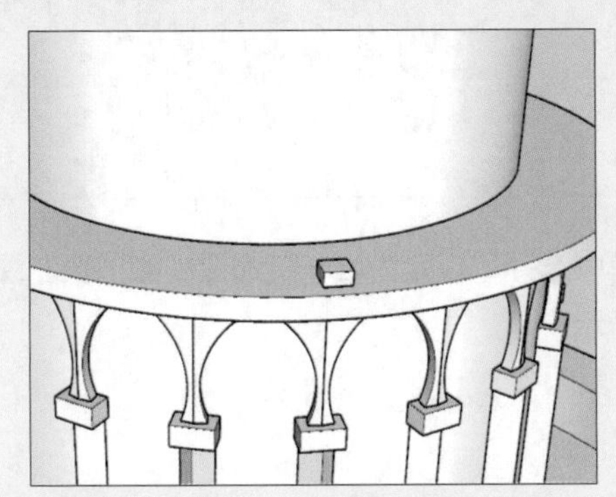

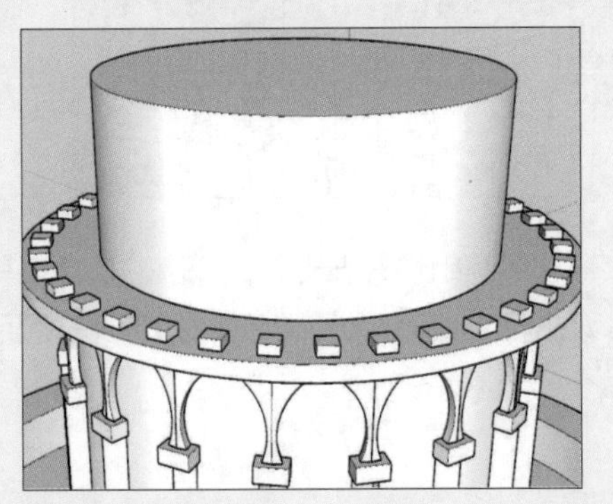

步骤19 全选柱子底座，右击创建组群，如下左图所示。

步骤20 在柱子底座上创建高为310mm的菱形柱子，全选并右击，创建组件，如下右图所示。

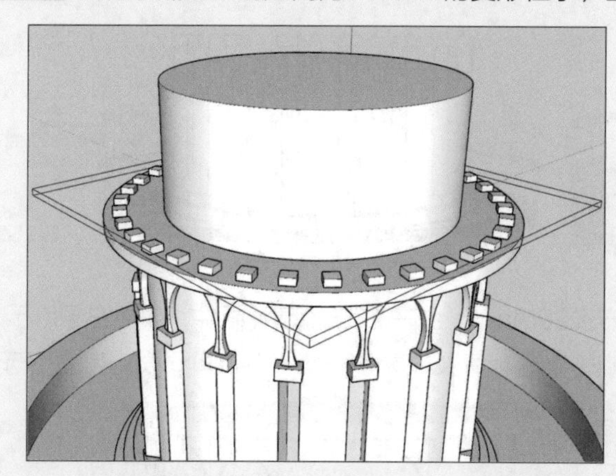

步骤21 使用旋转复制功能，以圆心为中心旋转复制，每10° 复制一个，共36个，如下左图所示。

步骤22 全选柱子，右击创建组群，如下右图所示。

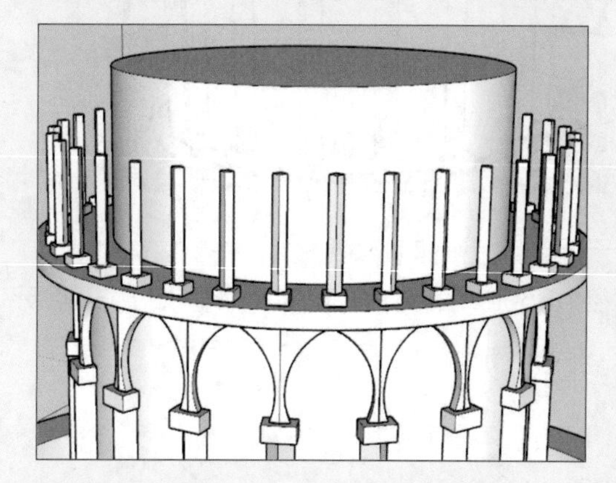

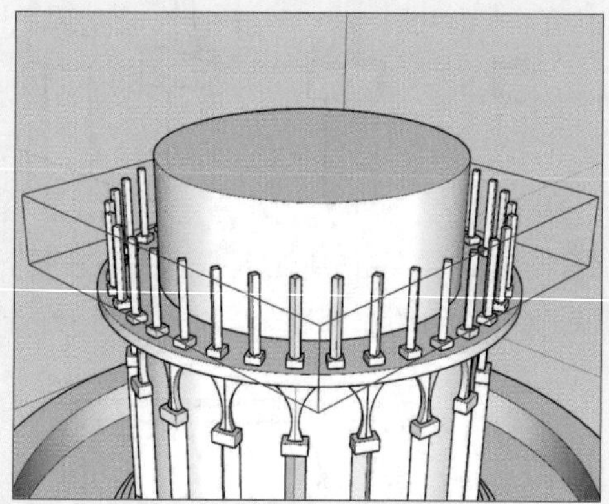

步骤23 将柱子底座移动复制一份到柱子上方，如下左图所示。

步骤24 双击上一步复制的柱子底座，进入组群，如下右图所示。

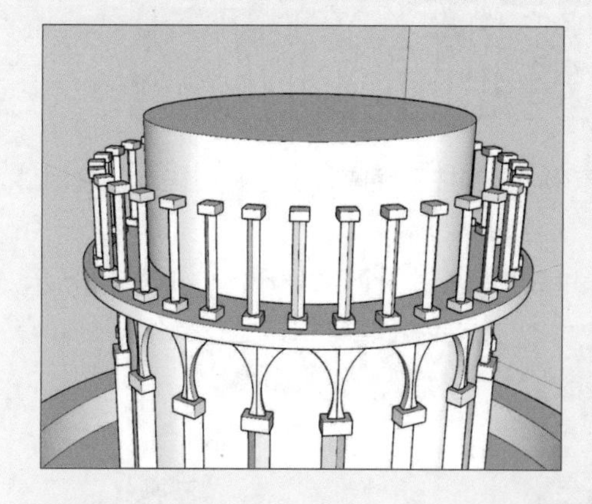

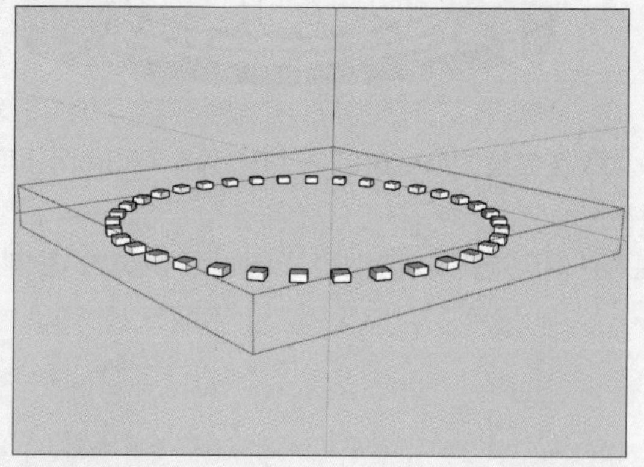

步骤25 框选所有组件并右击，在弹出的快捷菜单中选择“设定为唯一”命令，如下页左图所示。

步骤26 双击任一组件，进入组件，如下页右图所示。

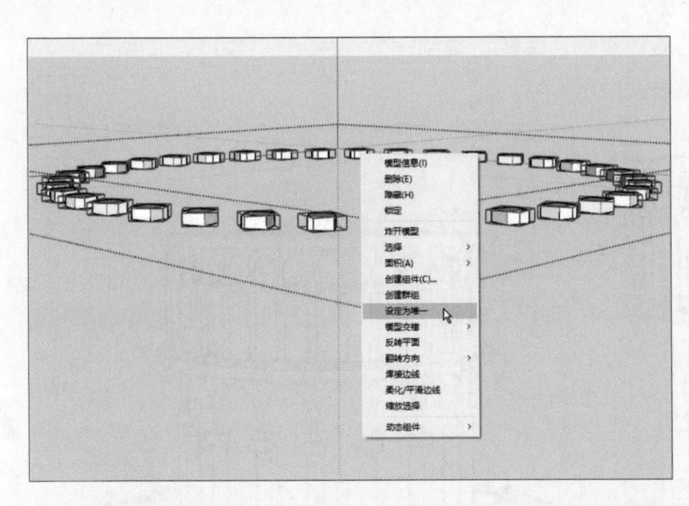

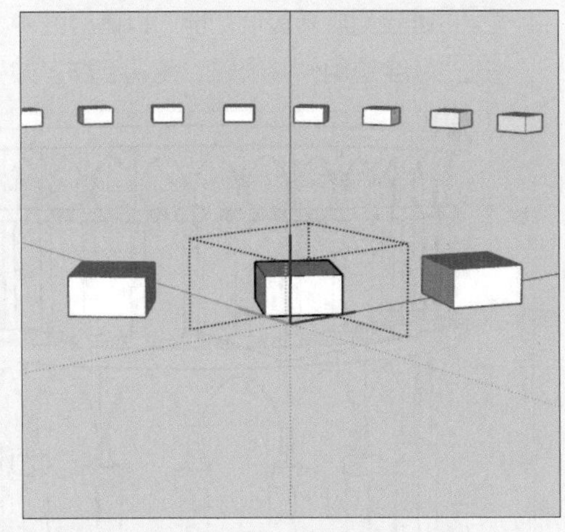

步骤 27 将组件左右两侧分别向外推出5mm，将组件后方向后推出160mm，如下左图所示。

步骤 28 单击空白处回到组群，再次单击空白处回到模型空间，如下右图所示。

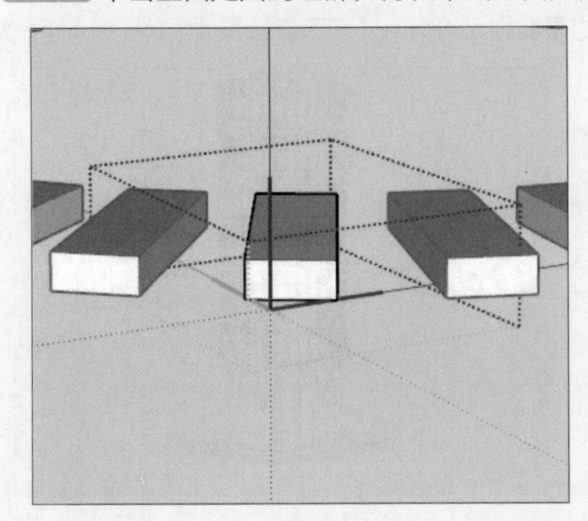

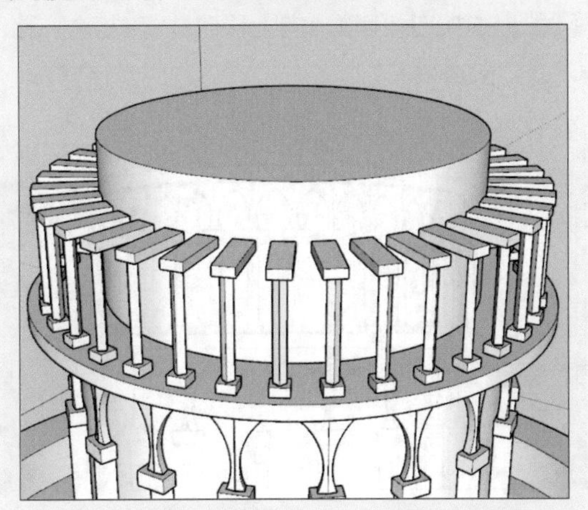

步骤 29 在上方以圆心为中心绘制一个半径为910mm的圆，向上推50mm，全选并右击，创建组件，如下左图所示。

步骤 30 在两个柱体间绘制拱形结构，向后方推30mm，全选并右击，创建组件，如下右图所示。

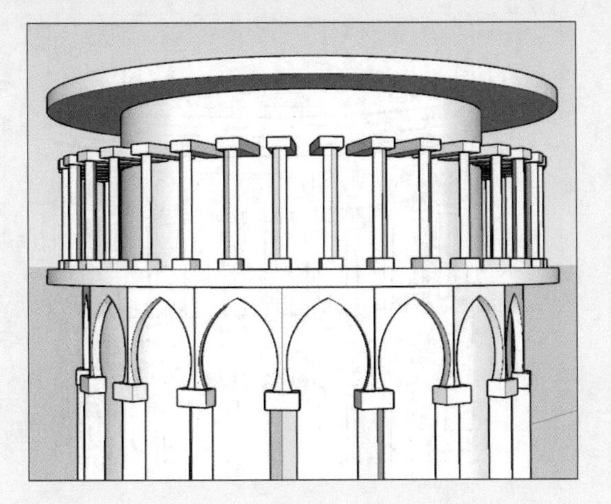

步骤 31 使用旋转复制功能，以圆心为中心旋转复制，每10° 复制一个，共36个，如下左图所示。

步骤 32 全选组件并右击，创建组群，如下右图所示。

步骤 33 选中二层所有的组件，右击创建组群，如下左图所示。

步骤 34 选中二层组群，向上移动并复制5个，移动高度为590mm，如下右图所示。

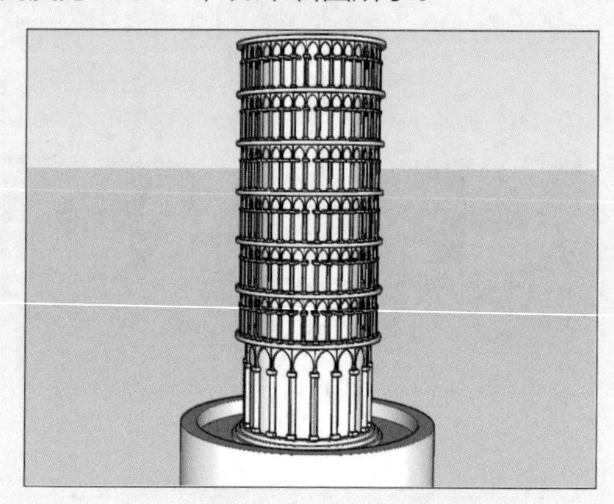

步骤 35 在上方以圆心为中心绘制一个半径为870mm的圆，向上推30mm，如下左图所示。

步骤 36 使用偏移工具向内偏移30mm，再使用推拉工具向上推出30mm，做出台阶，台阶共五级，每级数据相同。制作完成后全选并右击，创建组件，具体效果如下右图所示。

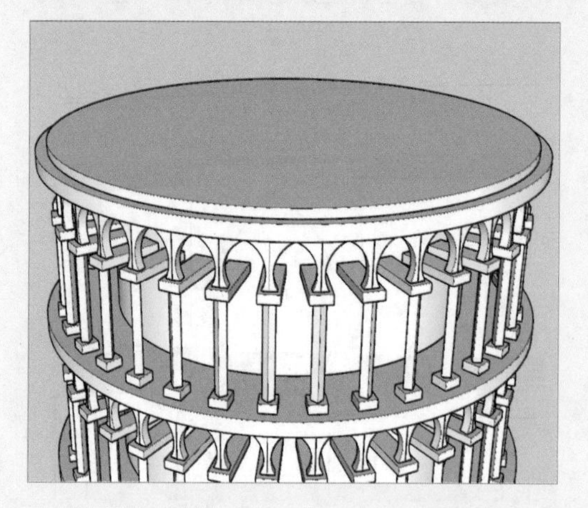

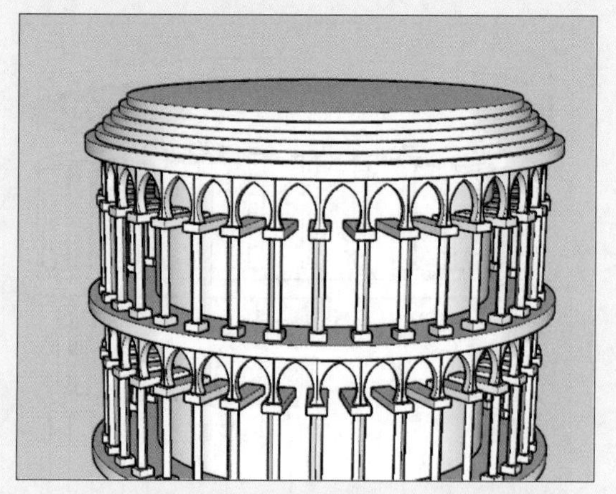

步骤 37 在最上方平台绘制100mm×60mm、高20mm的柱子底座，完成后全选建立组件，效果如下左图所示。

步骤 38 使用旋转复制功能，以圆心为中心旋转复制，每20° 复制一个，共18个，如下右图所示。

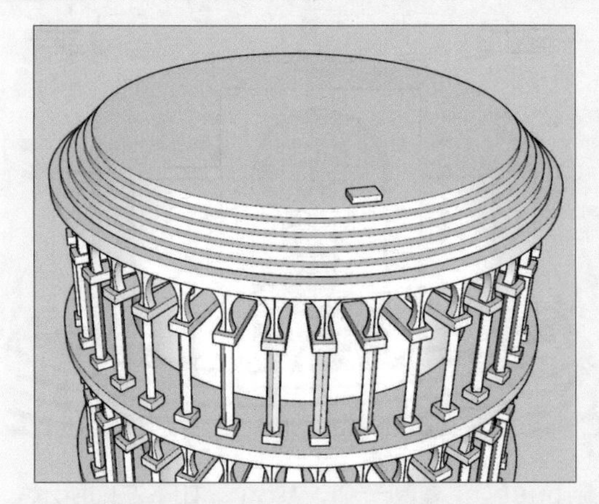

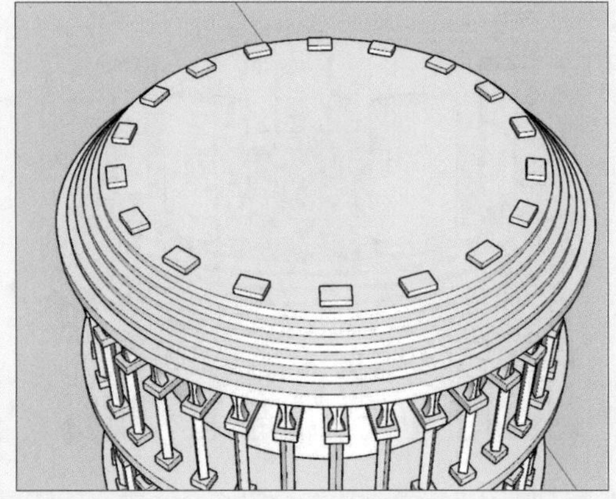

步骤 39 将所有组件移动并复制一份到上方备用，如下左图所示。

步骤 40 将原组件间隔删除一个，全选并右击，创建组群，如下右图所示。

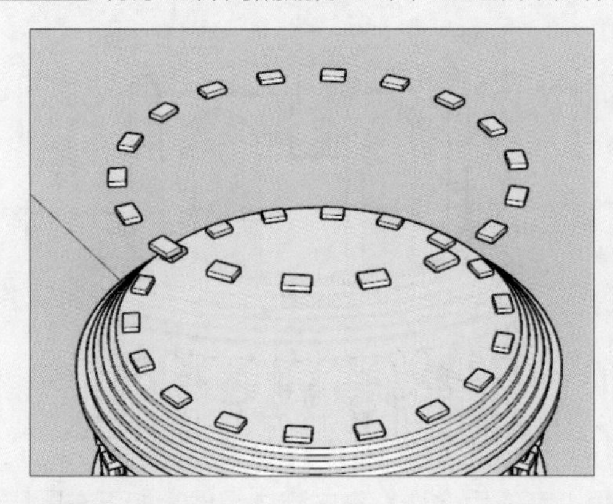

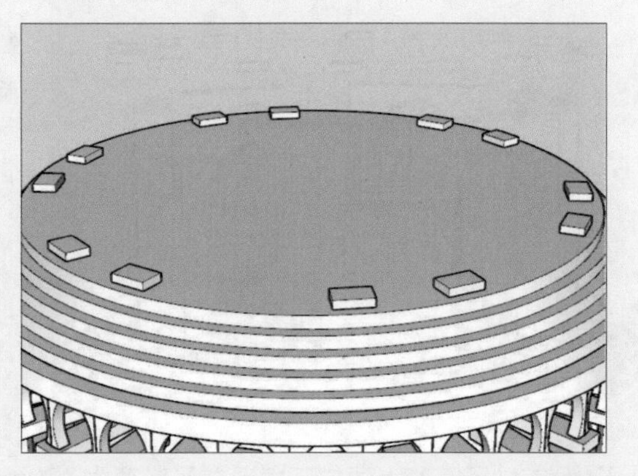

步骤 41 在两个柱子底座之间绘制230mm×100mm、高400mm的墙面，全选并右击，建立组件，如下左图所示。

步骤 42 使用旋转复制功能，以圆心为中心旋转复制，每60° 复制一个，共6个，如下右图所示。

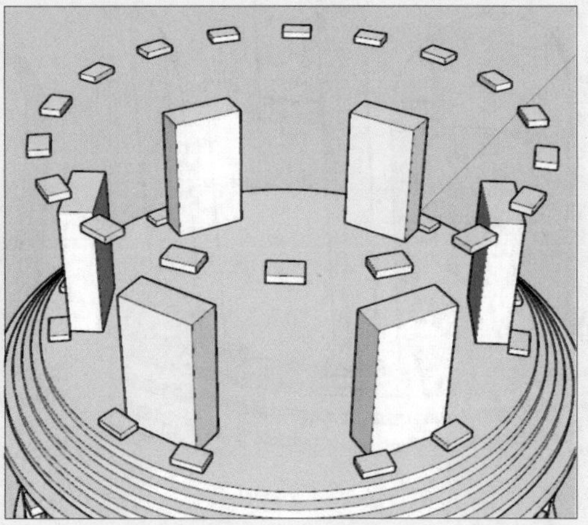

步骤 43 全选墙体，右击创建组群，如下左图所示。

步骤 44 在两墙之间绘制拱形结构，向后推移100mm，全选并右击，建立组件，如下右图所示。

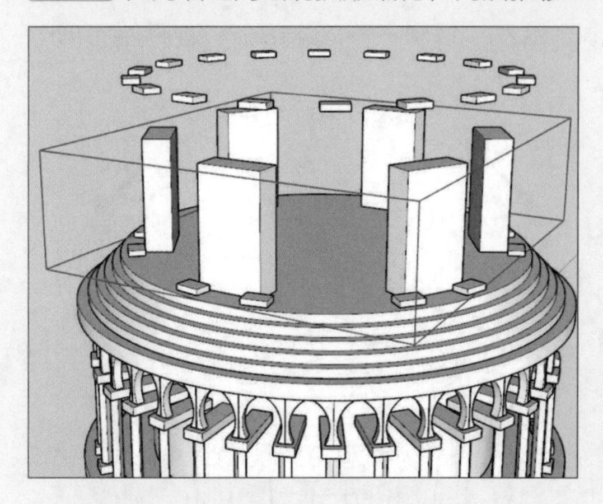

步骤 45 使用旋转复制功能，以圆心为中心旋转复制，每60° 复制一个，共6个，如下左图所示。

步骤 46 全选所有拱形结构，右击创建组群，如下右图所示。

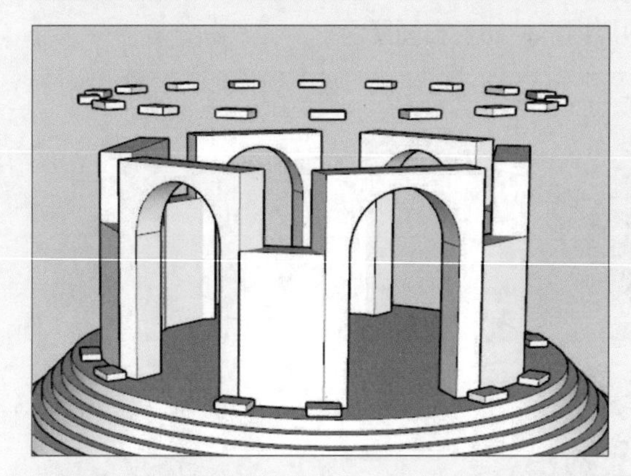

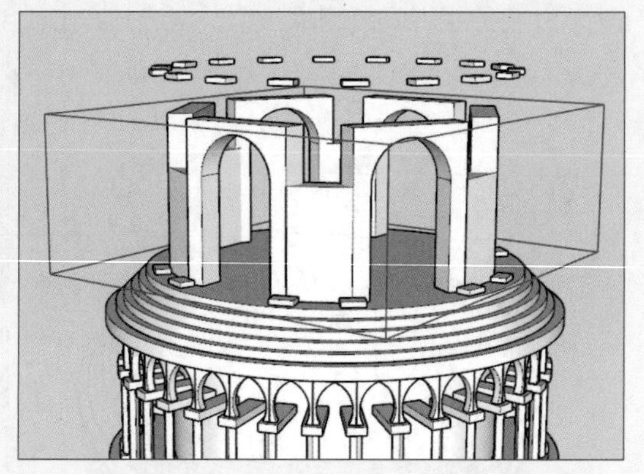

步骤 47 在柱子底座上建立三角形柱子，高为760mm，完成后全选，右击建立组件，如下左图所示。

步骤 48 使用旋转复制功能，以圆心为中心旋转复制，旋转20° ，如下右图所示。

步骤 49 选中两根柱子，右击创建组群，如下左图所示。

步骤 50 旋转复制组群，每60° 复制一个，共6个，如下右图所示。

步骤 51 选中所有柱子组群，右击建立新组群，如下左图所示。

步骤 52 把上方复制的柱子底座移动到柱子上，如下右图所示。

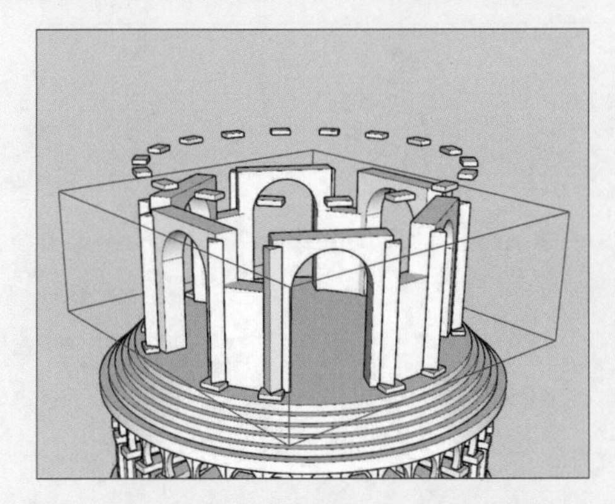

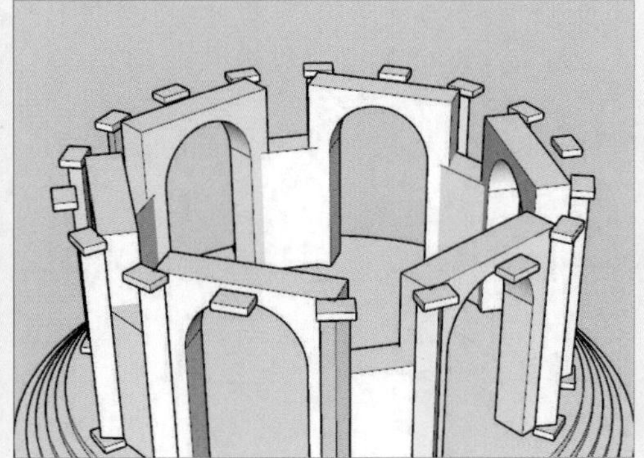

步骤 53 选中在柱子上的底座，右击创建组群，如下左图所示。

步骤 54 选中剩下不在柱子上的底座，右击创建组群，如下右图所示。

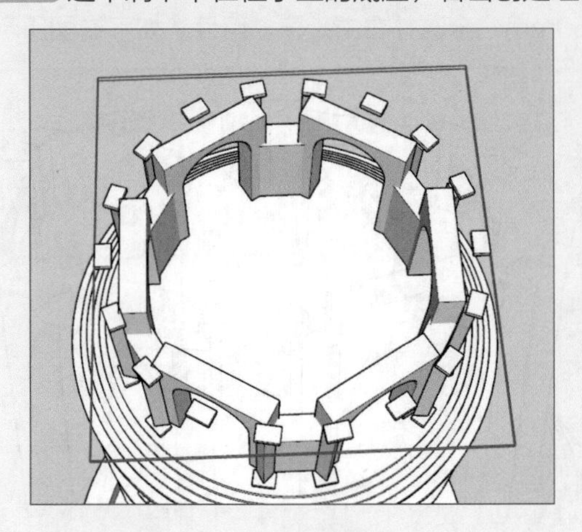

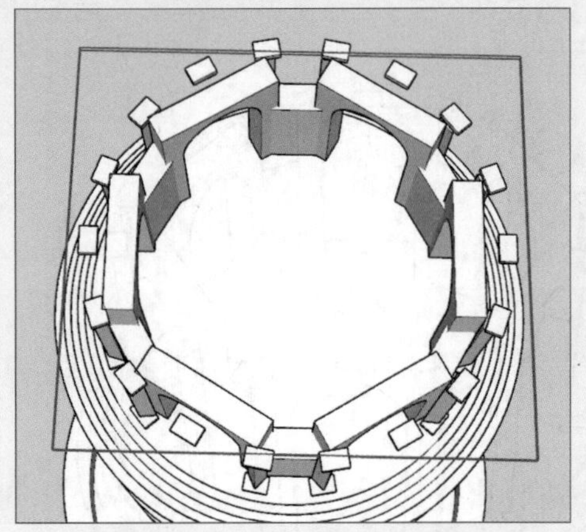

步骤55 双击不在柱子上的一组底座，进入组群，如下左图所示。

步骤56 选中所有底座并右击，在弹出的快捷菜单中选择“设定为唯一”命令，如下右图所示。

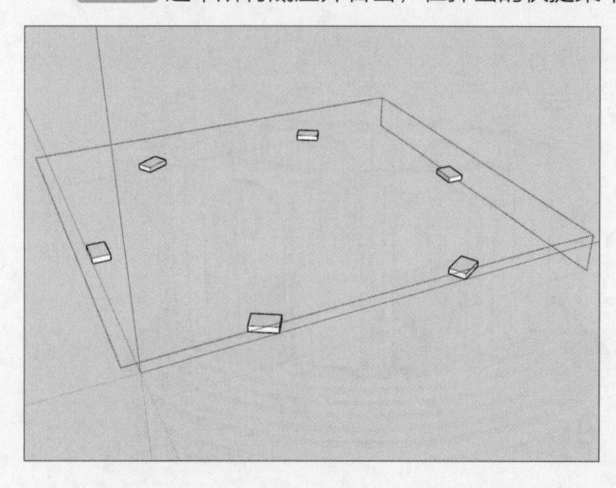

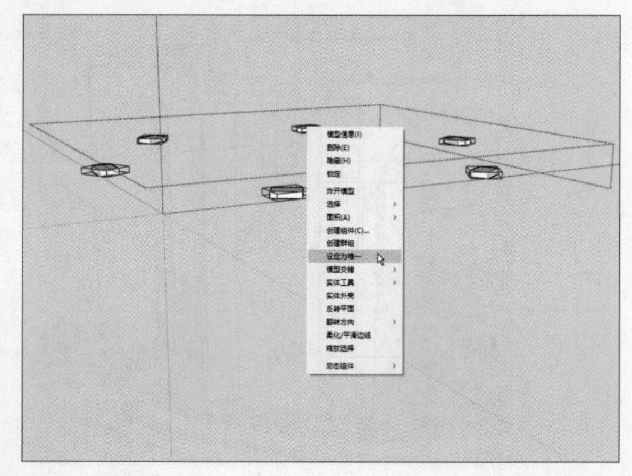

步骤57 双击其中一个底座，进入组件，如下左图所示。

步骤58 将正面向后推进15mm，将后面拉出45mm，如下右图所示。

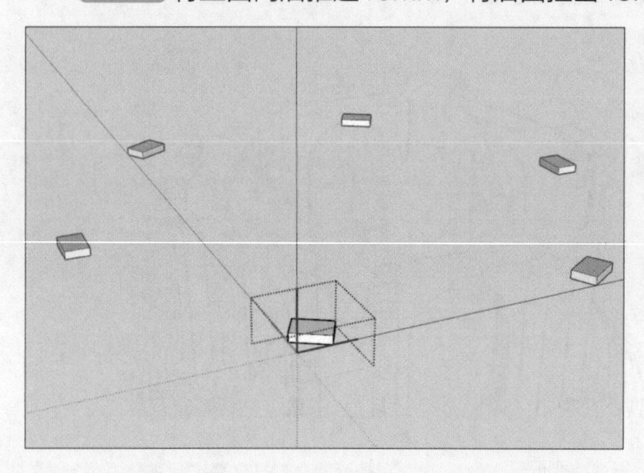

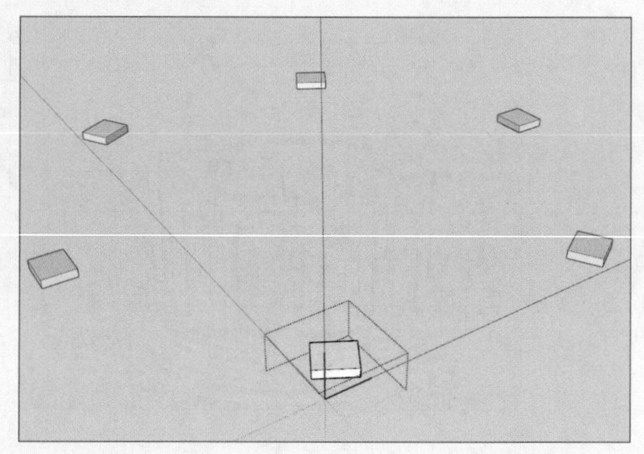

步骤59 单击空白处返回组群，再次单击空白处返回模型空间，如下左图所示。

步骤60 在两个柱子上绘制拱形结构，向后推出50mm，全选并右击，建立组件，如下右图所示。

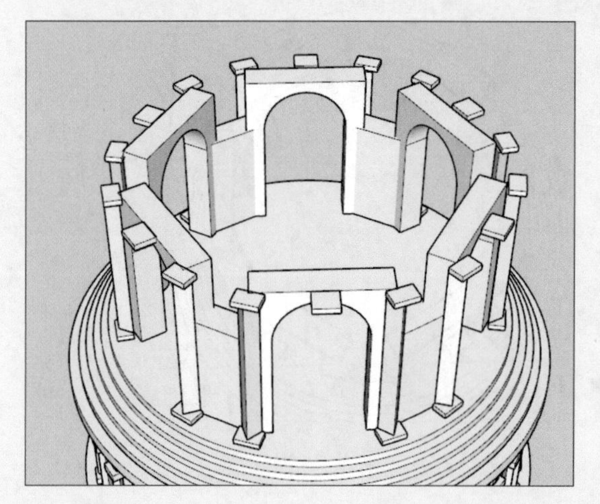

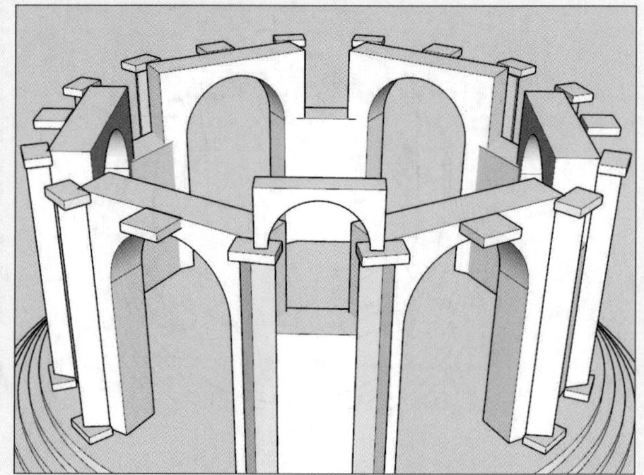

步骤61 使用旋转复制功能，以圆心为中心旋转复制，每20° 复制一个，共18个，如下左图所示。

步骤62 全选所有拱形结构，右击创建组群，如下右图所示。

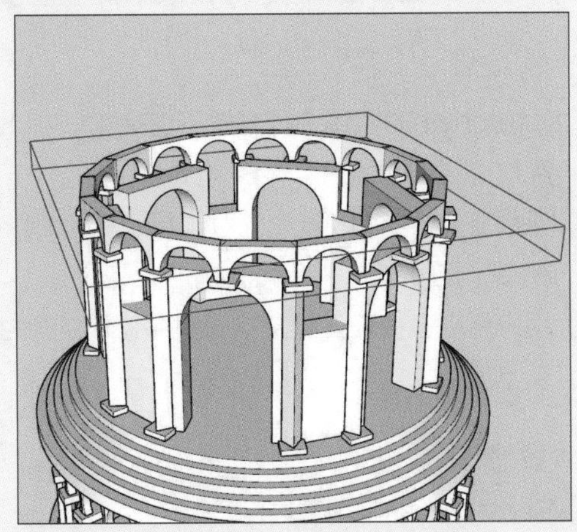

步骤63 以顶层平台中心为圆心，绘制一个半径为750mm的圆，将其移动到拱形结构上方，如下左图所示。

步骤64 将顶部向内偏移100mm，使用推拉工具将中间推空，全选并右击，创建组件，如下右图所示。

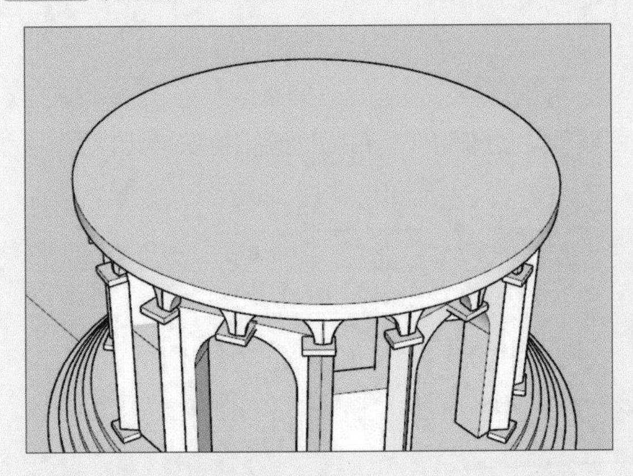

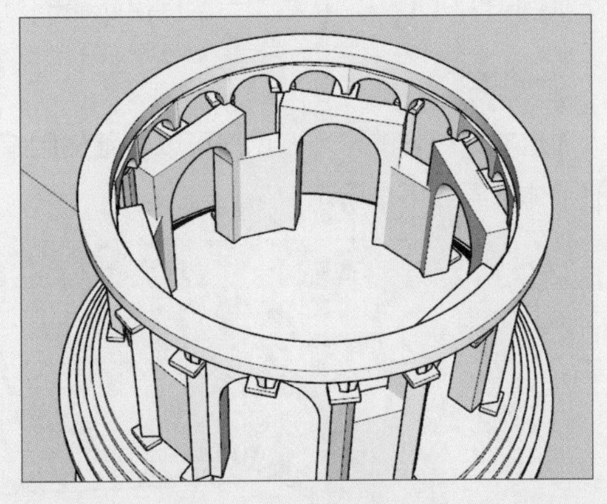

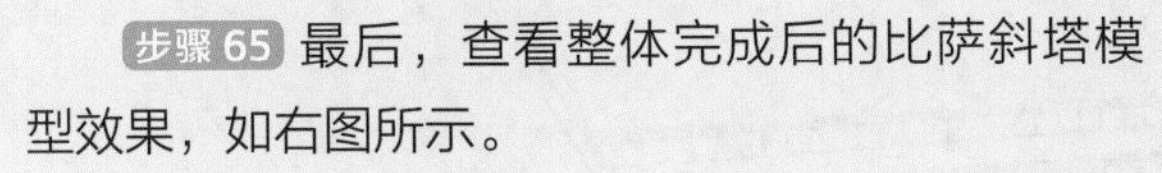

步骤65 最后，查看整体完成后的比萨斜塔模型效果，如右图所示。

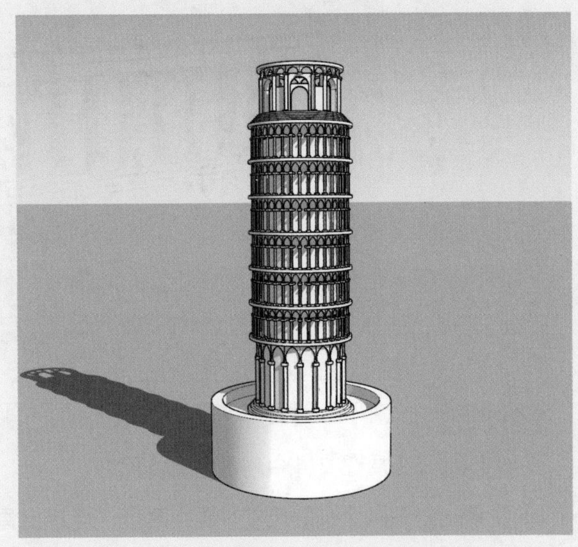

课后练习

一、选择题

（1）SketchUp的常用选择方式不包括（　　）。

A. 一般选择　　B. 框选　　C. 叉选　　D. 多项选择

（2）弧线工具中不包括（　　）工具。

A. 夹角圆弧　　B. 扇形　　C. 圆弧　　D. 两点画弧

（3）用户可以直接在三维文字工具中修改的属性是（　　）。

A. 位置　　B. 大小　　C. 纹理　　D. 样式

二、填空题

（1）SketchUp的常用工具包含了________、________、________、________与________5种工具。

（2）SketchUp的编辑工具包含了________、________、________、________、________以及________6种工具。

（3）在SketchUp中，重复上一次推拉状态的方法为：________。

三、上机题

通过本章内容的学习，用户可以试着使用综合建模功能来制作古希腊遗迹帕特农神庙模型，完成后的整体效果如下图所示。

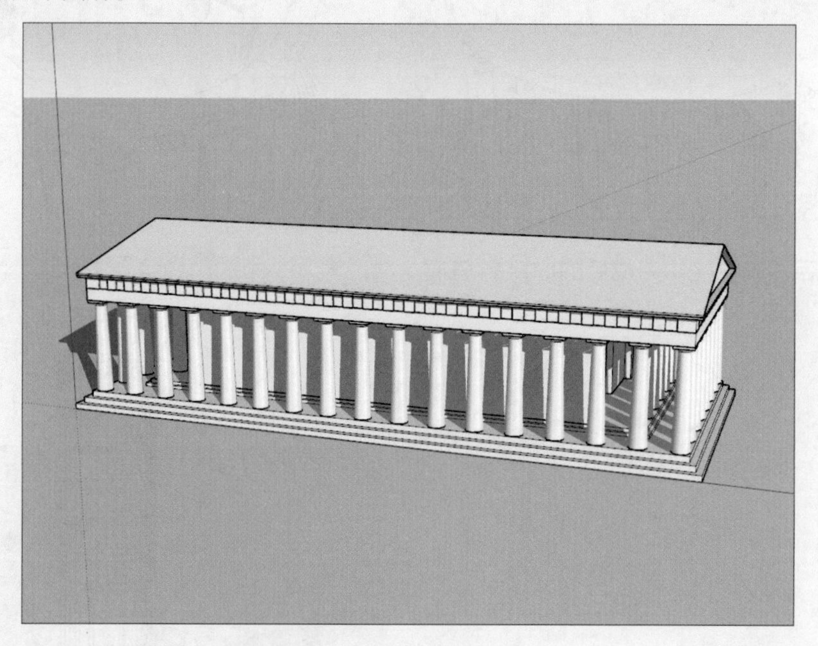

操作提示

① 使用卷尺工具在文件中测量出具体尺寸。

② 测量出上下两个圆的尺寸并画出高度，连接出直角梯形。

③ 使用路径跟随工具绘制出柱子。

第4章 视图工具

本章概述

视图类工具主要用于广告与动画制作，本章将对SketchUp软件的视图工具、视图控制工具、相机工具与显示样式的应用进行详细介绍。学习本章内容后，用户可以尝试进行广告与动画的实践制作。

核心知识点

❶ 掌握基本视图控制操作
❷ 掌握相机工具的使用
❸ 了解不同显示样式的区别
❹ 熟悉漫游动画的制作流程

4.1 视图控制

在使用SketchUp时，需要频繁地对视图进行切换操作，例如切换视图、旋转视角、平移视角、缩放视角、缩放窗口、充满视窗或返回上一视图等，以便更好地确定模型的创建位置或观察当前模型的细节效果。因此，熟练地对视图进行控制是掌握SketchUp其他功能的前提。

4.1.1 切换视图

在进行三维建模设计时，经常需要进行视图间的切换，在SketchUp中切换视图主要是通过视图工具栏中的6个视图按钮进行快速切换，单击对应按钮即可切换至相应视图，如右图所示。

在视图工具栏中，从左到右依次为等轴视图、俯视图、前视图、右视图、后视图与左视图，用户可以单击所需的视图按钮进行对应的视图切换，各视图效果如下图所示。

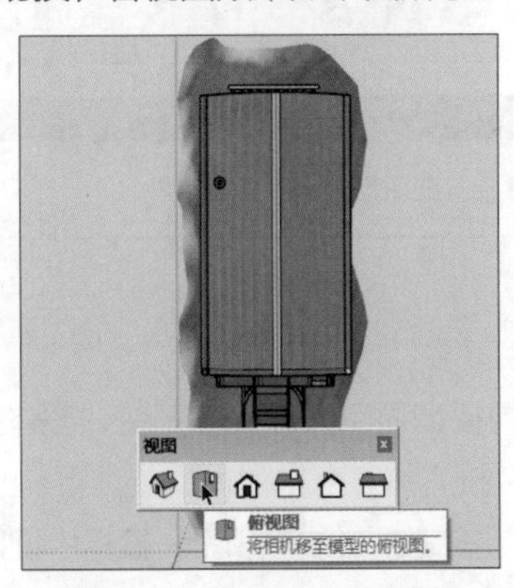

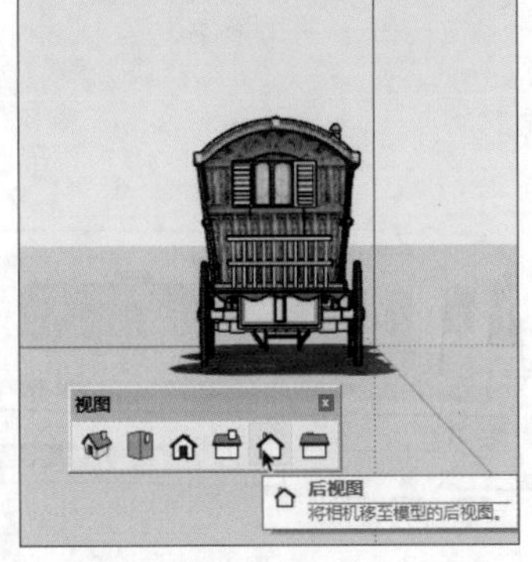

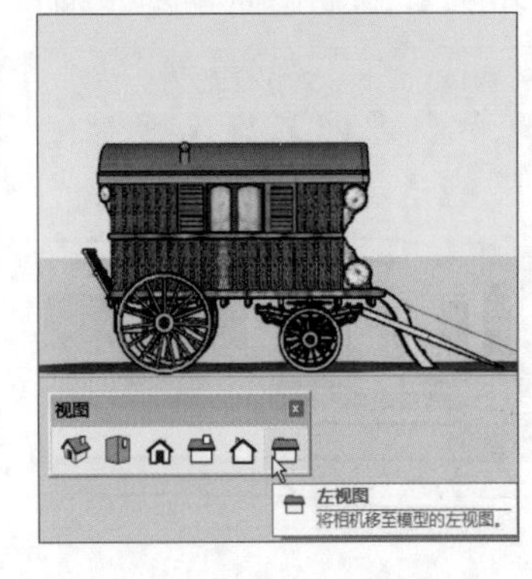

4.1.2 旋转视角

在了解旋转视角操作之前，用户需要了解三维视图的两个类别，即透视图与等轴视图（也称平行投影）。透视图是模拟人的视觉特征，使图形中的物体具有“近大远小”的视觉关系，如下左图所示。等轴视图虽然是三维视图，但是距离视点近的物体与视点远的物体的大小显示是一样的，如下右图所示。

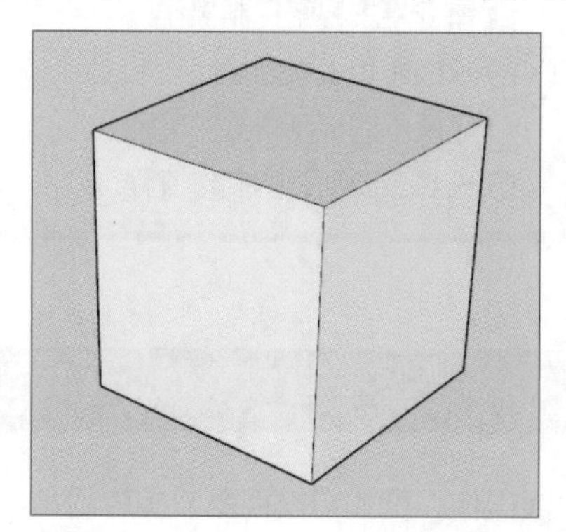

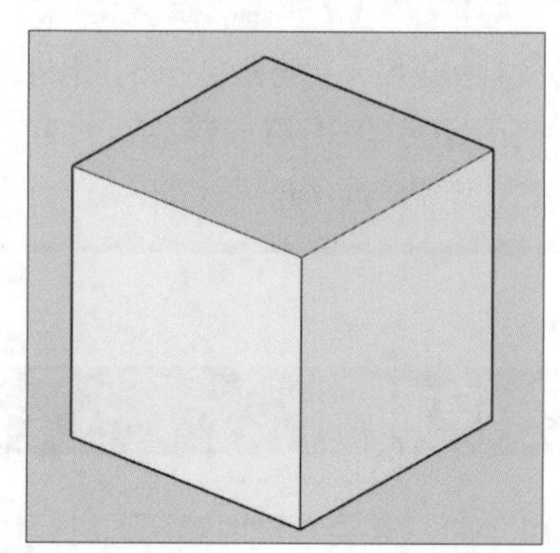

在任意视图中旋转模型，都可以快速观察各个角度的效果。单击相机工具栏中的“环绕观察”按钮或按住鼠标中键不放，如右侧左图所示。在屏幕上旋转视图，从不同角度观察模型，如右侧右图所示。

提示：切换等轴视图

用户只需要执行“相机>平行投影”命令，即可切换等轴视图。

4.1.3 平移视角

平移视角功能可以保持当前视图内模型显示大小比例不变，整体拖动视图进行任意方向的移动，以便观察当前未显示在视窗内的模型。

单击“相机”工具栏中的“平移”按钮或者按住Shift+鼠标中键激活视角平移工具，如下左图所示。此时光标变为抓手图标，拖动鼠标即可进行视角平移操作，下右图为平移后的效果。

4.1.4 缩放视角

完成或正在进行建模时，通过缩放视角功能可以调整模型在视图中显示的大小，从而观察整体效果或局部细节。

（1）缩放相机视野

缩放相机视野功能用于调整整个模型在视图中的大小。单击“相机”工具栏中的“缩放”按钮，按住鼠标左键不放，从屏幕下方往上移动是扩大视角，从屏幕上方往下移动是缩小视角。下左图为扩大视角的效果，下右图为缩小视角的效果。

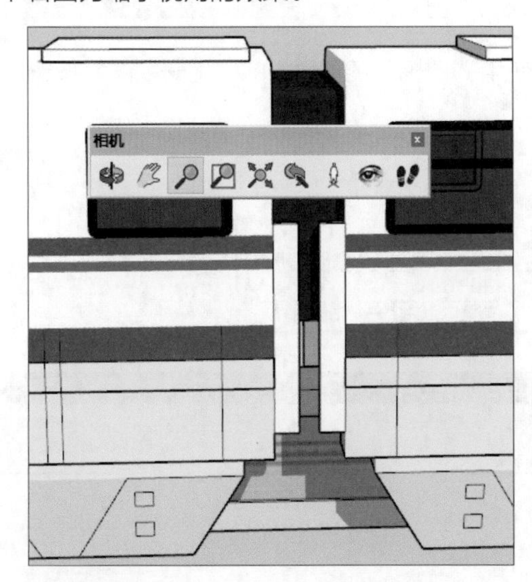

（2）缩放窗口

缩放窗口功能可以规划一个显示区域，位于规划区域内的模型将在视图内最大化显示。单击“相机”工具栏中的“缩放窗口”按钮，按住鼠标左键在视图中规划一片区域，如下左图所示。

松开鼠标即可使区域最大化显示，效果如下右图所示。

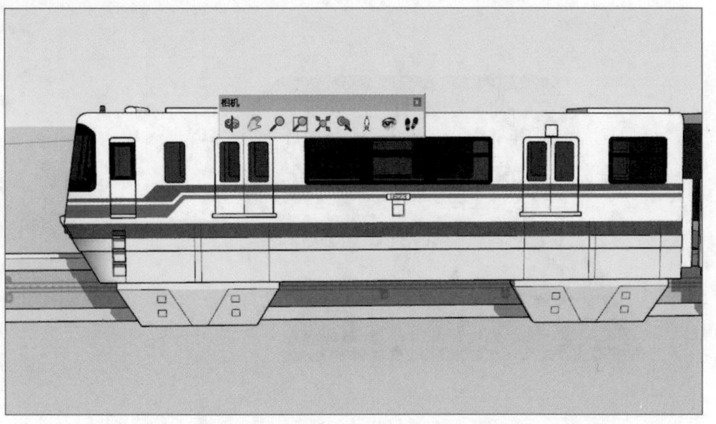

4.1.5 充满视窗与返回上一视图

单击“相机”工具栏中的“充满视窗”按钮，可以快速将场景中所有可见模型以屏幕中心进行最大化全景显示，如下图所示。

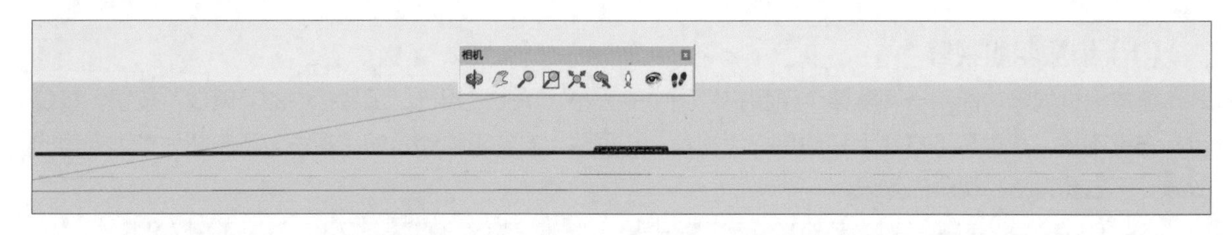

在进行视图操作时，难免会遇到操作失误，这是使用“相机”工具栏中的“上一视图”按钮，可快速进行视图的撤销与返回，如下图所示。

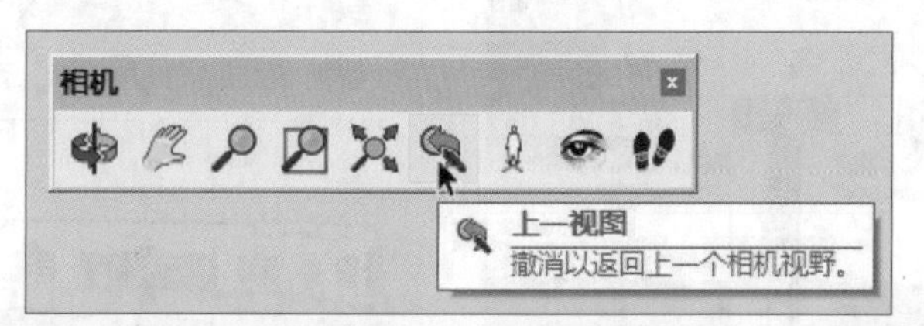

提示：快速缩放视口

用户可以直接滚动鼠标中键，快速缩放视口。

实战练习 制作咖啡厅门面宣传效果图

进行一些小型建筑或门面的宣传是SketchUp的常规用法，本实例将结合视图工具与前面学习的自定义功能制作一组咖啡厅门面的宣传效果图，具体操作如下。

步骤 01 打开案例文件夹中的“实战：制作咖啡厅门面宣传效果图.skp”与“外景.skp”文件，其打开后效果分别如下左图与下右图所示。

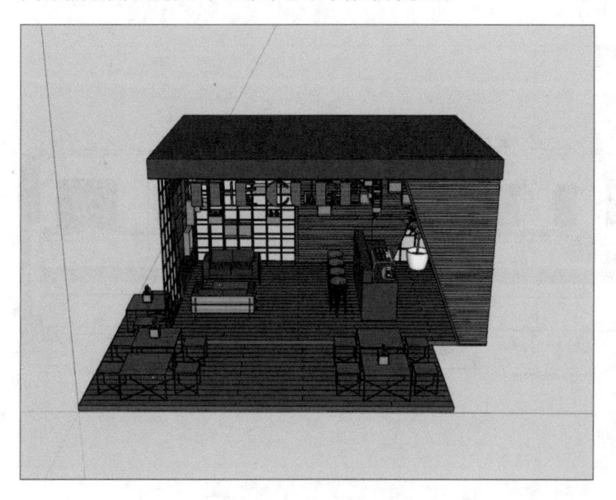

步骤 02 进入外景文件，选中外景贴图，使用Ctrl+C组合键执行复制操作，如下左图所示。

步骤 03 切换至咖啡厅门面文件，使用Ctrl+V组合键执行粘贴操作（该方法仅对小型模型与贴图有效，粘贴大型模型可能导致文件崩坏），如下右图所示。

步骤 04 使用缩放工具调整贴图大小，并将其移动至合适位置，如下左图所示。

步骤 05 调整地面与天空颜色，地面颜色要与贴图中草坪颜色相近，如下右图所示。

步骤 06 打开右侧默认面板中的“阴影”折叠区域，单击按钮，打开显示阳光与阴影模式，效果如下左图所示。

步骤 07 在“阴影”折叠区域中调整不同日期与时间的阴影效果，调整视角至合适角度，如下右图所示。

步骤 08 执行“文件>导出>二维图形”命令，导出主效果图，保存类型为JPEG格式，如下左图所示。导出后的效果如下右图所示。

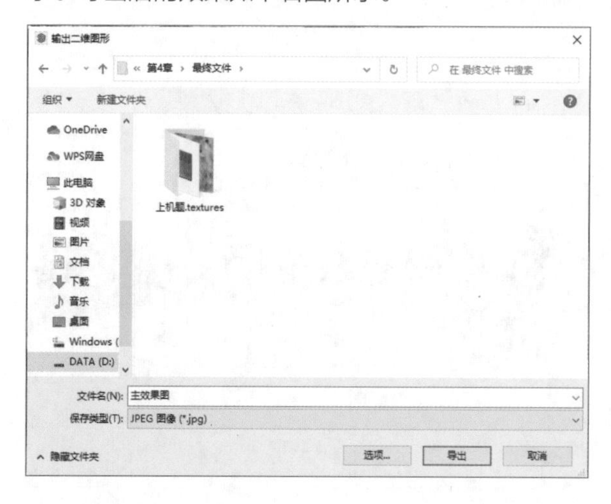

步骤 09 选择外景，按下H键将其隐藏。打开视图工具栏，依次切换至等轴视图、前视图、顶视图、左视图、后视图、右视图6个视角，分别导出一张图片，其最终效果依次如下图所示。

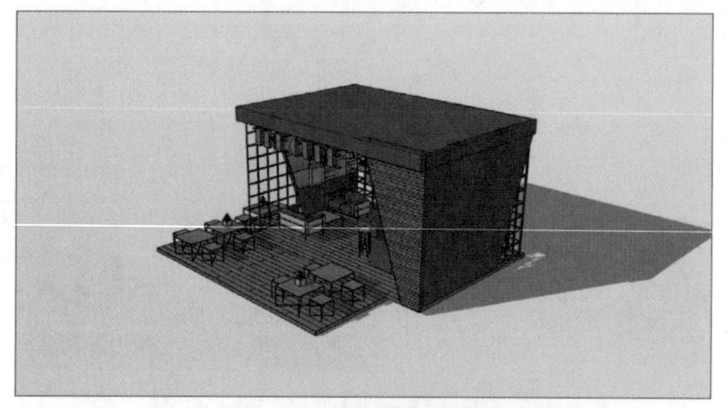

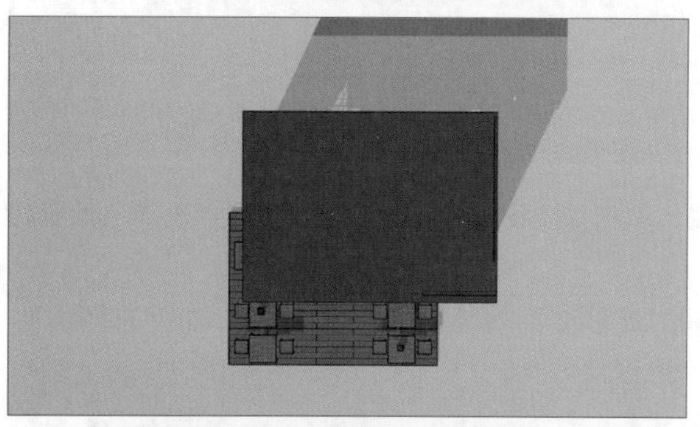

4.2 相机工具

SketchUp的“相机”工具栏如下图所示。前六个工具已经在前文进行了介绍，本节只介绍“定位相机”“绕轴旋转”以及“漫游”三个工具按钮的应用，其中“定位相机”与“绕轴旋转”工具用于相机位置与观察方向的确定，而“漫游”工具则用于制作漫游动画。

4.2.1 定位相机与绕轴旋转

打开案例文件夹中的“小型餐厅.skp”模型，激活定位相机工具，此时光标变成 形状，移动光标至合适的放置点，如下左图所示。单击确定相机放置点，输入高度值为1700，按下回车键设定高度，场景视角也会发生改变，如下右图所示。

设置好相机后，工具会自动切换为“绕轴旋转”，光标也会变成眼睛的样式，如下左图所示。按住鼠标左键不放，拖动光标进行视角旋转，旋转后的效果如下右图所示。

4.2.2 漫游工具

通过漫游工具，用户可以模拟出跟随观察者移动的效果，从而在相机视图内产生连续变化的漫游动画效果。

（1）漫游工具基本操作

打开“小型餐厅.skp”模型，激活漫游工具后，光标会变成形状，如下左图所示。在视图内按住鼠标左键向前推动光标，即可产生前进的效果，如下右图所示。

按住Shift键上下移动鼠标，则可以升高或降低相机的视点，如下左图所示。在按住Ctrl键时推动鼠标，则会产生加速前进效果，如下右图所示。

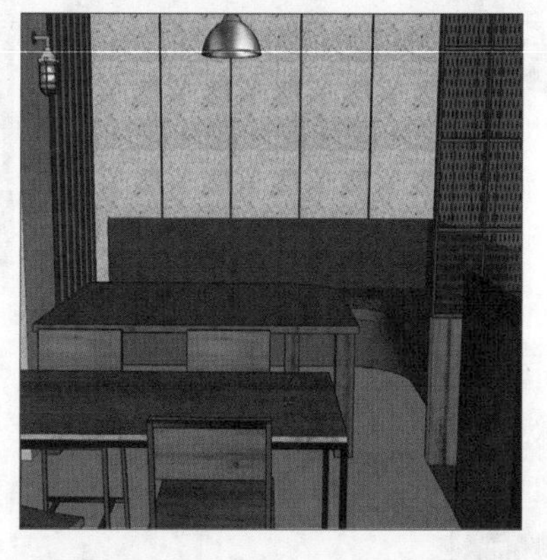

按住鼠标左键左右移动，可以产生转向效果，如下左图所示。按住Shift键左右移动鼠标，则场景会产生左右平移效果；松开Shift键，按住鼠标左键即可改变视角，效果如下右图所示。

（2）设置漫游动画

打开小型餐厅模型，为了避免操作失误导致相机无法返回，先执行“视图>动画>添加场景”命令，创建一个场景，如下左图所示。激活定位相机工具，在合适的放置点定位好相机，右击左上角的场景号1按键，在弹出的快捷菜单中选择“添加”命令，这时场景号2就添加成功了，如下右图所示。

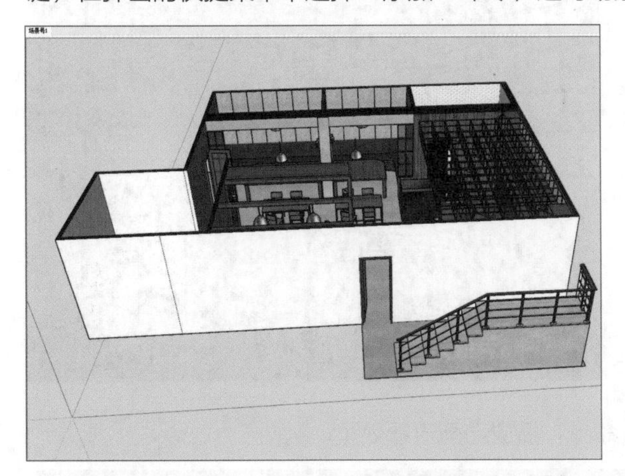

激活漫游工具，按住鼠标左键向前移动，到一定距离时停止，添加新的场景号，如下左图所示。向右移动镜头并添加新的场景号，如下右图所示。

向左移动镜头到合适位置并添加新的场景号，如下左图所示。继续前进，到合适位置后添加新的场景号，如下右图所示。

再次向左移动镜头至合适位置，添加新的场景号，如下左图所示。继续向前移动，至合适位置后添加新的场景号，如下右图所示。

继续添加想要的场景或执行“视图>动画>播放”命令，播放动画查看效果。

提示：输出漫游动画

场景漫游动画设置完成后，用户可以将其导出，方便后期添加特效及没安装SketchUp的用户观看。执行“文件>导出>动画”命令，打开“输出动画”对话框，设置动画储存路径及名称，设置导出文件类型为MP4。单击“选择”按钮，打开“输出选择”对话框，设置分辨率、画面比例与帧数。

设置完成后单击“导出”按钮，即可开始输出，输出时显示下左图的进度条。

输出完成后，通过播放器可观看动画效果，如下右图所示。

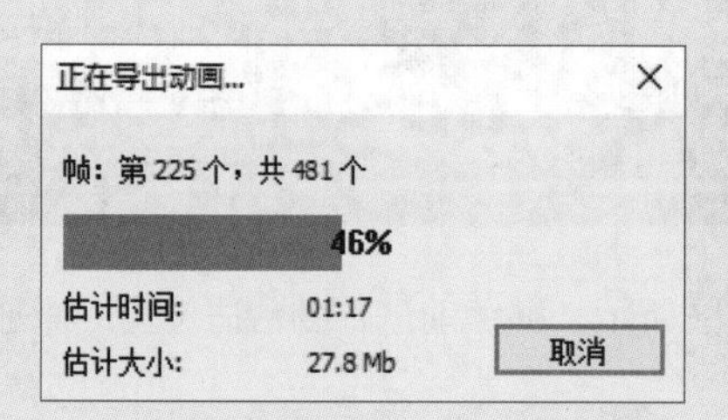

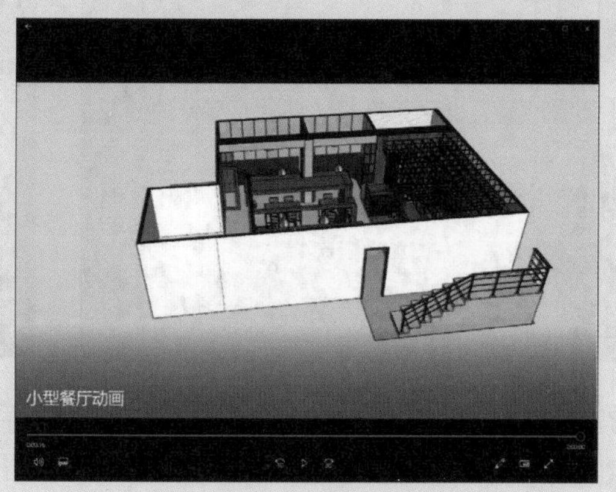

4.3 显示样式

SketchUp是直接面对设计方案进行设计创作的软件，为了帮助用户更好地了解方案，SketchUp中设置了多种显示模式来满足设计方案的表达。

SketchUp的“样式”工具栏包括了“X光透视模式”“后边线”“线框显示”“消隐”“阴影”“材质贴图”“单色显示”7种显示模式，如下图所示。

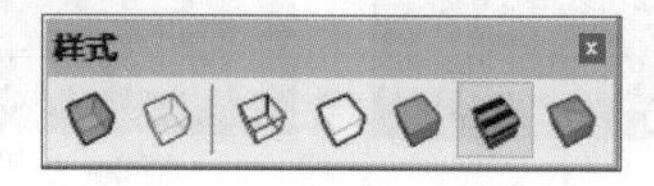

4.3.1 X光透视模式

X光透视模式可以将场景中所有物体透明化，就像用X射线扫描一样。选择该模式，可以在不隐藏任何物体的情况下方便地观察模型内部的构造，具体效果如下图所示。

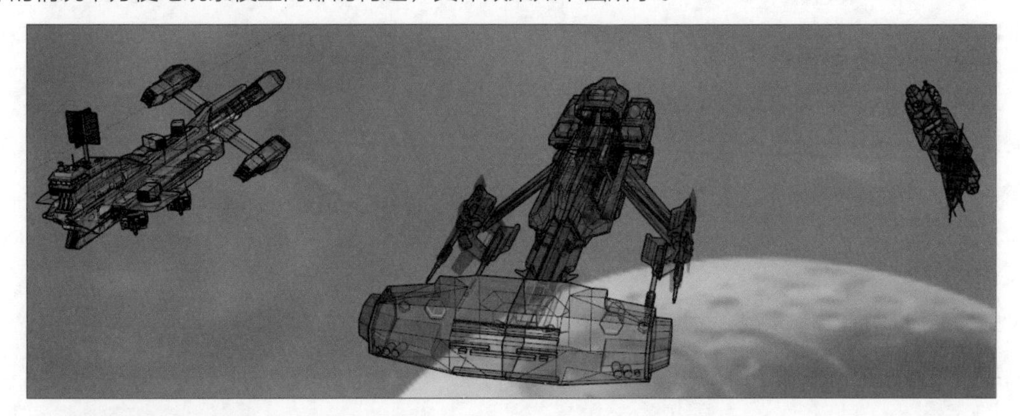

4.3.2 后边线模式

后边线模式用于在当前显示效果的基础上，以虚线的形式显示模型背面无法观察到的线条，具体效果如下图所示。在“X光透视”与“线框”模式下，该模式无效。

4.3.3 线框模式

线框模式是SketchUp中最节省系统资源的显示模式。在这种模式下，场景中所有对象均以实线条显示，材质、贴图等效果也将暂时失效。在进行视图缩放、平移等操作时，大型场景最好能切换到线框模式，可以有效避免卡屏、迟钝等现象，具体效果如下图所示。

4.3.4 消隐模式

消隐模式下仅显示场景中可见的模型面，此时大部分的材质与贴图会暂时失效，仅在视图中体现实体与透明的材质区别，也是一种比较节省系统资源的显示方式，具体效果如下图所示。

4.3.5 阴影模式

阴影模式是介于“消隐”与“材质贴图”之间的显示模式，该模式在可见模型面的基础上，根据场景已经赋予的材质，自动在模型面上生成相近的色彩。在阴影模式下，实体与透明的材质区别也有所体现，因此显示的模型空间感比较强烈，具体效果如下图所示。

4.3.6 材质贴图模式

材质贴图模式是SketchUp中最全面的显示模式，该模式下材质的颜色、纹理、透明效果都将得到完整的体现。材质贴图模式是SketchUp的默认显示模式，具体效果如下图所示。

4.3.7 单色显示模式

单色显示模式是一种在建模过程中经常用到的显示模式，该模式下仅以纯色显示场景中的可见模型面，黑色实线显示模型的轮廓线，在占用较少的系统资源前提下，有十分强的空间立体感，显示效果如下图所示。

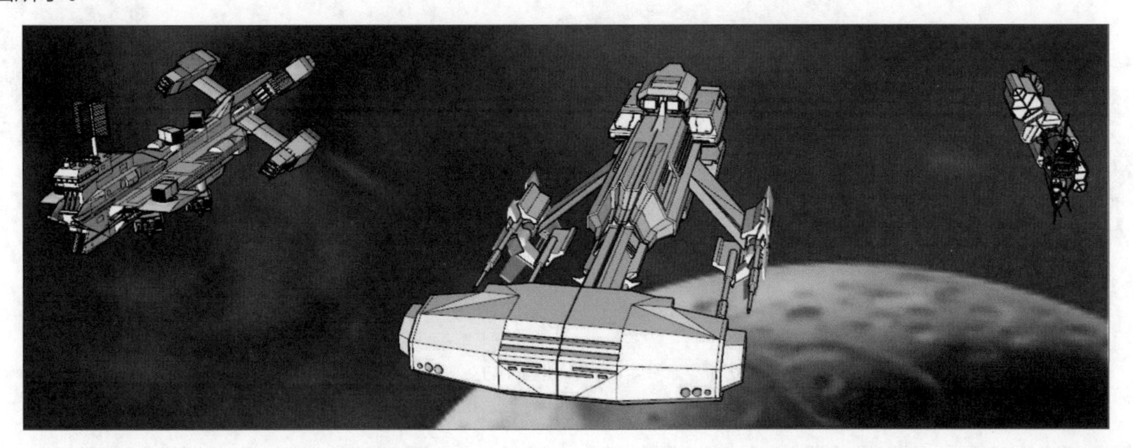

上机实训：制作商业街漫游动画

通过本章内容的学习，相信用户已经掌握了各种视图工具的使用，本实例将应用本章所学习的内容，制作一段商业街的漫游动画，从而对所学知识进行巩固。

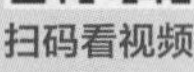

扫码看视频

步骤01 打开案例文件夹中的“商业街.skp”文件，如右图所示。

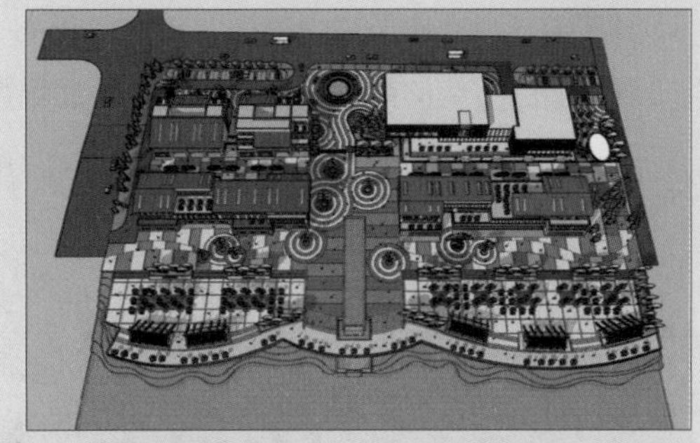

步骤02 调整至顶视图的合适位置，确定场景1，如右图所示。

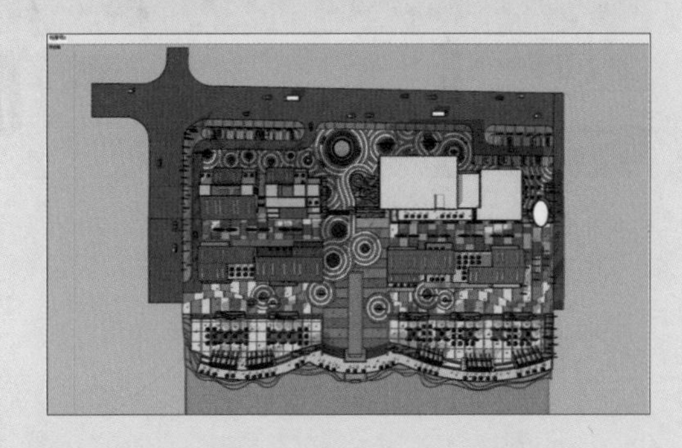

步骤 03 使用定位相机工具在地图的右下角定位相机，调整视角高度与显示，完成后添加场景2，如下左图所示。

步骤 04 使用漫游工具向前移动，移动至楼梯位置添加场景3，如下右图所示。

步骤 05 调整相机视角至公园，添加场景4，如下左图所示。

步骤 06 穿过公园，在店铺前台阶处添加场景5，如下右图所示。

步骤 07 调整视角至店铺前，添加场景6，如下左图所示。

步骤 08 继续向前移动至公园处，添加场景7，如下右图所示。

步骤 09 移动至中央喷泉处添加场景8，如下左图所示。

步骤 10 移动至喷泉下方平台处添加场景9，如下右图所示。

步骤 11 调整视角至前方河流处，添加场景10，如下左图所示。

步骤 12 调整视角至主道路处，添加场景11，如下右图所示。

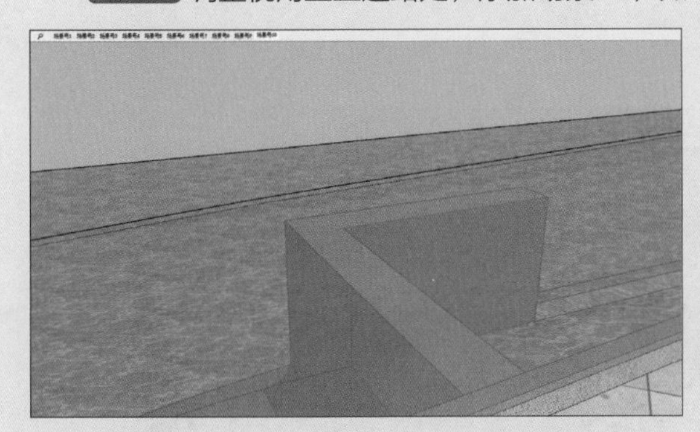

步骤 13 沿主道路前进，在两侧主要建筑处添加场景12至场景15，如下图所示。

步骤 14 沿主道路前进，在两侧主要建筑处添加场景16和场景17，如下图所示。

步骤 15 移动至背面高处全景，添加场景18，如下图所示。

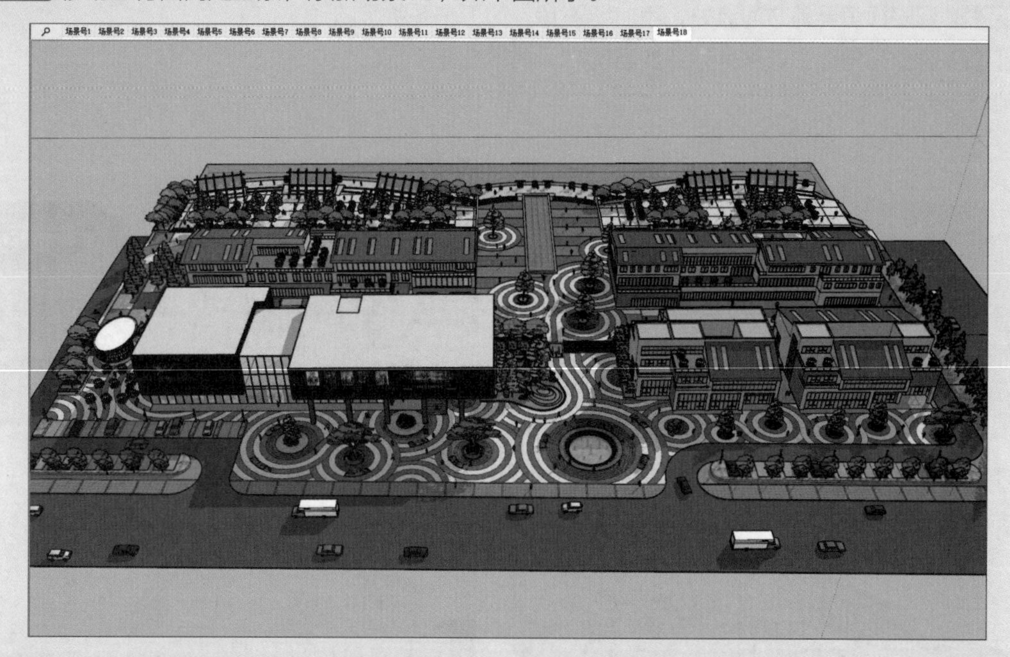

步骤 16 最终调整后将动画导出，如下左图所示。

步骤 17 导出完成后使用视频播放器查看最终效果，如下右图所示。

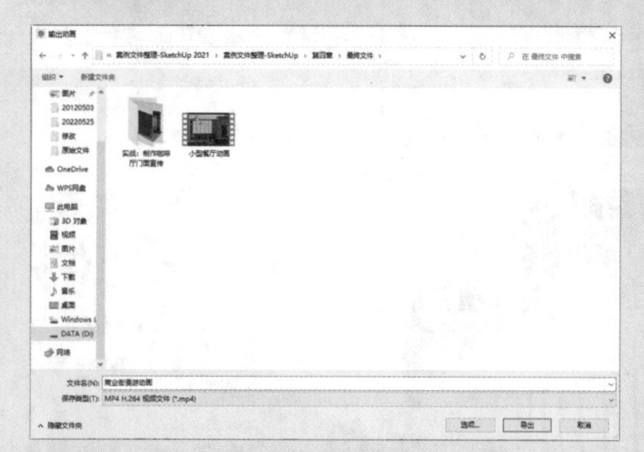

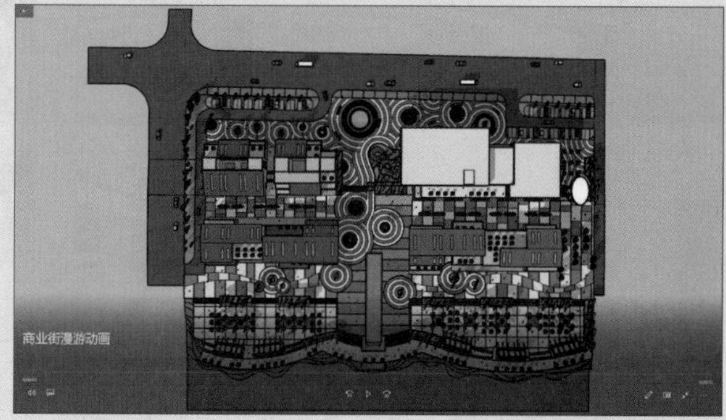

课后练习

一、选择题

（1）执行移动复制操作时，可以使用（　　）或（　　）工具。

A. 路径跟随　　B. 移动　　C. 旋转　　D. 缩放

（2）在定位相机后，用户的光标变为了👁样式，这时不可以进行（　　）操作。

A. 调整视角　　B. 上下移动镜头　　C. 向前移动镜头　　D. 创建新的场景

（3）锁定轴向需要按住（　　）键。

A. Shift　　B. 回车　　C. Alt　　D. Ctrl

二、填空题

（1）在SketchUp中，视图分为__________视图、__________视图、__________视图、__________视图、__________视图与__________视图。

（2）在漫游状态下按住__________键移动鼠标可以平移视角，按住__________键移动鼠标可以加速移动。

（3）SketchUp的样式工具栏包含了__________、__________、__________、__________、__________、__________、__________7种显示模式。

三、上机题

在学习了视图类工具的相关应用后，用户可以使用本章所学知识制作一组建筑效果的宣传图，效果如下图所示。

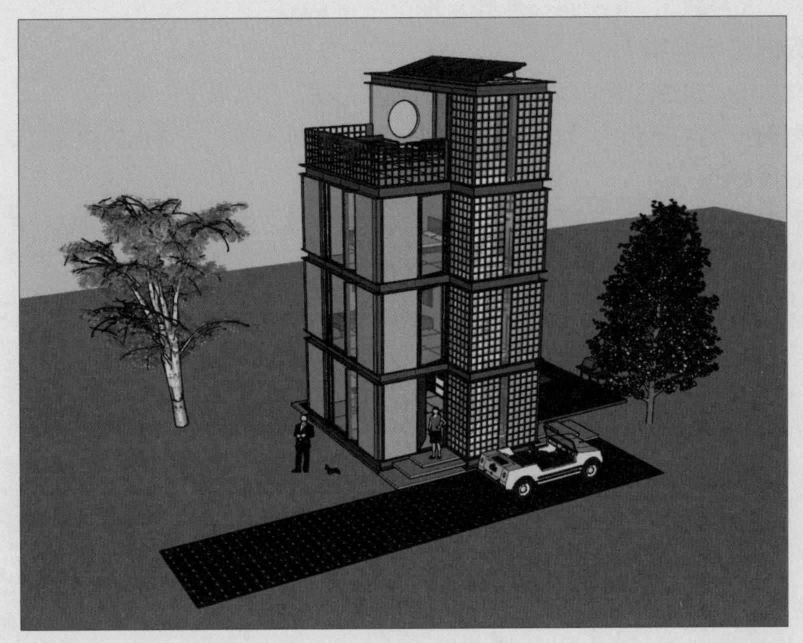

操作提示

① 使用定位相机工具能更好地找到角度。

② 添加外景能使效果更美观。

第5章 高级工具

本章概述

在前面的章节，详细介绍了SketchUp各种基础工具的使用，以及各种基本的建模方法。本章将对一些高级建模工具与场景管理功能的应用进行详细介绍，通过本章内容的学习，让用户更方便地创建出高质量的模型。

核心知识点

❶ 掌握组与标记工具的应用
❷ 掌握实体与沙盒工具的应用
❸ 掌握材质与贴图工具的应用
❹ 掌握光照设置的方法

5.1 组工具

SketchUp的组工具主要包括组件工具与群组工具两种，两者的功能各有不同，熟练地区分并应用，可以更为便捷地创建出复杂的模型。

5.1.1 组件工具

组件工具主要用于管理组成大模型的零件部分，用户可以通过创造一个个组件来组成最终模型。将模型制作成组件，可以精简模型数量，方便模型的选择与修改。如果以组件的方式复制出多个模型，对其中一个进行编辑时，其他所有模型也会产生变化，这一点同3ds Max中的实例复制相似。此外，模型组件还可以单独导出，不但方便与他人分享，也方便以后再次利用。

（1）组件的创建与编辑

下面通过具体实例，详细介绍创建与编辑组件的操作方法，具体操作步骤如下。

步骤 01 首先打开“栅栏.skp”文件，全选模型，单击鼠标右键，在弹出的快捷菜单中选择“创建组件”命令，如下左图所示。

步骤 02 打开“创建组件”对话框，在“定义”文本框中输入组件名称（若勾选“总是朝向相机”复选框，可以制作一些图片组成的树和人模型），如下右图所示。

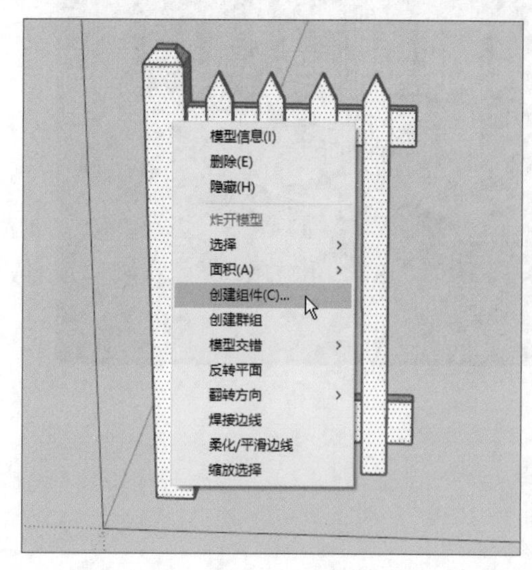

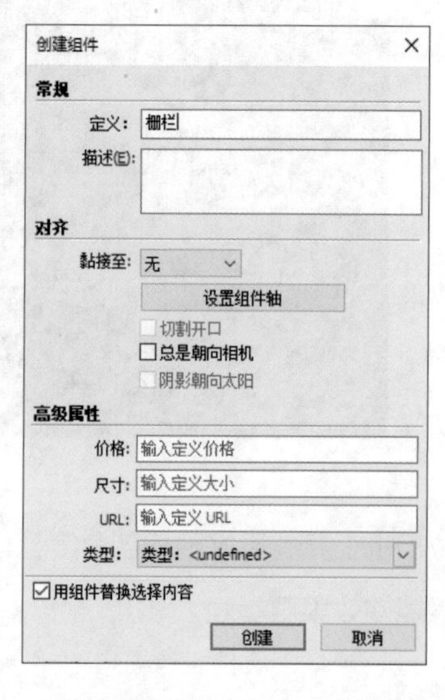

步骤03 单击“设置组件轴”按钮，在场景中指定轴点，如下左图所示。

步骤04 双击确定轴点，返回“创建组件”对话框，单击“创建”按钮，即可完成组件的创建，如下右图所示。

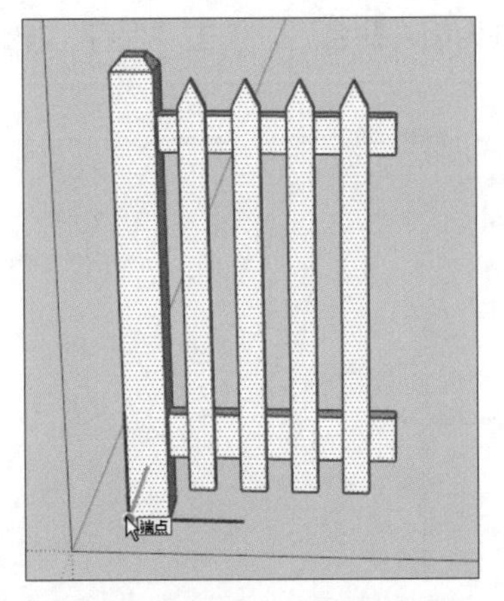

步骤05 复制多个栅栏组成围墙，如下左图所示。

步骤06 当需要对组件进行修改时，单击鼠标右键，在弹出的快捷菜单中选择“编辑组件”命令，组件进入编辑状态后，周围会以虚线框显示，用户可以对其进行编辑操作。用户也可以直接双击鼠标左键快速进入编辑状态，如下右图所示。

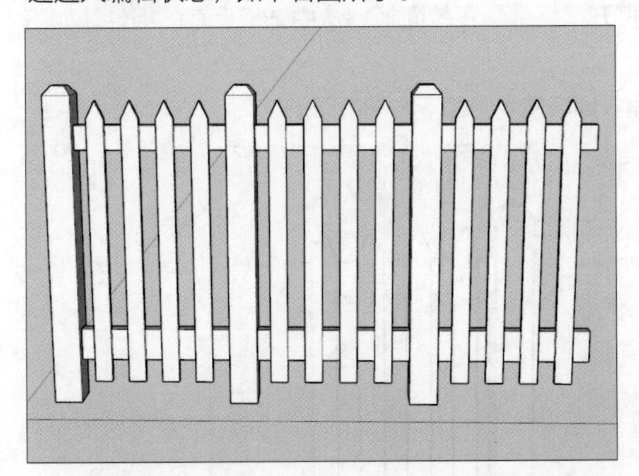

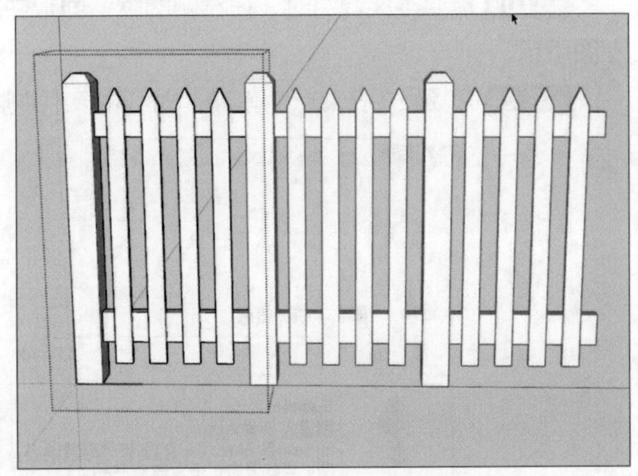

步骤07 删除组件中的一个栅栏，可以发现复制的组件中该栅栏都被删除了，如下左图所示。

步骤08 单击空白处返回模型空间，效果如下右图所示。

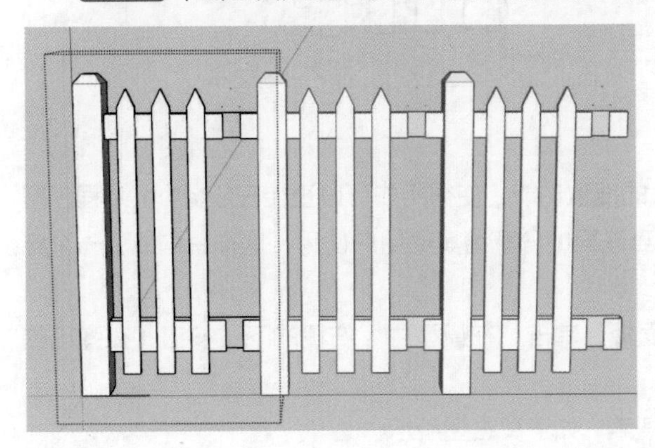

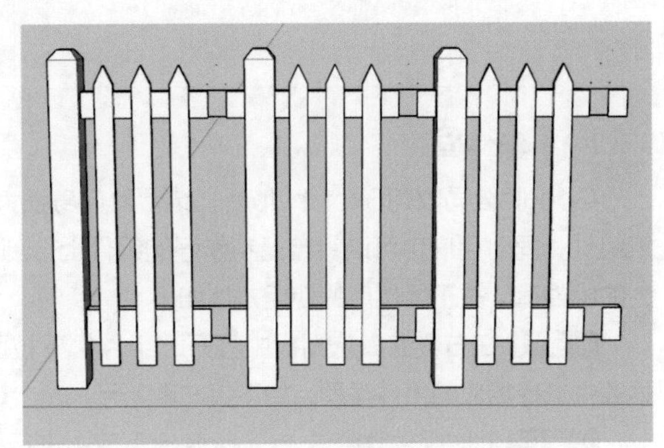

（2）导入与导出组件

完成组件的创建后，用户可将其导出为单独的模型，以方便分享及再次调用，具体操作步骤如下。

步骤 01 选择创建好的组件，单击鼠标右键，在弹出的菜单中选择“另存为”命令，如下左图所示。

步骤 02 打开“另存为”对话框，选择储存路径并为组件命名后，单击“保存”按钮，如下右图所示。

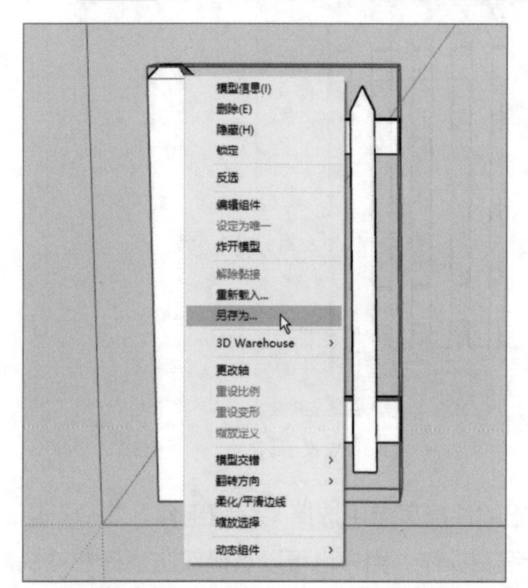

步骤 03 需要再次调用时，在右侧的默认面板中打开“组件”下拉面板，从中选择保存的组件，如下左图所示。

步骤 04 在场景中任意一点单击，即可将该组件插入到场景中，如下右图所示。

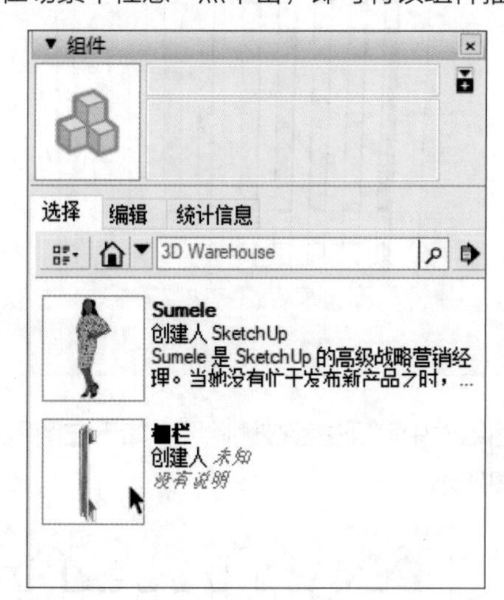

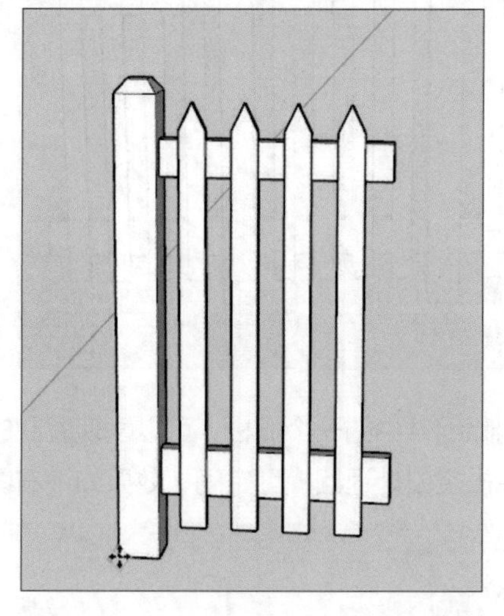

（3）组件库

Google公司收购SketchUp后，结合其自身强大的搜索功能，使得用户可以直接在SketchUp程序搜索组件，同时用户也可以将自己制作好的组件上传到互联网中分享给其他用户使用，这样就构成了一个庞大的组件库。关于组件库的使用方法如下。

步骤 01 在右侧的默认面板中打开“组件”下拉面板，单击“在模型中”右侧的下拉按钮，在弹出的列表中选择相应的组件类型，如下页左图所示。

步骤 02 此时组件就会进入Google模型库中进行搜索，如下页右图所示。

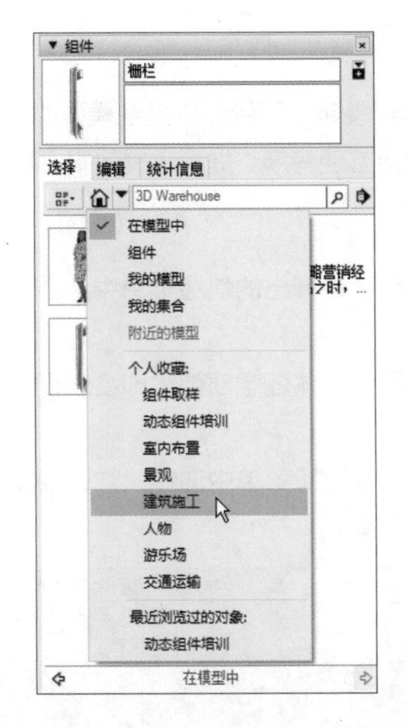

步骤 03 除了默认组件外，用户还可以输入相应的关键字进行自定义搜索，例如输入“椅子”进行搜索，如下左图所示。

步骤 04 在搜索列表中选择需要的模型，系统会自动进行下载，如下右图所示。

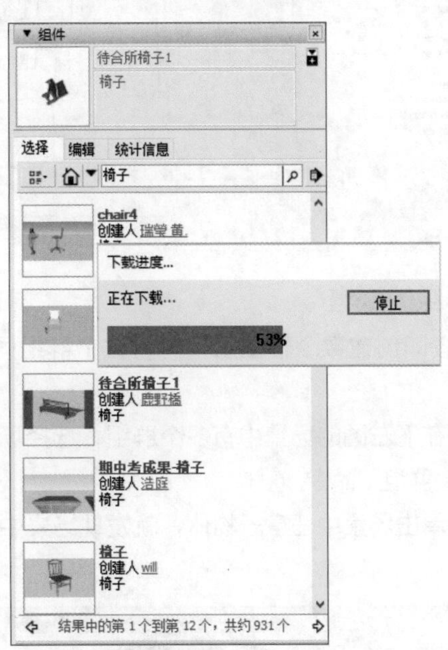

步骤 05 下载完毕后，在视口单击即可将其插入，效果如下图所示。

5.1.2 群组工具

在SketchUp中，使用群组工具可以将部分模型包裹起来不受外界其他模型的干扰，便于用户对其进行单独操作。因此，合理地创建与分解群组能使建模更方便有序，提高建模效率，减少不必要的操作。

（1）群组的创建与分解

步骤 01 选择需要创建群组的物体，单击鼠标右键，在弹出的快捷菜单中选择“创建群组”命令，如下左图所示。

步骤 02 创建好的群组如下中图所示。这时单击两个物体任意部位，即会发现它们已经形成了一个整体，外界的物体不会再影响到群组内的物体。

步骤 03 需要分解群组时，单击鼠标右键，在弹出的快捷菜单中选择“炸开模型”命令，如下右图所示。这时，原来的群组物体将会重新分解成多个独立的单元。

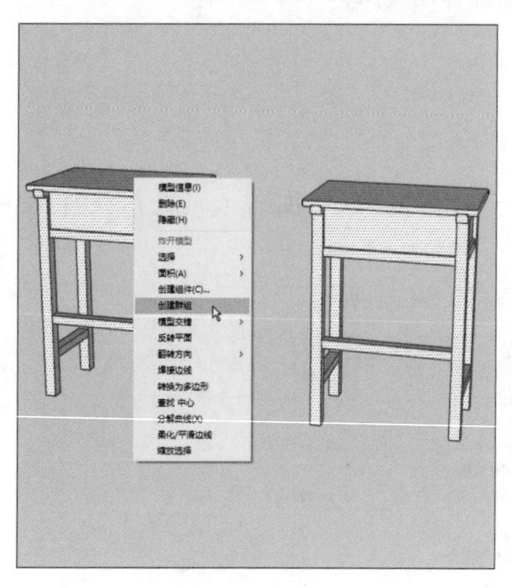

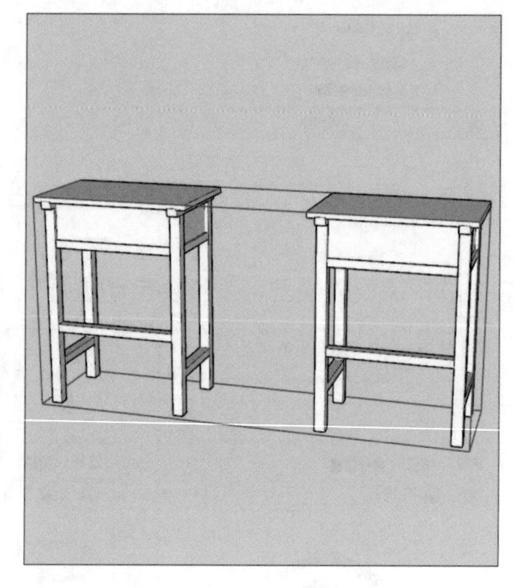

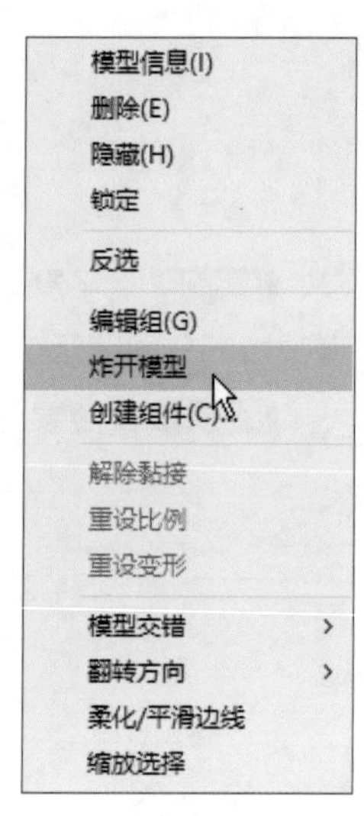

（2）群组的嵌套

群组嵌套即创建数个群组后，再将数个群组同其他物体一起再次创建成一个群组，具体操作步骤如下。

步骤 01 在下左图的场景中有多个群组，选择场景中的所有物体并单击鼠标右键，在弹出的快捷菜单中选择“创建群组”命令。

步骤 02 单击场景中任意一物体，就发现场景中多个群组与物体变成了一个整体的群组，效果如下右图所示。

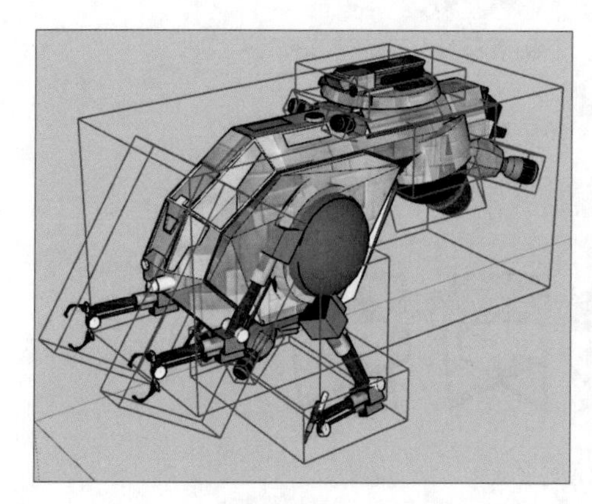

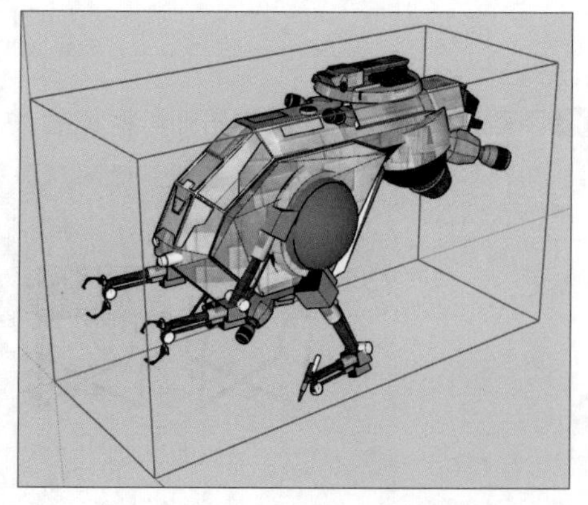

(3)群组的编辑

在右键快捷菜单中选择“编辑组”命令或是直接双击模型，即可进入对应群组，对群组中的模型进行单独选择和调整，调整不会改变群组的整体状态，具体步骤如下。

步骤 01 选择需要编辑的对象，双击该群组进入编辑界面，可以看到模型周围显示出虚线组成的长方体，如下左图所示。

步骤 02 此时用户可以单独选择群组内的模型进行编辑，例如这里选择机械臂进行缩放，如下右图所示。

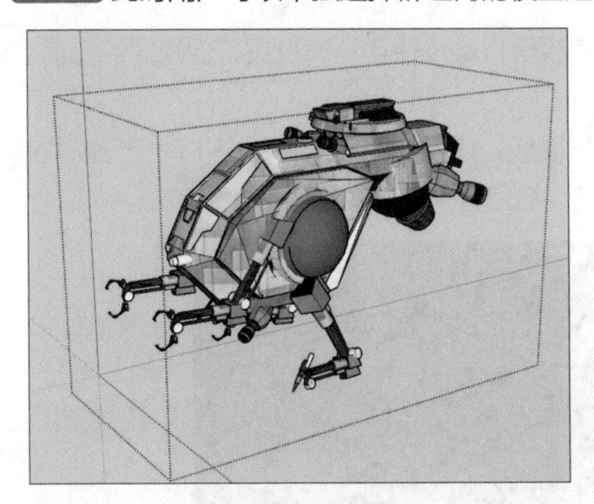

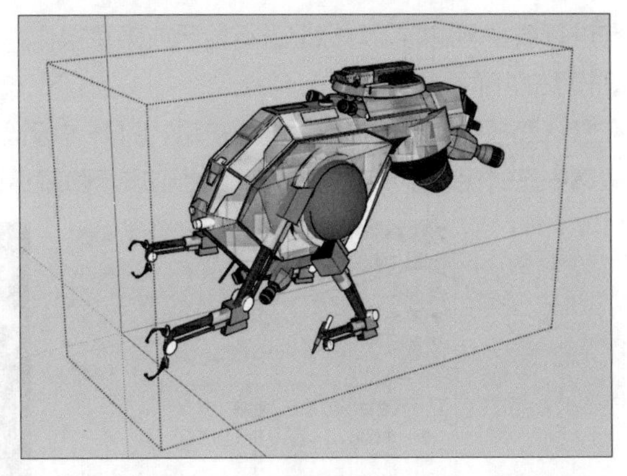

步骤 03 调整完毕后单击选择工具，将光标移动到虚线外单击，即可恢复群组状态，如下左图所示。

步骤 04 在场景中如果有暂时不需要编辑的群组，用户可以将其锁定，以免误操作。选择群组，单击鼠标右键，在弹出的快捷菜单中选择“锁定”命令，如下右图所示。

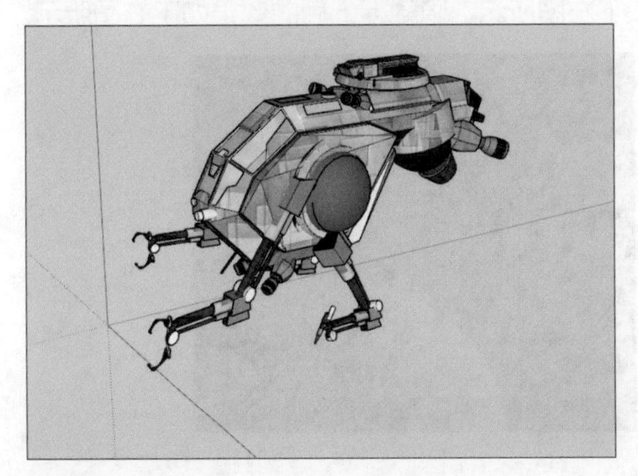

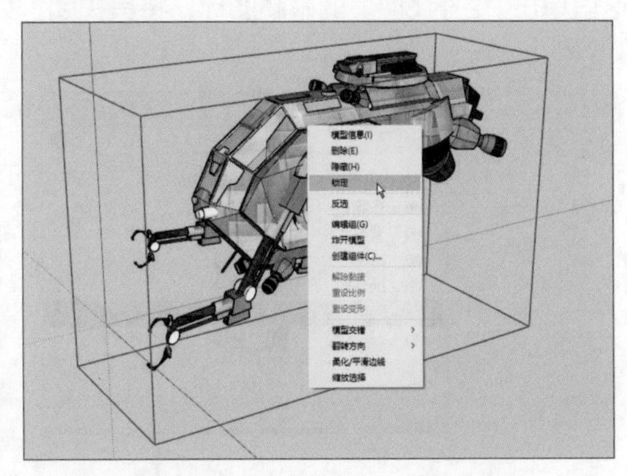

步骤 05 锁定后的群组会以红色线框显示，并且用户不可以对其进行修改，如下左图所示。

步骤 06 如果需要对群组进行解锁，则选择右键快捷菜单中的“解锁”命令即可，如下右图所示。

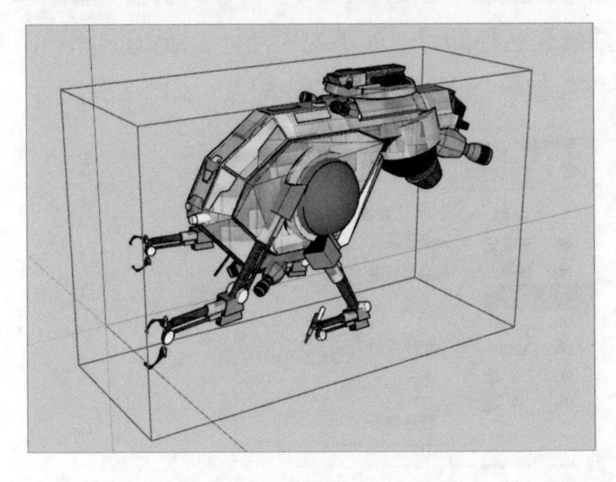

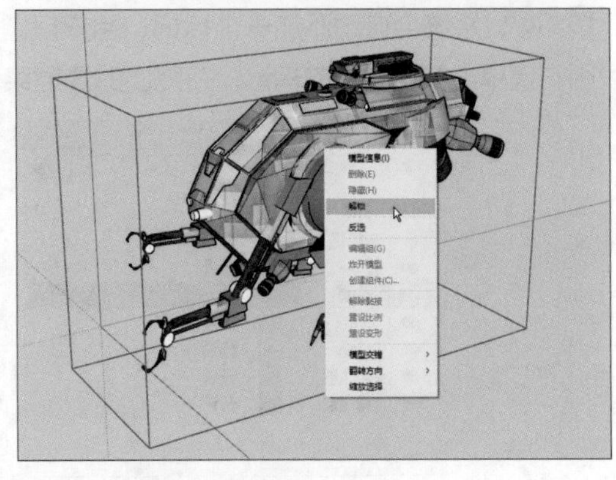

5.2 标记工具

SketchUp 2022中的标记工具即老版本中的图层工具，功能相较于老版本有所改动。标记工具主要为了更方便创建模型和表现模型，用户可以利用标记工具将模型分层表现。

5.2.1 显示和隐藏标记

在进行模型创建时，对标记进行显示或隐藏操作，不仅可以减少使用计算机进行建模时的负荷，还可以展现模型的不同形式。

在默认面板中单击“标记”折叠按钮，打开“标记”面板，如下左图所示。单击不同标记前的眼睛图标，眼睛张开时代表显示对应标记，闭上则表示隐藏标记。标记打开时的效果如下右图所示。

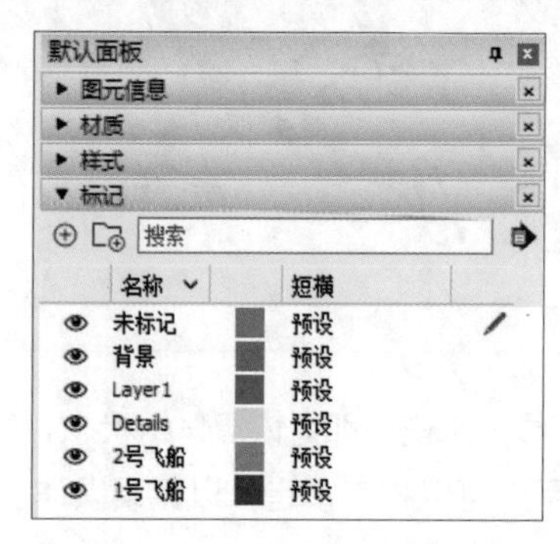

这里单击“2号飞船”的眼睛图标，将其关闭，如下左图所示。隐藏标记后的效果如下右图所示。

5.2.2 添加与删除标记

在进行模型创建与编辑过程中，用户可以根据需要添加或删除标记。打开“图层”面板，单击“添加标记”按钮，系统会自动添加一个标记，用户只需要修改名称即可，如下左图所示。要想删除不需要的标记，则右键单击需要删除的标记，在弹出的快捷菜单中选择“删除标记”命令即可，如下右图所示。

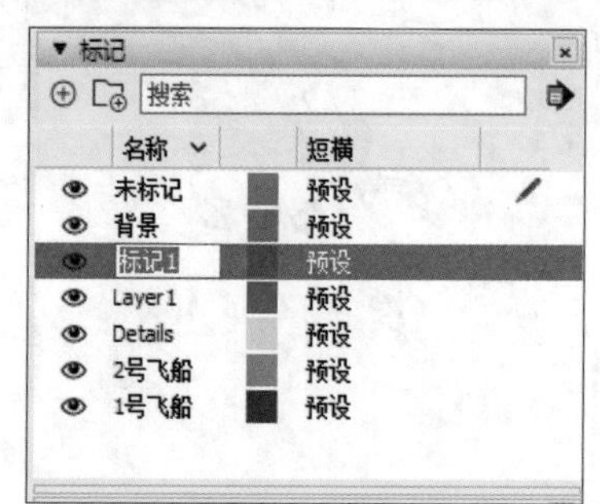

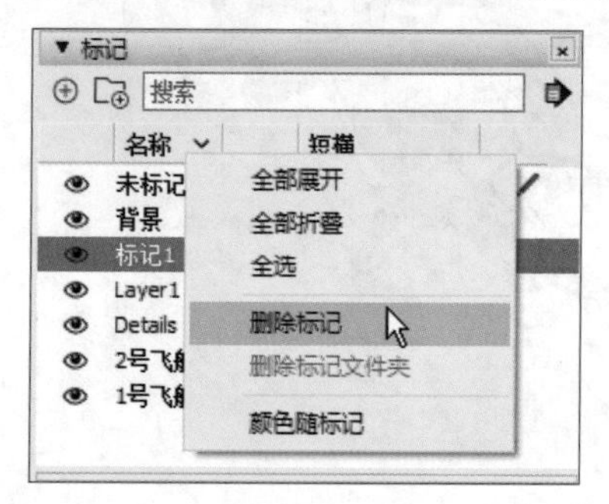

5.2.3 改变物体的标记

选择需要改变其所在标记的模型，单击鼠标右键，在弹出的快捷菜单中选择“模型信息”命令，如下左图所示。也可以直接打开默认面板中的“图元信息”选项区域，在其中会显示模型的具体信息。在图元信息面板中选择所需的图层，如下右图所示。

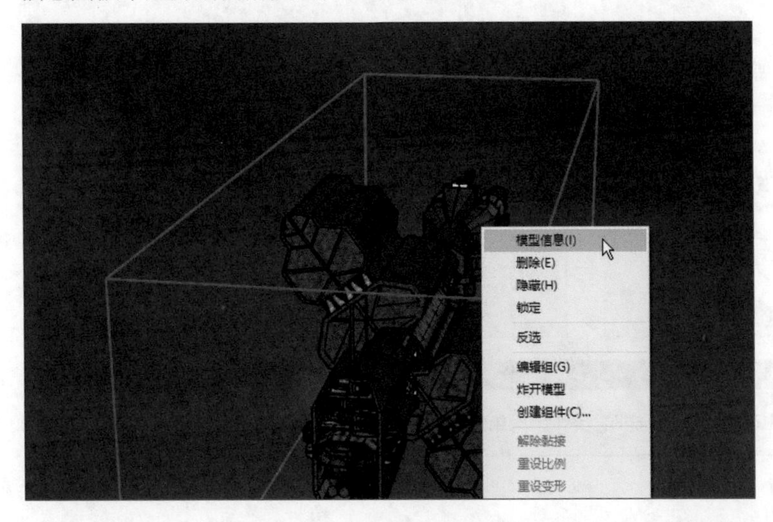

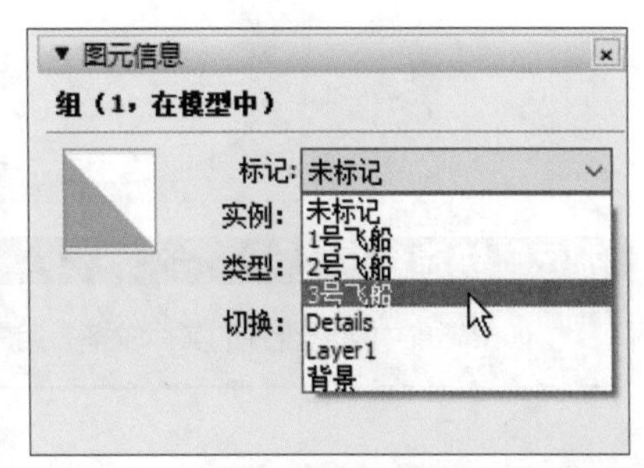

5.3 实体工具

SketchUp的实体工具栏中包括“实体外壳”“相交”“联合”“减去”“剪辑”与“拆分”6个工具，如下图所示。本小节将对这几种工具的使用方法进行逐一介绍。

5.3.1 实体外壳工具

使用实体外壳工具可以快速将多个单独的实体模型合并成一个实体，具体使用方法如下。

步骤 01 使用移动工具将需要合并的群组拼接在一起，如下左图所示。

步骤 02 激活实体外壳工具，将光标移动到其中一个实体上，会出现“①实体组”的提示，表示当前选择实体的数量，如下右图所示。

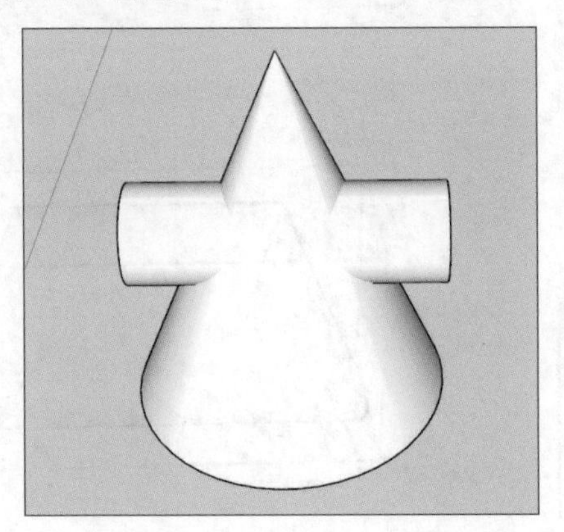

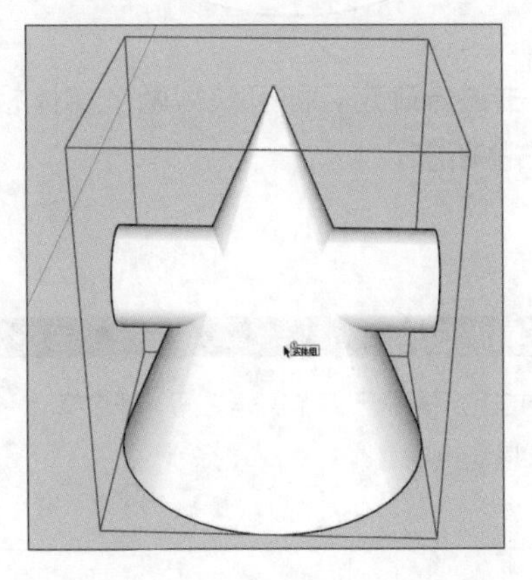

步骤 03 单击确定第一个实体，再移动光标到另一个实体上，这时会出现“②实体组”的提示，如下左图所示。

步骤 04 单击确定选择，即可看到两个实体合为一个整体，如下右图所示。

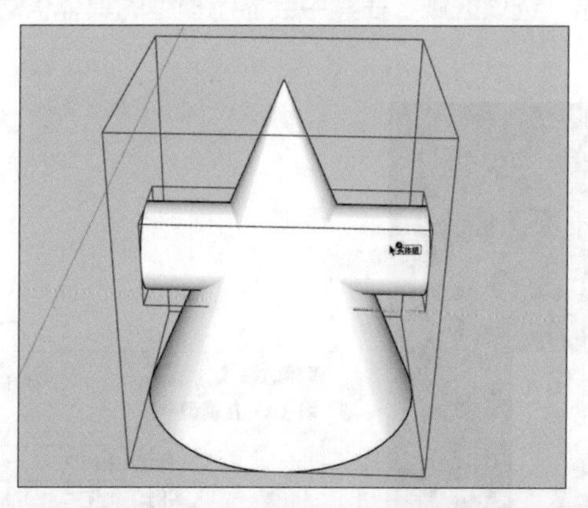

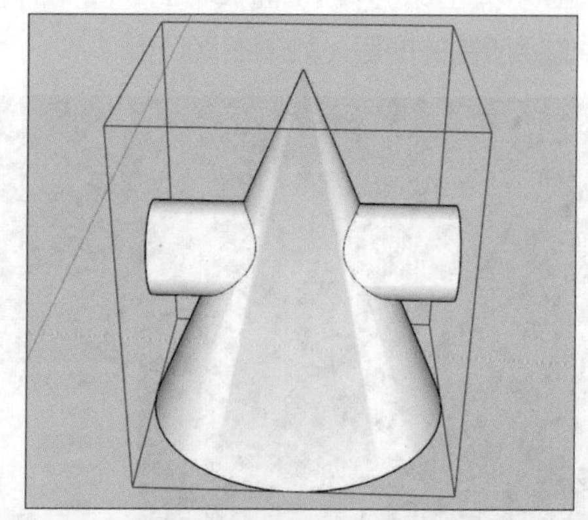

提示：快速合并

如果场景中需要合并的实体较多，用户可以先选择全部的实体，再单击实体外壳工具，即可进行快速合并操作。

5.3.2 相交工具

使用相交工具可以获得两个组群模型相交的模型部分，也就是我们熟悉的布尔运算交集工具，大部分三维软件都具有这个功能，具体使用方法如下。

步骤 01 调整好需要获得的模型，激活相交工具，单击选择其中一个实体，如下左图所示。

步骤 02 移动光标到另一个实体上，如下右图所示。

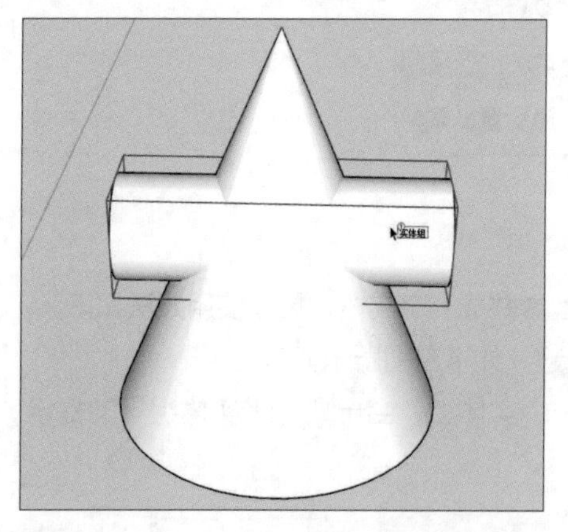

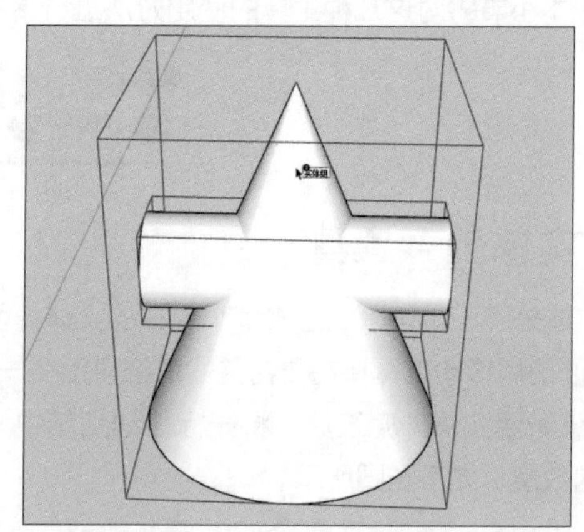

步骤 03 单击进行确定，即可获得两个实体相交的模型，如右图所示。

提示：相交工具的应用

相交工具的应用不局限于两个实体之间，多个实体也可以使用该工具。

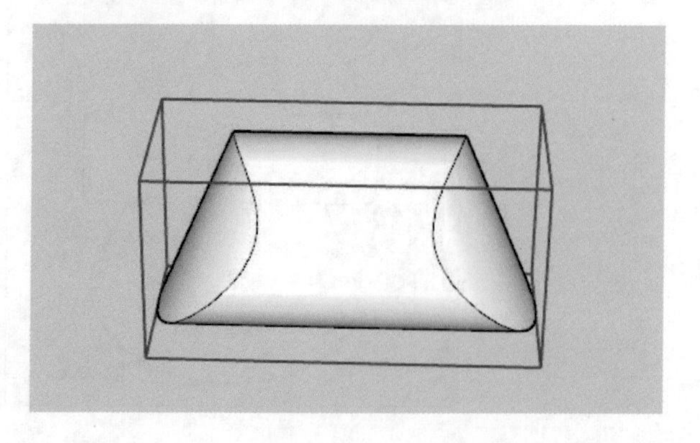

5.3.3 减去工具

减去工具即布尔运算差集工具，运用该工具可以将实体中与其他实体相交的部分进行切除，具体操作步骤如下。

步骤01 激活减去工具，单击相交的其中一个实体，如下左图所示。

步骤02 再选择另一个实体，如下中图所示。

步骤03 单击确定选择，运算完成后即可得到减去后的模型，如下右图所示。

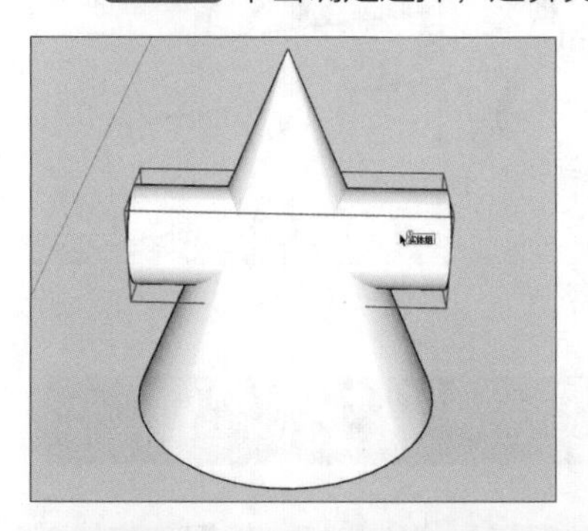

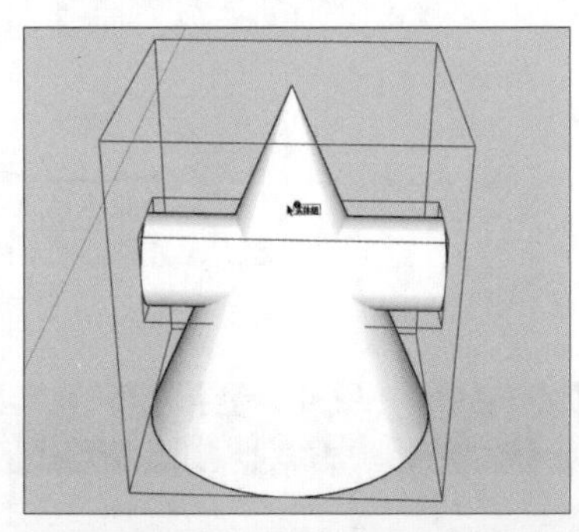

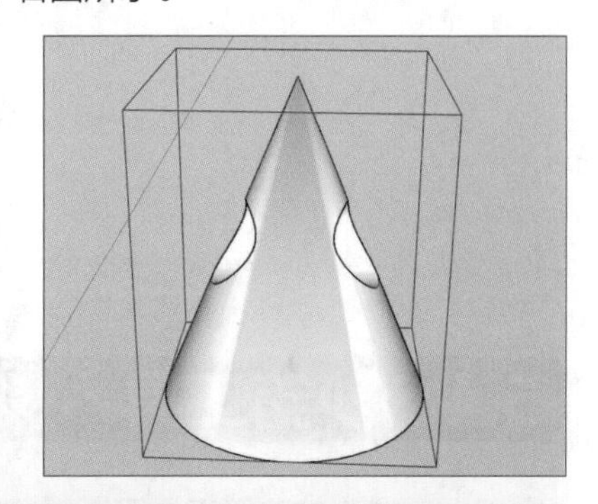

提示：实体外壳工具与组工具的区别

SketchUp中实体外壳工具的功能与之前介绍的组工具有些相似的地方，都可以将多个实体组成一个大的对象。但是使用组工具合并后的实体在打开后仍可进行单独编辑，而使用实体外壳工具进行组合的实体是一个单独的实体，打开模型将无法进行单独的编辑操作。

5.3.4 剪辑工具

应用剪辑工具与应用减去工具的结果是相同的，但剪辑工具会保留减去物，具体操作方法如下。

步骤01 激活减去工具，单击相交的其中一个实体，如下左图所示。

步骤02 再选择另一个实体，如下中图所示。

步骤03 操作后，将实体移动到一旁，可以看到删除了相交的部分，而圆柱体完好无损，如下右图所示。

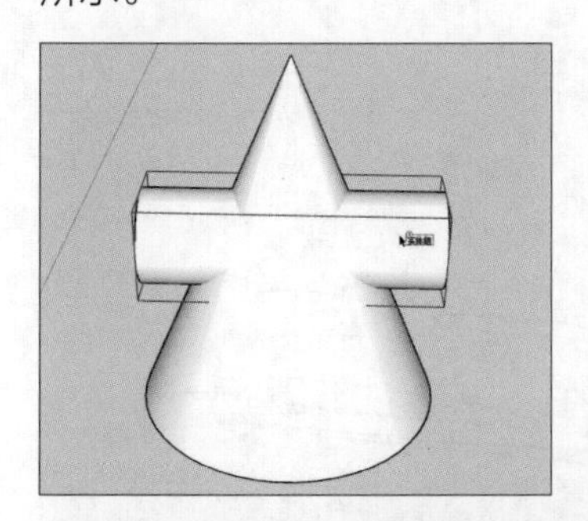

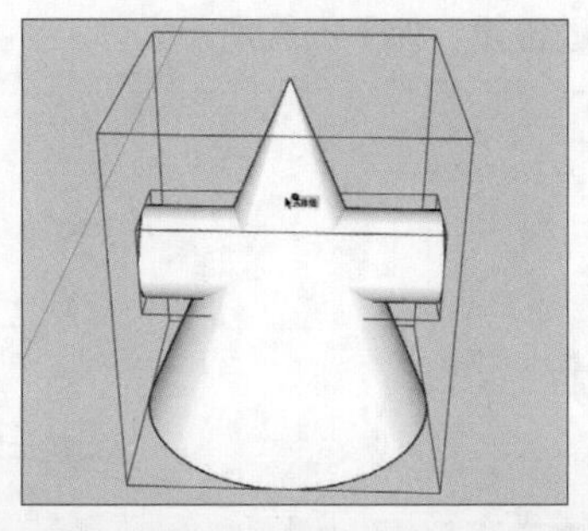

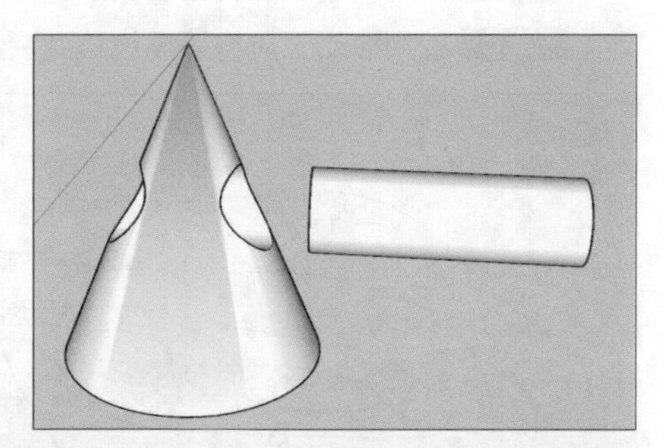

提示：联合工具

联合工具即布尔运算并集工具，在SketchUp中，联合工具与之前介绍的实体外壳工具的功能没有明显的区别，其使用方法和相交工具相同，这里不再赘述。

5.3.5 拆分工具

拆分工具的功能与相交工具相似，但拆分工具会保留另外两个模型群组，完成后结果如右图所示。其使用方法同相交工具、减去工具相同，这里不再赘述。

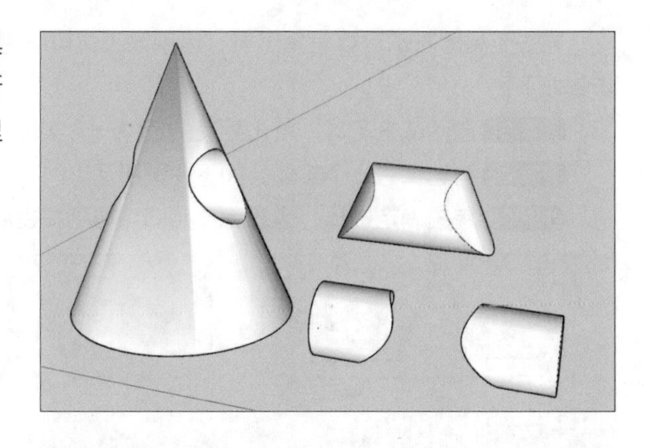

5.4 沙箱工具

SketchUp的沙箱工具可以帮助用户创建、优化和修改3D地形。沙箱工具栏中包括“根据等高线创建”“根据网格创建”“曲面起伏”“曲面平整”“曲面投射”“添加细节”与“对调角线”7个工具，如下图所示。

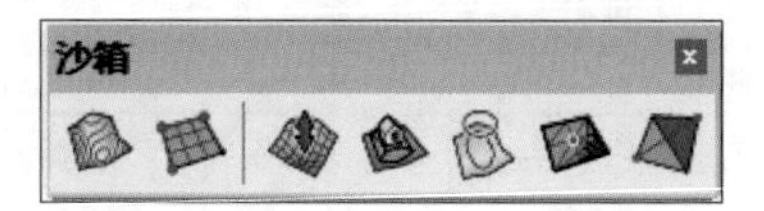

5.4.1 根据等高线创建工具

等高线包括直线、圆弧、圆形或曲线等，根据等高线创建工具的主要功能是封闭相邻的等高线以形成三角面，该工具会自动封闭闭合或者不闭合的线形成面，从而形成有等高差的坡地。下面介绍根据等高线创建工具的具体使用方法。

步骤 01 使用手绘线工具绘制地形，如下左图所示。

步骤 02 使用移动工具将等高线拉到合适位置，如下右图所示。

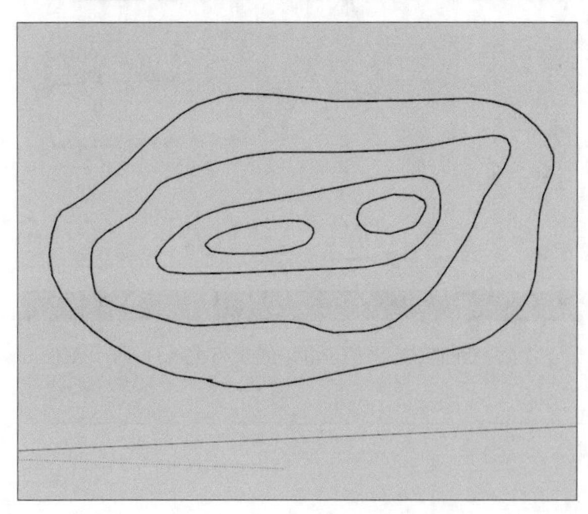

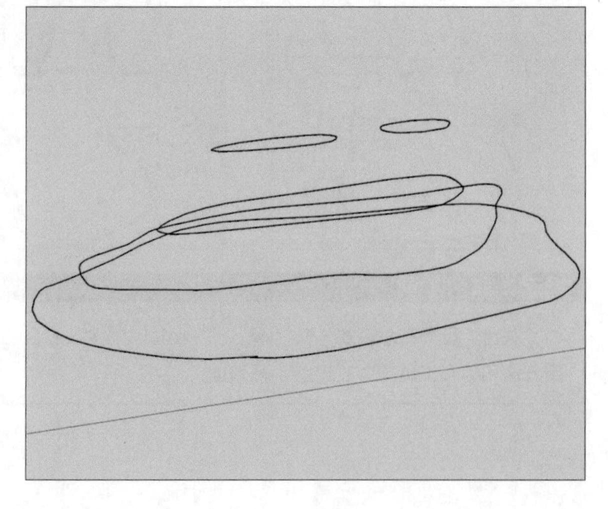

步骤 03 全选所有等高线，选择沙箱工具栏中的根据等高线创建工具，等高线会自动生成一个组，如下左图所示。

步骤 04 删除原来的等高线，即可完成坡地的制作，如下右图所示。

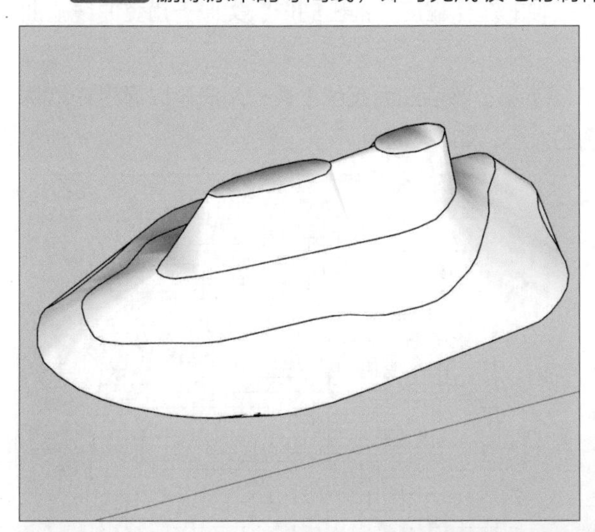

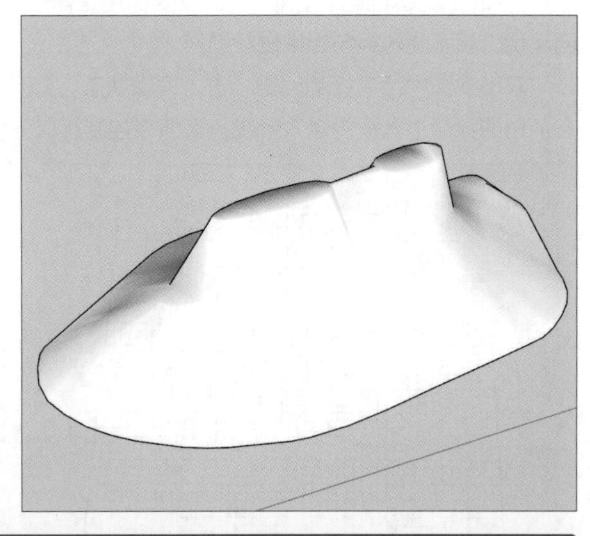

提示：根据等高线创建工具的使用

根据等高线创建工具的使用，主要有以下两种情况。

- 从其他软件中导入地形文件，例如dxf地形文件，此时的文件是三维地形等高线。
- 直接在SketchUp中使用画图命令绘制。

5.4.2 根据网格创建工具

根据网格创建工具主要用于创建山区地形，该工具的创建方式是绘制一个可以随意改变高度的网格面。激活根据网格创建工具，在右下角的数值输入框输入相应数值，单击鼠标左键确定起点，如下左图所示。拖动鼠标确定长宽，也可以在数值输入框中输入精确数值，绘制完毕会形成一个组，如下右图所示。

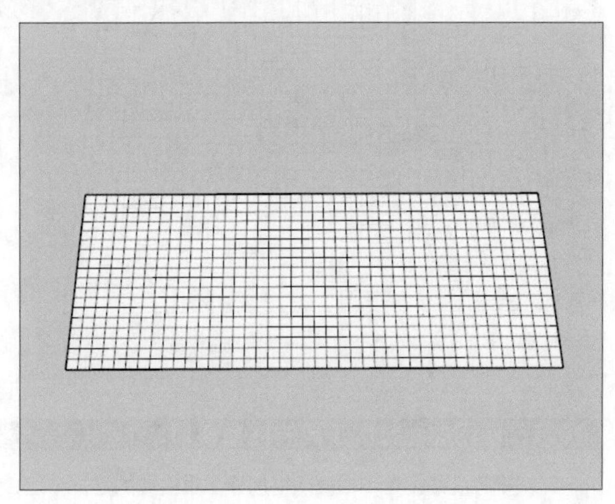

5.4.3 曲面起伏工具

从曲面起伏工具开始，后面的几个工具都是围绕根据等高线创建和根据网格创建两个工具的执行结果进行修改的工具。曲面起伏工具的主要作用是修改地形Z轴的起伏程度，拖出的形状类似于正弦曲线。曲面起伏工具不能对组与组件进行操作。

双击视图中绘制好的网格，进入编辑状态，如下左图所示。激活曲面起伏工具，用户可以通过在软件右下角的数值输入框内输入半径长度值来控制起伏光圈的大小，如下右图所示。

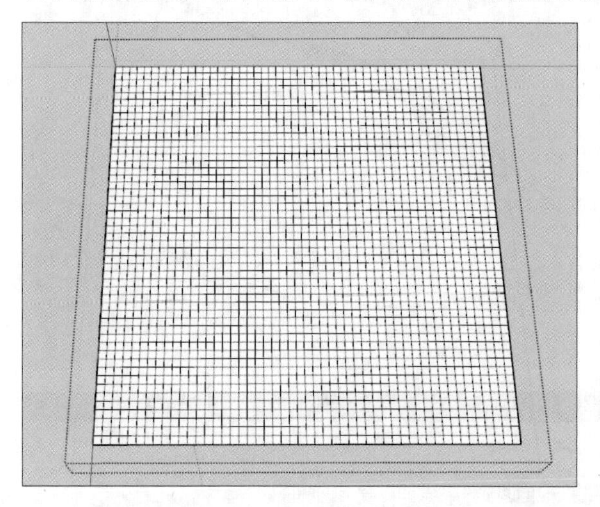

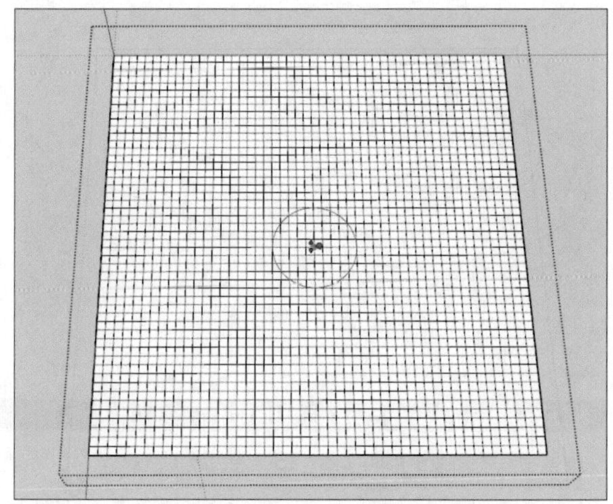

将光标定位在希望起伏的区域，通过向上拖动来控制曲面向上的高度，形成山坡，如下左图所示。通过向下拖动来控制向下的深度，形成低谷，如下右图所示。

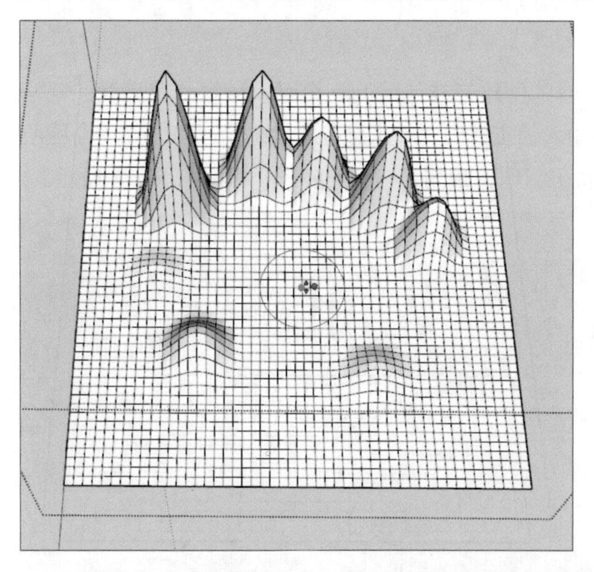

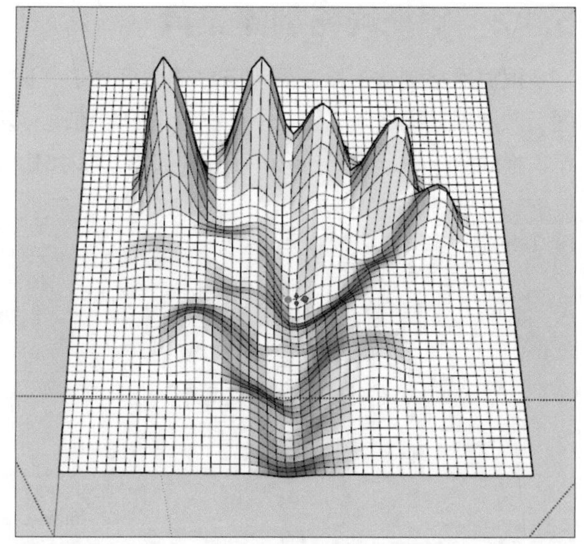

提示：使用曲面起伏工具的注意事项

根据等高线创建和根据网格创建工具生成的是一个组，因此要注意在组的编辑状态下才可以使用曲面起伏工具。另外，曲面起伏工具只能沿系统默认的Z轴进行拉伸，所以如果想要多方位拉伸，可以结合旋转工具，先将拉伸的组旋转到一定的角度后，再进入编辑状态进行拉伸。

5.4.4 曲面平整工具

曲面平整工具主要用于在曲面起伏的地形上创建一块平整的土地来放置建筑物。

在视图中将地形与房子位置放置好，如下左图所示。激活曲面平整工具，光标会变成样式，单击房子模型，房子下方会出现红色边框（红色边框代表偏移数值，该数值可以在右下角的数值输入框中修改），如下右图所示。

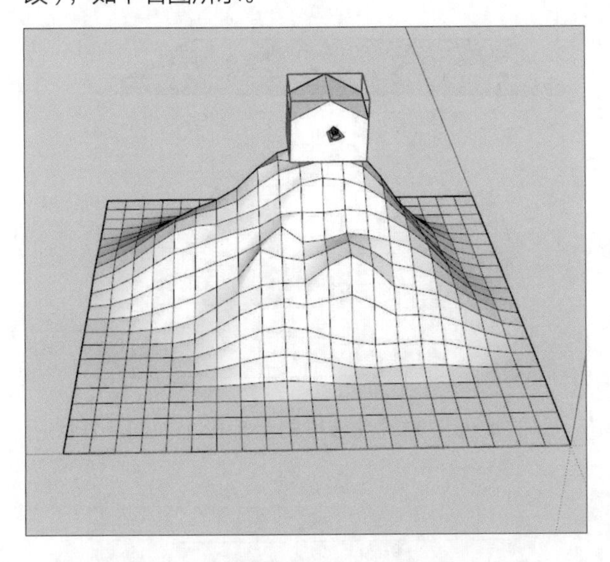

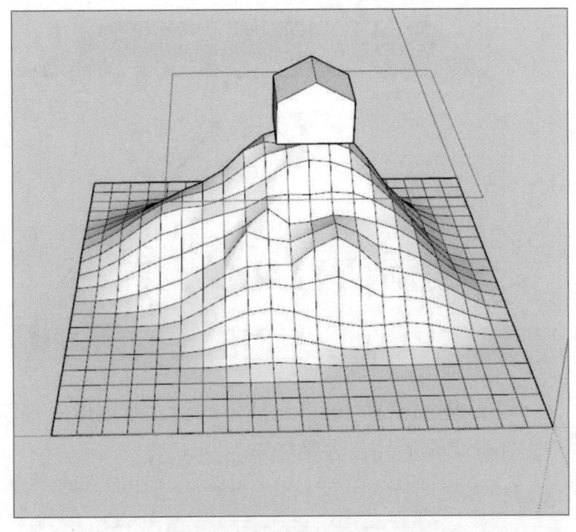

单击地形，在地形对应房子的位置将会挤出一块平整的场地，高度随着光标移动进行调整，再次单击确定位置，如下左图所示。移动房子至平面上完成操作，效果如下右图所示。

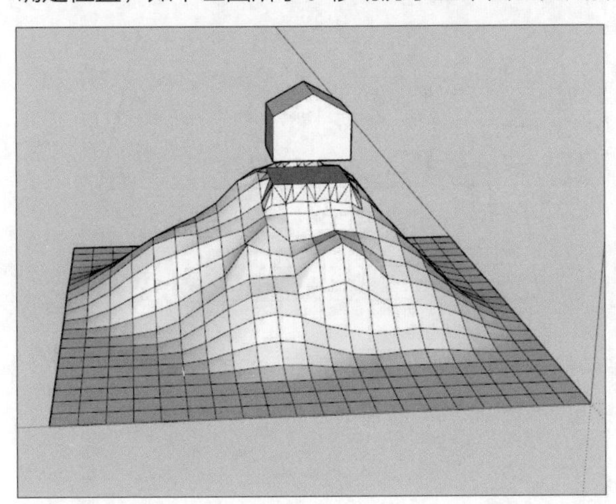

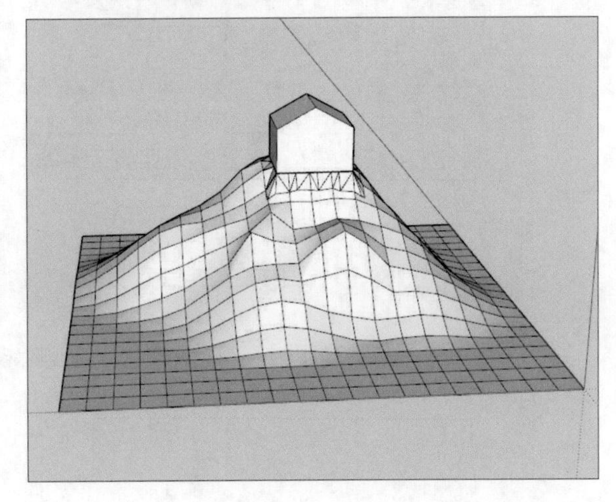

5.4.5 曲面投射工具

曲面投射工具主要用于在地形上绘制道路网。

首先在绘制好的曲面上方绘制一个更大的矩形，如下左图所示。激活曲面投射工具，移动光标至曲面群组，此时显示蓝线线框，如下右图所示。

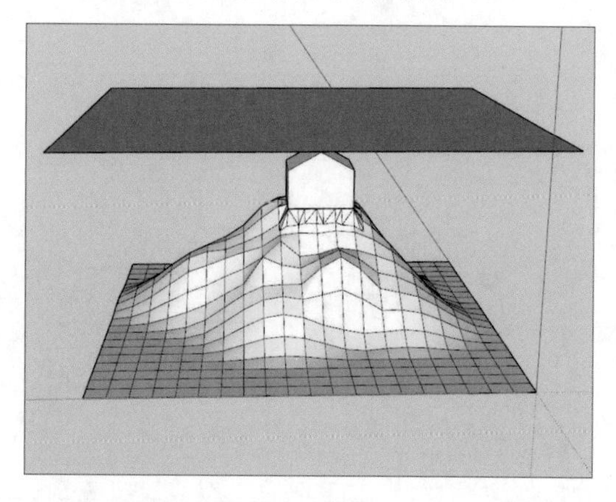
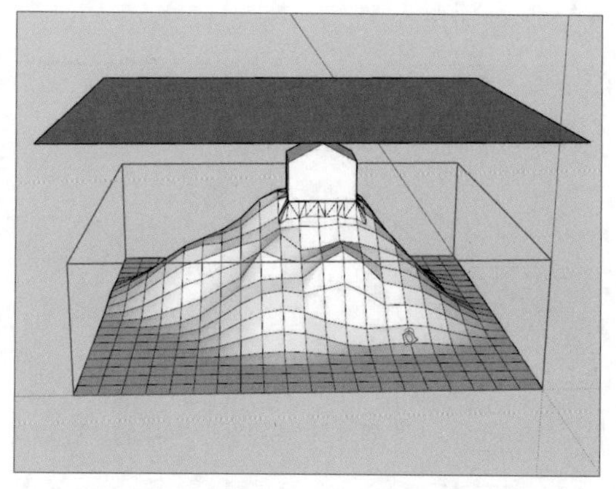

单击确定选择，再将光标移动至上方矩形处并单击，此时地形边界就会被投射至矩形上，如下左图所示。删除多余的线，效果如下右图所示。

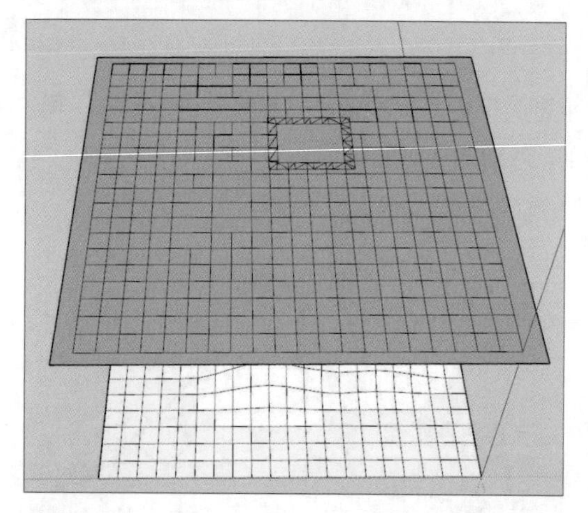
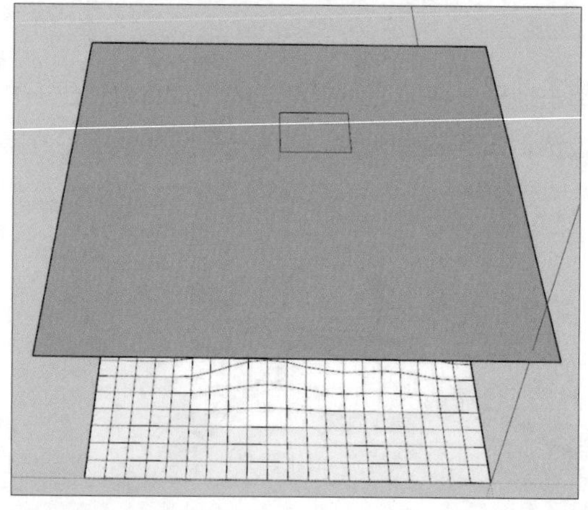

使用手绘线工具绘制道路，如下左图所示。删除多余的图形，仅保留道路平面，如下右图所示。

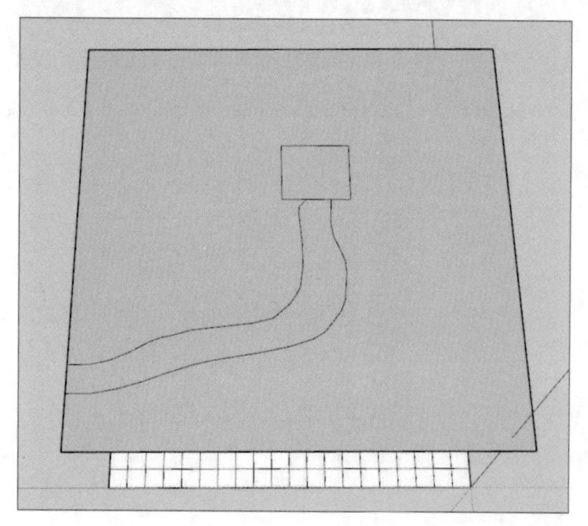
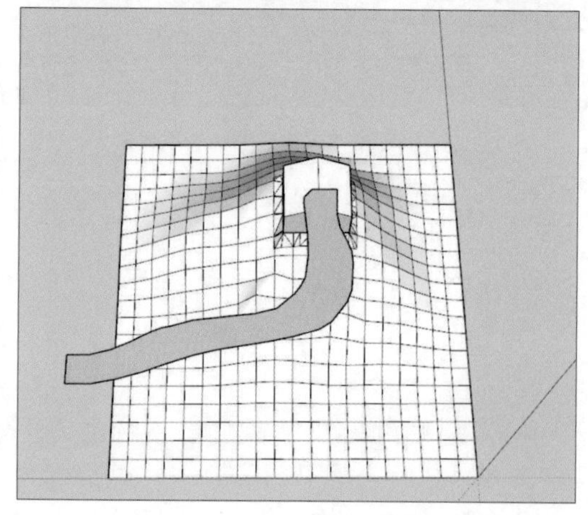

激活曲面投射工具，单击道路图形，将道路投射至地形上，如下左图所示。删除上方的图形，在山地上单击鼠标右键，在弹出的快捷菜单中选择“柔化/平滑边线”命令，如下右图所示。

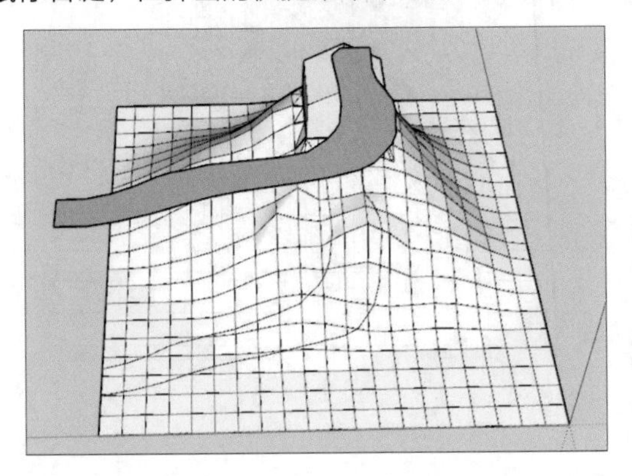

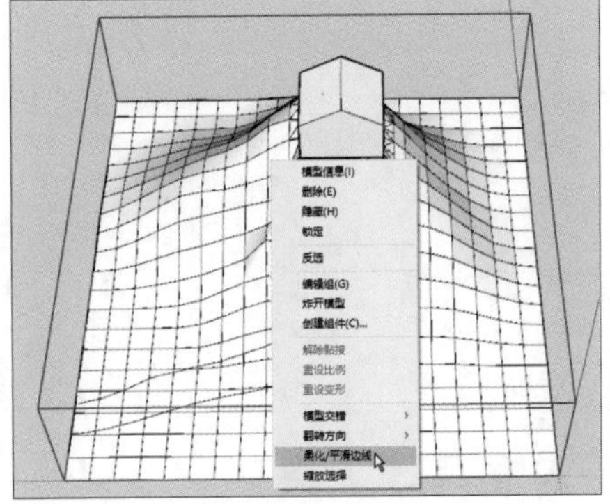

在右侧默认面板中会出现“柔化边线”面板，在其中调整数值，如下左图所示。调整完成后的效果如下右图所示。

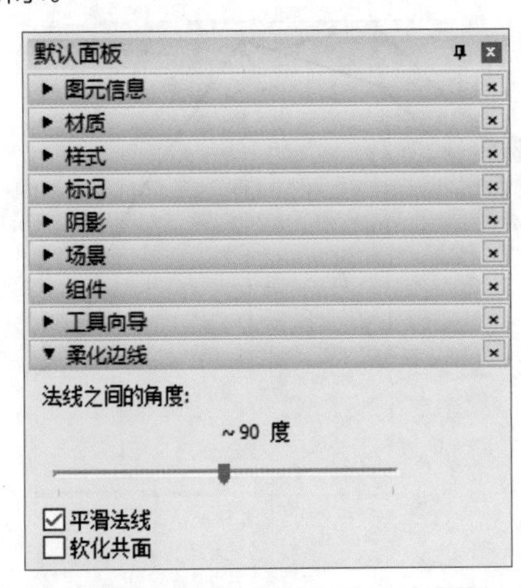

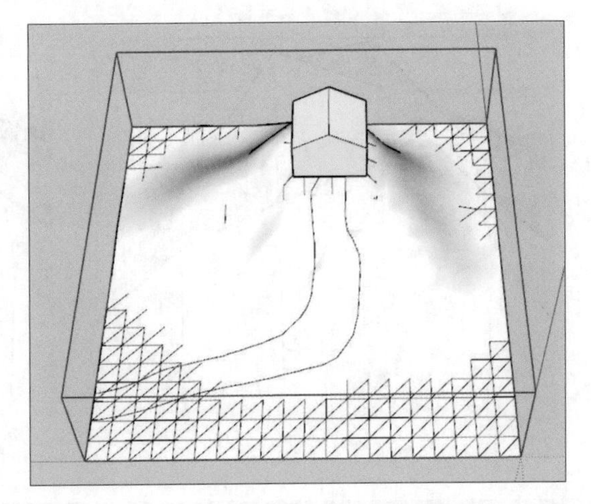

5.4.6 添加细节工具

添加细节工具的主要功能是将已经绘制好的网格物体进一步细化。若原有网格物体的部分或全部的网格密度不够，即可使用添加细节工具对需要的面进行细节添加。

选择需要细化的部分，如下左图所示。激活添加细节工具，即可对方格进行细分，如下右图所示。一个网格分成四块、八个三角形，坡面会更加平滑。

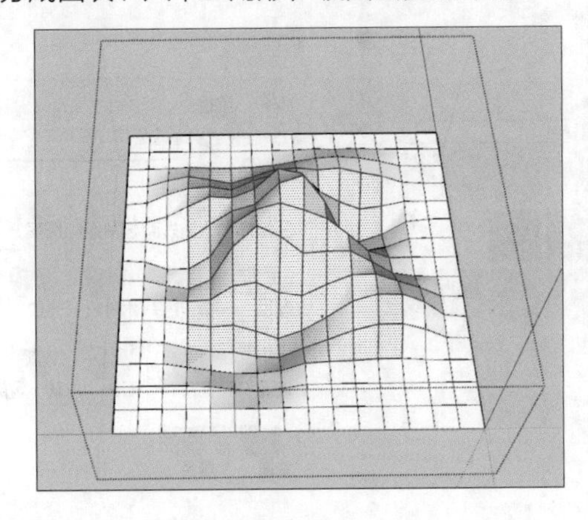

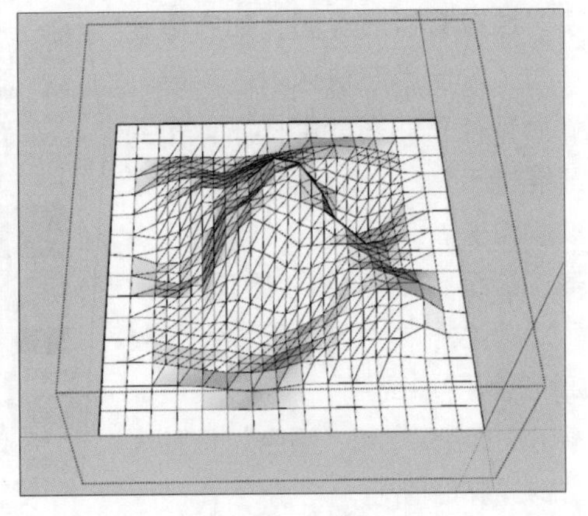

此时可以再次执行上述操作进行细分，直至调整到满意的状态，如右图所示。

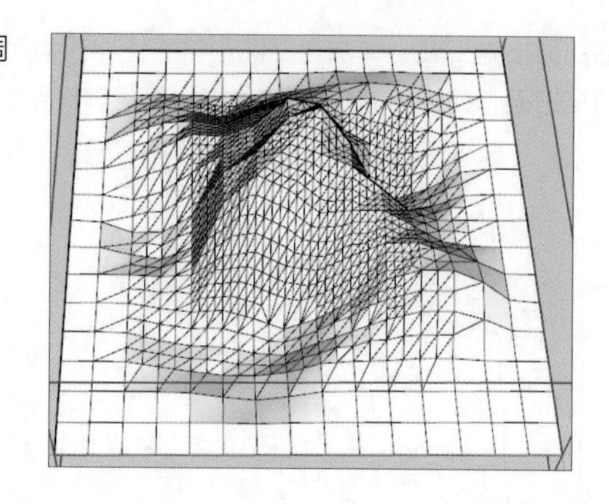

5.4.7 对调角线工具

对调角线工具主要用于将网格中的对角线进行对调。激活对调角线工具，将光标拖动至需要对调角线的网格，如下左图所示。单击确定，网格的对线便会产生对应的角线对调，如下右图所示。

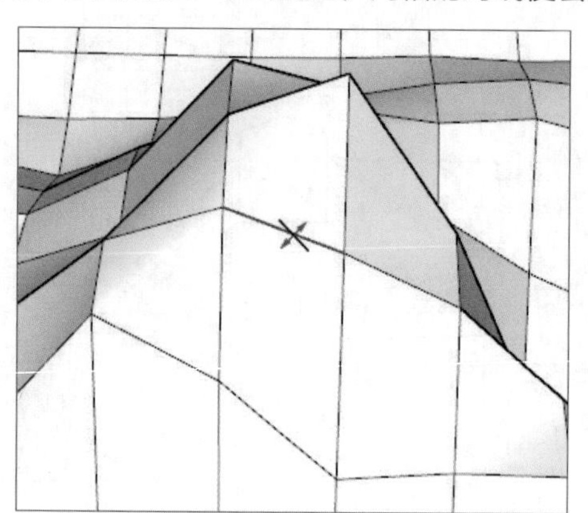

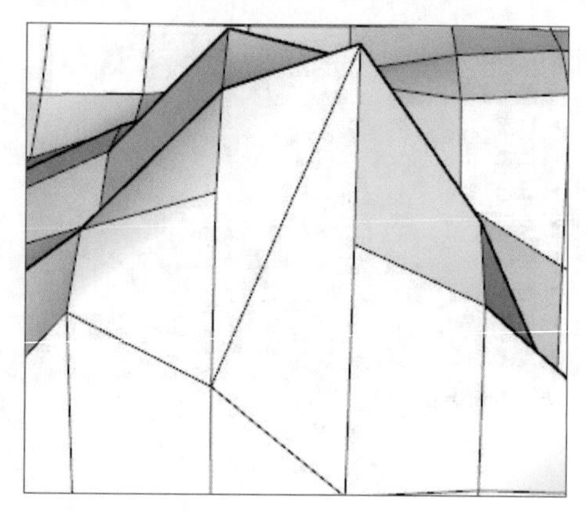

5.5 材质与贴图

SketchUp的材质工具主要用于帮助设计师表达设计意图，材质是模型渲染时产生真实质感的前提，配合灯光系统可以体现出颜色、纹理、明暗关系等效果。

SketchUp的材质界面位于界面右侧的默认面板中，用户可以在默认面板的材质选项区域查看材质界面，如右侧左图所示。为了方便用户快速表达效果，SketchUp预存了许多常用材质，主要分为“三维打印”“人造表面”“园林绿化、地被层和植被”“图案”“地毯、织物、皮革、纺织品和墙纸”“屋顶”“指定色彩”“木质纹”“水纹”“沥青和混凝土”“玻璃和镜子”“瓦片”“石头”“砖、覆层”“窗帘”“金属”和“颜色”17种大材质集，如右侧右图所示。

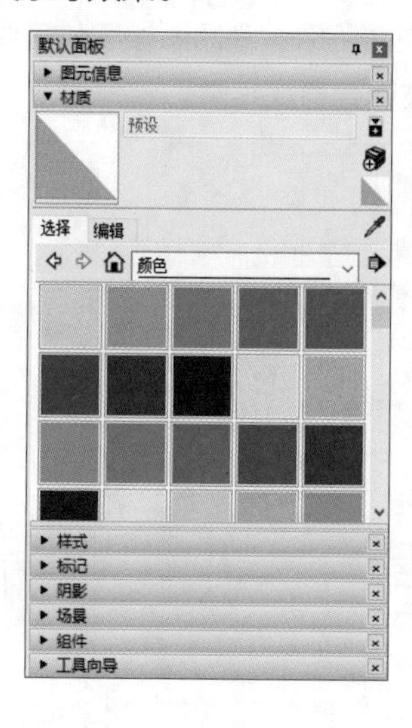

5.5.1 材质的赋予与编辑

本小节将对材质的赋予与编辑进行详细介绍，具体步骤如下。

步骤 01 打开“材质赋予.skp”文件，如下左图所示。

步骤 02 单击选择需要的材质，单击后光标会变成油漆桶模样，如下右图所示。此时再次单击模型面或组群，即可赋予对象材质。

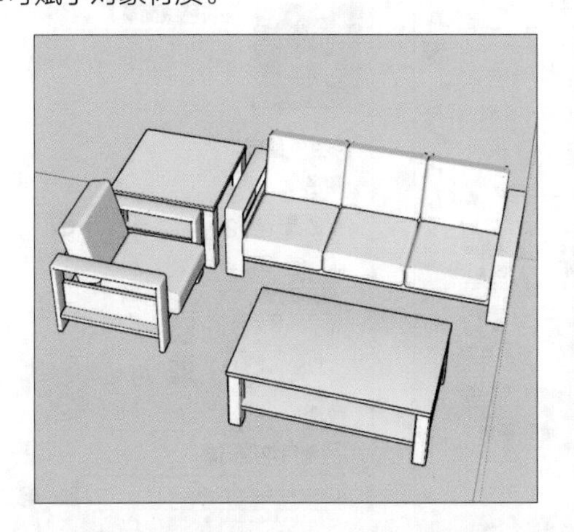

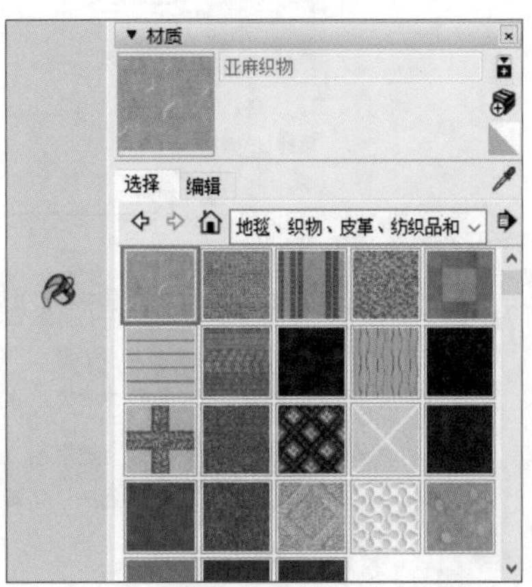

步骤 03 选择“深灰色绒面革”材质，将材质赋予沙发靠背及坐垫，如下左图所示。

步骤 04 选择“木材接头”材质，将其赋予沙发扶手，如下右图所示。

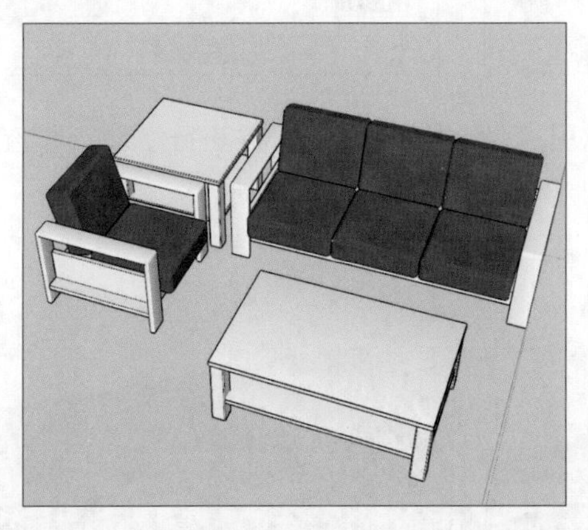

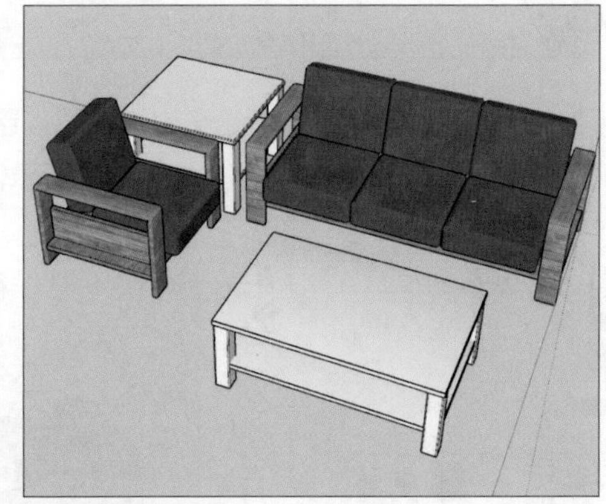

步骤 05 选择“半透明安全玻璃”材质并赋予桌面，如下左图所示。

步骤 06 选择“带阳极铝的金属”材质并赋予桌腿，如下右图所示。

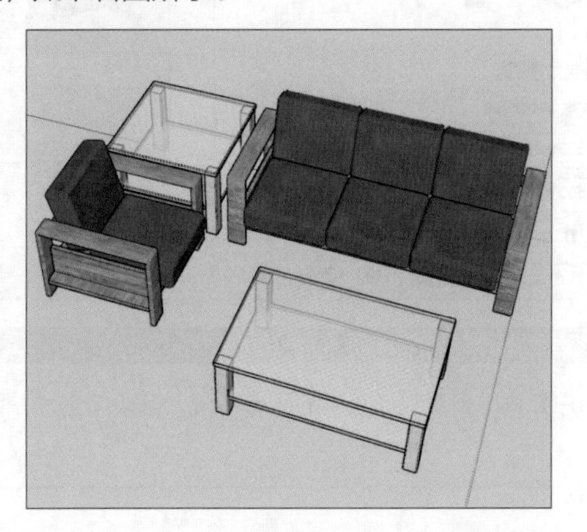

步骤07 当用户想要拾取界面中的任意材质时，可以单击材质界面右侧的“样本颜料”按钮，此时光标会变为滴管模样，拖动光标至想要拾取材质的模型上并单击，即可获取对应的材质，获取的材质信息会在材质界面的第一栏显示，如下左图所示。

步骤08 单击材质界面的“编辑”标签，即可进入材质编辑面板，如下右图所示。

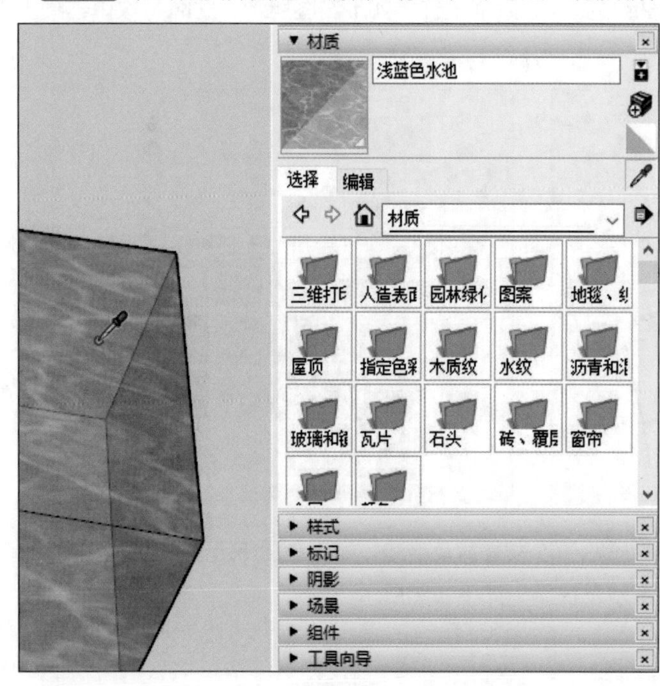

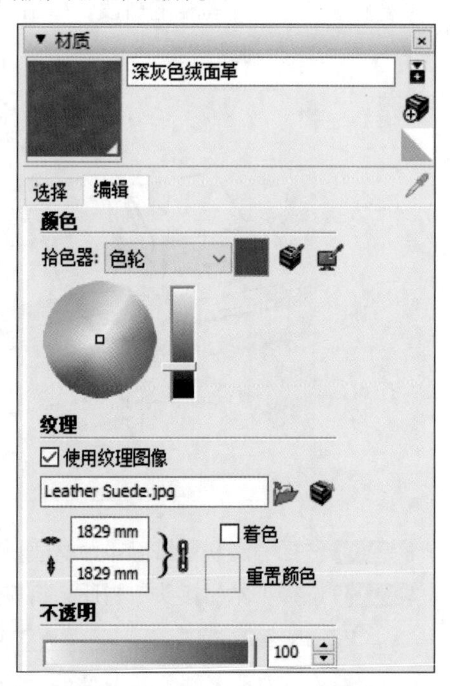

步骤09 执行拾取命令，拾取想要修改的材质，这里拾取沙发靠背的材质并进行修改，调整颜色，修改材质纹理比例为500mm×500mm，如下左图所示。修改后的效果如下右图所示。

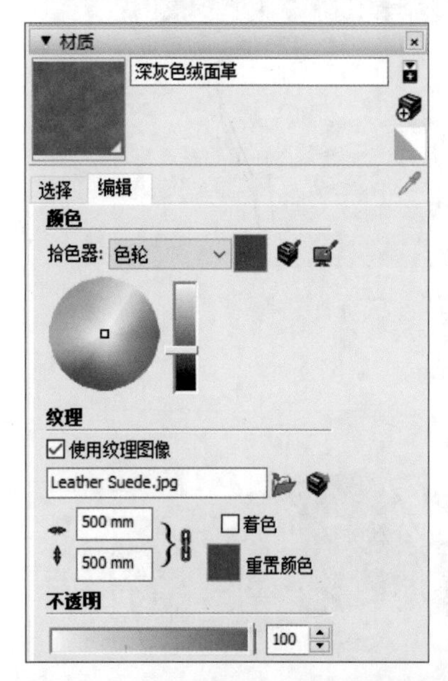

提示：查看场景中的材质

用户如果想要查看场景中的所有材质，可以单击“在模型中”按钮进行查看，选择后场景中的所有材质都将被显示。

5.5.2 材质的创建

在材质面板中单击右侧的“创建材质”按钮，即可打开“创建材质”对话框，如下图所示。

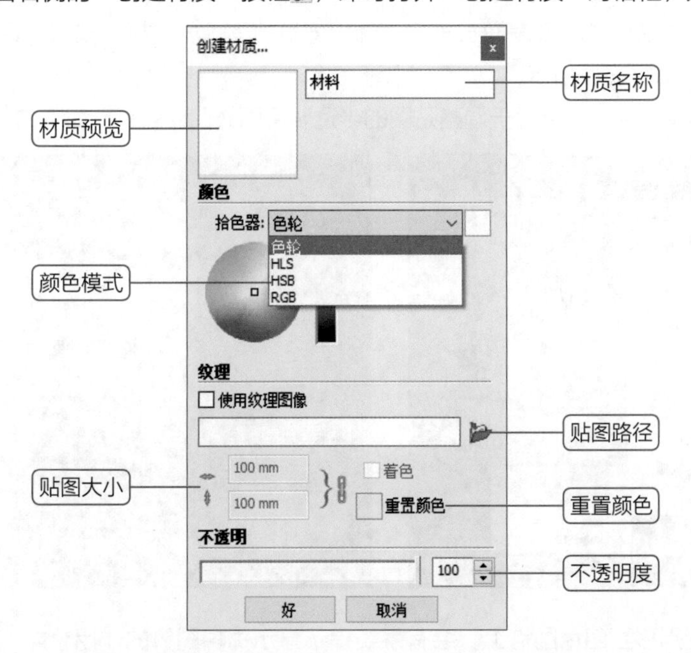

- **材质名称：** 该文本框用于修改材质的名称。
- **材质预览：** 用户可以通过该区域查看当前材质效果，包括材质的颜色、纹理、透明度等。
- **颜色模式：** 在该下拉列表中，用户可以使用不同的拾色器选择颜色，SketchUp中有“色轮”“HLS”“HSB”“RGB”4种颜色选择模式。
- **重置颜色：** 单击该按钮，系统将恢复颜色为默认状态。
- **贴图路径：** 单击“贴图路径”后的“浏览材质图形文件”按钮，即可打开“选择图像”对话框，进行贴图的选择，如下图所示。

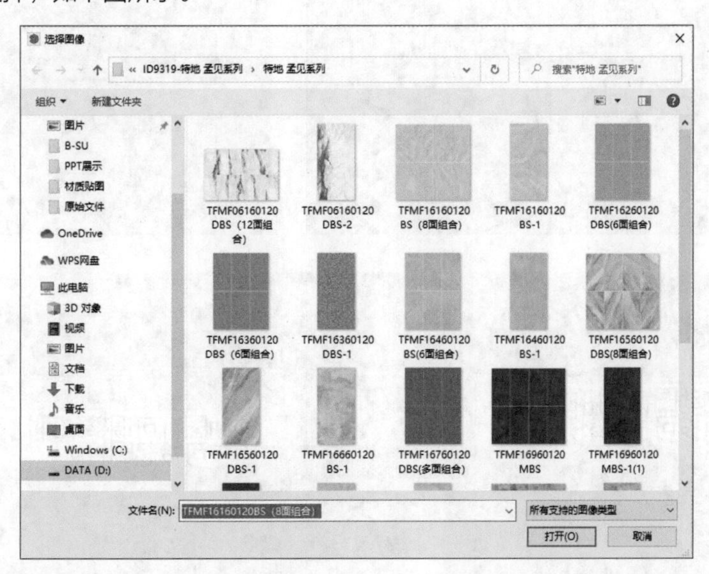

- **贴图大小：** 当贴图大小不合适时，用户可以在该位置对贴图的大小进行调整。
- **不透明度：** 可以调整贴图的透明程度，直接修改数值即可。

5.5.3 贴图的编辑

在建模时，用户可以对模型贴图进行详细地调整，具体步骤如下。

步骤 01 在需要修改贴图的模型表面右击，在弹出的快捷菜单中选择“纹理”命令，在打开的子菜单中选择“位置”选项，如下左图所示。

步骤 02 此时模型周围会显示出用于调整贴图的半透明平面与四色图钉，如下右图所示。

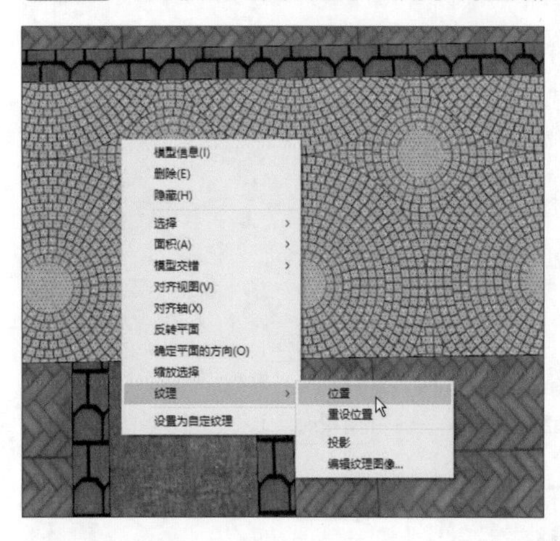

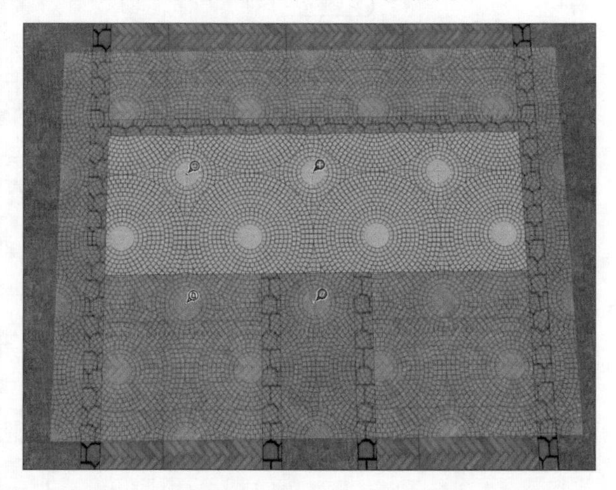

步骤 03 将光标分别移至四色图钉上，会有系统提示显示每种图钉的作用，如下图所示。用户根据图钉的系统提示对贴图进行操作即可。

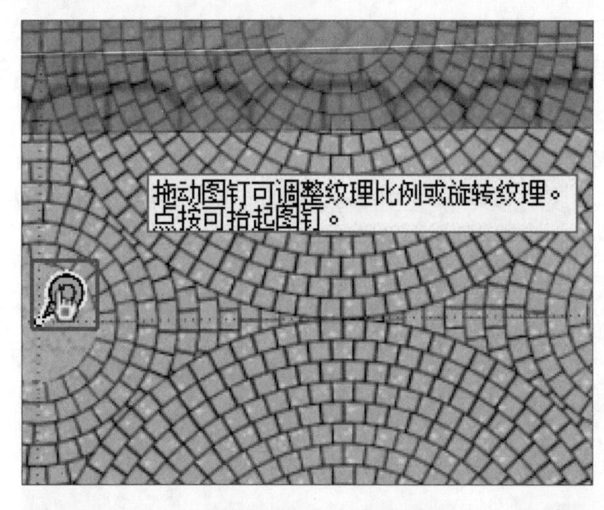

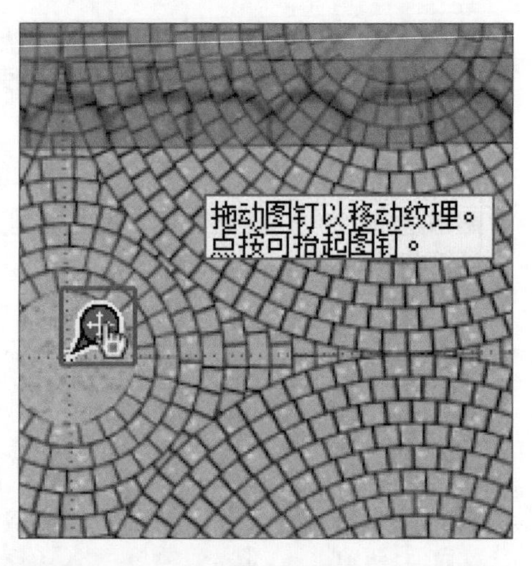

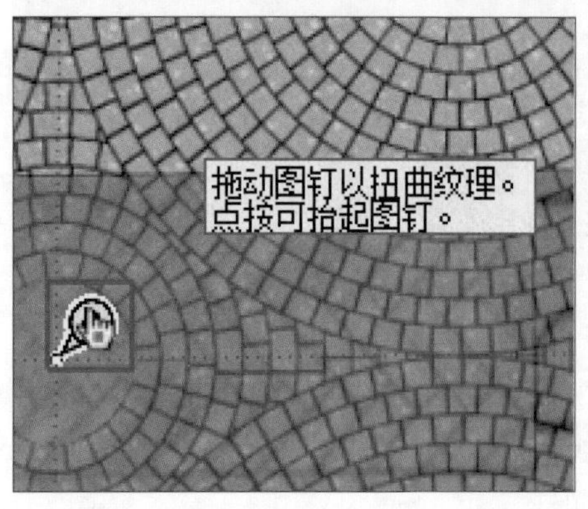

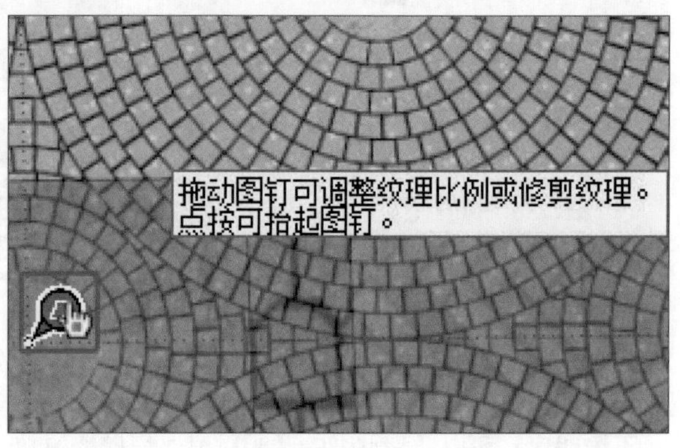

实战练习 制作廊亭模型

学习了部分高级工具的具体应用后，下面将对组工具、实体工具、材质工具的具体应用进行一次综合的练习，具体步骤如下。

步骤01 首先使用矩形工具绘制一个1500mm×3000mm的矩形，如下左图所示。

步骤02 使用圆弧工具沿中点绘制弧线，如下中图所示。

步骤03 使用直线与圆弧工具绘制另一条造型，如下右图所示。

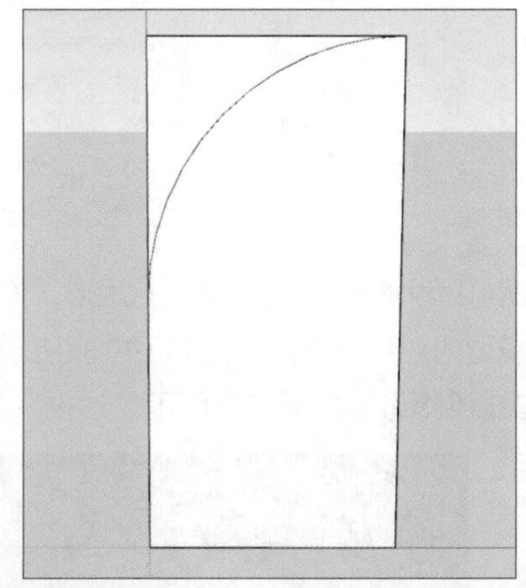
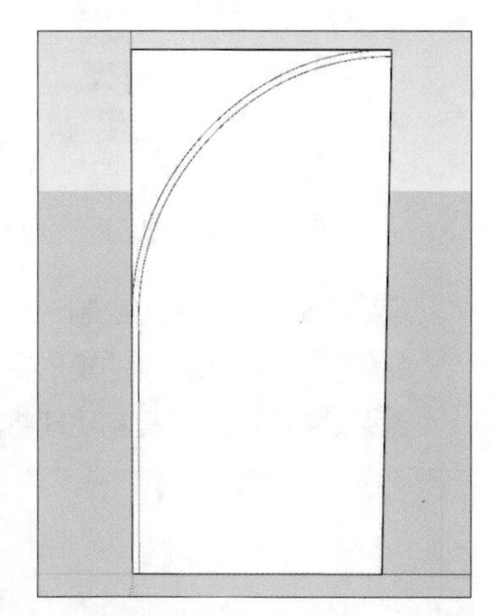

步骤04 删除多余的面与线，将造型向右移动一段距离，如下左图所示。

步骤05 使用多边形工具在旁边绘制一个六边形，如下中图所示。

步骤06 使用路径跟随工具做出造型，如下右图所示。

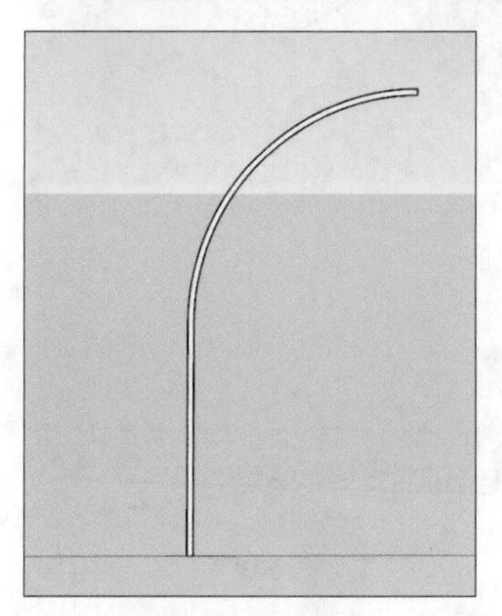
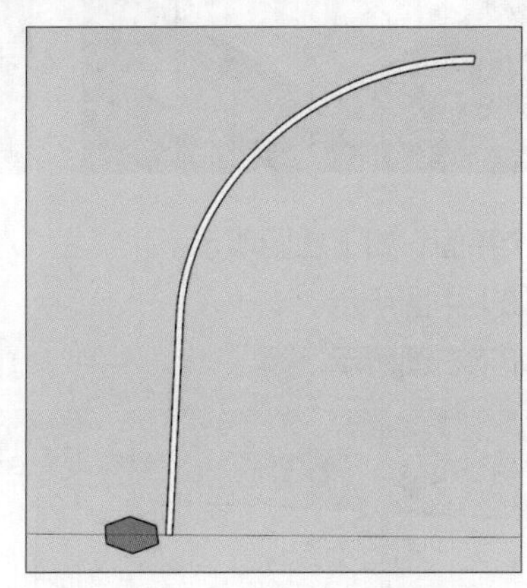
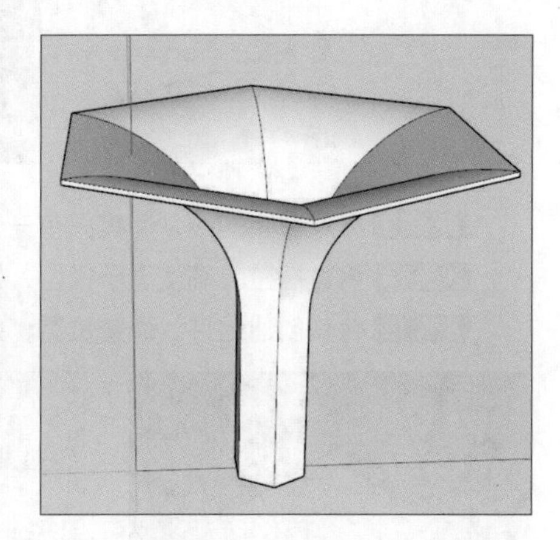

步骤07 三击模型，将其全选，右击打开快捷菜单，选择“创建组件”命令，如下左图所示。

步骤08 打开“创建组件”对话框，单击“创建”按钮，如下中图所示。

步骤09 创建完成后，选择物体，在右侧的图元信息面板中查看具体信息，第一排的信息必须是“实体组件”，若为其他则说明操作错误，如下右图所示。

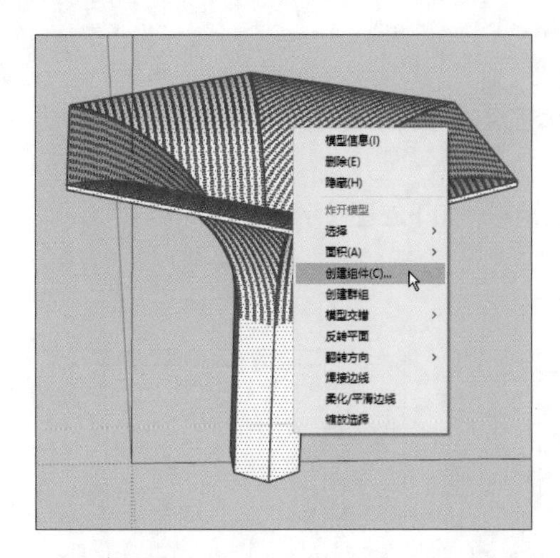

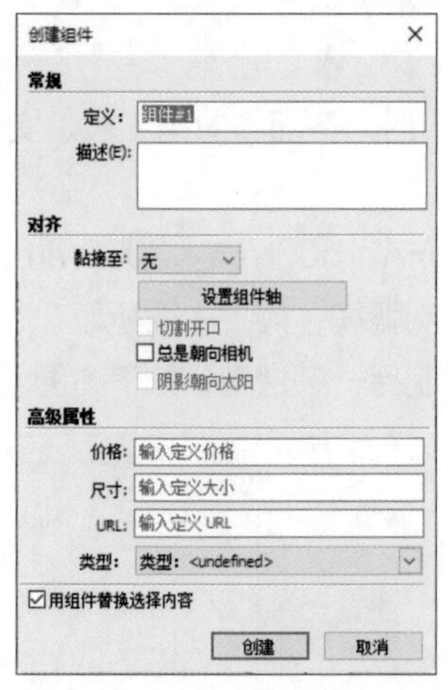

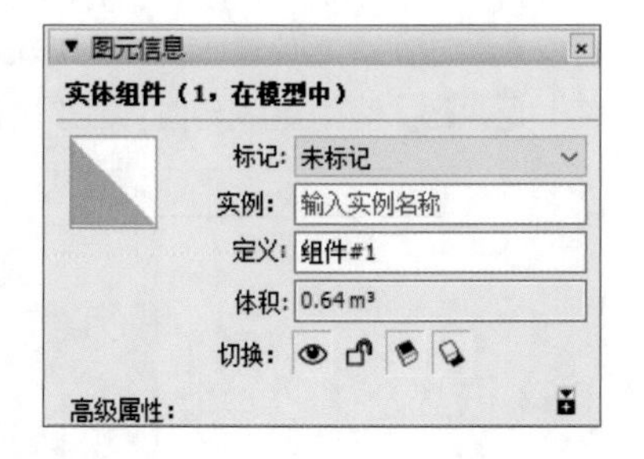

步骤 10 在模型旁边绘制一个宽40mm、长度大于模型的矩形，如下左图所示。

步骤 11 将刚刚绘制的矩形在模型内对齐至六边形，如下中图所示。

步骤 12 使用旋转复制功能将其复制5份，如下右图所示。

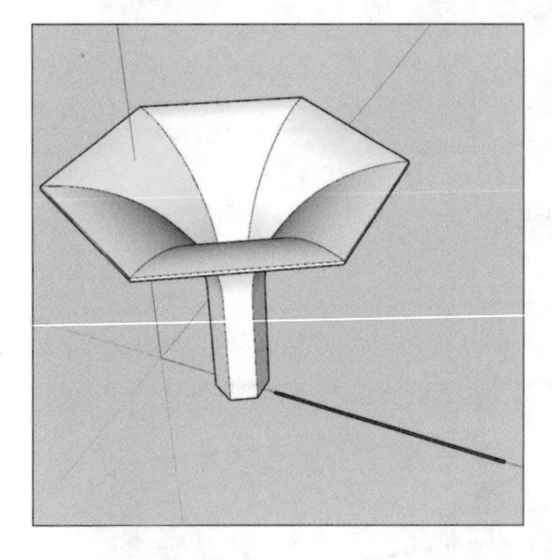

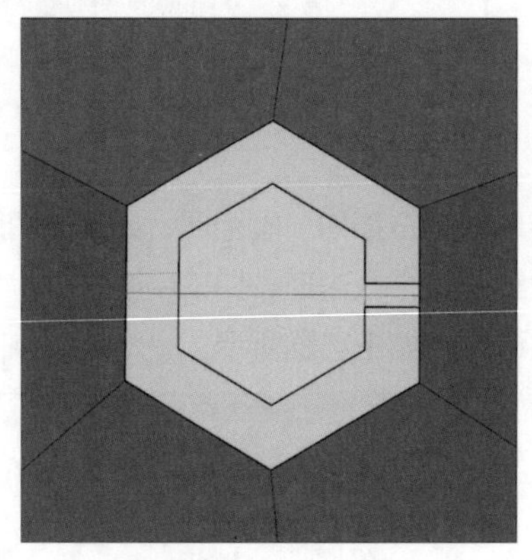

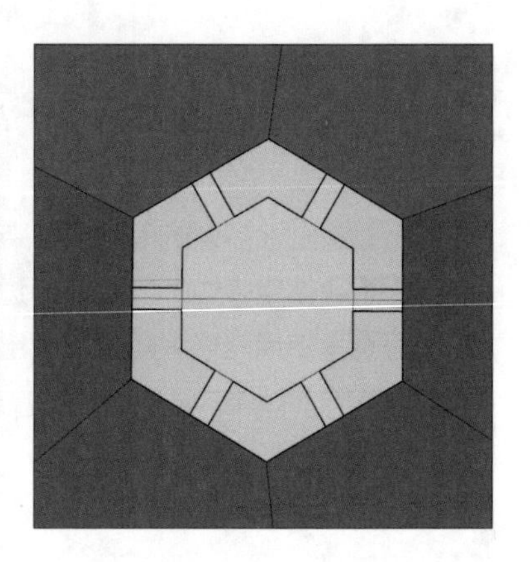

步骤 13 擦除多余的线，使其只有一个平面，如下左图所示。

步骤 14 将其推拉，高度高于模型，如下中图所示。

步骤 15 将其创建组件，调整位置，如下右图所示。

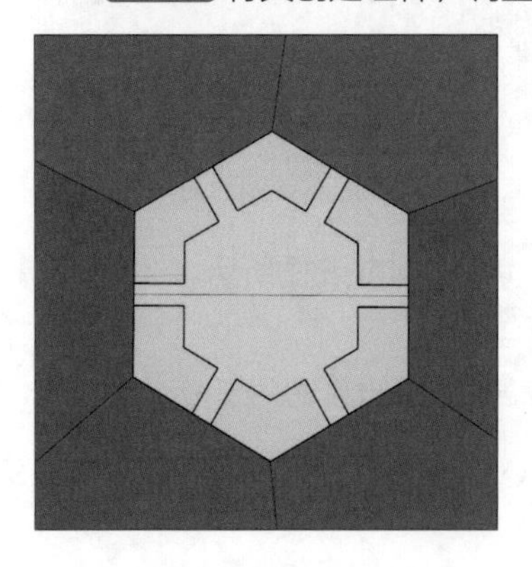

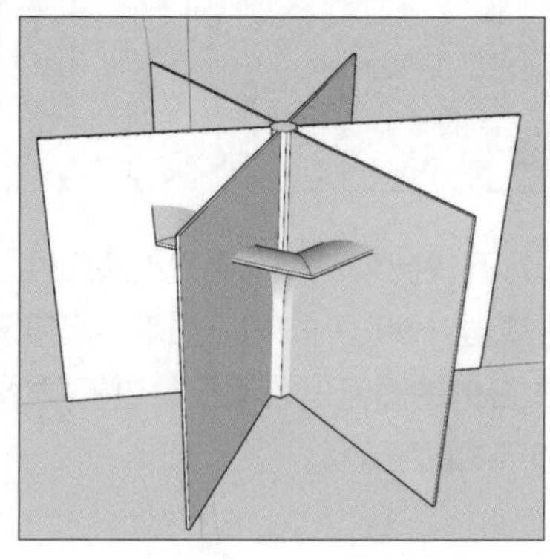

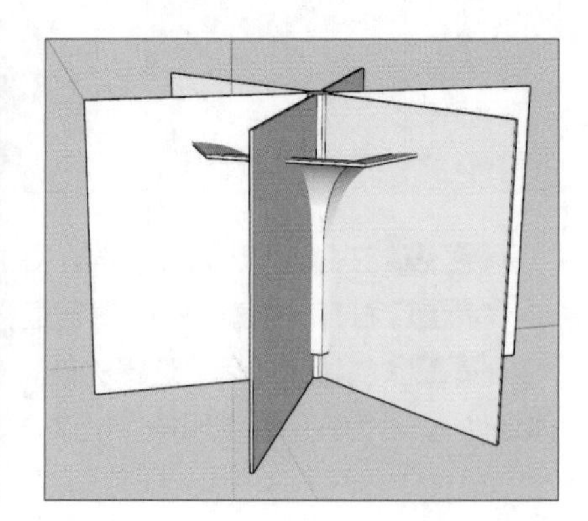

步骤16 使用实体工具栏中的减去工具减去多余部分，如下左图所示。

步骤17 在材质中赋予模型合适的材质，如下中图所示。

步骤18 复制多个模型，形成造型，如下右图所示。

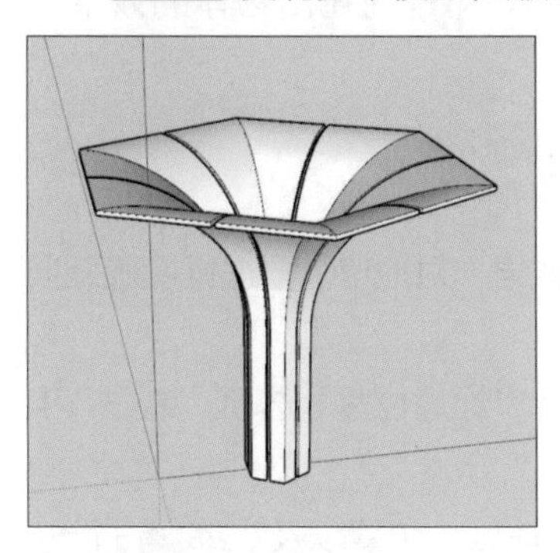

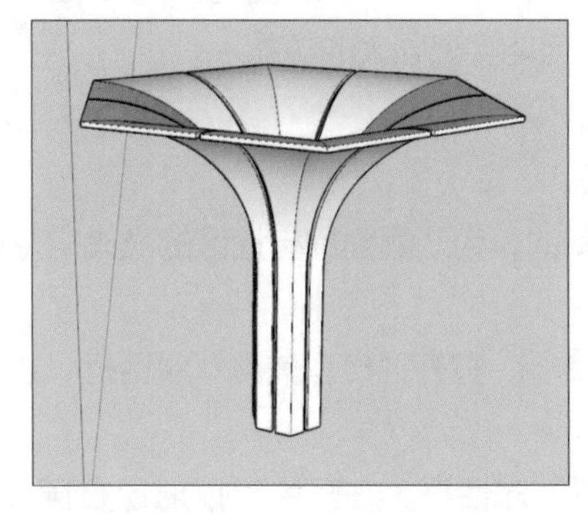

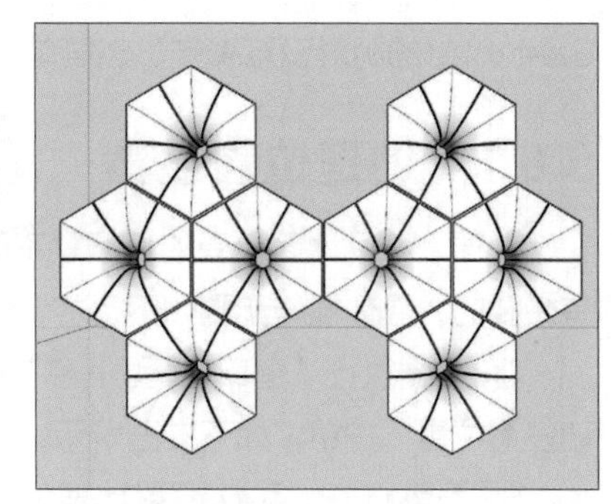

步骤19 全选模型并右击，打开快捷菜单，选择“创建群组”命令，如下左图所示。

步骤20 创建群组后，双击群组进组，选择边缘四个组件并右击，打开快捷菜单，选择“设定为唯一”命令，如下右图所示。

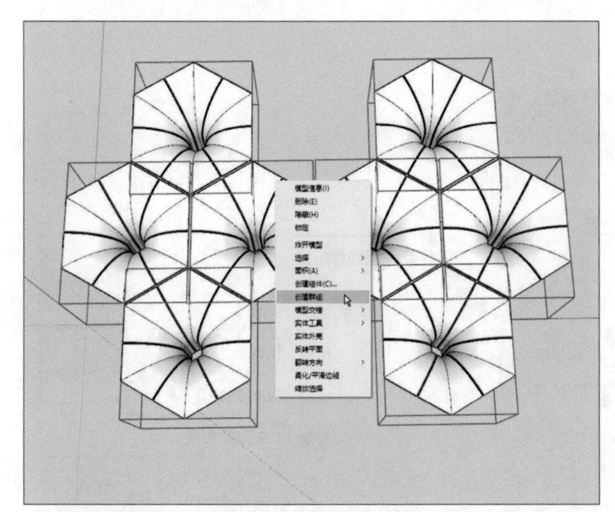

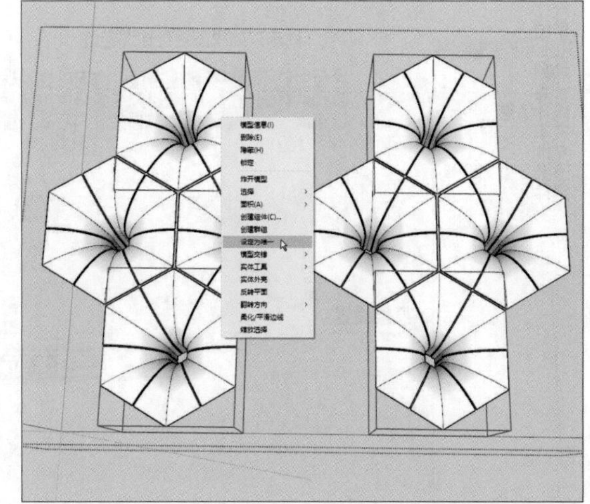

步骤21 进入组件后删除多余部分，如下左图所示。

步骤22 复制多个群组，完成制作，效果如下右图所示。

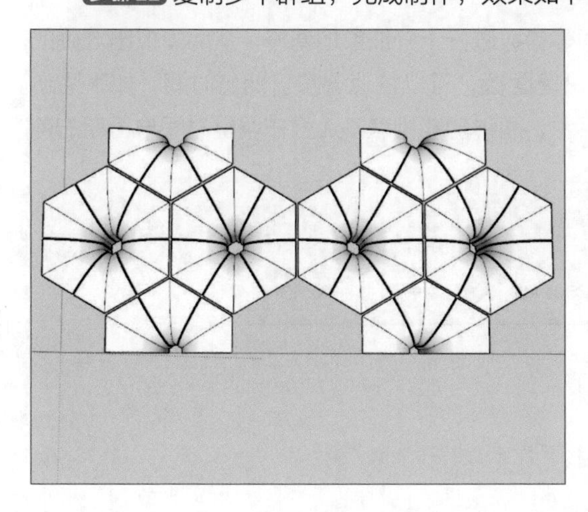

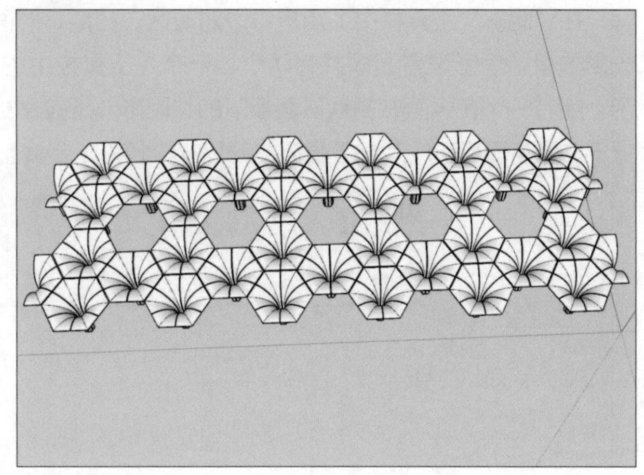

5.6 光照设置

物体在光线的照射下会产生不同的光影效果，通过阴影与明暗对比，可以衬托出物体的效果。SketchUp的阴影设置操作虽然简单，但能实现强大的功能。

5.6.1 地理位置设置

地球上不同地区接受的日照是不同的，为了达到目标地区的准确阴影效果，对地理位置进行设置是很有必要的，具体操作步骤如下。

步骤 01 执行“窗口>模型信息”命令，打开“模型信息”对话框，选择“地理位置”选项，单击“手动设置位置”按钮，如下左图所示。

步骤 02 打开“手动设置地理位置”对话框，在其中可以对所在国家/地区、位置以及经纬度进行修改，这里修改位置为中国北京，具体设置如下右图所示。

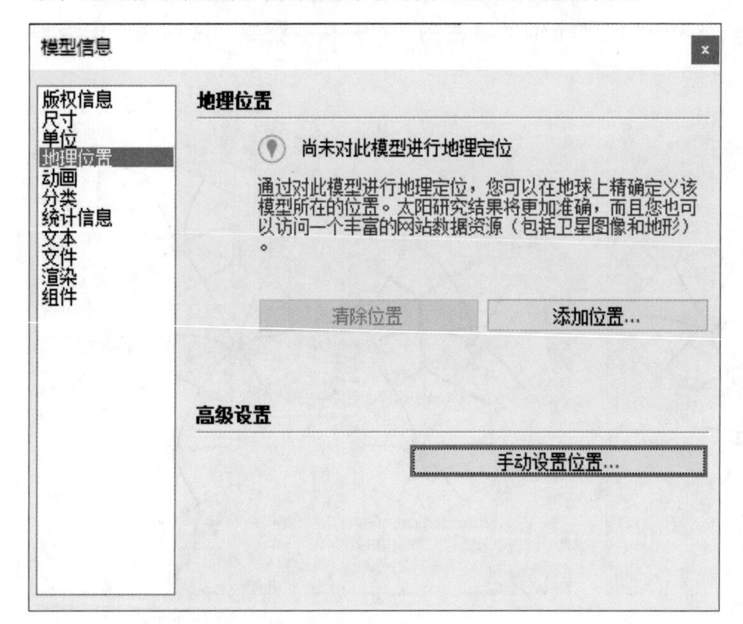

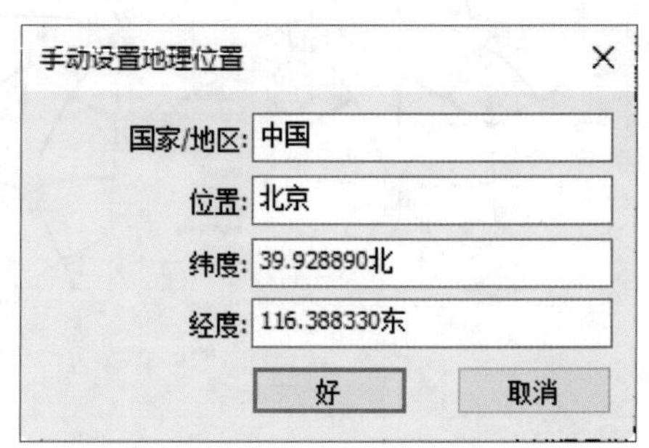

5.6.2 阴影设置

在“阴影”工具栏中，用户可以对时区、日期、时间等参数进行十分细致地调整，从而模拟出准确的光影效果。阴影设置面板共有两个，一个是工具栏中的快捷面板，可以快速调整日期与时间，如下图所示。还有一个在界面右侧默认面板下的“阴影”下拉面板中，两种功能相差不大，在调整时间与日期的前提下，默认面板下的阴影工具还能对阳光进行进一步调整。

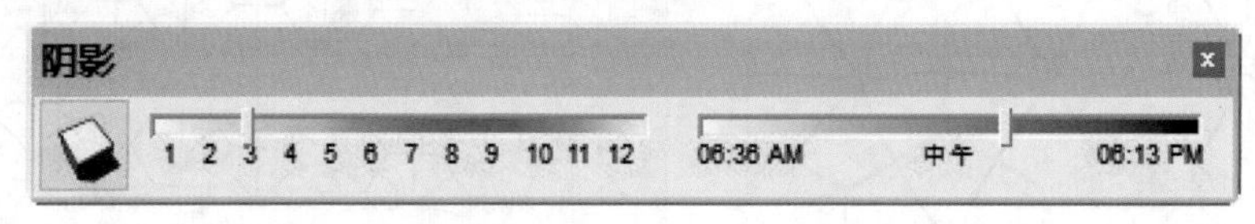

打开界面右侧默认面板下的“阴影”下拉面板，如下左图所示。调整UTC（协调世界时）参数，调整时区为中国统一使用的北京时间（东八区）为本地时间，即UTC+8:00，如下右图所示。

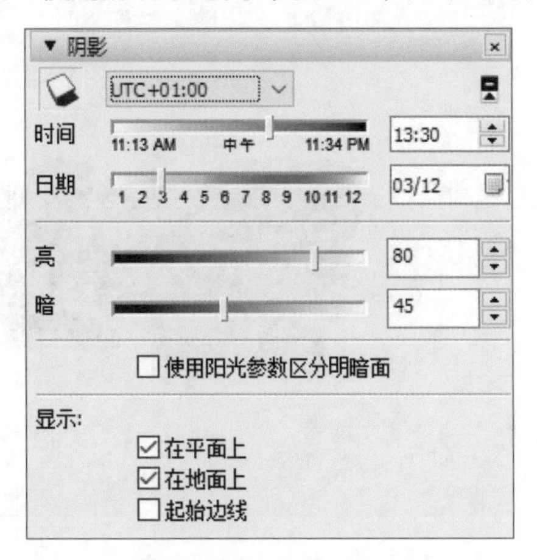

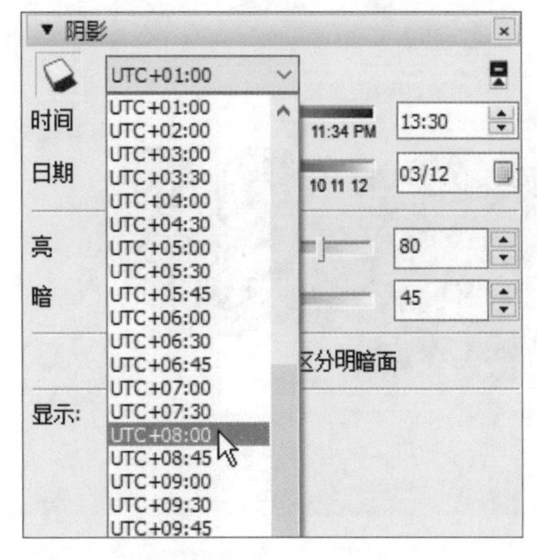

设置好UTC时间后，拖动时间滑块，对时间进行调整。相同的日期、不同的时间，将会产生不同的阴影效果，下图为同一天四个不同时间的阴影效果。

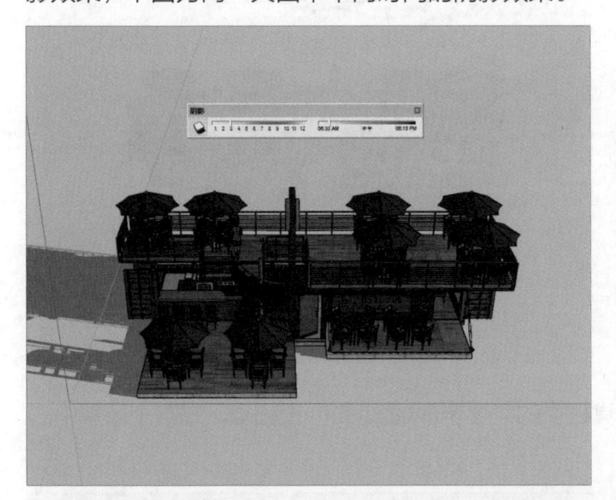

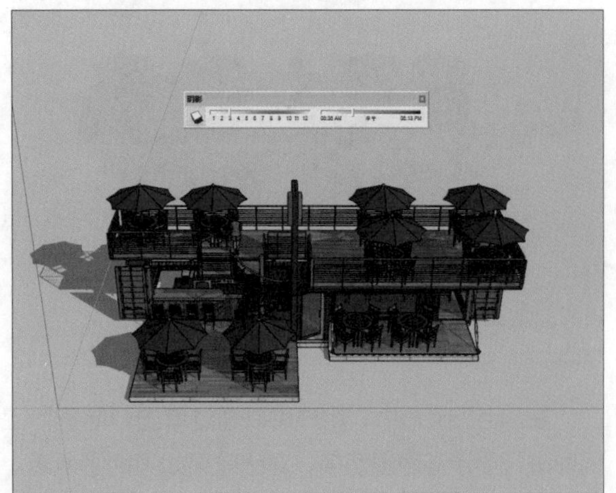

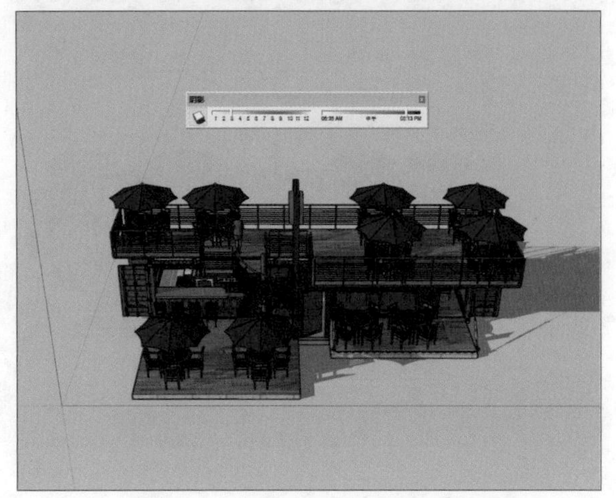

在同一时间下，不同日期也会产生不同的阴影效果，下面4个图为一年中不同月份的阴影效果。

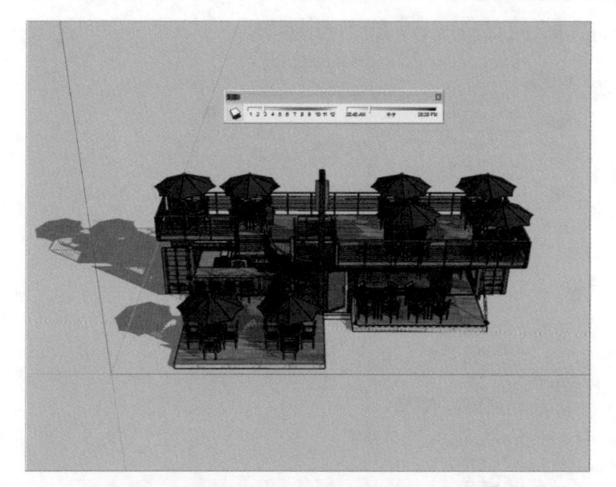

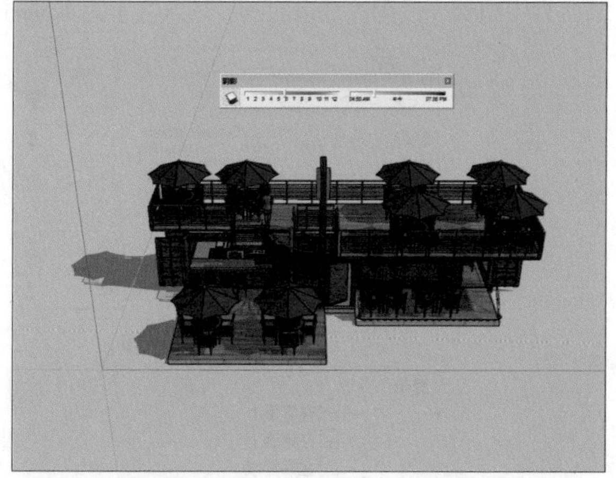

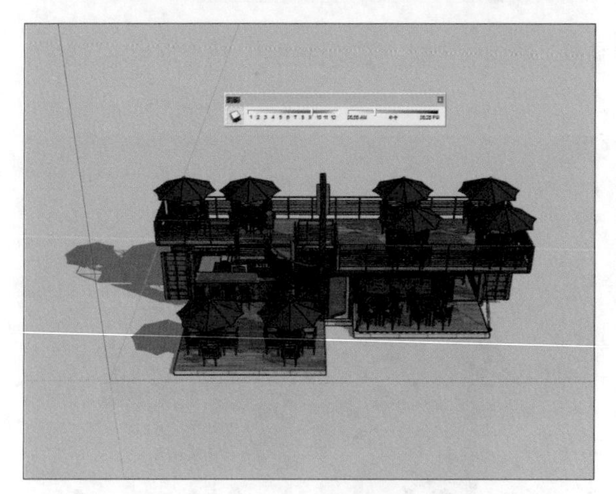

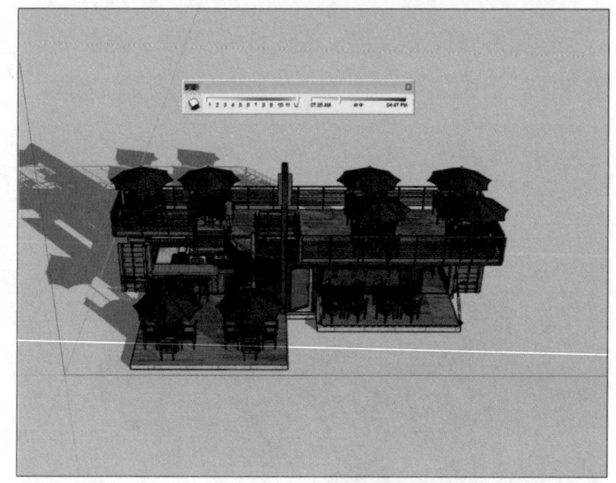

在SketchUp中，用户可以通过单击“阴影”工具栏中的“显示/隐藏阴影”按钮，对整个场景中的阴影进行显示与隐藏切换，对比效果如下两图所示。

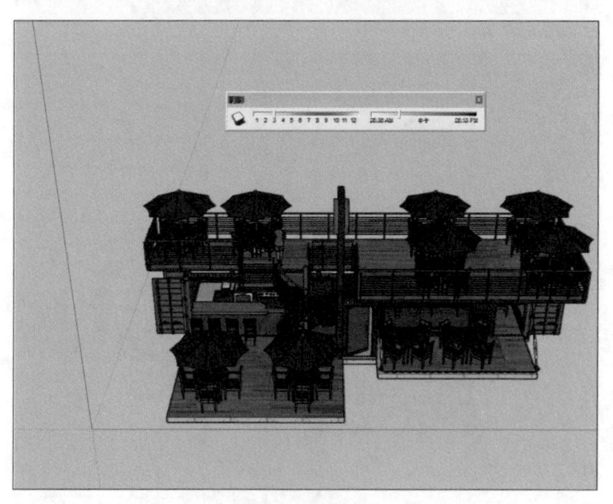

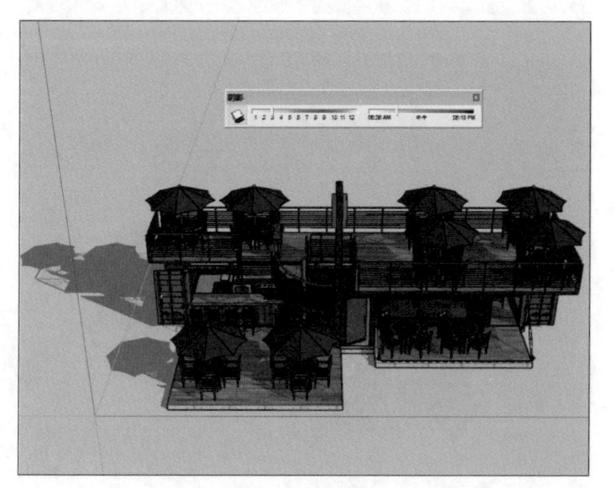

5.6.3 物体投影与受影设置

在现实生活中，所有的物体在阳光下都有阴影，但在SketchUp中，为了最终效果的美化或者特别展示某一模型的阴影效果，用户可以人为地关闭一些模型的投影与受影效果，具体步骤如下。

步骤01 调整模型位置与阴影，如下左图所示。

步骤02 在右侧的桌椅组合上右击，在弹出的快捷菜单中选择“模型信息”命令，或者选择桌椅组合后直接单击右侧默认面板中的“图元信息”下拉按钮，查看模型具体信息，如下右图所示。

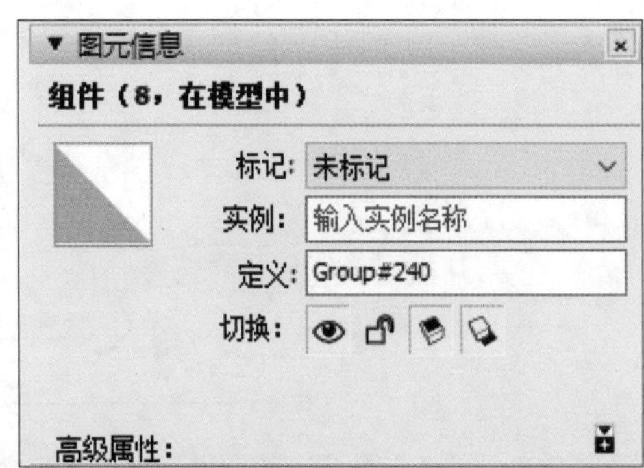

步骤03 在图元信息面板中，可以看到“不接收阴影”与“不投射阴影”两个按钮都是非激活状态，单击“不投射阴影”按钮，可以看到场景右侧的桌椅组合投影消失了，效果如下左图所示。

步骤04 打开地板的图元信息面板，单击“不接收阴影”按钮，可以看到投射到地板上的阴影消失了，而投射在其他地方的阴影依旧正常，效果如下右图所示。

上机实训：制作景观亭模型

通过前面内容的学习，相信用户已经了解了SketchUp的大部分绘图操作，本实例将通过制作一座景观亭模型来巩固所学知识，具体操作步骤如下。

扫码看视频

步骤 01 执行“文件>导入”命令，打开“导入”对话框，在案例文件夹中找到“平面图.dwg”文件，如右图所示。

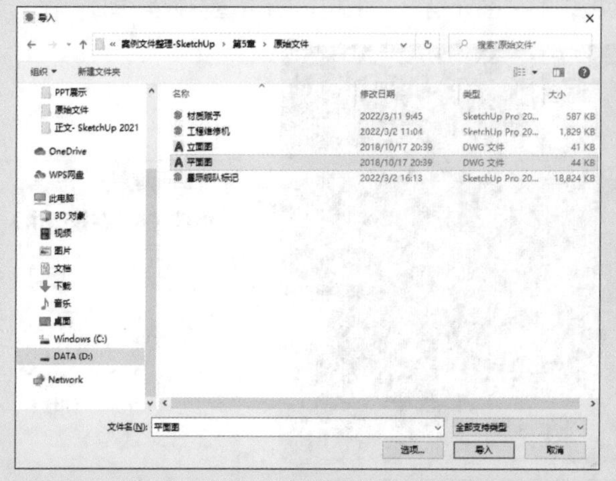

步骤 02 单击“导入”按钮，将平面图导入SketchUp中，如下左图所示。

步骤 03 执行同样的命令将立面图导入，如下右图所示。

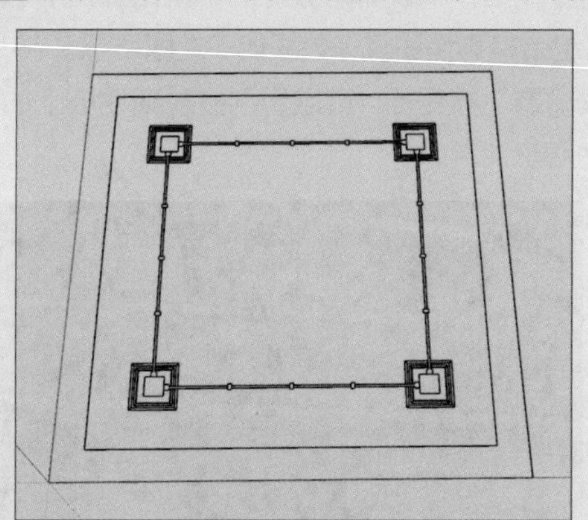

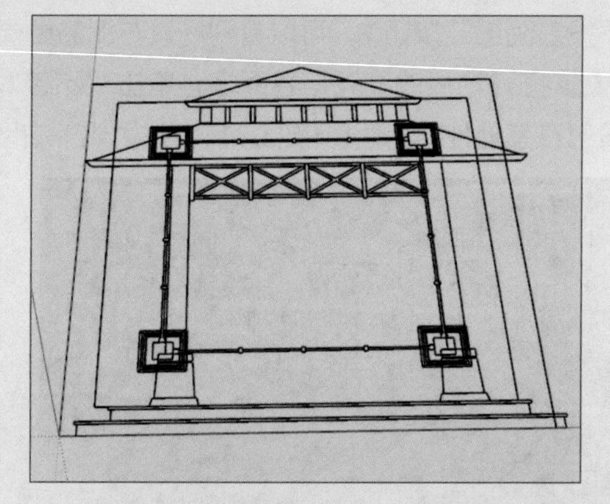

步骤 04 使用移动与旋转工具将立面图移动至合适位置，如右图所示。

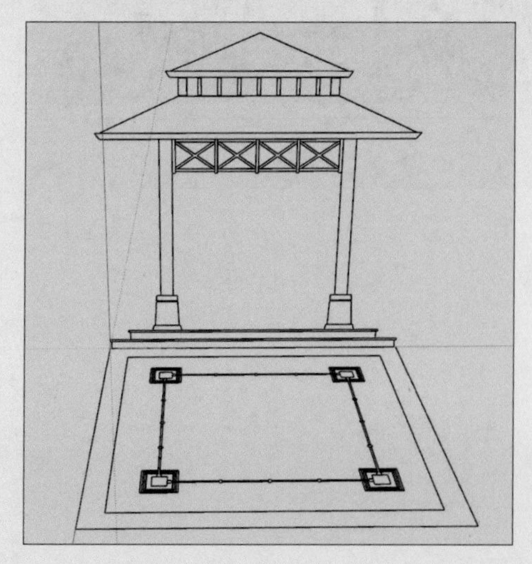

步骤05 使用旋转复制功能将立面图复制一份，移至平面图另一边，如下左图所示。

步骤06 使用矩形工具在平面图上绘制矩形，如下右图所示。

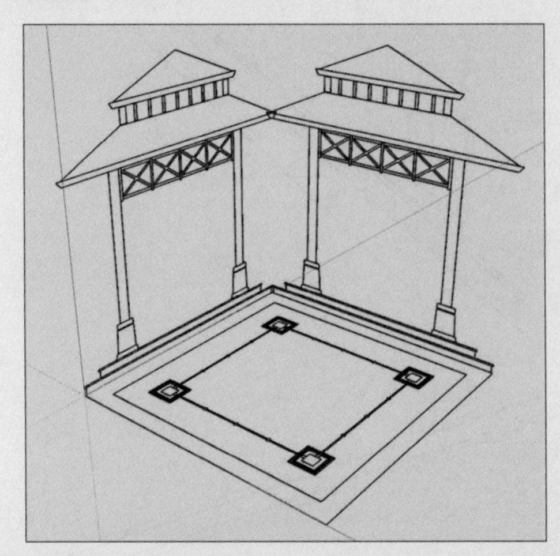

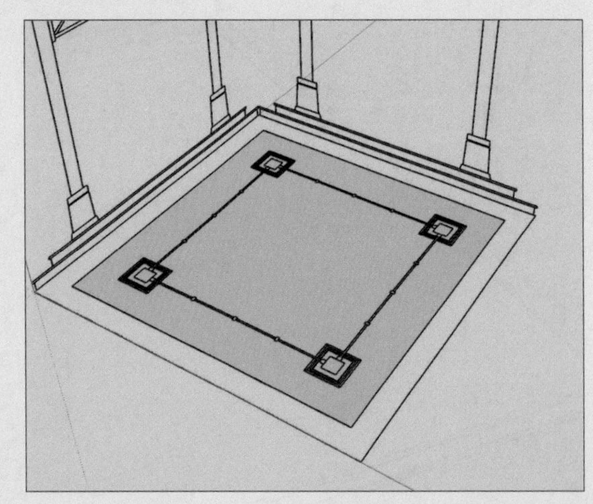

步骤07 使用缩放工具进行等比缩放，缩放至立面图地台位置，如下左图所示。

步骤08 使用推拉工具将平面推至立面图位置，如下右图所示。

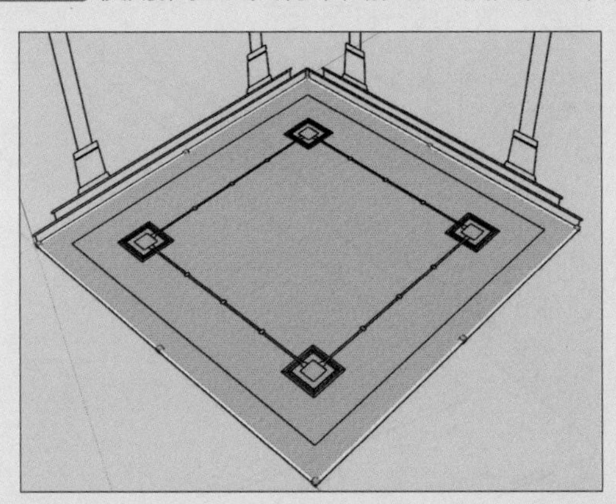

步骤09 使用偏移工具偏移出造型，如下左图所示。

步骤10 使用推拉工具将其推至立面图位置，删除多余的线，如下右图所示。

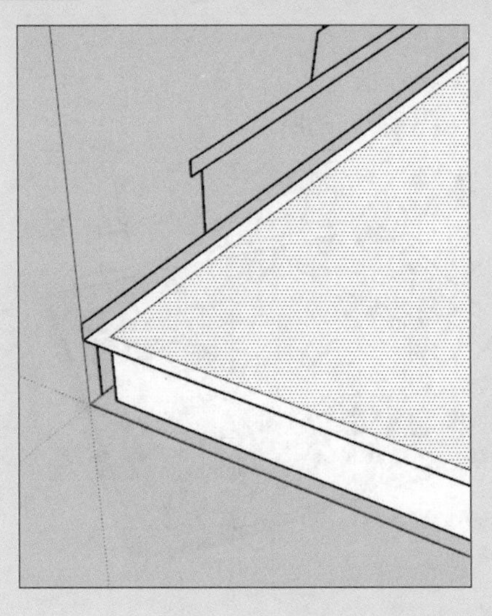

步骤 11 使用偏移工具，沿立面图偏移出第二层台阶，如下左图所示。

步骤 12 使用推拉工具推至立面图位置，如下右图所示。

步骤 13 使用偏移工具偏移出相应的造型，如下左图所示。

步骤 14 使用推拉工具推拉至立面图位置，删除多余的线，效果如下右图所示。

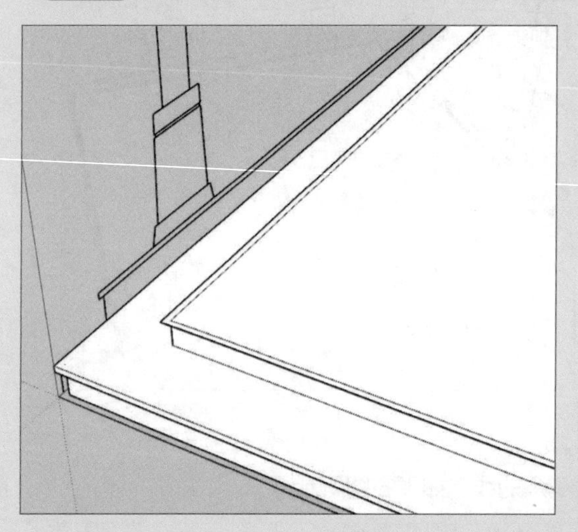

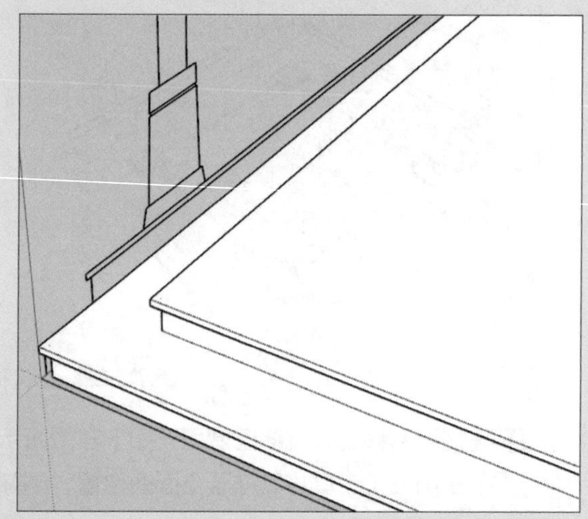

步骤 15 三击全选，按G键快速成组，如下左图所示。

步骤 16 在材质中选择“车道砖块铺面”材质并赋予对象，效果如下右图所示。

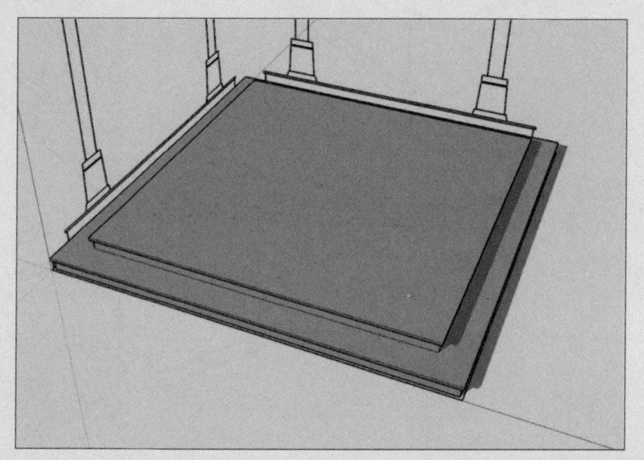

步骤17 在材质编辑界面调整贴图大小与颜色，完成后的效果如下左图所示。

步骤18 在台阶上任意绘制一个矩形，如下右图所示。

步骤19 使用缩放工具，沿立面图将其缩放至固定大小，如下左图所示。

步骤20 将其推至立面图高度，如下右图所示。

步骤21 选择上面的面，使用等比缩放工具沿立面图缩放，如下左图所示。

步骤22 使用偏移与推拉工具制作立柱，如下右图所示。

步骤23 选择上面的面，使用等比缩放工具沿立面图缩放，如下左图所示。

步骤24 使用偏移与推拉工具制作造型，如下右图所示。

步骤25 使用偏移、推拉与等比缩放工具制作上方造型，如下左图所示。

步骤26 将其创建组件并赋予“新抛光混凝土”材质，效果如下右图所示。

步骤27 调整贴图大小，如下左图所示。

步骤28 在柱子底座上绘制矩形，如下右图所示。

步骤 29 使用缩放工具调整大小，完成后的效果如下左图所示。

步骤 30 使用推拉工具推至立面图高度，如下右图所示。

步骤 31 将其成组并赋予“木材接头”材质，调整大小，完成后的效果如下左图所示。

步骤 32 这时我们发现木材纹理方向不对，且右击没有贴图调整选项。则在材质编辑界面中单击“在外部编辑器中编辑纹理图像”按钮，打开外部编辑器进行纹理的调整，如下右图所示。

步骤 33 对贴图进行细致调整，完成后效果如下左图所示。

步骤 34 将柱子底座与柱子再创建一个组群，如下右图所示。

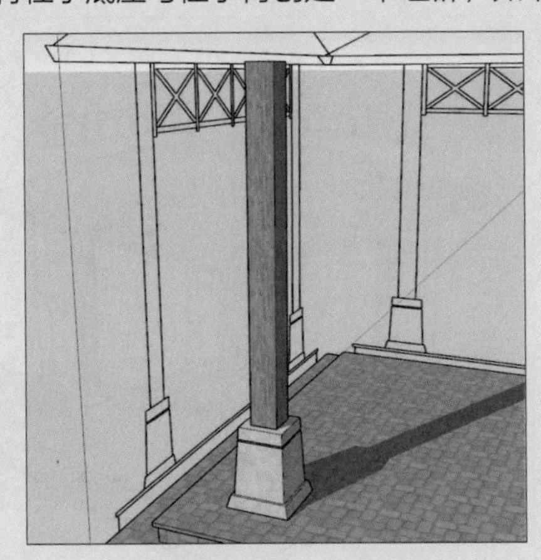

步骤35 复制柱子至其他位置，如下左图所示。

步骤36 在柱子上绘制矩形，如下右图所示。

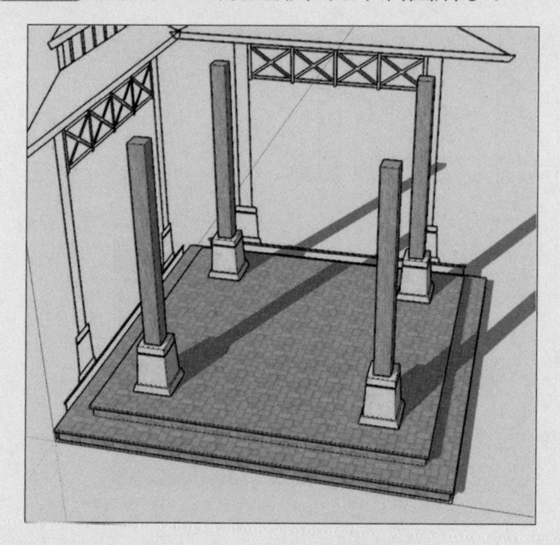

步骤37 使用偏移工具偏移至亭檐位置，如下左图所示。

步骤38 使用推拉与缩放工具绘制亭檐，完成后效果如下右图所示。

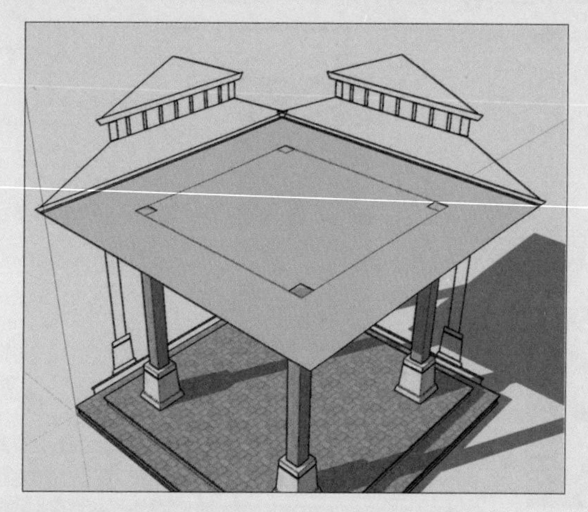

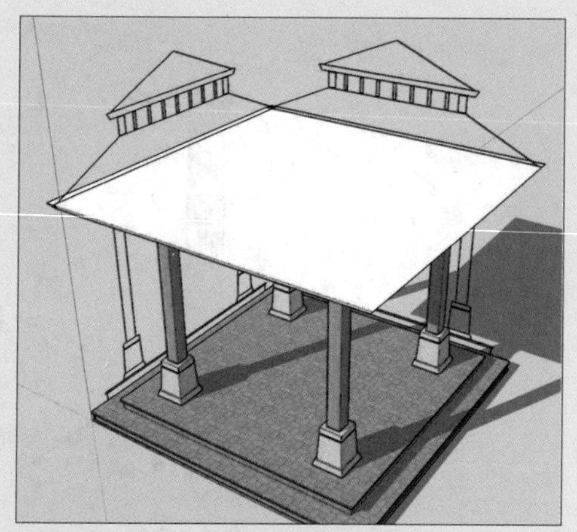

步骤39 使用偏移、挤出与缩放工具绘制上方亭檐，完成后效果如下左图所示。

步骤40 将其成组并赋予“木材接头”材质，调整大小，完成后效果如下右图所示。

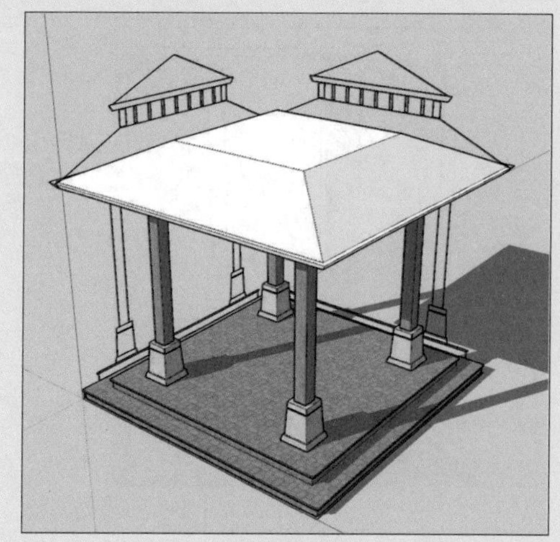

步骤 41 绘制二层大型造型柱，推出与其宽度相等的距离，如下左图所示。

步骤 42 将其建立组件并赋予“木材接头”材质，如下右图所示。

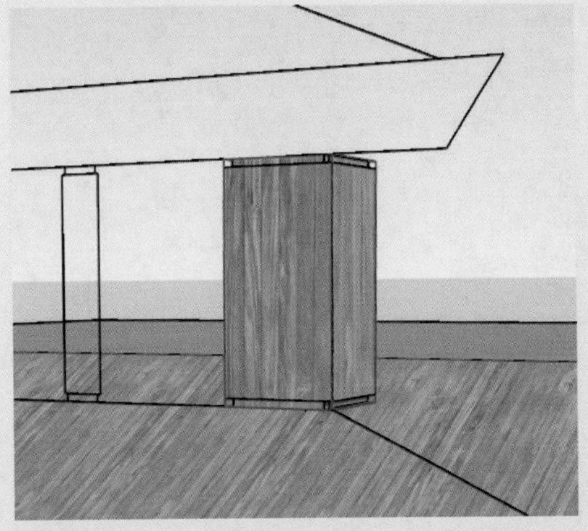

步骤 43 绘制二层小型造型柱，推出与其宽度相等的距离，如下左图所示。

步骤 44 将其建立组件并赋予“木材接头”材质，如下右图所示。

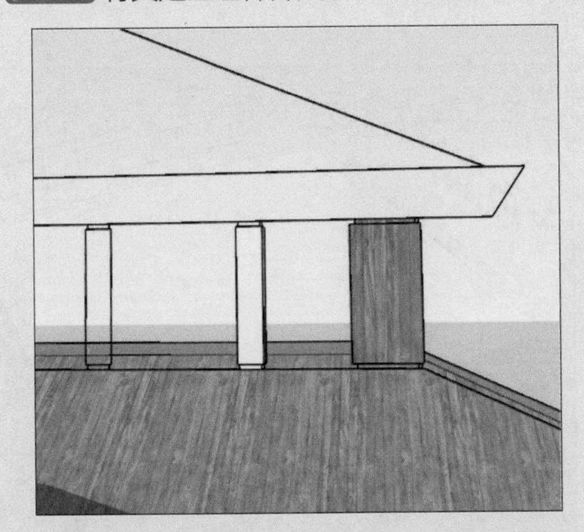

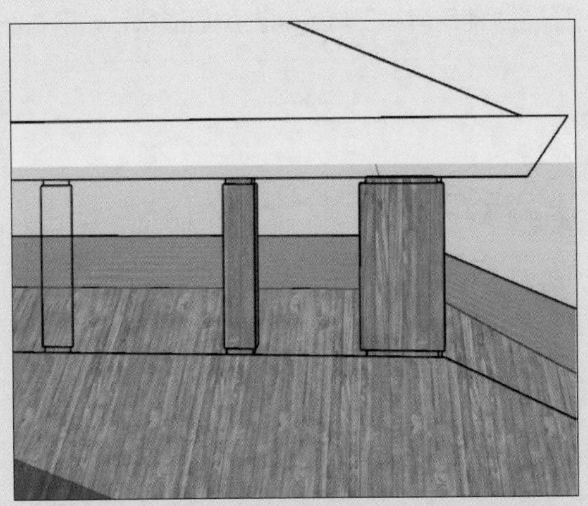

步骤 45 复制小型造型柱，填满一边，如下左图所示。

步骤 46 移动至平台上，效果如下右图所示。

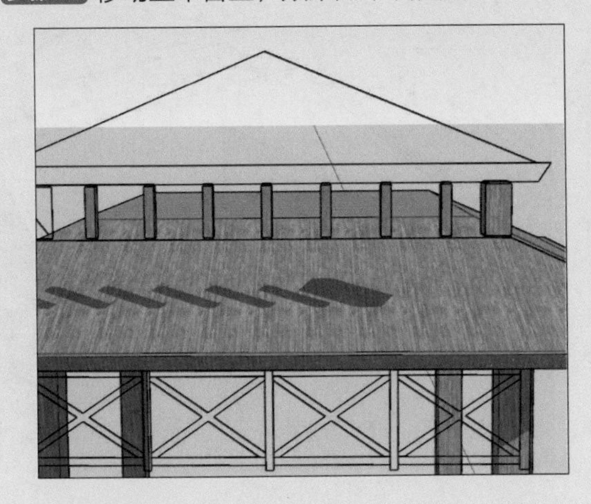

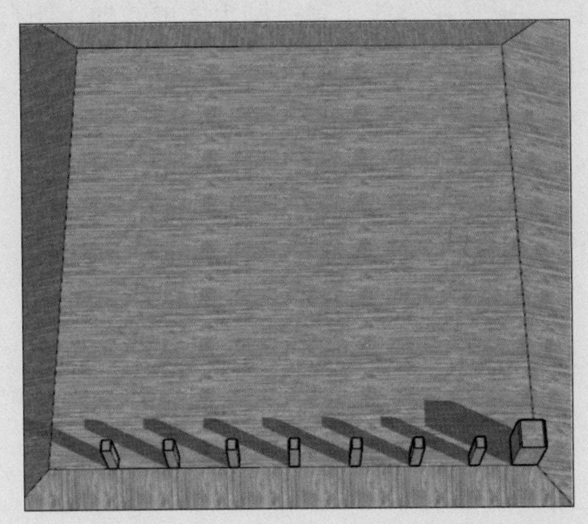

步骤 47 沿中心旋转并复制3份，如下左图所示。

步骤 48 在造型柱上绘制矩形，如下右图所示。

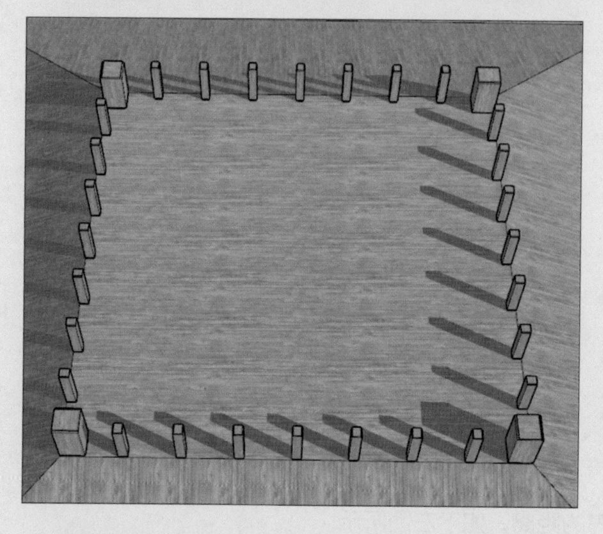

步骤 49 使用偏移、挤出与缩放工具绘制顶层下方造型，如下左图所示。

步骤 50 使用偏移工具绘制出屋顶形状，如下右图所示。

步骤 51 使用直线工具绘制出屋顶截面，如右图所示。

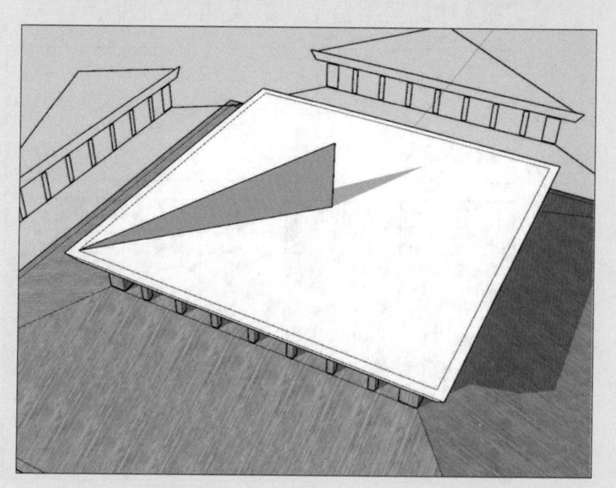

步骤52 使用路径跟随工具创建屋顶，如右图所示。

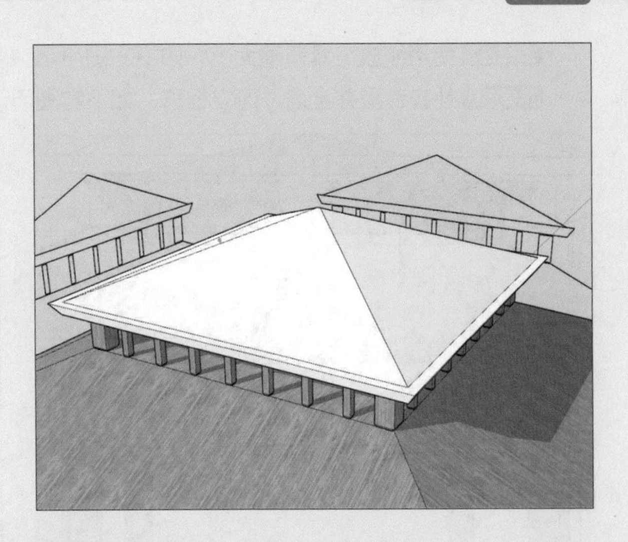

步骤53 将其成组并赋予“木材接头”材质，如下左图所示。

步骤54 使用矩形与直线工具绘制侧面造型，如下右图所示。

步骤55 将其推出1220mm，建立组件，赋予“木材接头”材质，如下左图所示。

步骤56 复制至其他位置，效果如下右图所示。

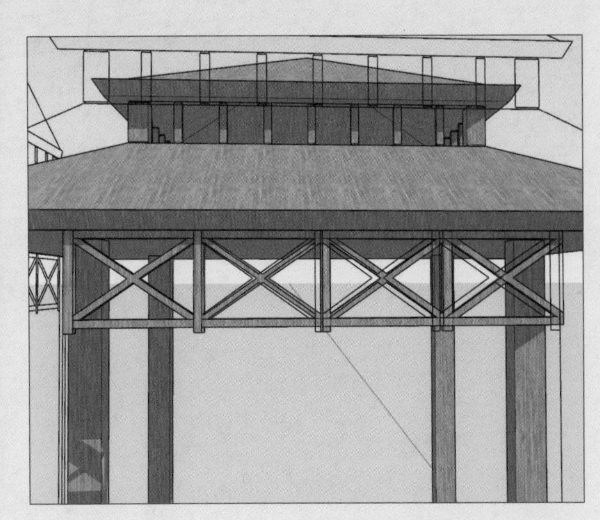

步骤 57 使用缩放工具调整大小，如下左图所示。

步骤 58 补齐造型并全选，建立组群，如下右图所示。

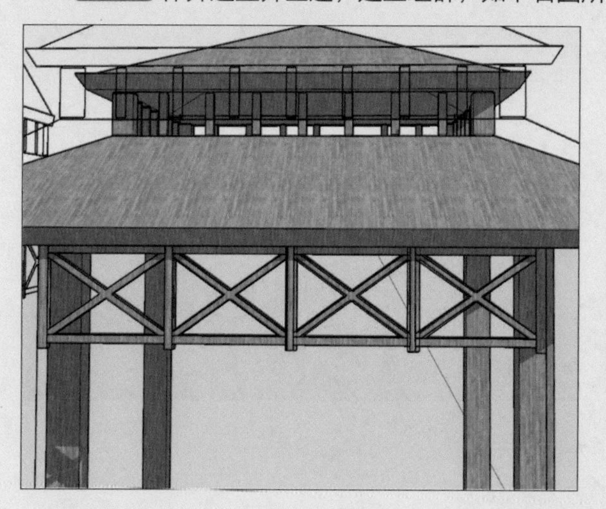

步骤 59 复制模型至其他位置，调整后的整体效果如下图所示。

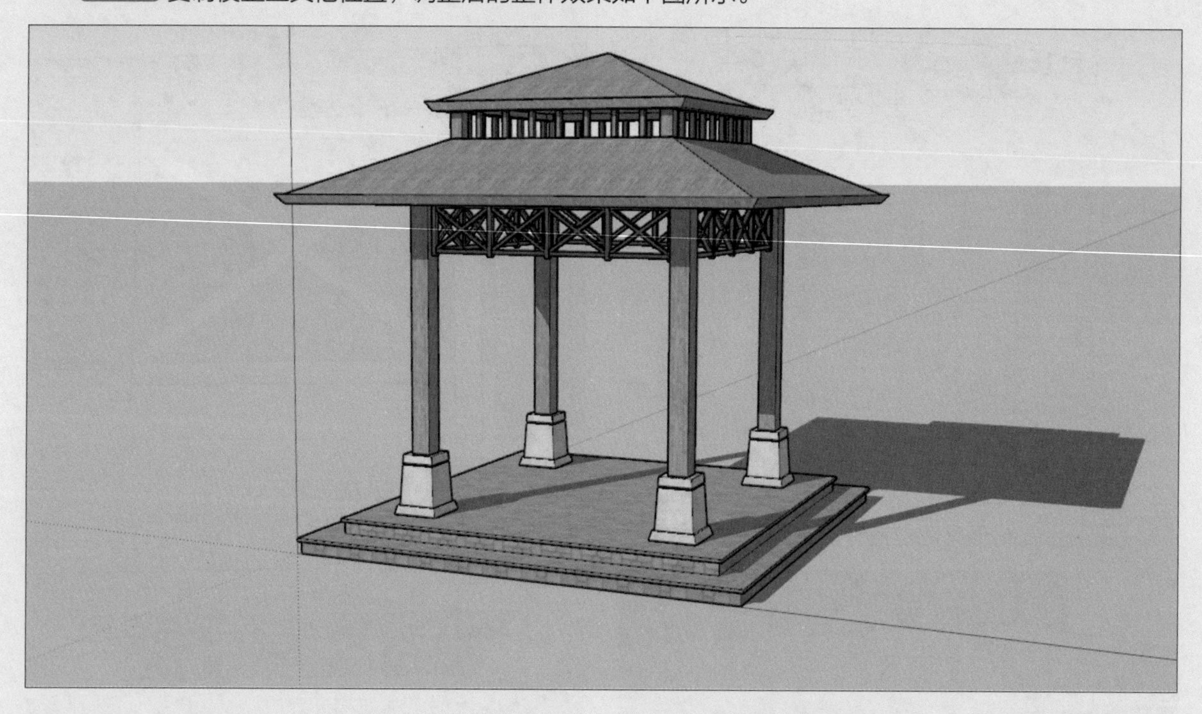

课后练习

一、选择题

（1）在SketchUp的组工具中不包括（　　）。

A. 组群　　B. 组　　C. 组件　　D. 个体组

（2）下面不属于材质可编辑的是（　　）。

A. 纹理　　B.图案　　C.不透明度　　D. 颜色

（3）下面不属于颜色编辑器中的选项是（　　）。

A. HLB　　B. HLS　　C. JPG　　D. HSB

（4）布尔交集运算对应的是SketchUp实体工具栏中的（　　）工具。

A. 拆分　　B. 减去　　C. 联合　　D. 相交

二、填空题

（1）SketchUp的实体工具栏中包括______、______、______、______、______与______6个工具。

（2）SketchUp的沙盒工具栏中包括______、______、______、______、______、______与______7个工具。

（3）列举17种SketchUp默认材质集中的至少10个：______、______、______、______、______、______、______、______、______和______等。

（4）用户可以通过SketchUp的阴影工具栏对______与______进行调整。

三、上机题

打开案例文件夹中的上机题文件，使用卷尺工具测量模型的尺寸并绘制楼梯剖面模型，效果如下图所示。

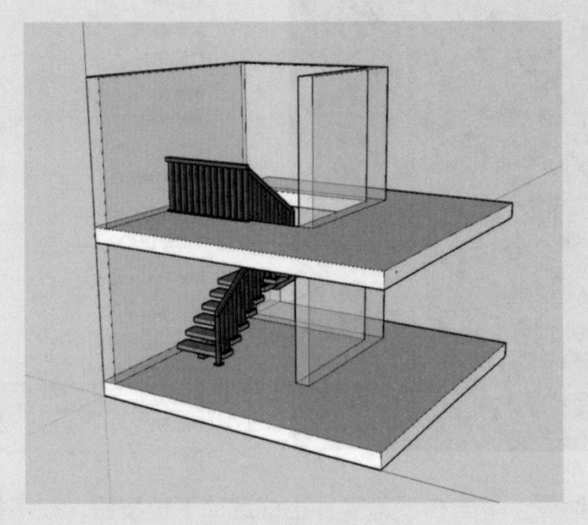

操作提示

① 使用卷尺工具测量尺寸后，使用矩形工具与推拉工具做出大体框架。

② 执行移动、复制操作，能更快速地建模。

第6章 文件的导入与导出

本章概述

优秀的设计师一定同时熟练地掌握着多款设计软件，掌握不同软件有利于不同功能的互补，从而提高设计的效率。本章主要对SketchUp中文件的导入与导出的相关操作进行介绍。

核心知识点

❶ 掌握平面图形与图纸的导入操作
❷ 掌握3D建模文件的导入操作
❸ 掌握平面图形与图纸的导出操作
❹ 掌握3D建模文件的导出操作

6.1 文件导入

SketchUp是一款从平面设计到三维建模再到最后的渲染出图都可以胜任的软件，但SketchUp的强项在于快速建模，平面设计与渲染出图的功能不那么突出。因此用户可以使用AutoCAD来进行快速的平面设计，使用3ds Max来进行最终材质调整与渲染出图。本节主要介绍将AutoCAD文件、3ds Max文件与二维平面图形导入SketchUp的操作方法。

6.1.1 导入AutoCAD文件

在AutoCAD中进行平面设计比SketchUp更加便捷，用户可以在AutoCAD中制作一些复杂的平面图，再将其导入SketchUp中作为三维设计的底图，下面介绍具体操作步骤。

步骤 01 在AutoCAD中先将需要导入的部分“炸开”（AutoCAD中的快捷键为X），再将需要导入的部分写块（在AutoCAD中的快捷键为W），如下左图所示。

步骤 02 打开SketchUp，在菜单栏中执行“文件>导入”命令，如下右图所示。

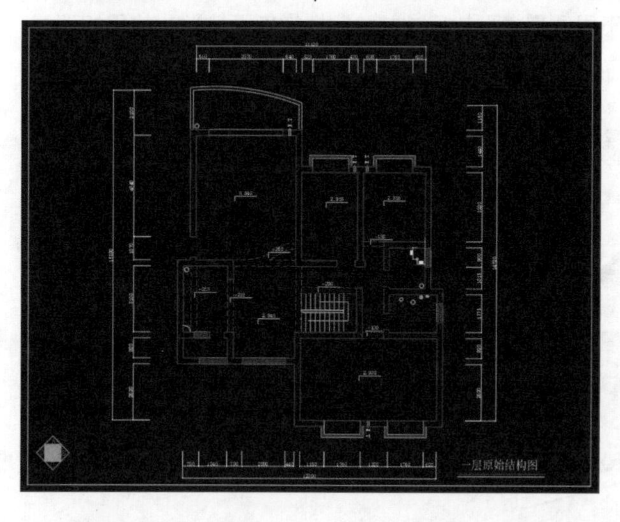

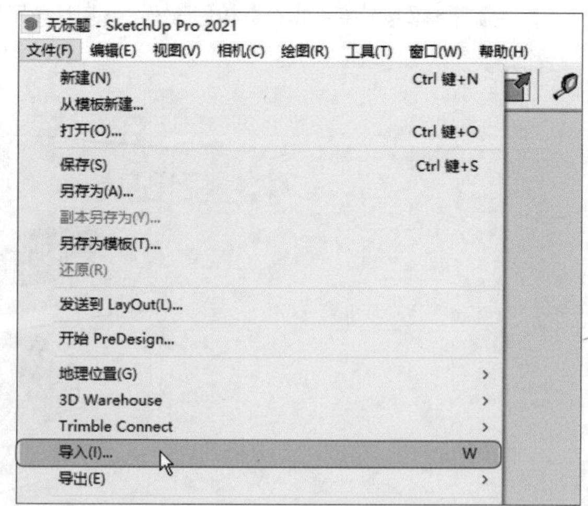

步骤 03 打开“导入”对话框，单击右下角文件格式选择下拉按钮，在下拉列表中选择“AutoCAD文件”选项，如下页左图所示。

步骤 04 选择需要导入的AutoCAD文件，单击“导入”按钮，如下页右图所示。

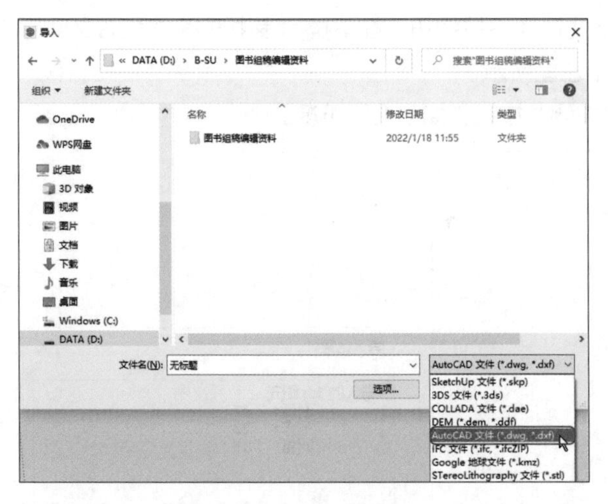

步骤 05 此时会弹出“导入结果”对话框，单击“关闭”按钮，如下左图所示。

步骤 06 查看在SketchUp中导入AutoCAD文件后的效果，如下右图所示。

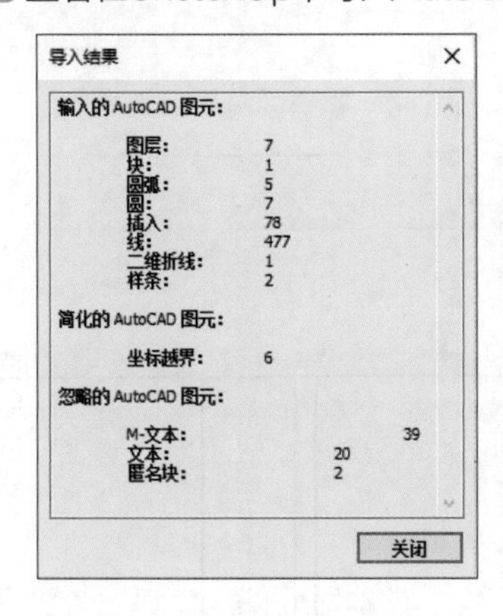

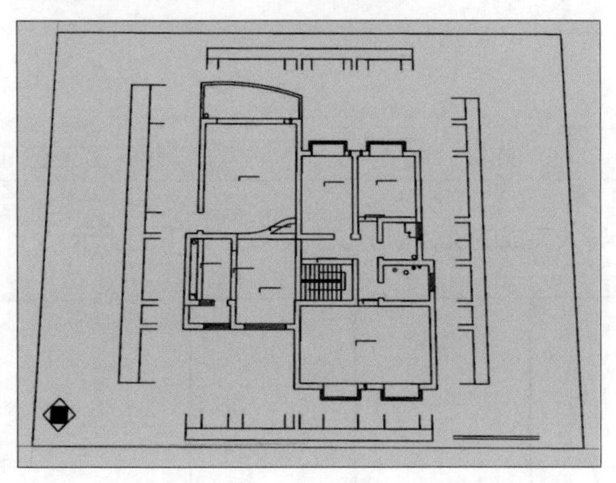

6.1.2 导入3ds Max文件

使用3ds Max进行曲面建模比AutoCAD更方便，用户可以将在3ds Max中制作的复杂模型导入到SketchUp中，下面介绍具体导入步骤。

步骤 01 3ds Max的默认文件类型为3ds Max scene file文件，在3ds Max中导出，文件类型为3D Studio，如下左图所示。

步骤 02 打开SketchUp，在菜单栏中执行“文件>导入”命令，如下右图所示。

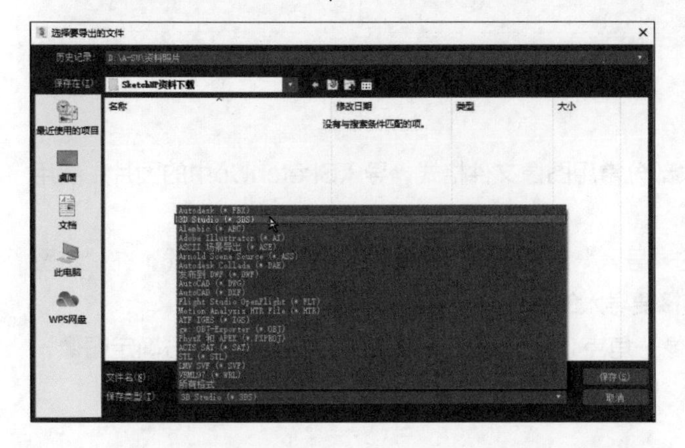

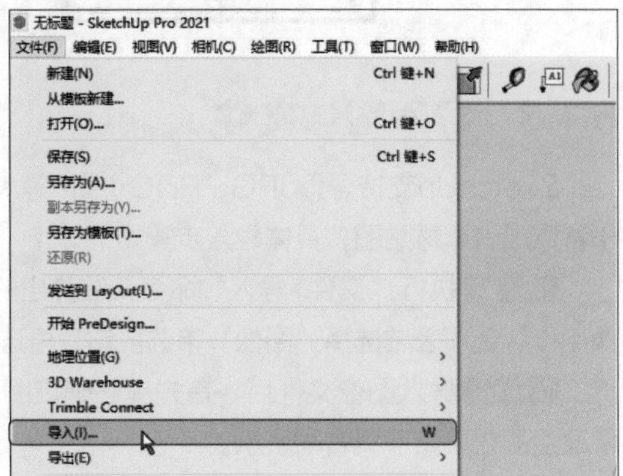

步骤 03 打开“导入”对话框，单击右下角文件格式选择下拉按钮，在下拉列表中选择“3DS文件”选项，选择需要的3DS文件，单击“导入”按钮，如下左图所示。

步骤 04 此时会弹出“导入结果”对话框，单击“关闭”按钮，如下右图所示。

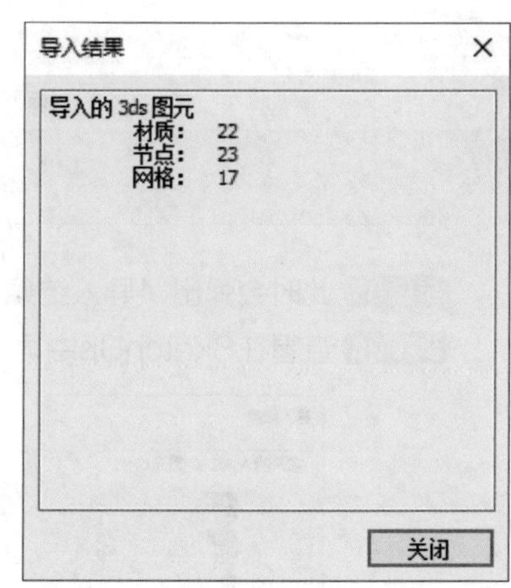

步骤 05 导入完成的3ds Max文件效果，如下图所示。

6.1.3 导入图像文件

SketchUp支持导入JPG、PNG、TIF等大部分常用图像文件格式，导入SketchUp中的图片主要用于背景或者素材贴图，具体导入步骤如下。

步骤 01 执行“文件>导入”命令，在弹出的“导入”对话框中设置文件类型为JPEG格式，在“将图像用作”选项区域选择“图像”单选按钮，再选择要导入的图像文件，如下页左图所示。

步骤 02 导入图像文件后，首先单击确定图像一角点，拖动鼠标确定图像大小，再次单击确定图像，修改后的效果如下页右图所示。

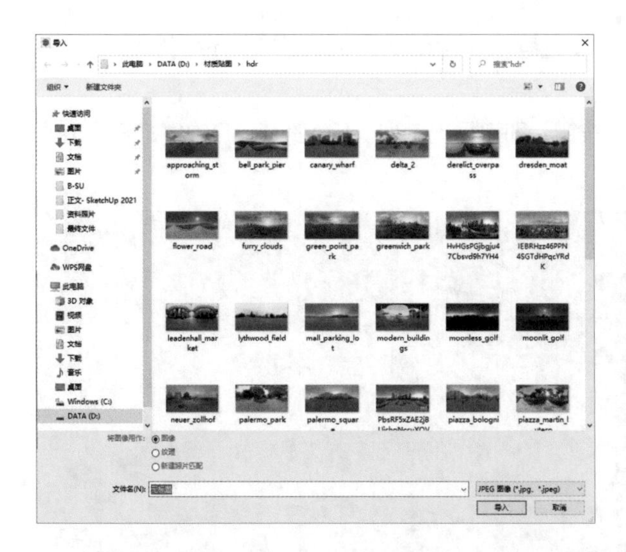

6.2 文件导出

为了更好地与其他建模软件交互使用，SketchUp的导出功能可以导出不同软件的文件格式，其中包括DWG/DXF格式、3DS格式、JPG格式、BMP格式等。本小节将对各种格式文件的导出操作进行具体介绍。

6.2.1 导出为DWG/DXF格式文件

SketchUp优异的兼容性能使用户快速联通多个软件完成工作，本小节介绍的DWG/DXF格式文件主要适用于AutoCAD软件，AutoCAD的主要功能在于快速完成二维平面图形绘制。

（1）导出三维模型

下面介绍如何将SketchUp中的效果图导出为AutoCAD DWG格式文件，具体操作步骤如下。

步骤 01 打开需要导出的模型文件，执行“文件>导出>三维文件”命令，如下左图所示。

步骤 02 打开“输出模型”对话框，选择输出位置并设置输出类型，如下右图所示。然后单击“选项”按钮。

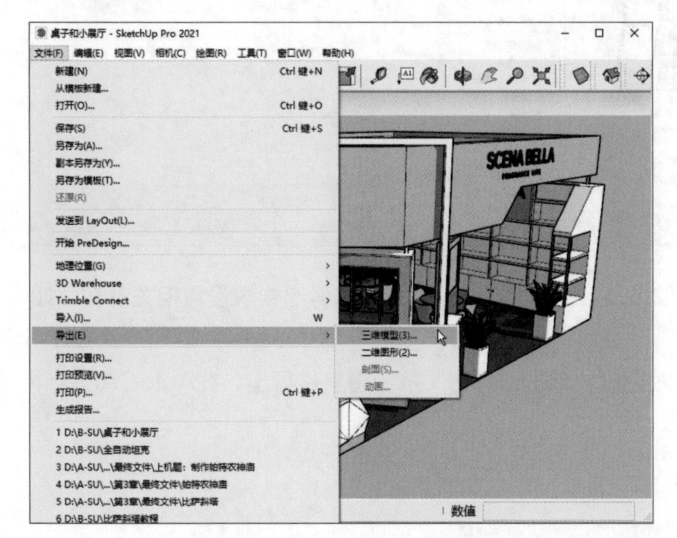

步骤 03 打开“DWG/DXF输出选项”对话框，设置导出文件版本及相关选项，设置完成后单击“好”按钮，如下左图所示。

步骤 04 返回“输出模型”对话框，单击“导出”按钮，即可导出模型。用AutoCAD软件打开导出的图形文件，效果如下右图所示。

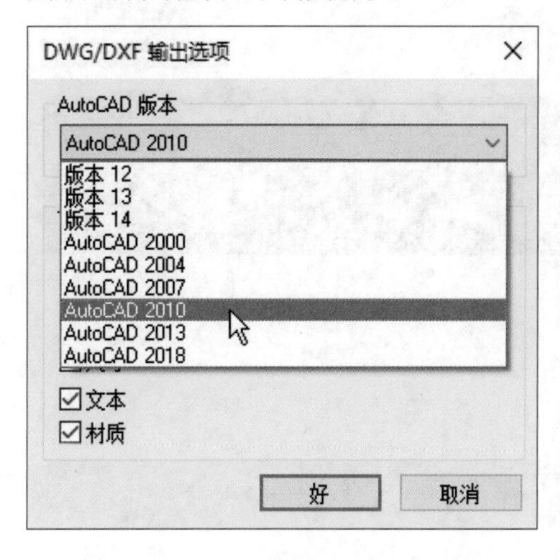

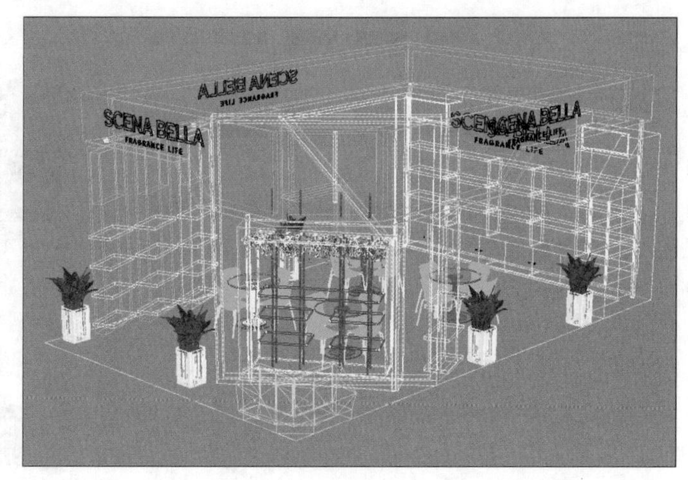

（2）导出二维剖切面

用户可以直接将SketchUp中的剖切面导出为AutoCAD可用的DWG格式文件，无论是在AutoCAD中继续加工图纸或是提取模型内部数据都非常便捷，下面介绍具体操作步骤。

步骤 01 打开模型文件，在下左图中可以看到该场景已经应用了剖切工具，在视图中可以看到内部布局效果。

步骤 02 执行“文件>导出>剖面”命令，打开“输出二维剖面”对话框，设置输出类型及保存位置，如下右图所示。

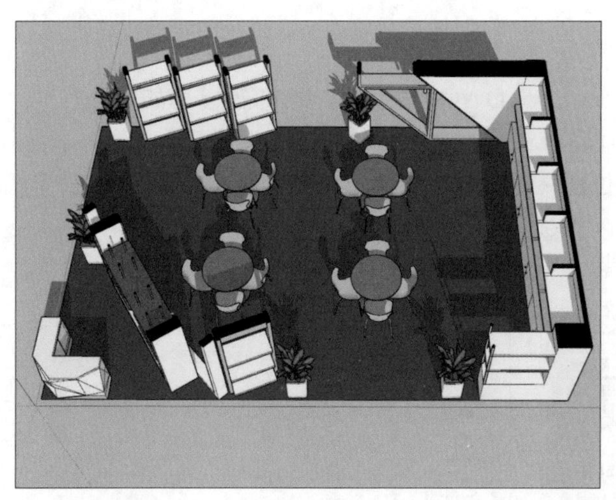

步骤 03 单击“选项”按钮，打开“DWG/DXF输出选项”对话框，根据导出要求设置相关参数，如下页左图所示。

步骤 04 设置完毕后返回“输出二维剖面”对话框，单击“导出”按钮将文件导出，在AutoCAD软件中打开导出的图形文件，效果如下页右图所示。

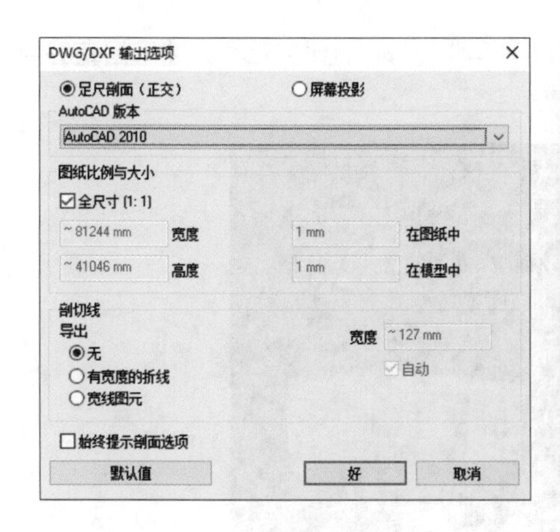

6.2.2 导出为3DS格式文件

为了更好地渲染效果，我们通常使用3ds Max软件进行最终渲染处理。为了方便操作，用户需要将SketchUp中绘制好的模型导出为3DS格式文件，然后使用3ds Max打开并处理，具体操作步骤如下。

步骤 01 打开模型文件，调整好角度，如下左图所示。

步骤 02 执行“文件>导出>三维模型”命令，打开“输出模型”对话框，设置输出文件类型为3DS文件，如下右图所示。

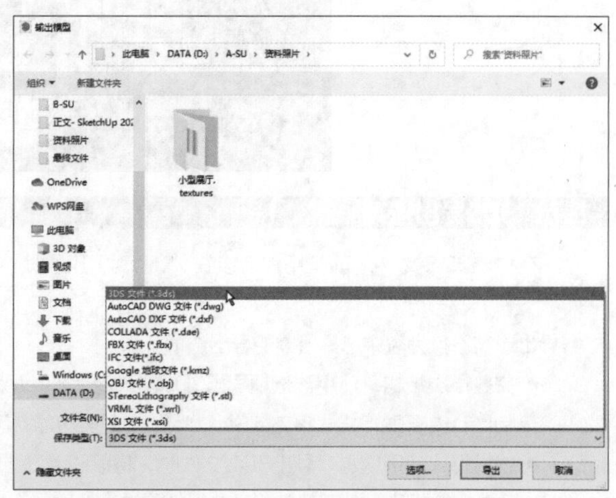

步骤 03 单击“选项”按钮，打开“3DS导出选项”对话框，根据需要设置相关参数，如下左图所示。

步骤 04 设置完成后返回上一级对话框，单击“导出”按钮，系统会弹出提示框，如下右图所示。

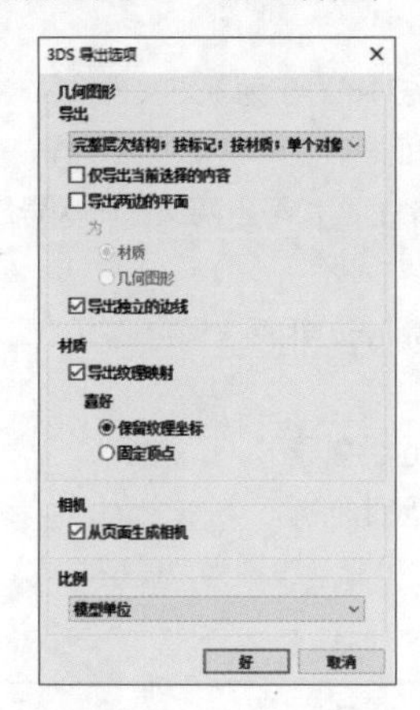

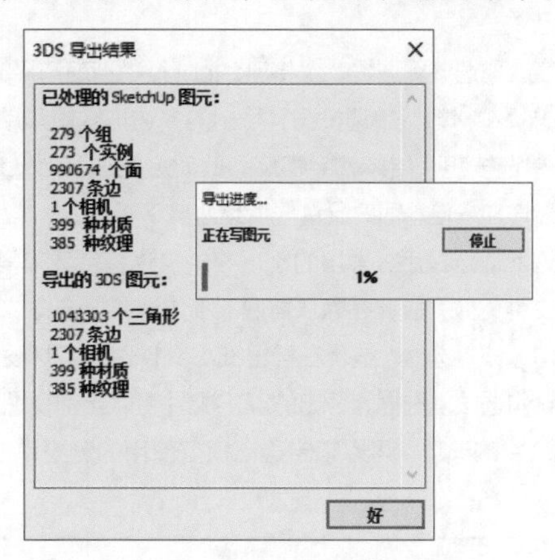

步骤05 找到导出的3DS文件，使用3ds Max软件打开。可以发现导出的3DS文件不但有完整的模型文件，而且还自动创建了对应的摄像机，效果如下图所示。

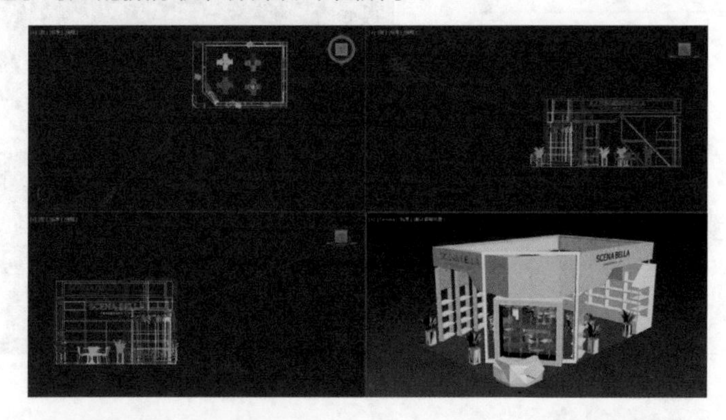

步骤06 在摄像机视口中的效果，如下图所示。

提示：3DS导出选项

在导出3DS文件之前，用户可以在“3DS导出选项”对话框中对相关的选项进行设置，该对话框中各选项的含义如下。

- **导出**：在下拉列表中选择所需的导出选项。
    - **完整层次结构**：使用该选项导出3DS文件时，SketchUp会自动进行分析，按照几何体、组及组件定义来导出各个物体。由于3DS格式不支持SketchUp的图层功能，因此导出时只有最高一级的模型会导出为3DS模型文件。
    - **按标记**：使用该选项导出3DS文件时，将以SketchUp组件层级的形式导出模型，在同一个组件内的所有模型将转化为单个模型，处于最高层次的组件将被处理成一个选择集。
    - **按材质**：使用该选项导出3DS文件时，将以材质类型对模型进行分类。
    - **单个对象**：使用该选项导出3DS文件时，将会合并为单个物体。如果场景较大，应该避免选择该项，否则会导出失败或者部分模型丢失。
- **仅导出当前选择的内容**：勾选该复选框，仅将SketchUp中当前选择的对象导出为3DS文件。
- **导出两边的平面**：若选择“材料”单选按钮，导出的多边形数量和单面导出的多边形数量一样，但是渲染速度会下降。若选择“几何图形”单选按钮，结果就会相反，此时会把SketchUp的面都导出两次，一次导出正面，另一次导出背面，导出的多边形数量增加一倍，同时会造成渲染速度下降。
- **导出独立的边线**：勾选此复选框后，导出的3DS格式文件将创建非常细长的矩形来模拟边线，但是这样会造成贴图坐标出错，甚至整个3DS文件无效，因此在默认情况下不勾选该复选框。
- **导出纹理映射**：默认勾选该复选框，这样在导出3DS文件时，其材质也会被导出。
- **从页面生成相机**：默认勾选该复选框，导出的3DS文件将以当前视图创建相机。
- **比例**：通过其下拉列表中的选项，可以指定导出模型使用的测量单位。默认设置为“模型单位”，即SketchUp当前的单位。

6.2.3 导出为平面图像文件

为了便于不了解SketchUp的用户阅读，设计者可以将在SketchUp中设计好的效果图导出为图像文件，如JPG、BMP、TIF、PNG等。下面将介绍如何将SketchUp文件导出为JPG格式文件，具体操作步骤如下。

步骤 01 打开模型文件，执行“文件>导出>二维图形”命令，打开“输出二维图形”对话框，设置输出保存类型为JPEG图像，如下左图所示。

步骤 02 单击“选项”按钮，打开“输出选项”对话框，设置导出参数，如下右图所示。

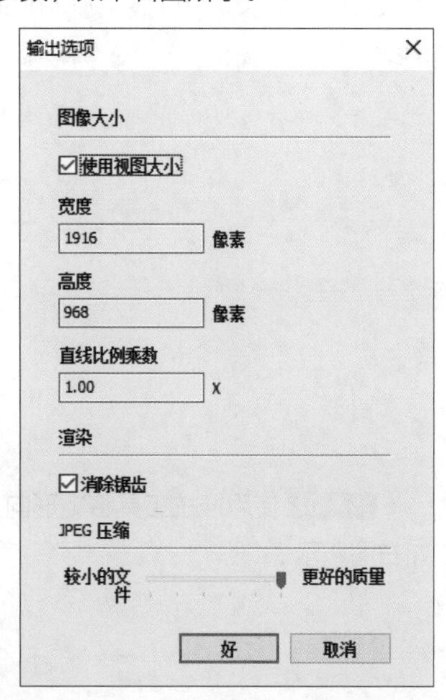

步骤 03 设置完成后关闭该对话框，进行图像导出，导出效果如下图所示。

上机实训：制作装饰画效果

本章介绍了在SketchUp中导入图像的方法。导入图像后，除了可以进行辅助绘图外，还可以将导入的图片当作贴图使用，下面介绍如何使用导入功能制作装饰画效果的具体操作步骤。

步骤 01 打开SketchUp软件后，首先使用矩形工具绘制一个2000mm×1000mm的矩形，如右图所示。

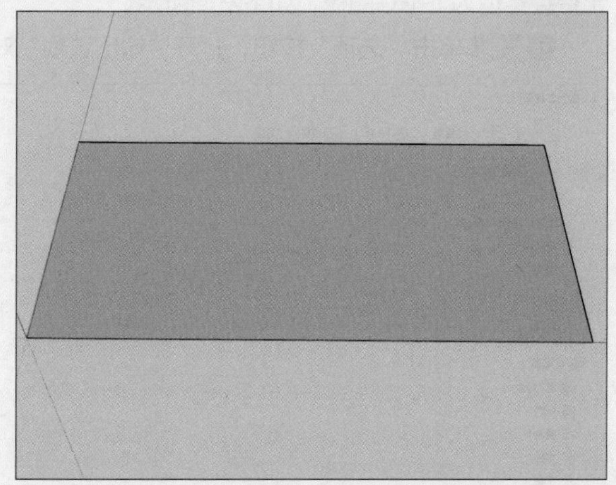

步骤 02 使用推拉工具将矩形向上推出20mm，如右图所示。

步骤 03 使用偏移工具向内偏移20mm，再沿偏移完成的线向内偏移10mm，如右图所示。

步骤04 使用推拉工具将内部向下推10mm，如右图所示。

步骤05 然后再使用直线工具在外侧绘制一个20mm×5mm的矩形，如右图所示。

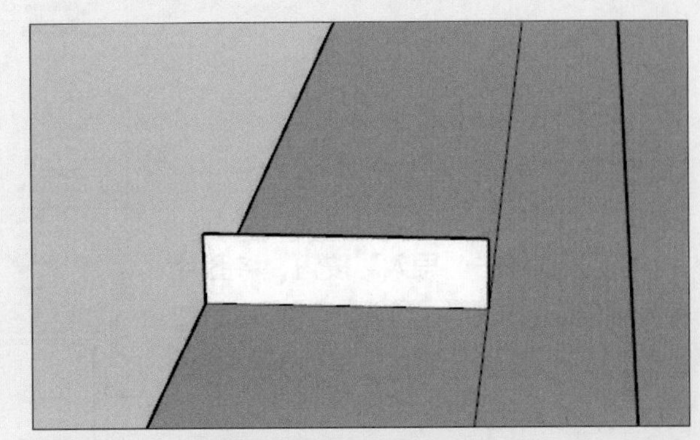

步骤06 使用弧线工具绘制出造型，并删除多余的线，如右图所示。

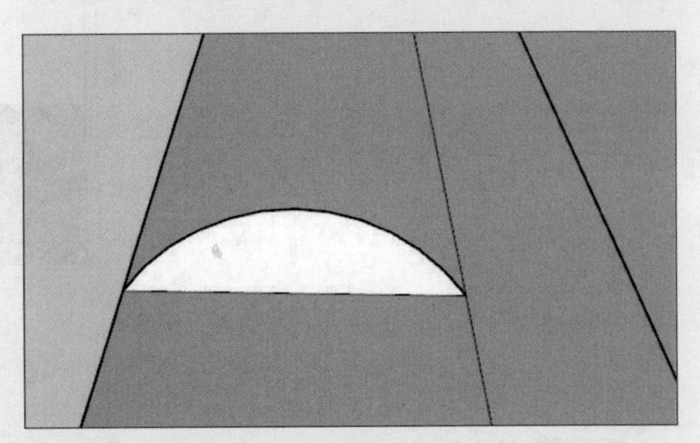

步骤07 选中边线，使用路径跟随工具制作出画框造型，如右图所示。

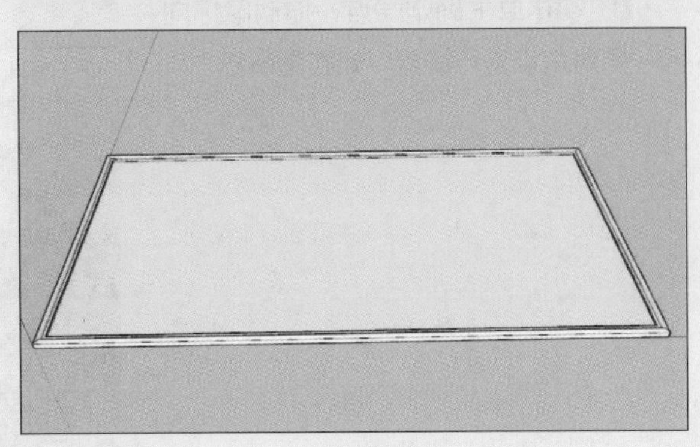

步骤08 执行“文件>导入”命令，打开“导入”对话框，选择要导入的图片，并选择“将图像用作”选项区域的“纹理”单选按钮，如右图所示。

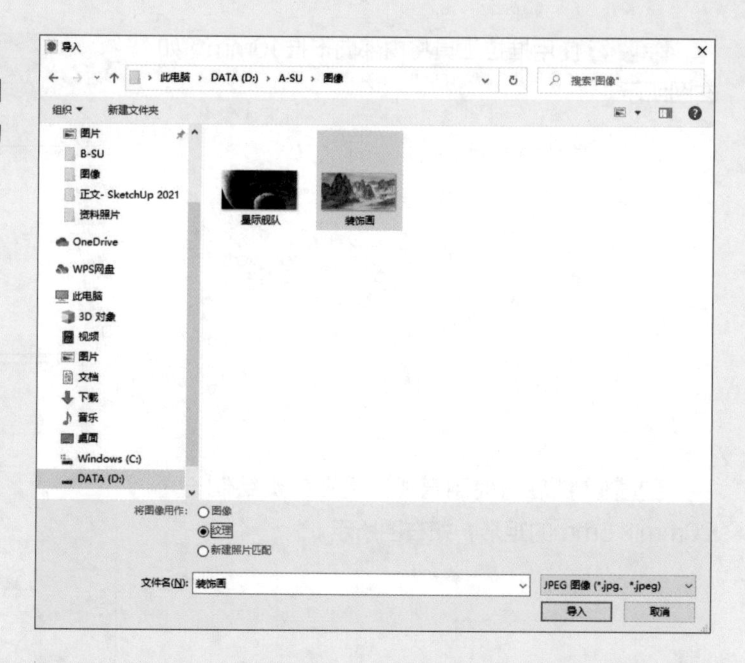

步骤09 单击“导入”按钮，将图片导入到SketchUp中。然后将光标移动到模型的一个端点上，光标会变为油漆桶的样式，如右图所示。

步骤10 单击确定端点，拖动鼠标向另一侧对角点进行捕捉，如右图所示。

步骤11 单击确定对角点，即可将导入的图片作为材质赋予到模型表面，完成后的效果如下图所示。

步骤12 接着导入案例文件中的画架文件，如右图所示。

步骤13 调整装饰画的位置与背景，并将其整体成组，最终效果如右图所示。

课后练习

一、选择题

（1）使用SketchUp的导入功能，可以将其他软件生成的文件导入SketchUp中进行编辑，方便用户进一步建模。以下不能导入到SketchUp中的文件类型是（　　）。

A. JPG　　B. MP4　　C. 3DS　　D. DWG

（2）用户可以将SketchUp内的模型导出为不同软件的文件格式，方便进一步细化模型，以下能使用SketchUp导出的文件类型是（　　）。

A. MIDI　　B. MOD　　C. WAVE　　D. DXF

（3）当用户需要使用3ds Max打开SketchUp模型文件时，可以将文件导出为（　　）格式文件。

A. 3DS　　B. DXF　　C. 7ZP　　D. DWG

二、填空题

（1）常见的AutoCAD文件有__________与__________两种。

（2）3DS导出选项分为__________、__________、__________、__________、__________、__________、__________、__________、__________9部分。

（3）常见的图像文件格式有__________、__________、__________、__________等。

三、上机题

打开案例文件夹中的上机题文件，如下左图所示。将SketchUp文件格式导出成DWG格式文件，如下右图所示。

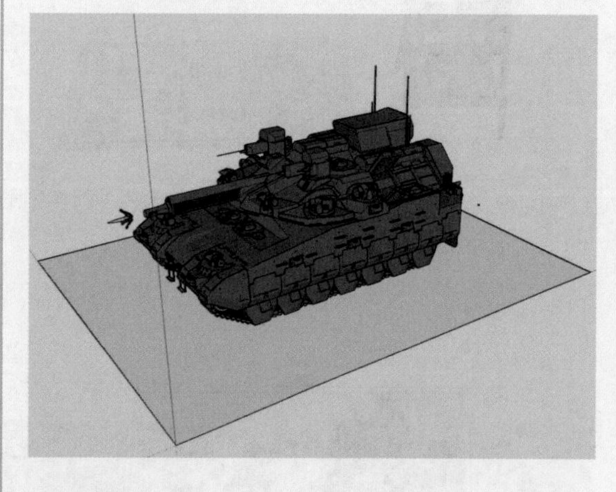

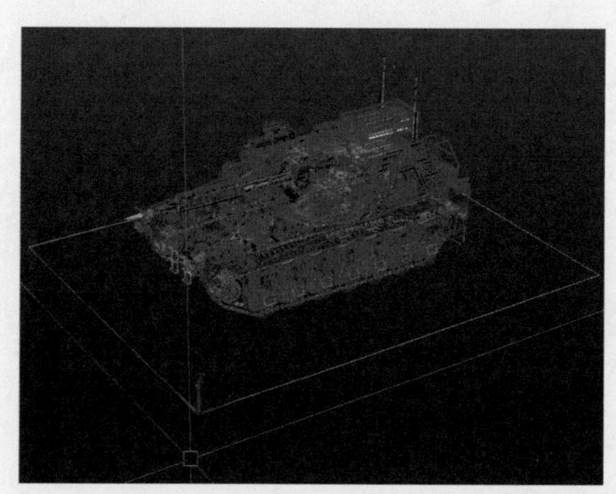

操作提示

① 使用组件工具将模型成组，能使模型统一。

② 导出时注意版本与格式。

第二部分

综合案例篇

在学习了SketchUp的常用工具、视图工具、高级工具、文件的导入与导出等知识后，在综合案例篇中，我们将对所学的知识进行灵活的运用，对设计思路拓扑、商业楼房外观效果设计、商业街整体效果设计的过程进行详细介绍，通过理论与实践相结合的方式使读者可以达到学以致用的目的。

 第7章 设计思路拓扑

本章概述

学习了SketchUp的基本工具使用、文件的导入导出、高级工具的应用等内容后，在本章中，我们将对设计的思路进行一次拓扑，以便更加深入地了解SketchUp的各种运行逻辑与特性，为之后深入学习打下良好的基础。

核心知识点

❶ 掌握正确的建模习惯
❷ 掌握SketchUp的高级建模技巧
❸ 熟悉SketchUp的软件特性
❹ 掌握快速进行模型制作的技巧

7.1 简单形体创建

本节将带领用户对SketchUp基础工具的应用进行一次巩固，并讲解一些SketchUp的基本特性，介绍如何创建旧版SketchUp徽标模型、新版SketchUp徽标模型以及象棋模型。

7.1.1 制作旧版SketchUp徽标模型

本小节将介绍旧版SketchUp徽标模型制作过程，在开始建模前可以先理清建模思路，在自己尝试建模后再来参考本小节的建模思路，参考模型如下两图所示。

扫码看视频

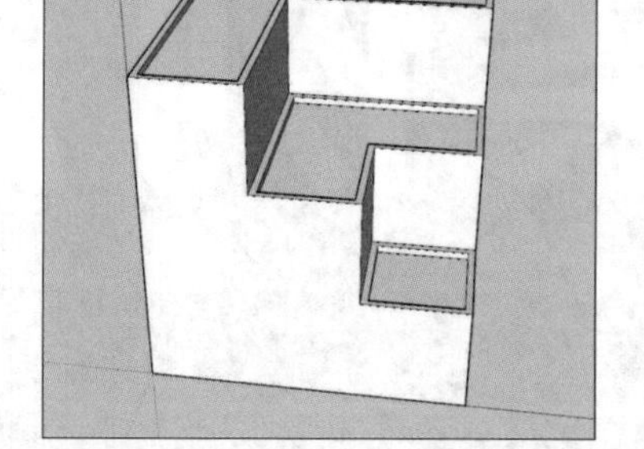

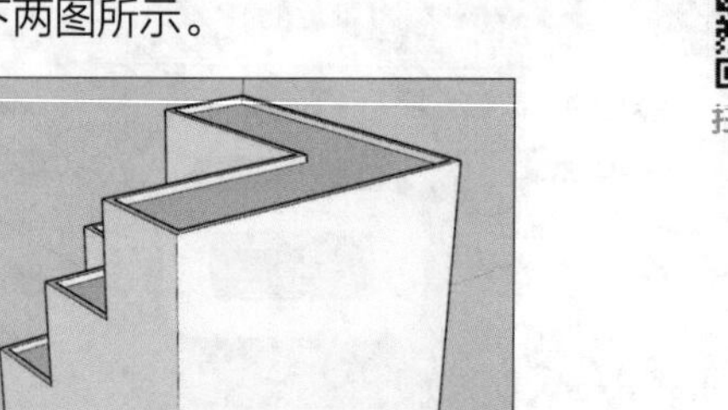

下面介绍制作旧版SketchUp徽标模型的具体步骤。

步骤01 使用矩形工具绘制一个90mm × 90mm的正方形，选中两边线，使用偏移工具偏移出60mm与30mm的两条线段，如下左图所示。

步骤02 使用推拉工具对三段阶梯分别推出90mm、60mm、30mm，如下中图所示。

步骤03 使用擦除工具擦去多余的线，如下右图所示。

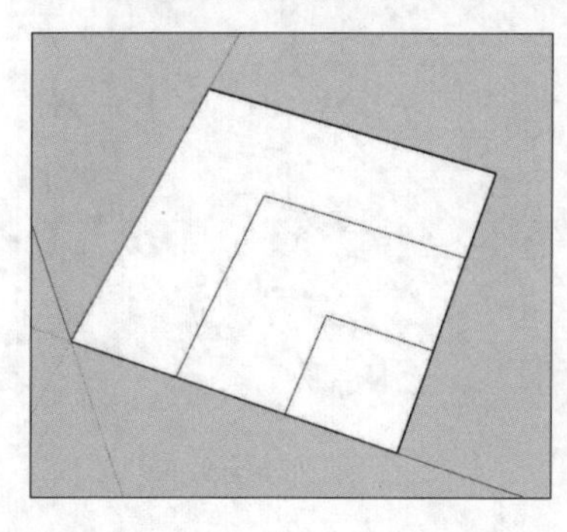

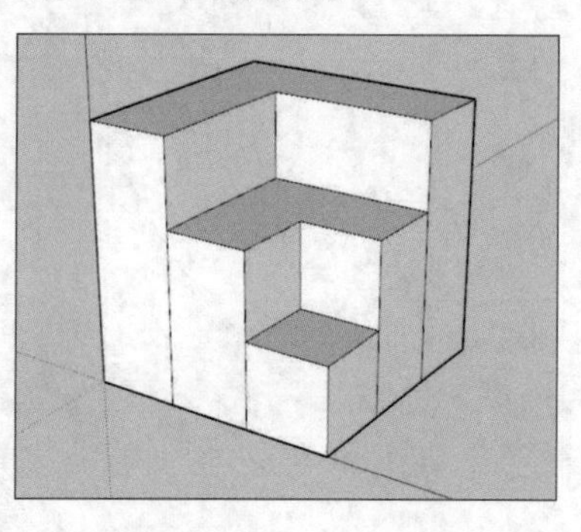

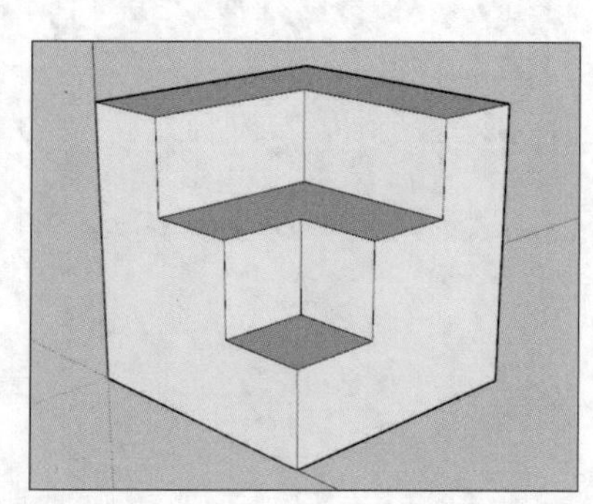

步骤04 使用偏移工具在三层表面上分别偏移2mm，再使用推拉工具向下推2mm，如下左图所示。

步骤05 最后进行成组，效果如下中图所示。用户可以在“图元信息”面板中查看是否是实体组，如下右图所示。

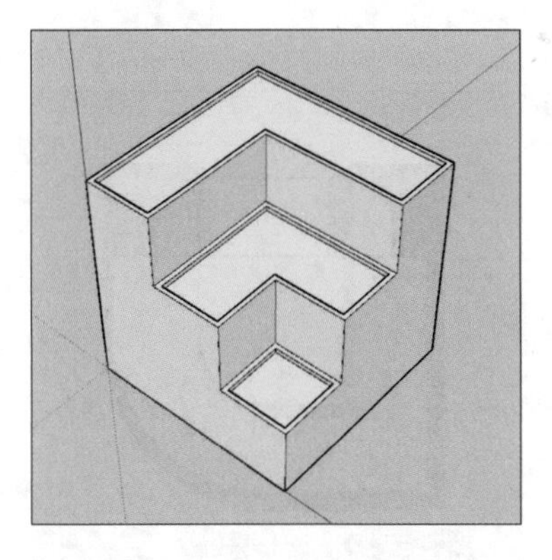
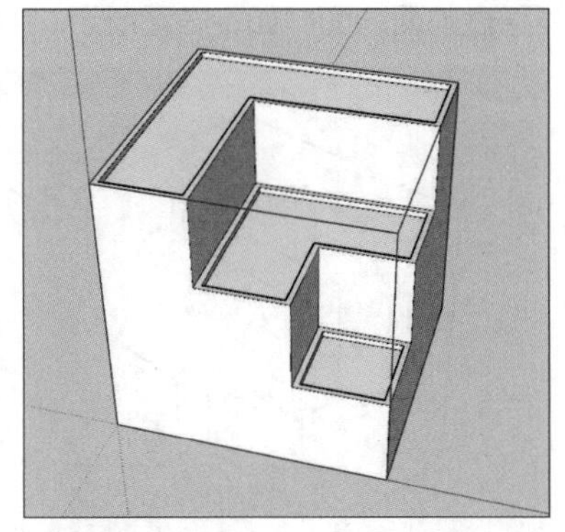
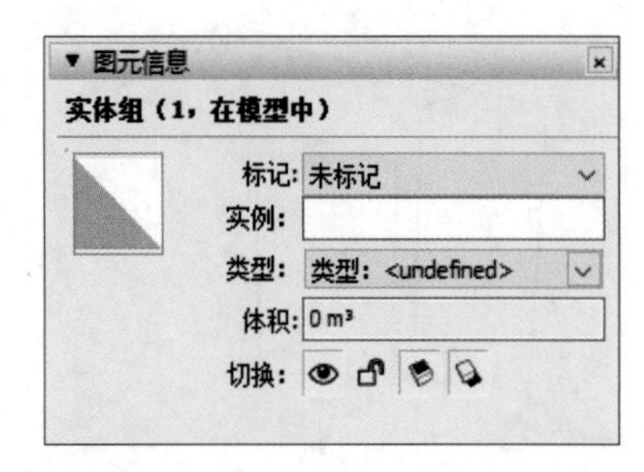

7.1.2 制作新版SketchUp徽标模型

本小节将介绍新版SketchUp徽标模型的制作过程，在开始建模前用户可以先理清建模思路，在自己尝试建模后再来参考书中的建模思路，参考模型如下两图所示。

扫码看视频

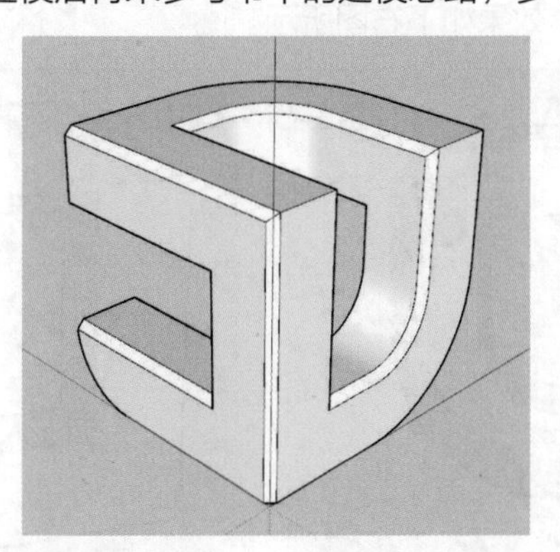
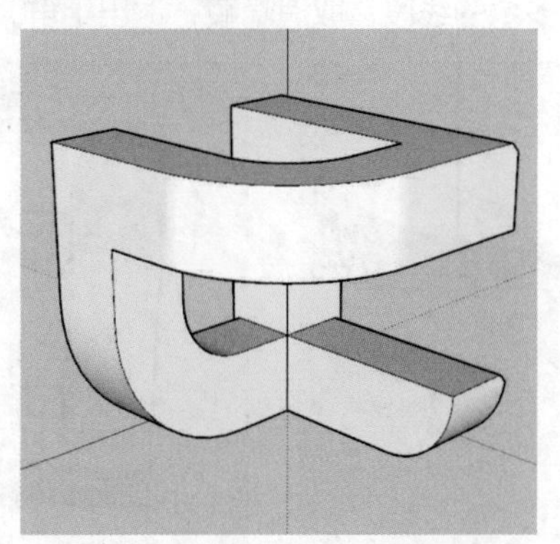

步骤01 使用矩形工具绘制一个100mm×100mm的矩形，选择三边并偏移27mm，如下左图所示。

步骤02 删除多余的面与线，使用圆弧工具绘制造型，移动至边线上直至其显示“与边线相切”字样，且弧线变为粉色，如下中图所示。

步骤03 快速双击，SketchUp将会自动生成造型并删除多余的线与面。使用相同的操作绘制外部造型，完成后效果如下右图所示。

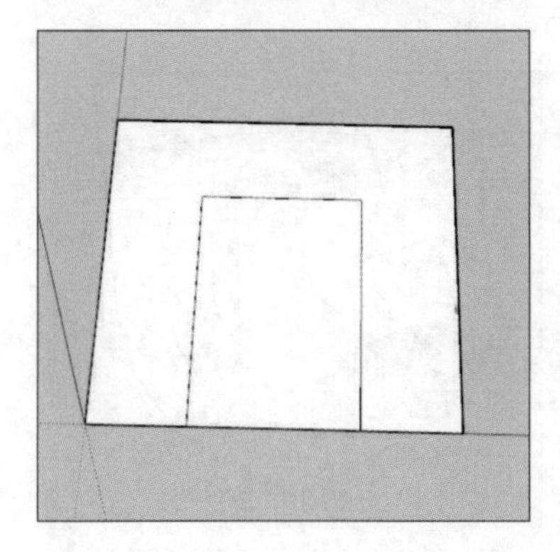
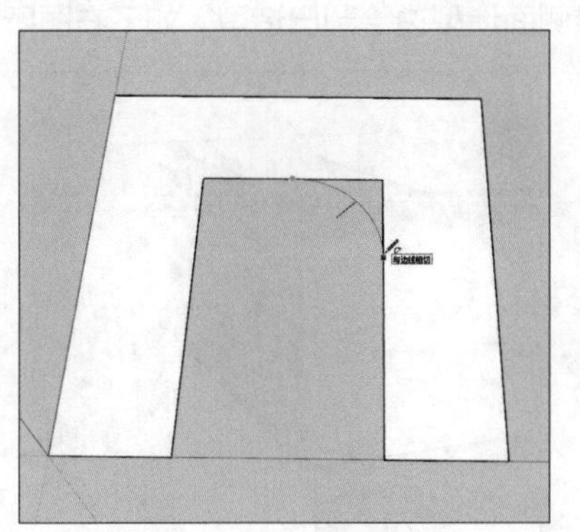

步骤04 使用推拉工具将模型推出27mm，并将其成组。然后，使用旋转复制功能，旋转90° 并复制一份，如下左图所示。

步骤05 将其移动至合适位置，使用实体外壳工具将其合并，如下中图所示。

步骤06 双击进组，使用隐藏功能隐藏前面的面，如下右图所示。

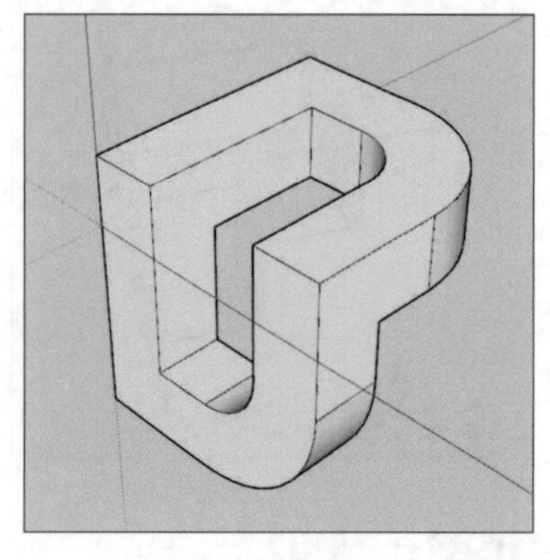
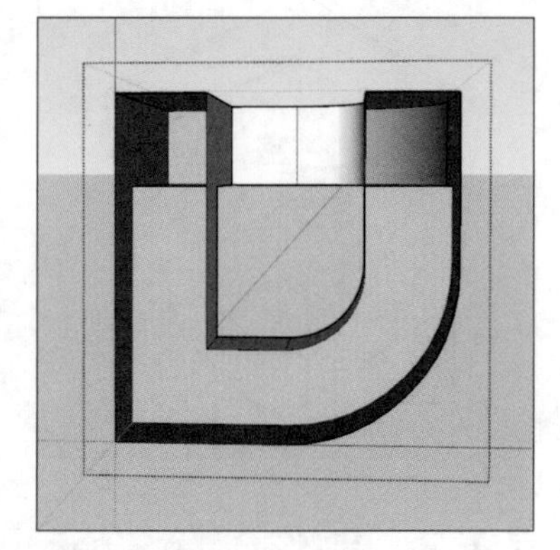

步骤07 在内部边角处使用直线工具绘制一个两边长都是3mm的直角三角形，如下左图所示。

步骤08 选择内部造型路径，使用路径跟随工具绘制出造型，如下中图所示。

步骤09 删除多余的线段，取消隐藏，退出组群，效果如下右图所示。

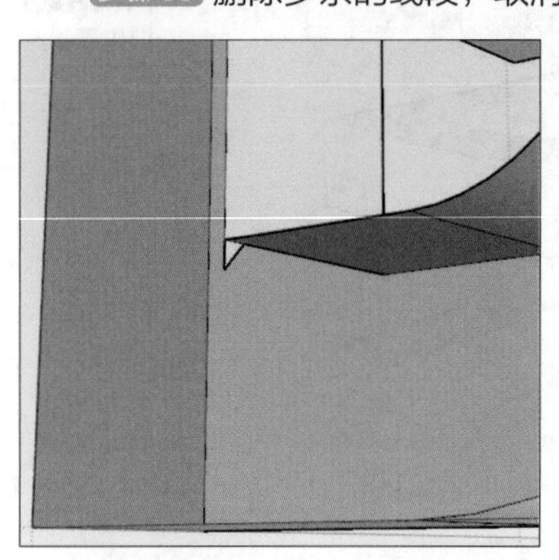

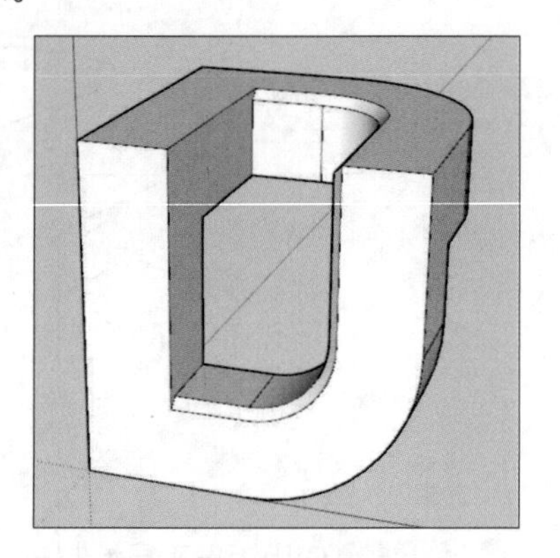

步骤10 移动视角到背面，双击进入组群，使用矩形工具绘制造型，使用推拉工具推至上方相同距离，如下左图所示。

步骤11 在上方绘制侧边为3mm的等腰直角三角形，使用Ctrl+C组合键将其粘贴，粘贴完继续执行其他操作，如下中图所示。

步骤12 使用路径跟随工具，沿侧面造型边绘制出造型，如下右图所示。

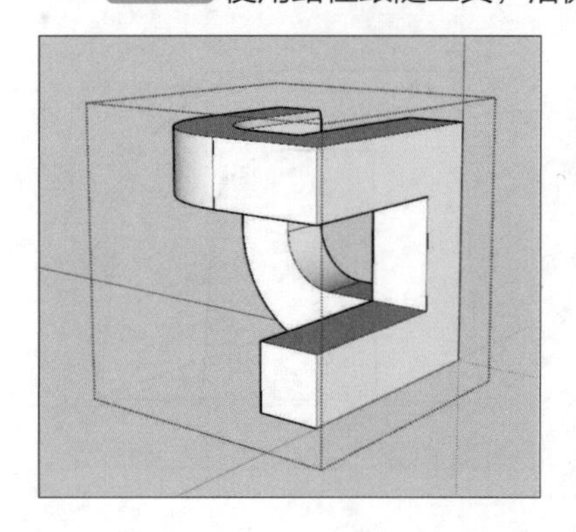

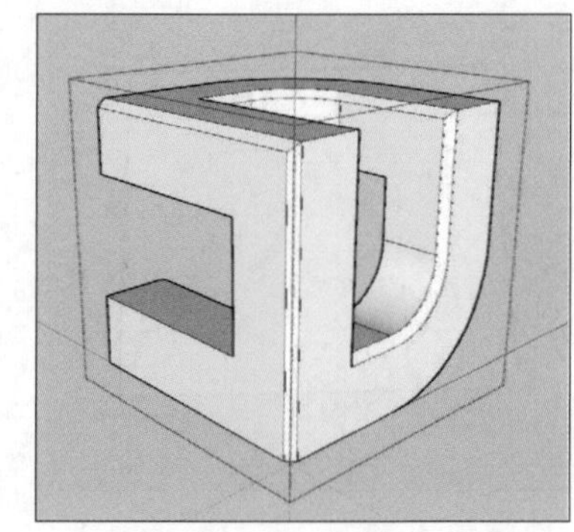

步骤13 执行“窗口>系统设置”命令，打开“SketchUp系统设置”对话框，在“快捷方式”右侧面板中搜索“定点粘贴”功能，为其添加快捷方式（按照自己的习惯设置即可，本书设置的是Alt+V组合键），如下左图所示。

步骤14 设置完成后单击“好”按钮，返回模型空间，退出群组。执行刚刚设置好的快捷方式，可以看到之前粘贴的三角形被原位复制了一份，如下中图所示。

步骤15 将其移动到下方造型处，使用Ctrl+X组合键将其剪切，双击进组，执行定点粘贴命令，可以看到三角形快速进入到了组群内，如下右图所示。

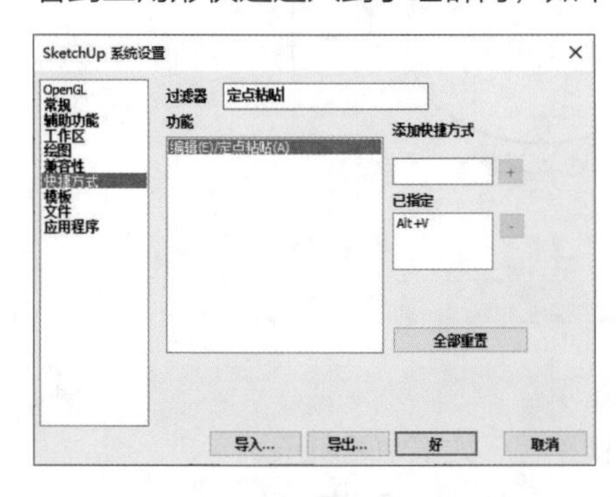

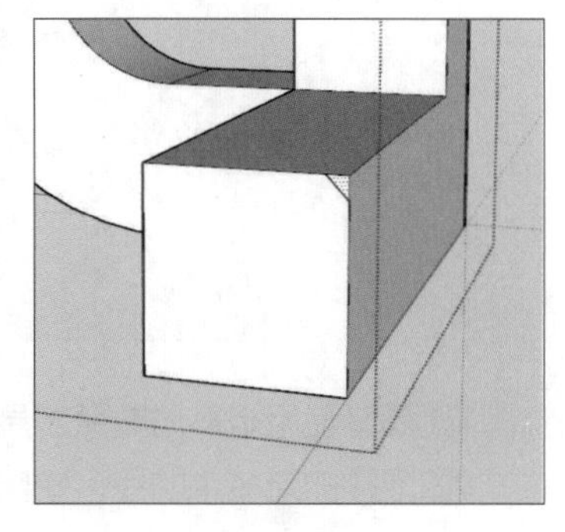

步骤16 使用路径跟随工具绘制出造型，删除多余的线，如下左图所示。

步骤17 退出组群，使用直线与弧线工具在后侧绘制边长为27mm的曲面造型，连接使其成为面，如下中图所示。

步骤18 使用推拉工具将其推出，并进行成组，如下右图所示。

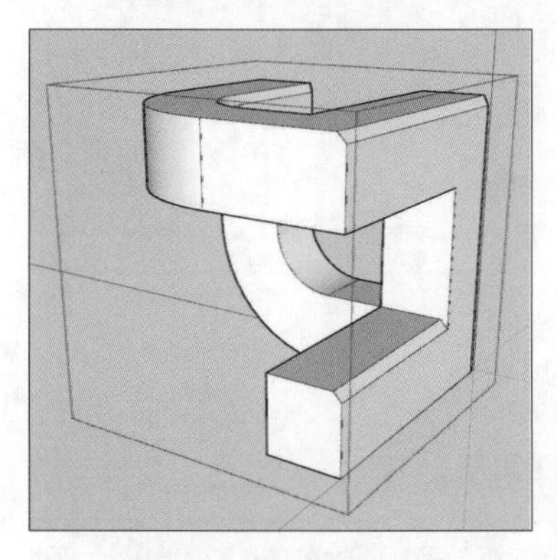

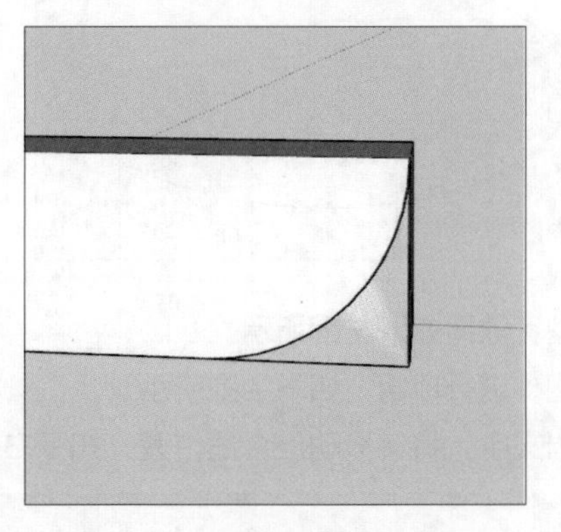

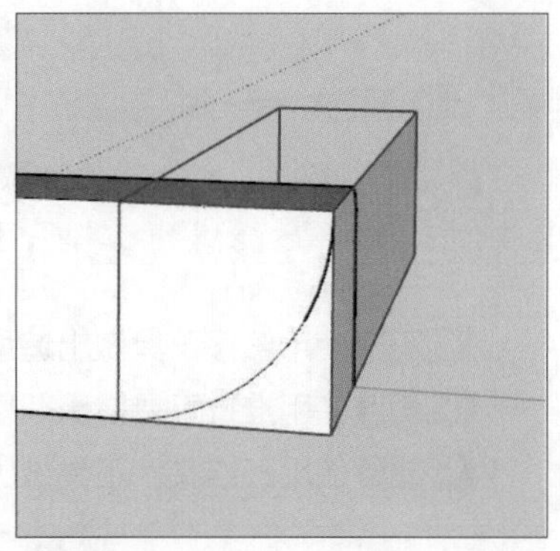

步骤19 在实体工具栏中选择减去工具，对两实体组进行运算，如下左图所示。

步骤20 给予软化边线，查看整体效果，在“图元信息”面板中可以查看是否为实体组，如下右图所示。

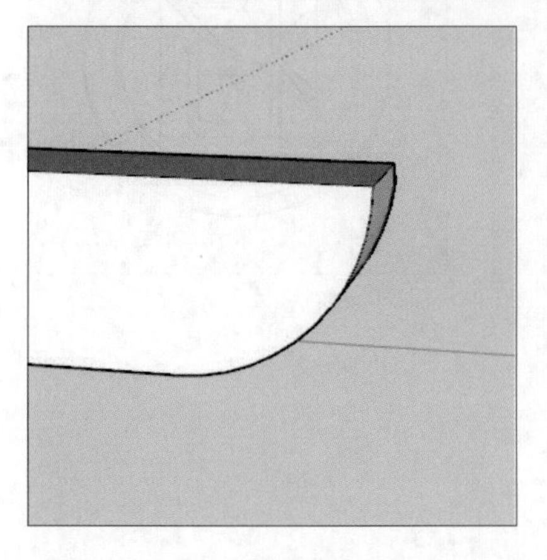

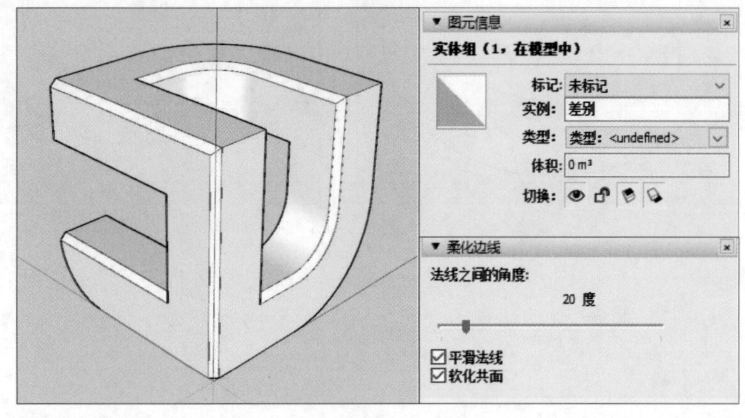

7.1.3 制作象棋模型

本小节将介绍象棋模型的制作过程，在开始建模前用户可以先思考建模思路，在自己尝试建模后再来参考书中的建模思路，参考模型如下两图所示。

扫码看视频

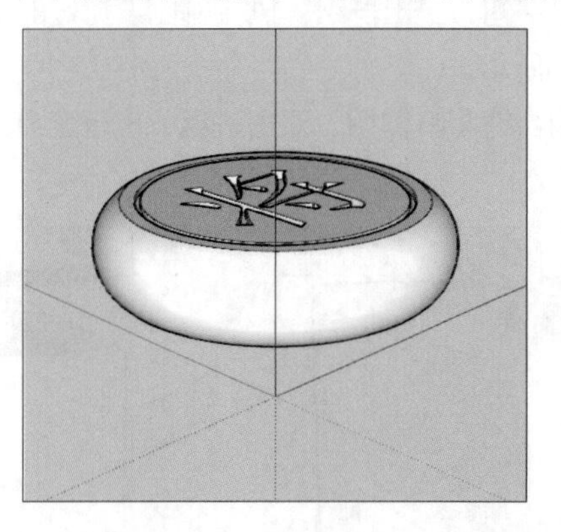

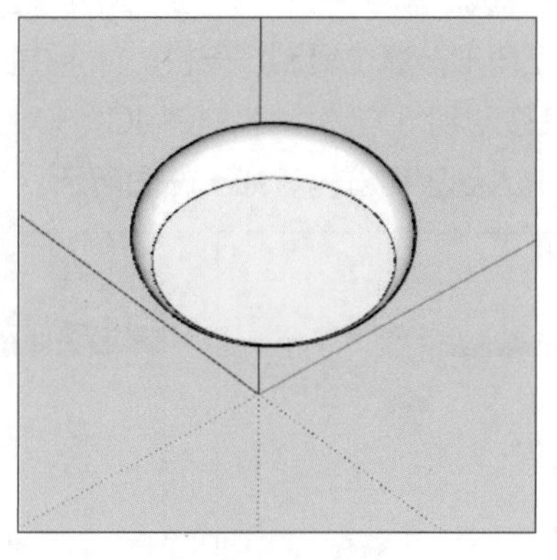

步骤 01 使用矩形与圆弧工具绘制二分之一截面造型，如下左图所示。

步骤 02 删除多余的线，使用圆工具绘制圆，删除中心的面，保留路径，如下中图所示。

步骤 03 使用路径跟随工具，跟随圆形路径做出象棋形体，删除路径，如下右图所示。

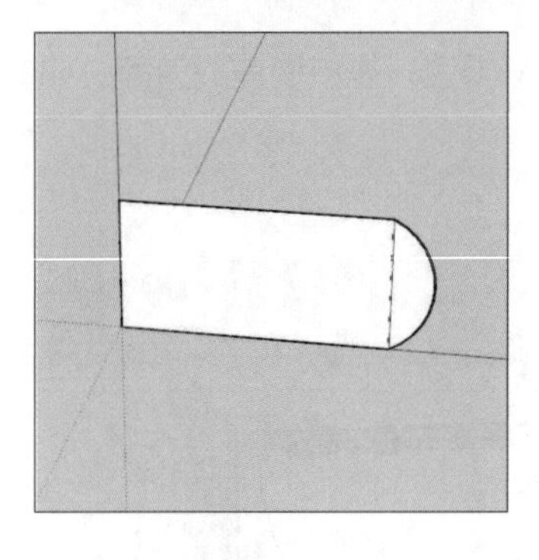

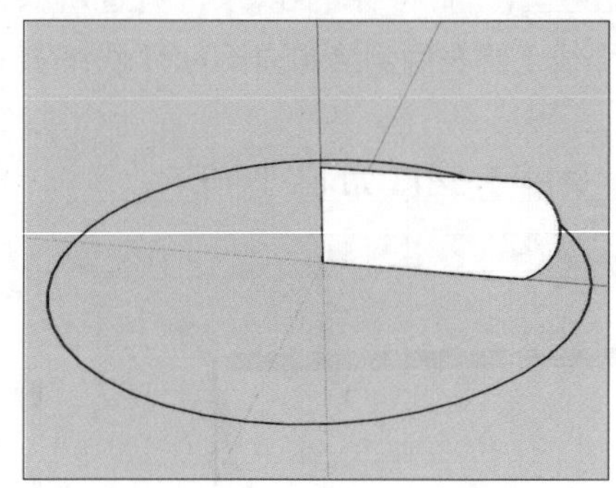

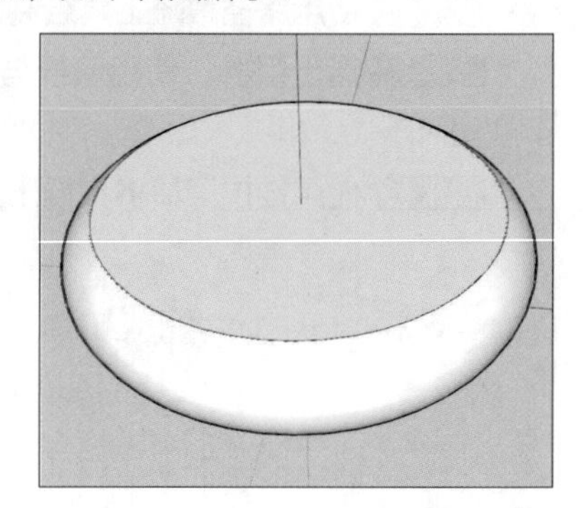

步骤 04 使用偏移工具做出造型，效果如下左图所示。

步骤 05 使用推拉工具推出凹槽，进行成组，如下中图所示。

步骤 06 使用三维文字工具做出文字，将其移动至合适位置，如下右图所示。

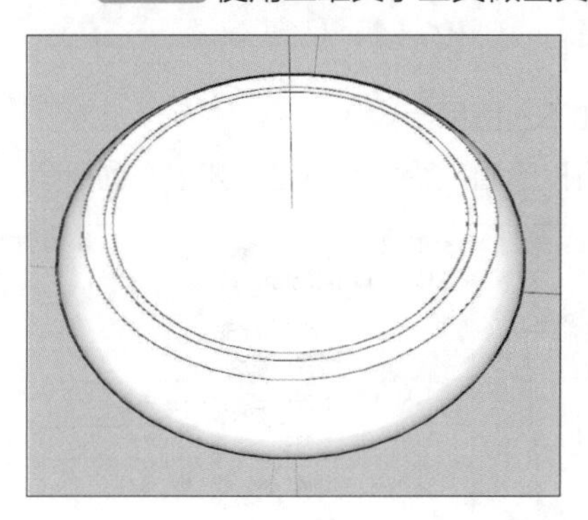

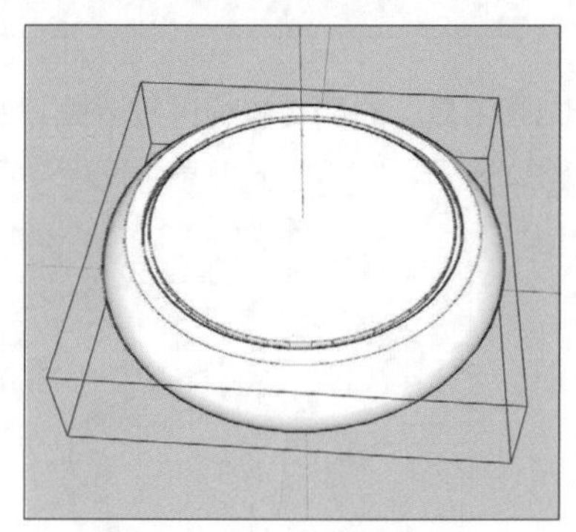

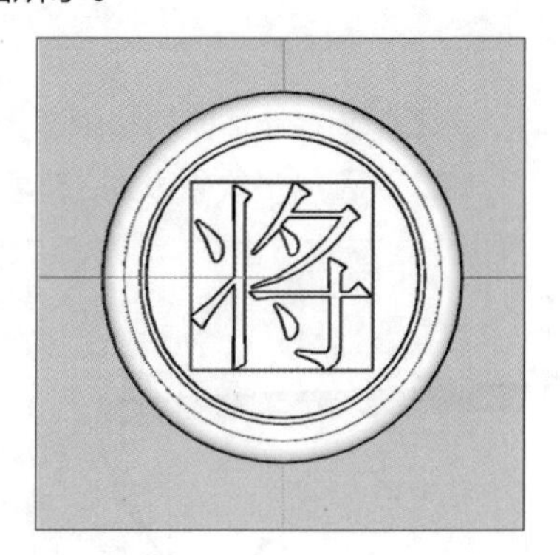

步骤 07 使用实体工具栏中的减去工具对两实体组进行运算，如下左图所示。当文字不是实体组时，将其炸开再次成组即可。

步骤 08 给予软化边线，查看整体效果，在“图元信息”面板中用户可以查看是否为实体组，如下右图所示。

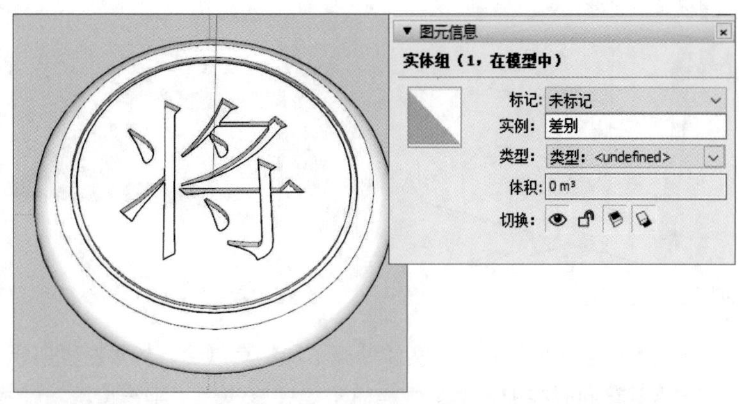

7.2 一般形体创建

本节将使用SketchUp的基本运行逻辑与隐藏特性，制作一些一般难度的形体，其中包括彭罗斯三角、实体魔方阵列、旋转楼梯3个模型。通过这些案例的学习，可以让用户对SketchUp高级工具的用法与基础特性有一定的了解。

扫码看视频

7.2.1 制作彭罗斯三角模型

本小节将介绍彭罗斯三角模型的制作过程，在开始建模前用户可以先思考建模思路，参考模型如右图所示。在自己尝试建模后再参考本小节的建模思路，具体操作步骤如下。

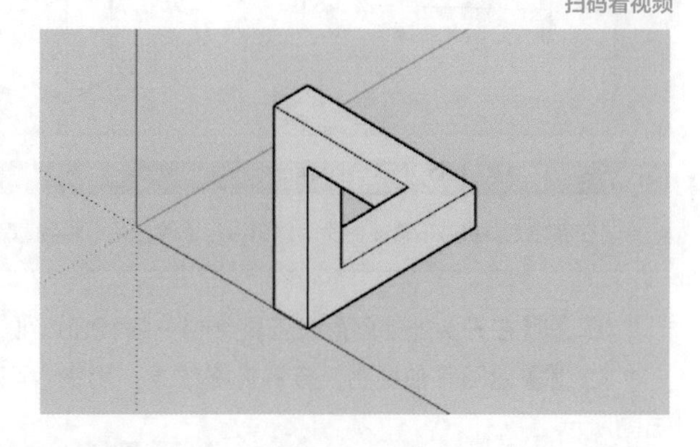

步骤 01 打开SketchUp后，使用矩形与推拉工具绘制100mm × 100mm × 100mm的正方体，将其成组，如下左图所示。

步骤 02 将正方体向右方移动复制4个，如下中图所示。

步骤 03 沿着最后一个正方体向下移动复制4个，如下右图所示。

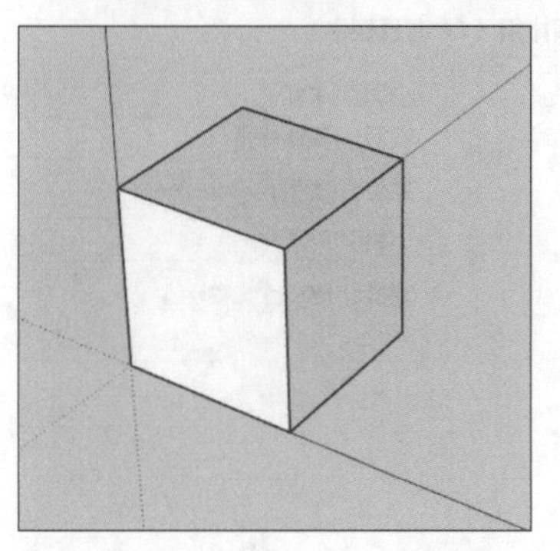

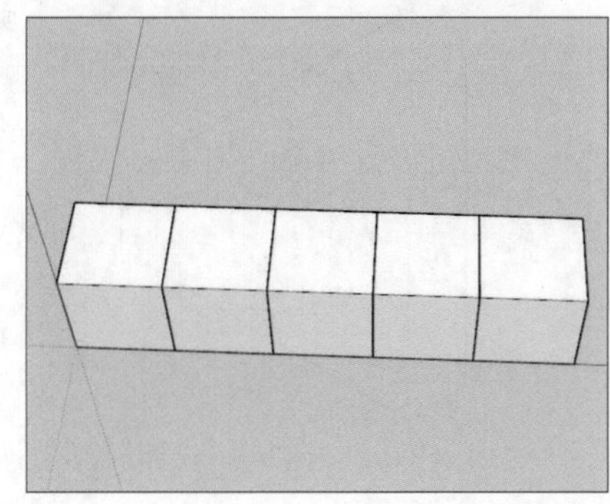

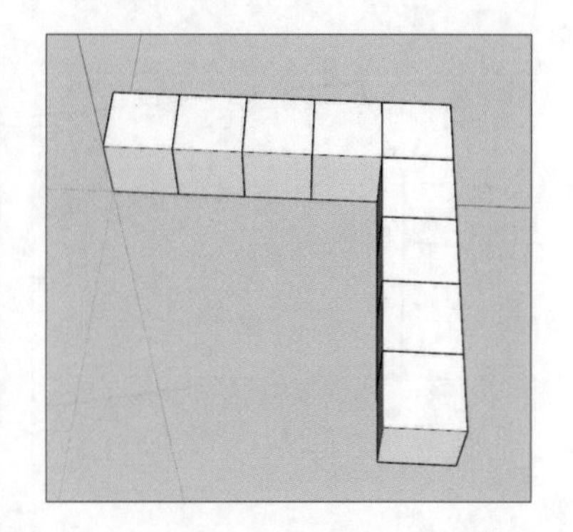

步骤04 继续沿最后一个正方体向上移动并复制3个，如下左图所示。

步骤05 双击进入最后一个正方体，使用直线工具绘制斜线，如下中图所示。

步骤06 使用推拉工具将面推至灰色再单击，即可将其直接推空，如下右图所示。

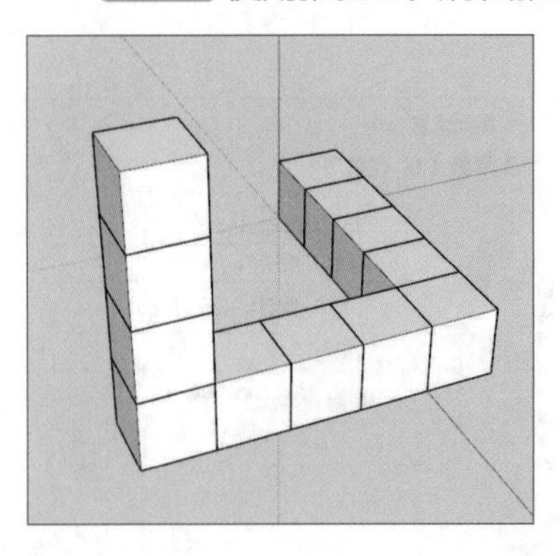

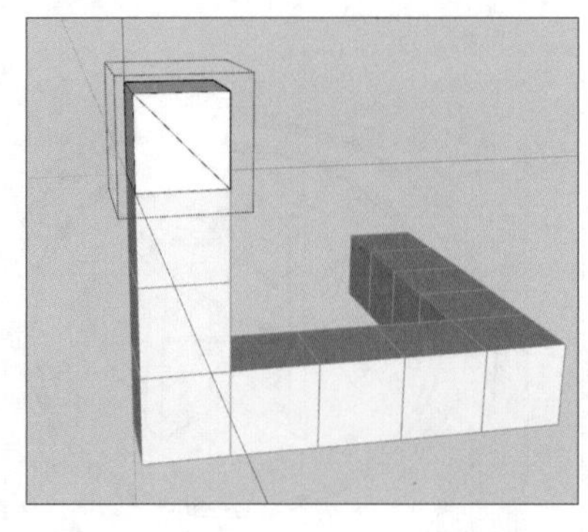

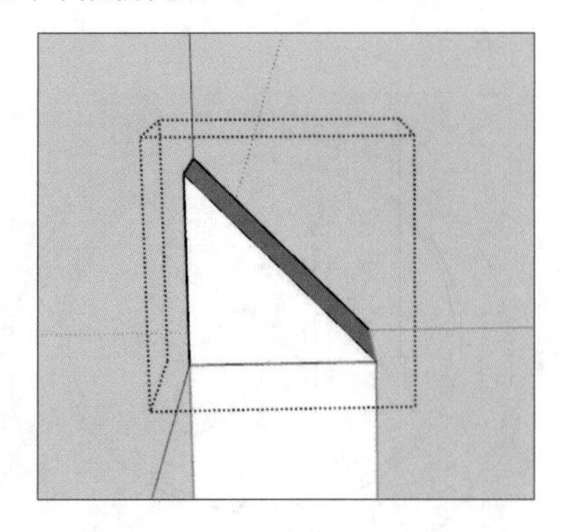

步骤07 全选模型，使用实体外壳工具将其联合，如下左图所示。

步骤08 此时在相机菜单中将显示模式修改为“平行投影”模式，切换视图至等轴视图，完成后效果如下中图所示。此时可以发现效果已经较为相似。

步骤09 将造型处两条线隐藏，如下右图所示。

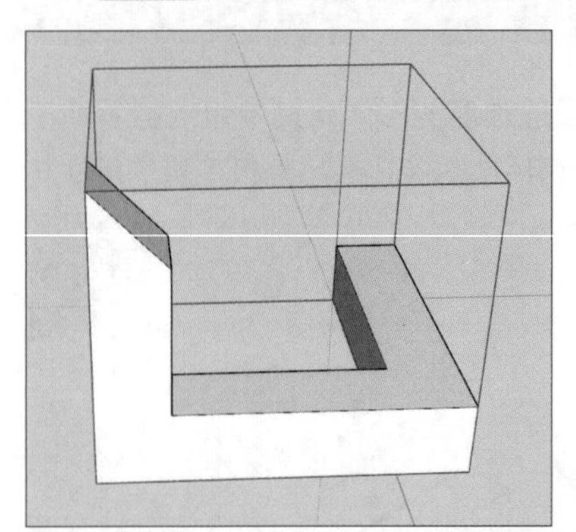

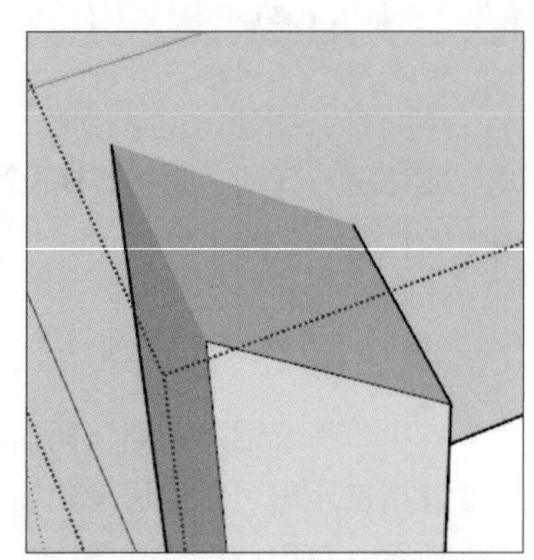

提示：擦除工具的不同用法

在擦除工具状态下，按住Shift键再进行擦除，可以将物体隐藏。

步骤10 在开头处使用直线工具绘制一条100mm的直线，将其隐藏，如下左图所示。

步骤11 返回等轴视图，查看最终效果。用户也可以在“图元信息”面板中查看是否是实体组，如下右图所示。

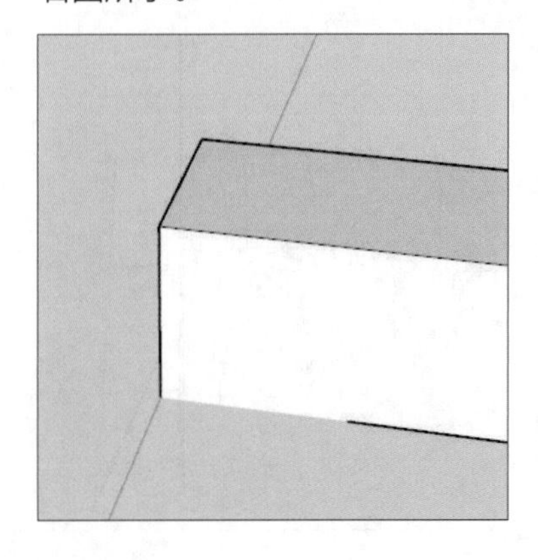

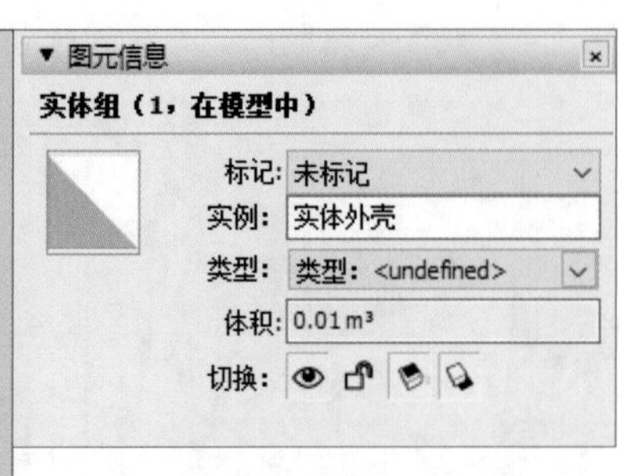

7.2.2 制作实体魔方阵列模型

本小节将介绍实体魔方阵列模型的制作过程，在开始建模前，用户可以先思考建模的思路，参考模型如下两图所示。在自己尝试建模后，再参考本小节的建模思路，具体建模步骤如下。

扫码看视频

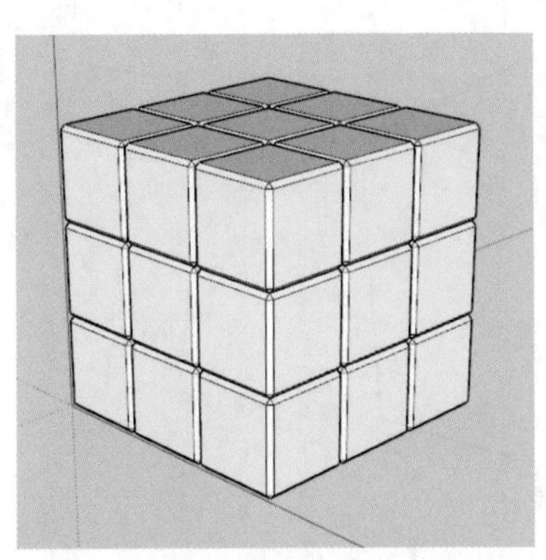
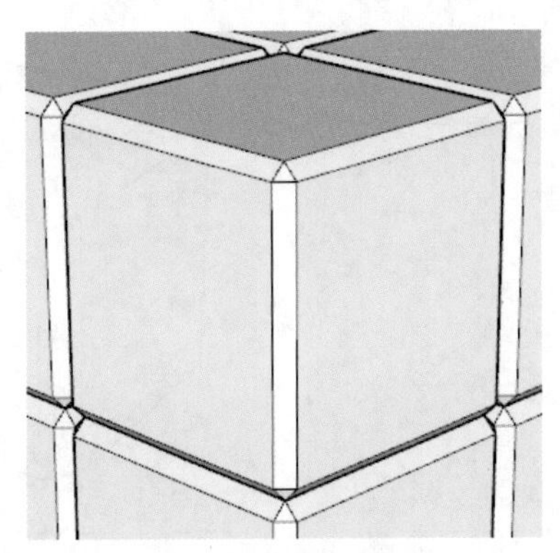

步骤01 在SketchUp中使用矩形与推拉工具绘制一个100mm × 100mm × 100mm的正方体，并将其成组，如下左图所示。

步骤02 在正方体的任意边角处使用直线工具绘制直角边长为10mm的矩形，如下中图所示。

步骤03 将其推出，进行成组，如下右图所示。

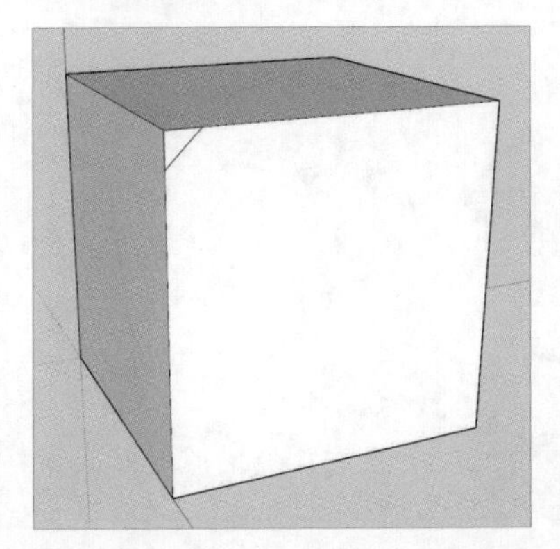
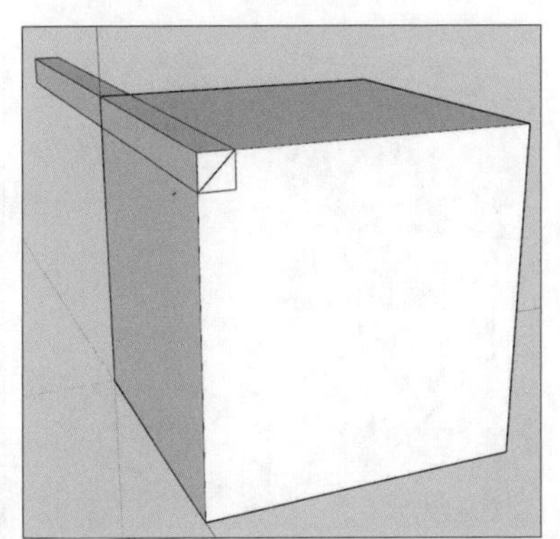

步骤04 切换至X光透视模式，激活旋转工具，捕捉顶点，拖动参照点至对角上，如下左图所示。

步骤05 拖动另一参照点至物体另一边角点上，如下中图所示。

步骤06 将其旋转120°，复制两个，如下右图所示。

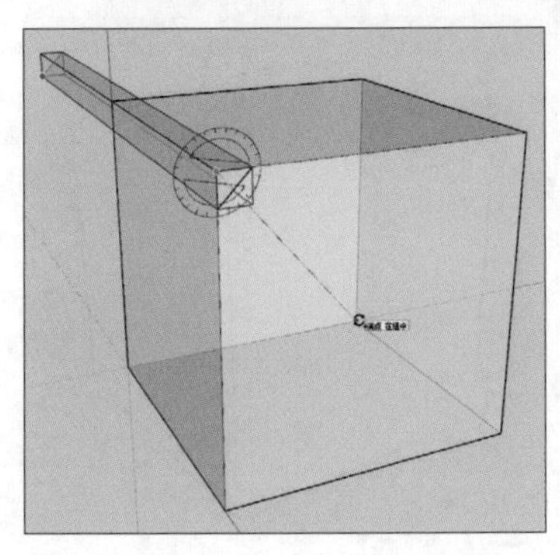
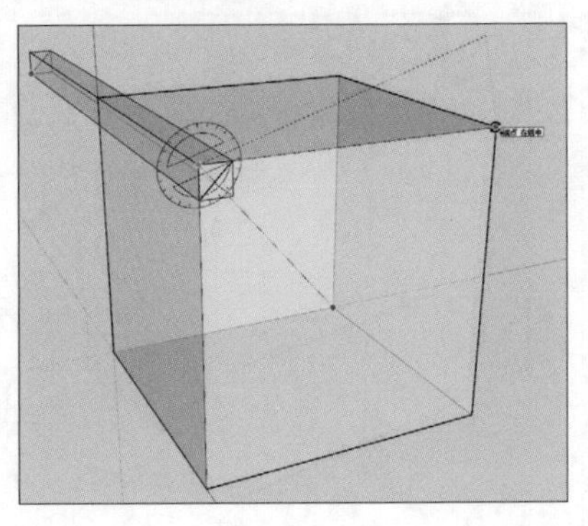
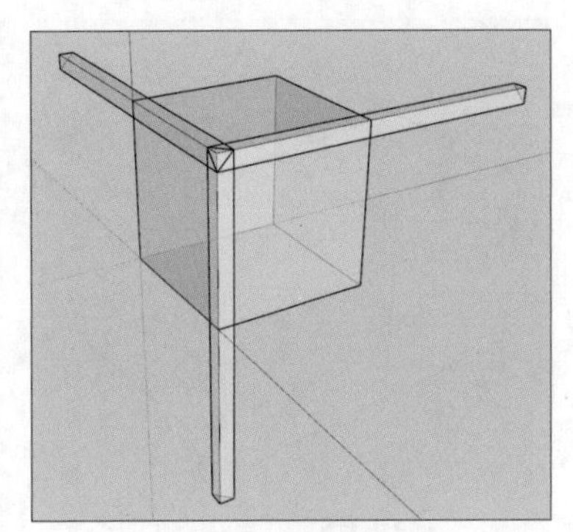

步骤 07 选中三个新建的形体，使用实体外壳工具将其联合，如下左图所示。

步骤 08 选择实体工具栏中的减去工具，将造型与正方体运算，完成后效果如下中图所示。

步骤 09 关闭X光透视模式，双击进入组群，使用直线工具绘制造型，然后删除多余线与面，效果如下右图所示。

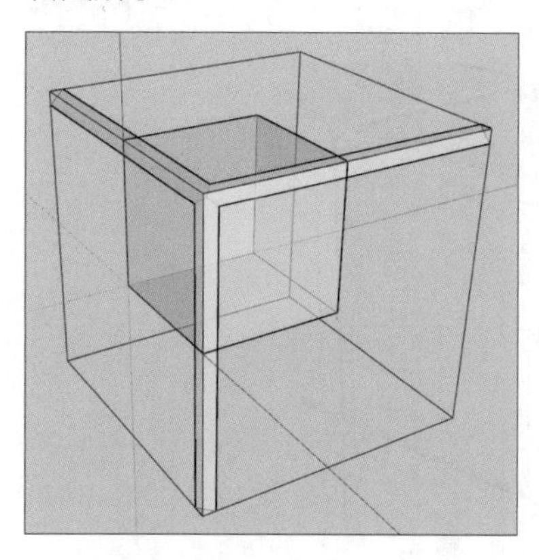
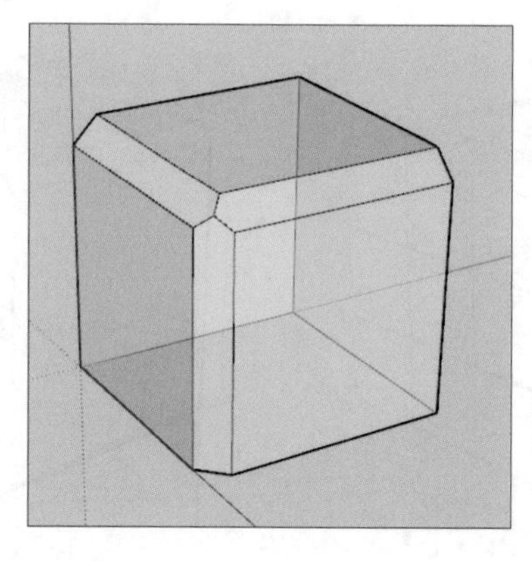
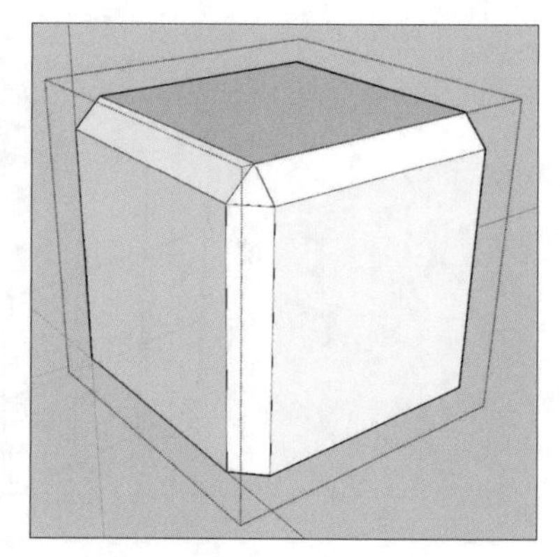

步骤 10 退出组群，将其粘贴，使用缩放工具，选中中心点进行缩放，如下左图所示。

步骤 11 在右下角的数值输入框中输入“-1”，按下回车键（该操作类似其他三维软件中的镜像操作），完成后的效果如下中图所示。

步骤 12 使用“定点粘贴”功能，将原形体归位，如下右图所示。

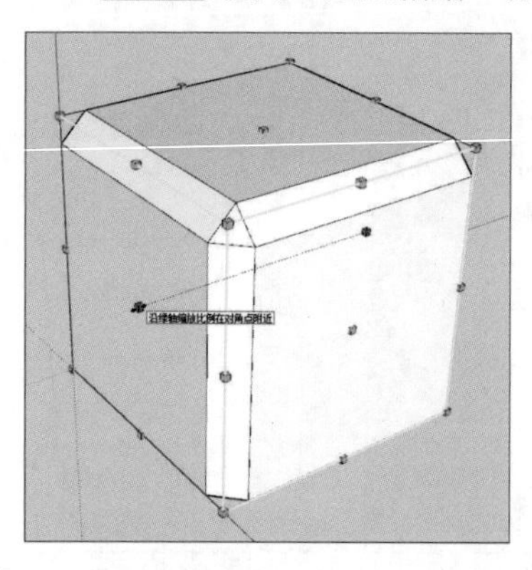
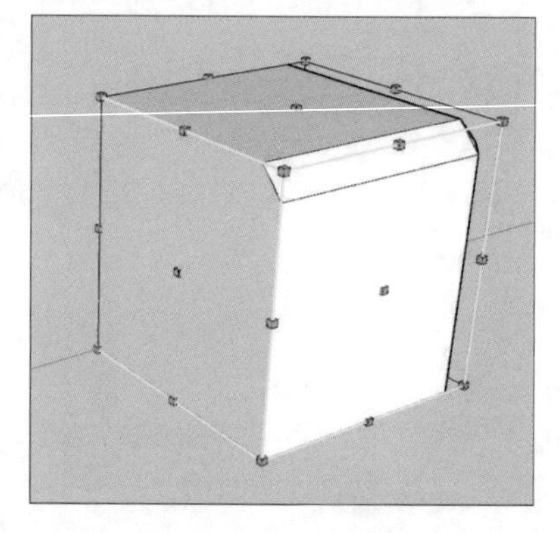
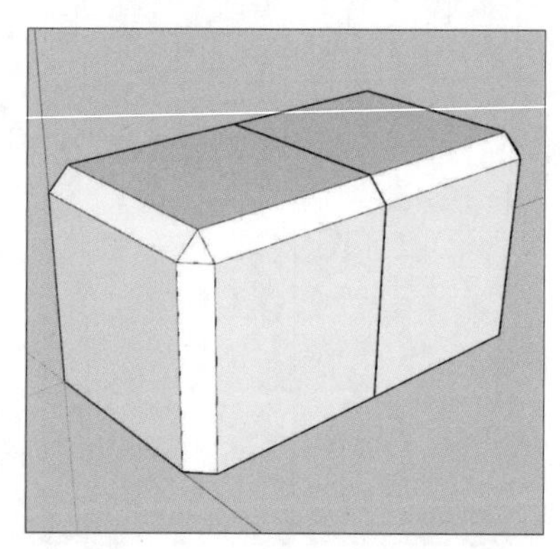

步骤 13 选中两个完成的形体再次执行该操作，完成后的效果如下左图所示。

步骤 14 重复该操作完成单个形体的制作，如下中图所示。

步骤 15 将模型全部选中，使用实体外壳工具将其联合，如下右图所示。

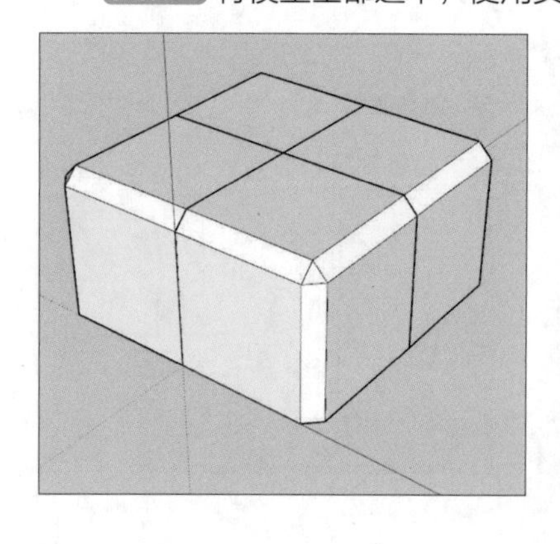
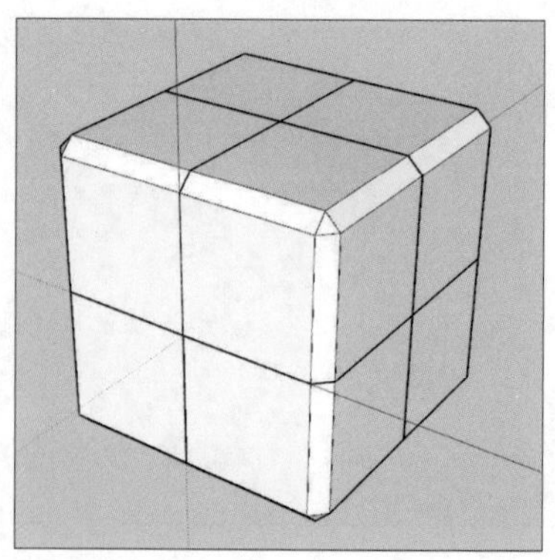
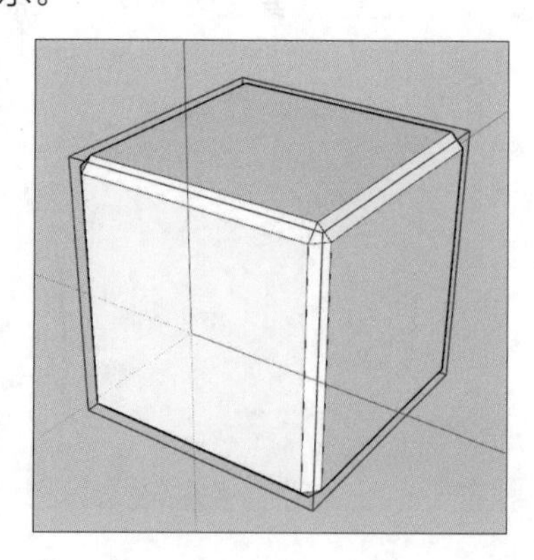

步骤16 使用移动复制功能先复制出一个平面，如下左图所示。

步骤17 再使用移动复制功能复制出整体，组成魔方的每个方块都是实体组，完成后的效果如下右图所示。

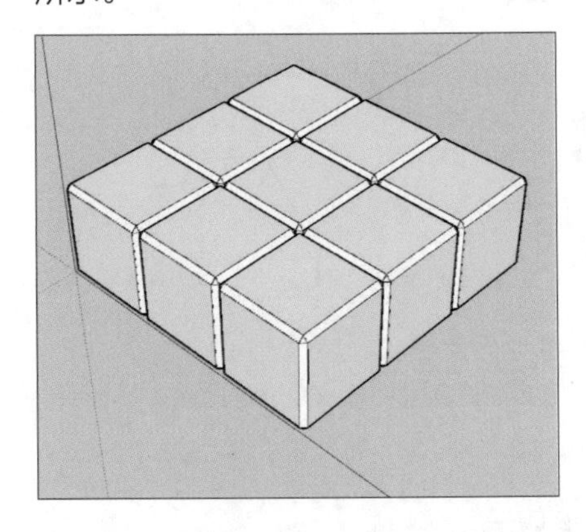

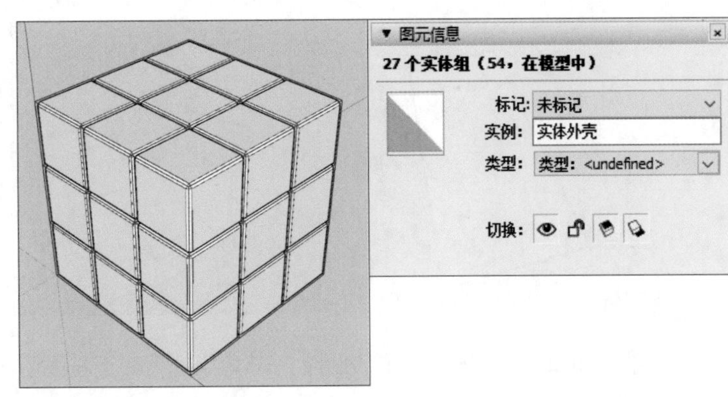

7.2.3 制作旋转楼梯模型

本小节将介绍旋转楼梯模型的制作过程，在开始建模前用户可以先思考建模的思路，参考模型如下两图所示。请在尝试建模后再参考本节的建模思路，具体操作步骤如下。

扫码看视频

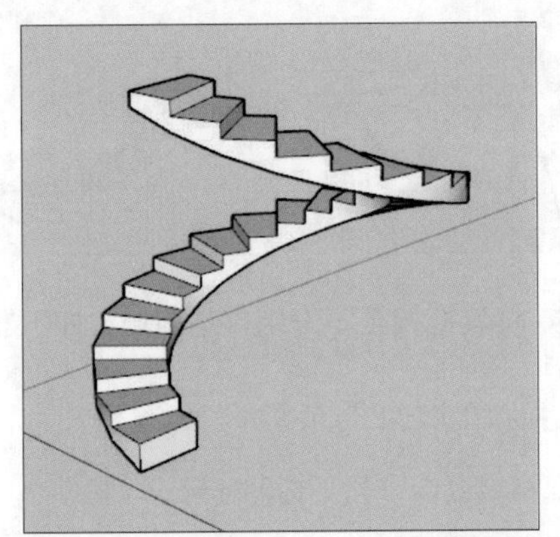

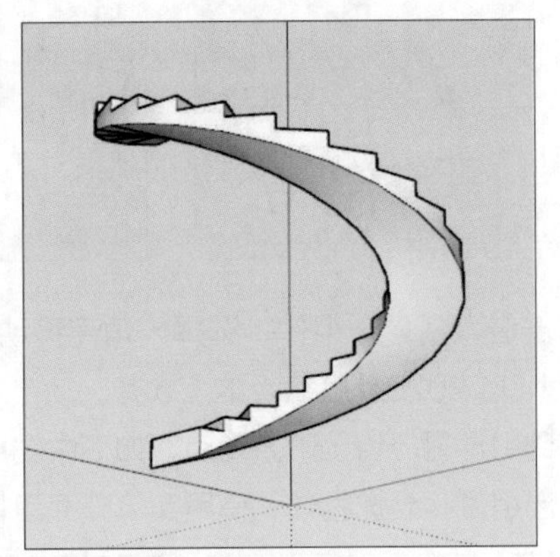

步骤01 激活圆工具，设置边数为24，沿轴线绘制圆形，如下左图所示。

步骤02 使用偏移工具偏移出楼梯宽的距离，如下中图所示。

步骤03 使用直线工具沿边线绘制出单个阶梯，如下右图所示。

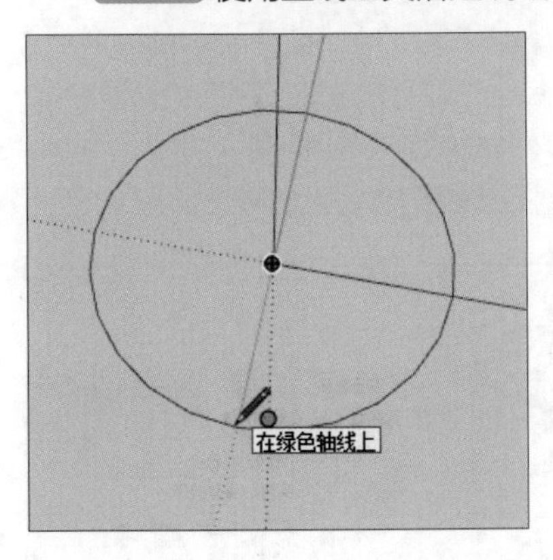

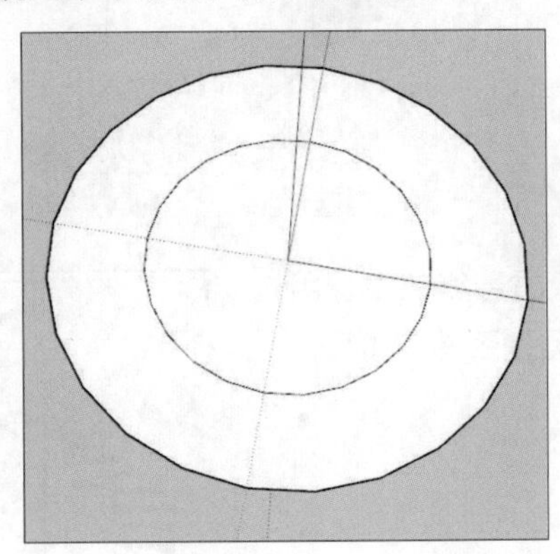

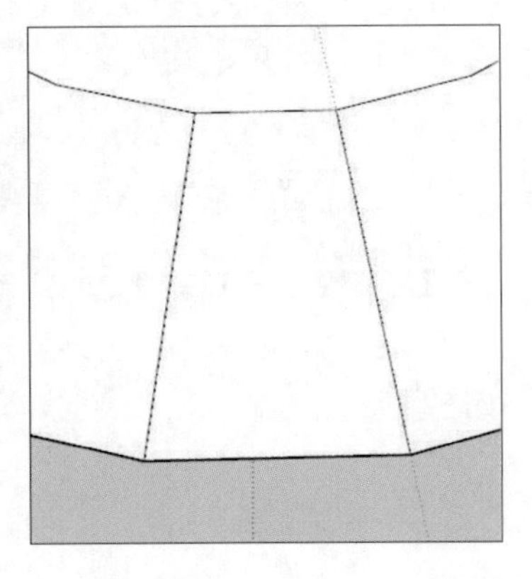

步骤 04 删除多余的线与面，将单个阶梯造型创建组件，如下左图所示。

步骤 05 选择组件，以原点为起始点、组件两端点为参照点进行旋转并复制5份，如下中图所示。

步骤 06 双击进入其中一个组件，使用推拉工具将其推至合适的高度，如下右图所示。

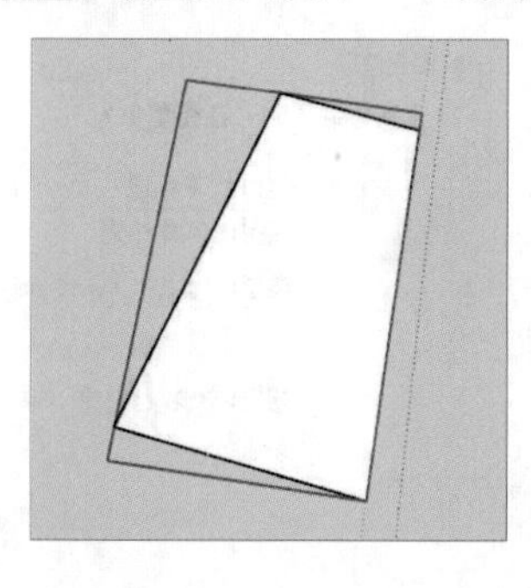
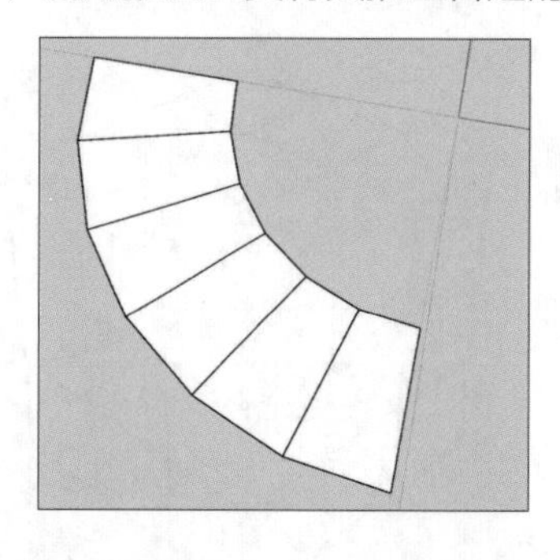
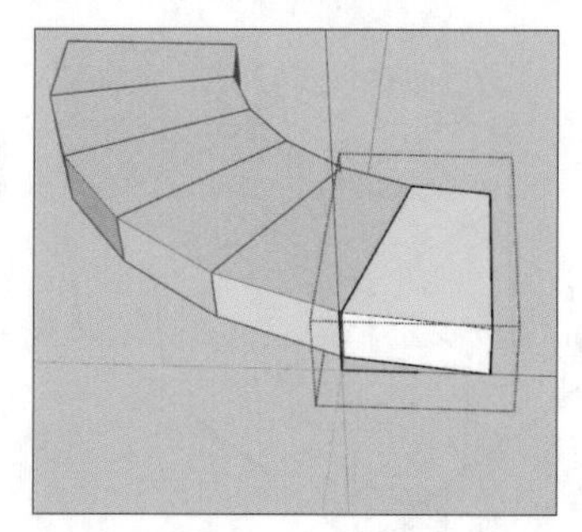

步骤 07 将每一节楼梯依次移动到上一节角点处，如下左图所示。

步骤 08 全选阶梯，以原点为圆心旋转90° 并复制3份，如下中图所示。

步骤 09 将每一大段楼梯对接好，效果如下右图所示。

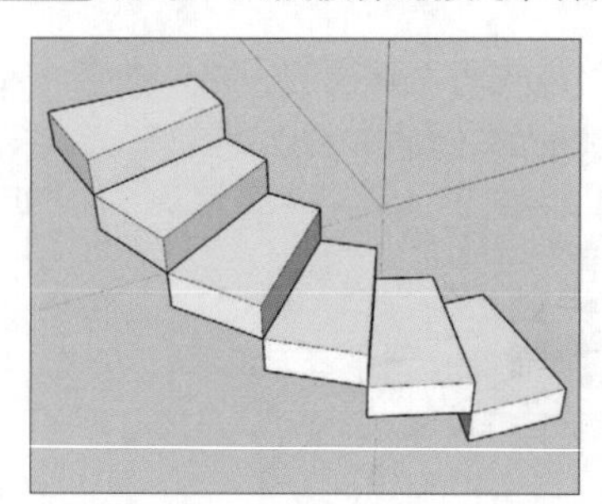
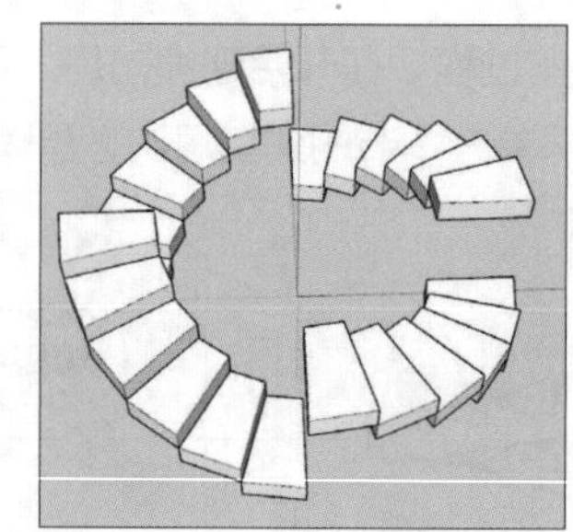
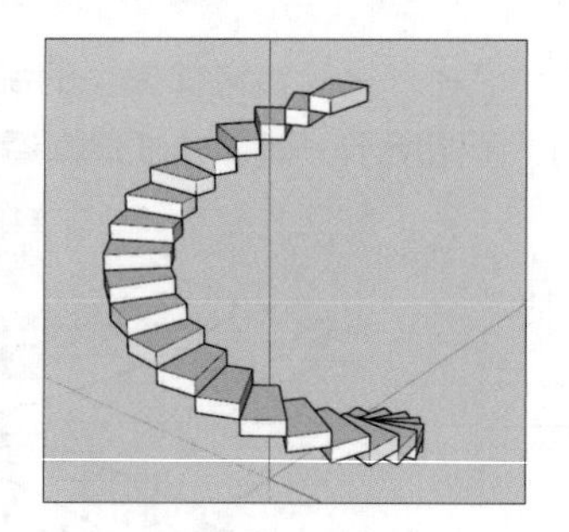

步骤 10 双击进入任意一组件，选择一角点移动，将其拖拽至下一组件角点处，如下左图所示。该功能只有在SketchUp 2020及后续版本上才有。

步骤 11 移动组件另一点至下方角点，如下中图所示。

步骤 12 退出组件，全选物体，使用实体外壳工具将其联合，如下右图所示。

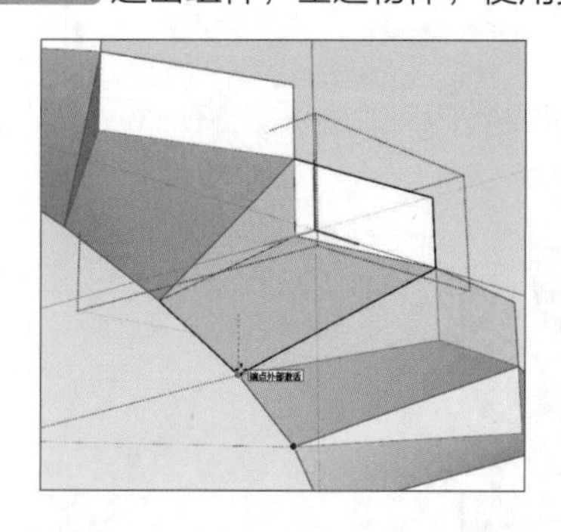
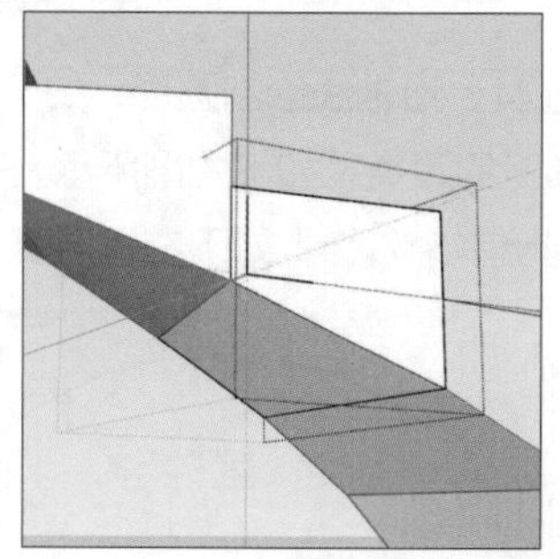
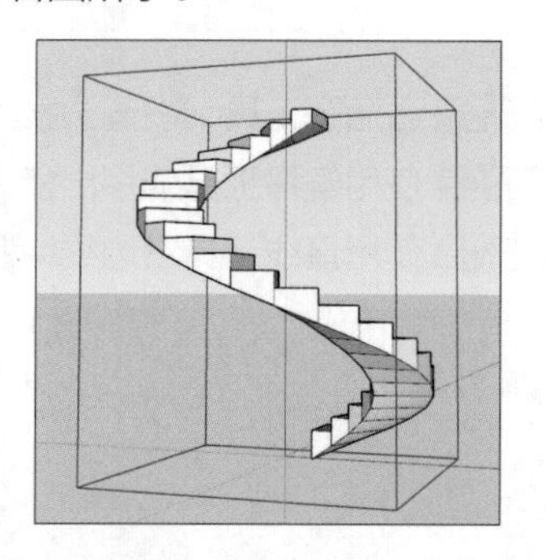

步骤 13 给予其软化边线，查看最终效果。用户可以在“图元信息”面板中查看是否是实体组，如右图所示。

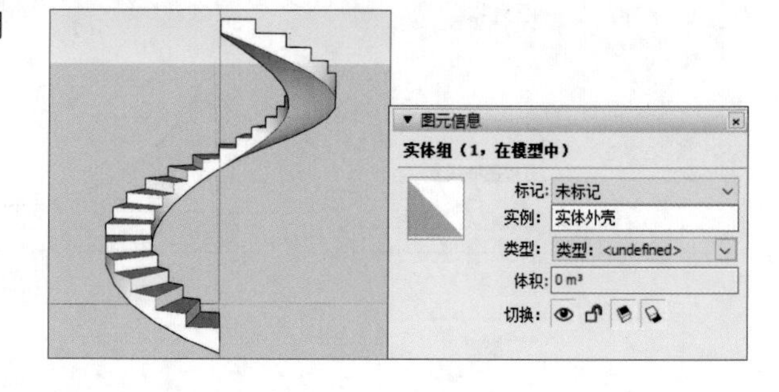

7.3 进阶形体创建

本节将对SketchUp的进阶运行逻辑与隐藏的特性进行介绍，制作一些一般难度的形体，其中包括正12面体、正20面体和扭曲的雕像小品3个模型。通过这些案例的学习，让用户对SketchUp高级工具的用法与基础特性有一定了解。

扫码看视频

7.3.1 制作正12面体

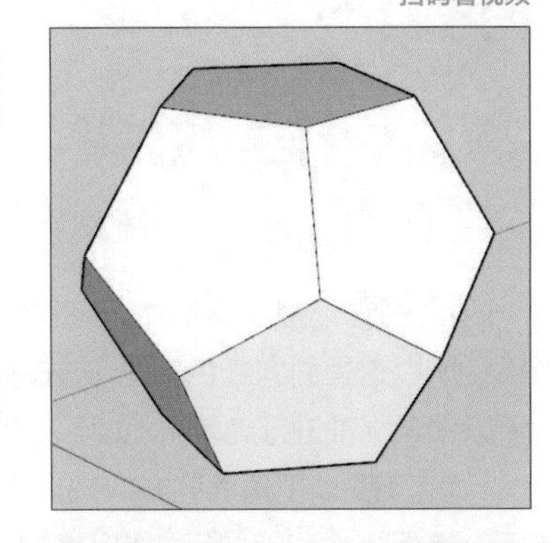

本小节将介绍正12面体的制作过程，在开始建模前用户可以先自己思考建模思路，参考模型如右图所示。用户可以在尝试建模后，再来参考本节的建模思路，具体操作步骤如下。

步骤 01 使用多边形工具沿轴线绘制一个五边形，如下左图所示。

步骤 02 将创建的五边形复制一份到旁边，将其中一份建立组件，如下中图所示。

步骤 03 将建立组件的五边形移动到没有建立组件的五边形一边上，如下右图所示。

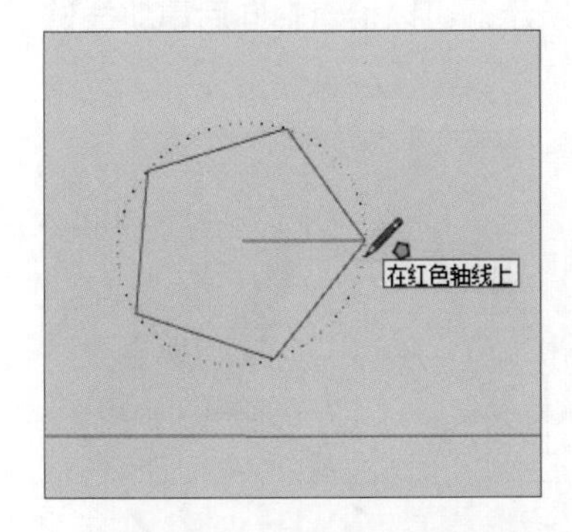

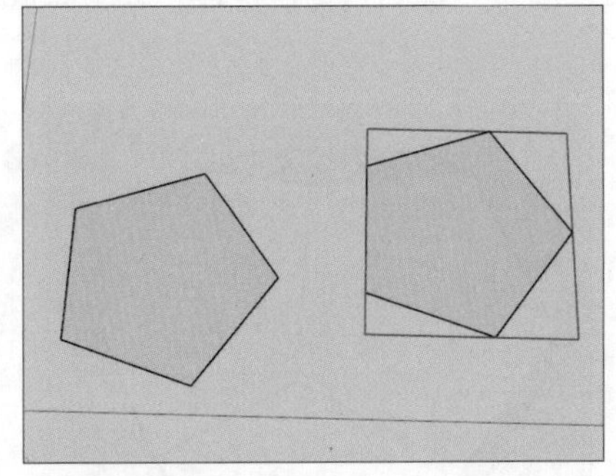

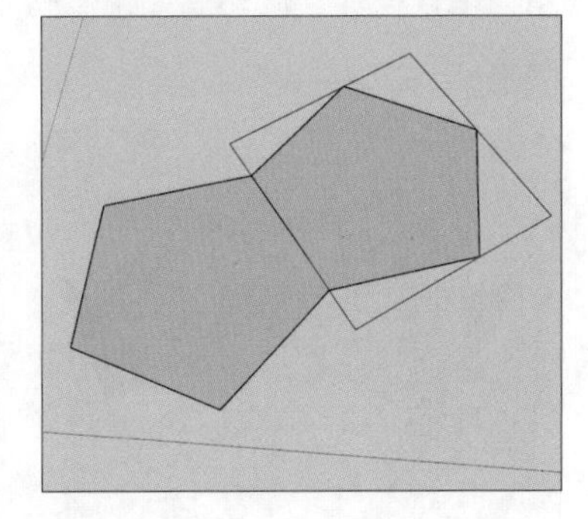

步骤 04 使用旋转复制功能将组件沿边角复制4份，如下左图所示。

步骤 05 双击进入任意组件，选择全部，激活旋转工具，拖动确定旋转轴心，如下中图所示。

步骤 06 移动光标至旁边组件角点上，待其显示“端点外部激活”字样，如下右图所示。

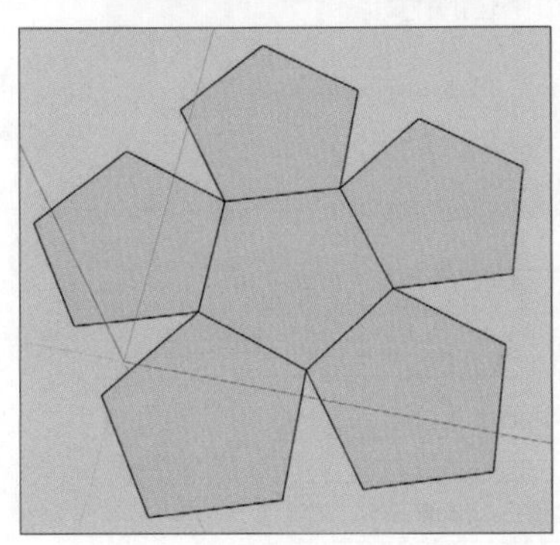

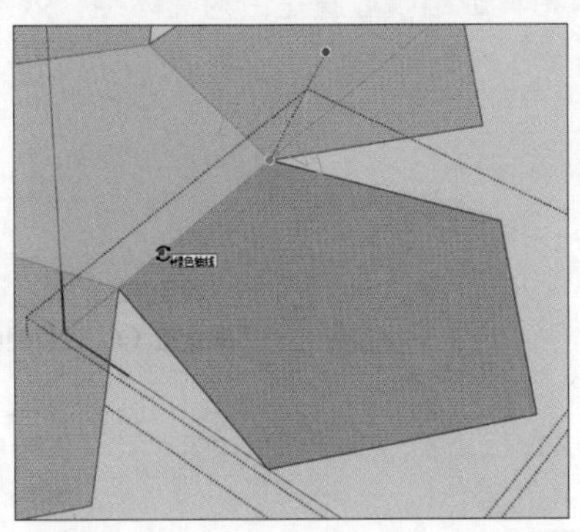

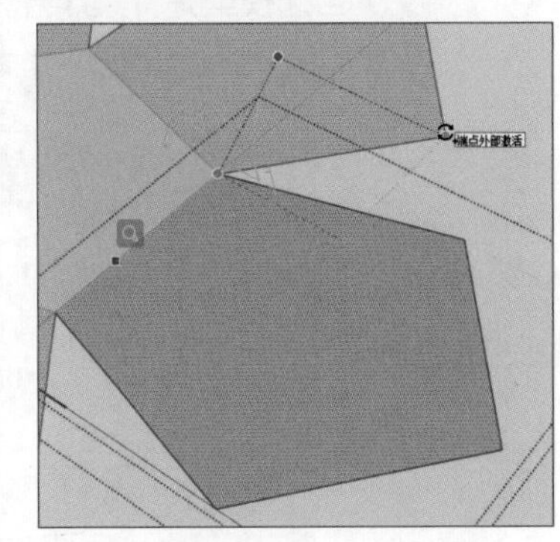

步骤 07 此时再将参照点移至端点上，如下左图所示。

步骤 08 单击确定开始旋转，旋转至“端点外部激活”处，如下中图所示。

步骤 09 单击完成旋转，退出组件查看效果，如下右图所示。

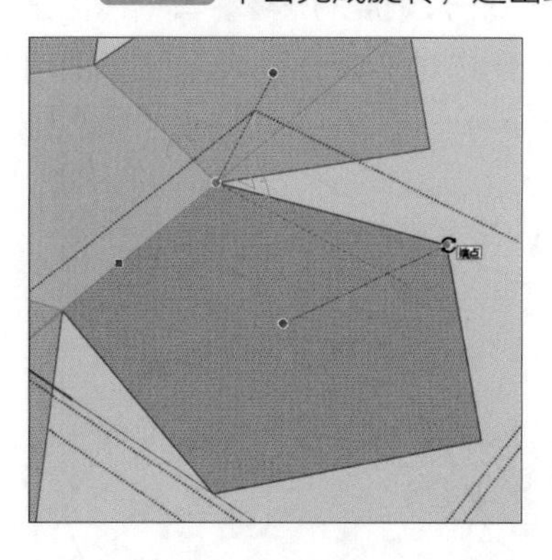

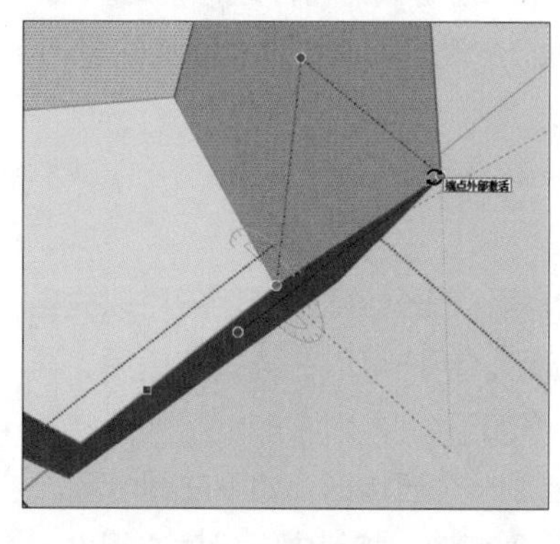

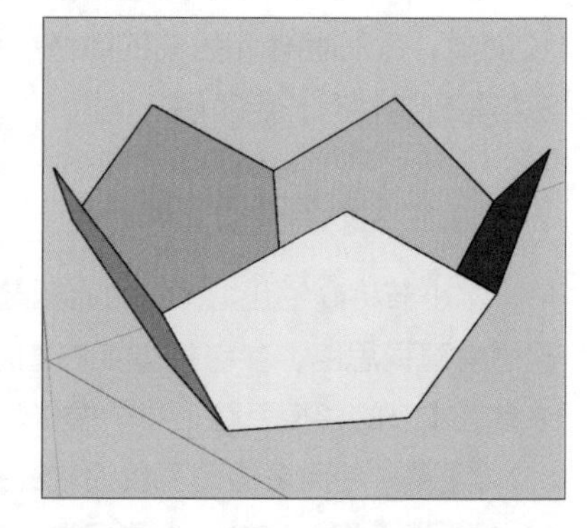

步骤 10 选择所有形体，将视角面向刚开始沿轴线绘制五边形的轴线（上方刚开始创建时是沿红色轴线，所以这里面向红色轴线），捕捉相对棱终点，锁定旋转轴向为上下旋转的轴向（这里面对红色轴线，所以锁定绿轴进行旋转），如下左图所示。

步骤 11 以视角面朝方向轴向为旋转轴心（这里为红色轴线），旋转180°，完成后的效果如下中图所示。错误操作：旋转后如果没有直接对齐，说明有错误操作，如下右图所示。可以检查轴向后重新尝试看看。

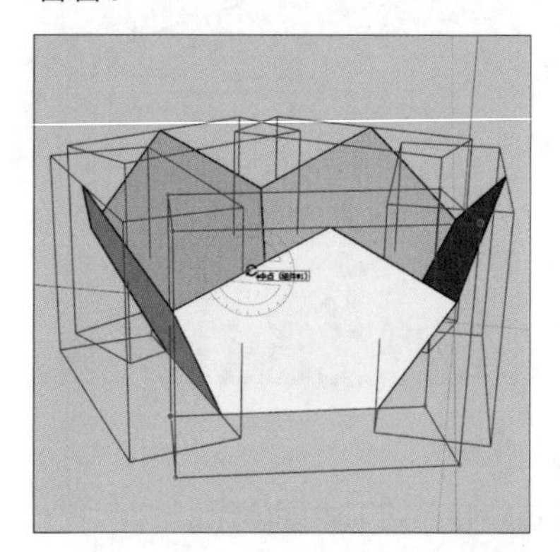

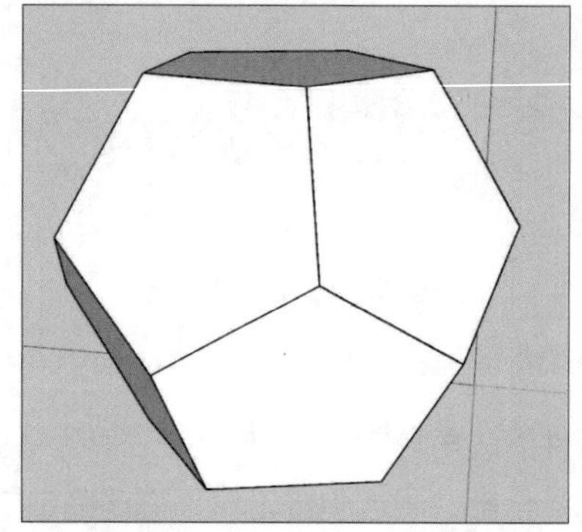

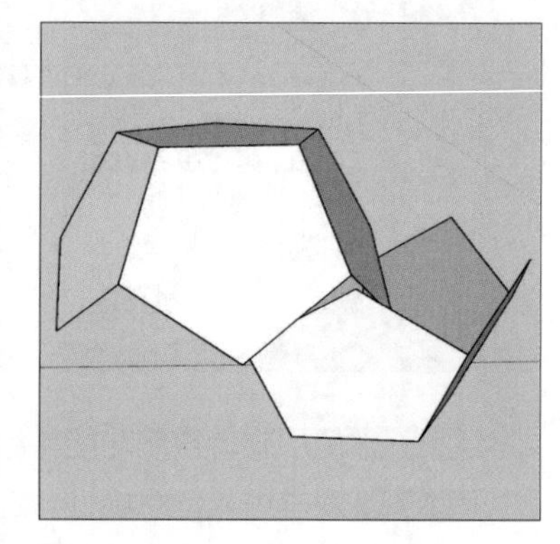

步骤 12 全选模型并将其炸开，将其成组，查看是否为实体组，效果如下图所示。

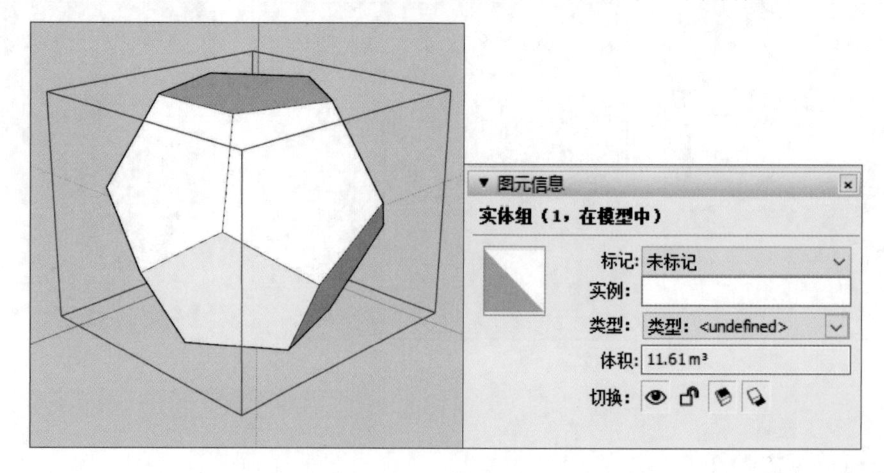

7.3.2 制作正20面体

本小节将介绍正20面体的制作过程，在开始建模前用户可以先思考建模思路，参考模型如右图所示。用户可以在自己尝试建模后，再来参考本节的建模思路，具体操作步骤如下。

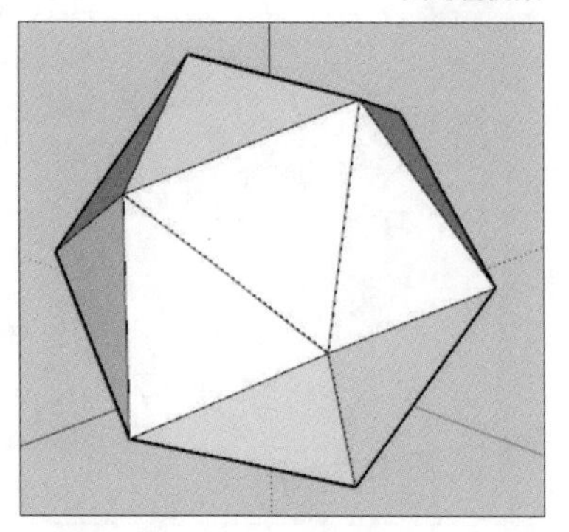

步骤01 激活矩形工具，按下Ctrl键切换围绕中心绘制模式，沿圆心绘制矩形，移动光标使其显示“黄金分割”字样，如下左图所示。

步骤02 单击鼠标左键确定创建（此时按住Shift键可以锁定黄金分割比例），将其成组，使用旋转复制功能在每个轴向上都复制一份，如下中图所示。

步骤03 使用直线工具沿三个顶点绘制一个三角形，如下右图所示。

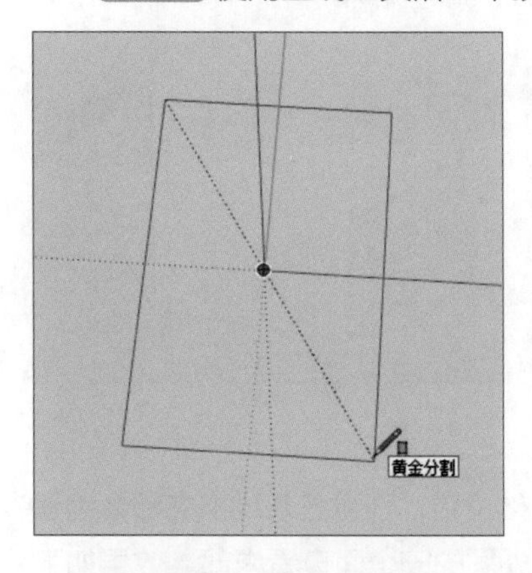

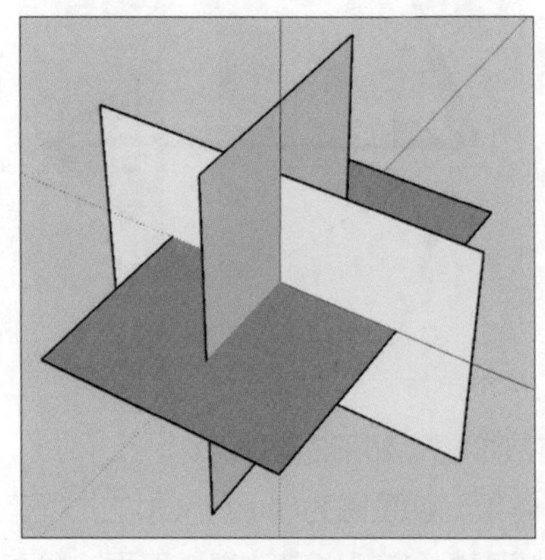

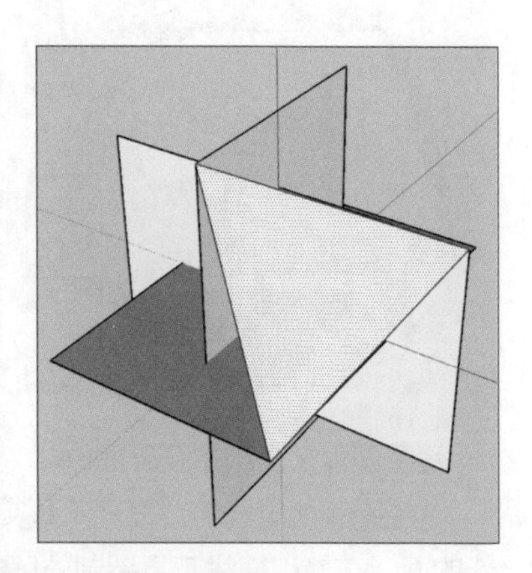

步骤04 双击选择三角面，激活旋转工具，沿顶点与原点确定旋转轴心，如下左图所示。

步骤05 拖动光标至端点确定参照点，如下中图所示。

步骤06 旋转至下方端点处，如下右图所示。

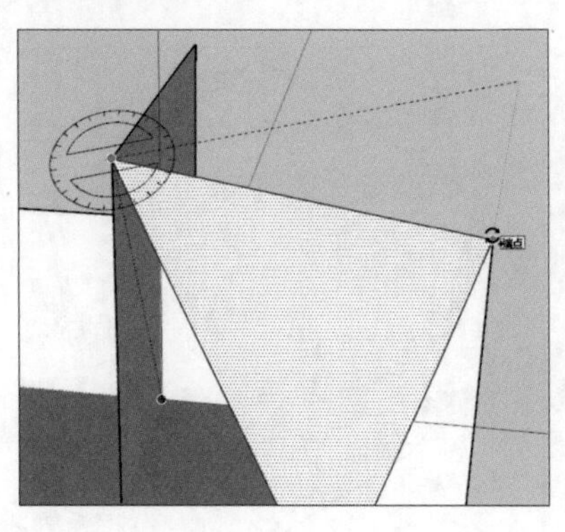

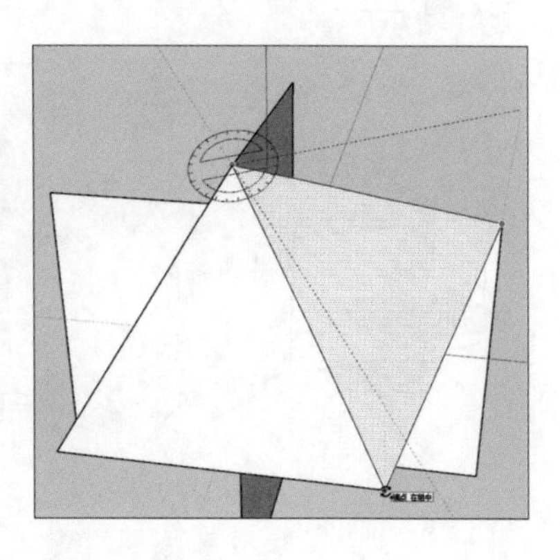

步骤07 将其复制4份，完成后的效果如下左图所示。

步骤08 三击全选平面，在下方使用旋转工具，捕捉原点锁定红轴，沿蓝轴旋转，如下中图所示。

步骤09 旋转180°，效果如下右图所示。

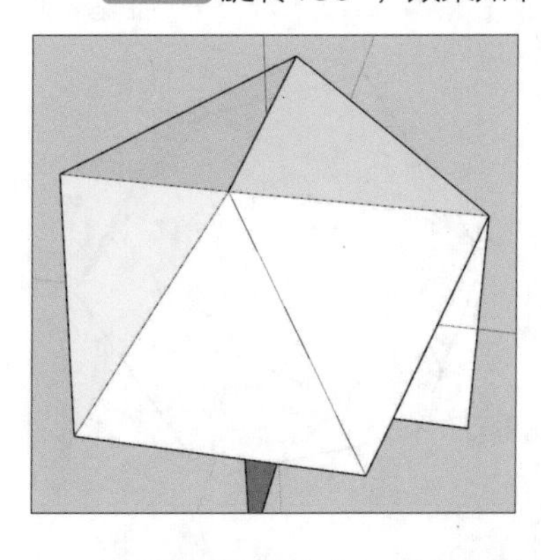

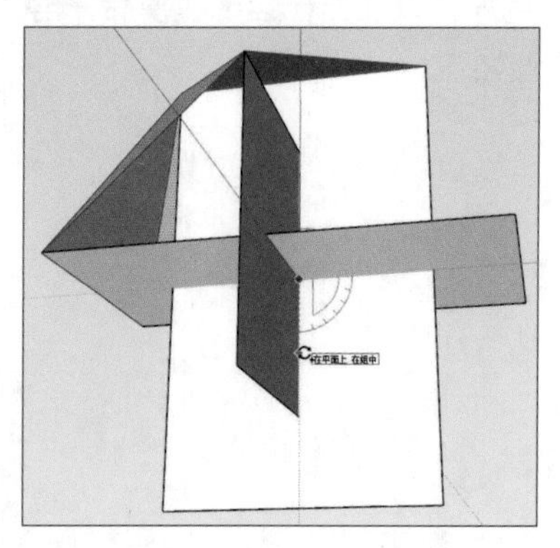

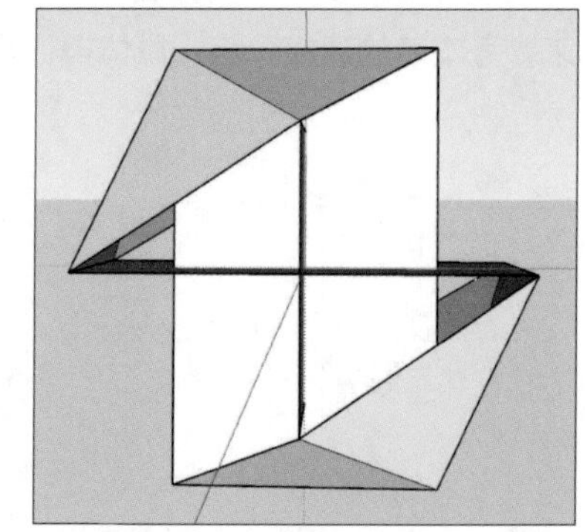

步骤10 同时选中上下两个平面，使用旋转工具捕捉上方蓝轴交点进行旋转，如下左图所示。

步骤11 旋转180°，完成后的效果如下中图所示。

步骤12 使用直线工具补齐缺失面，如下右图所示。

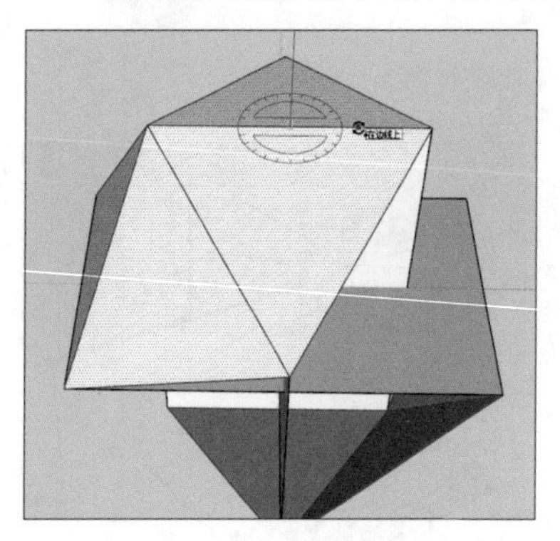

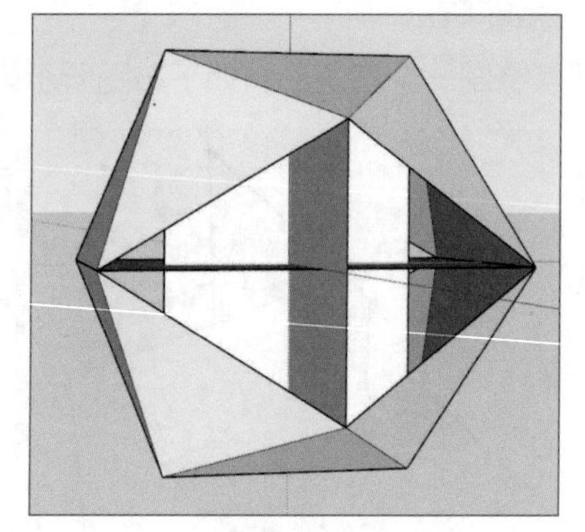

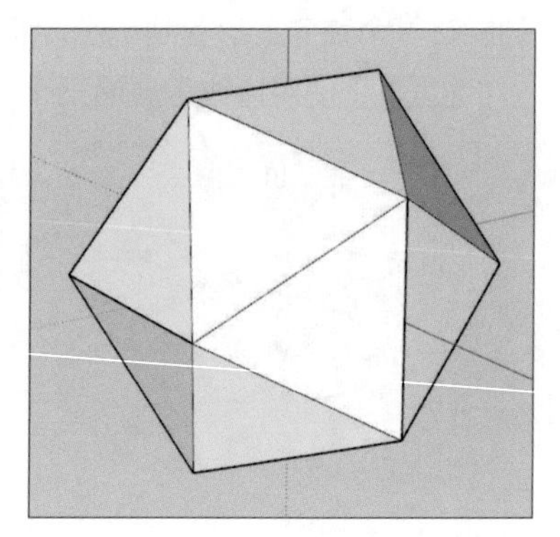

步骤13 三击选中正20面体，将其拖出，如下左图所示。

步骤14 此时成组会发现不是实体组，那是因为SketchUp的成面基础逻辑，任意三条线相交都会创建新的面，在使用直线工具绘制外层的面时，内部也自动生成了面，隐藏外层的一个面查看内部，效果如下中图所示。

步骤15 可以发现内部生成了许多面，删除其连接部分，其他没有三条线相交的面也会自然消失，如下右图所示。

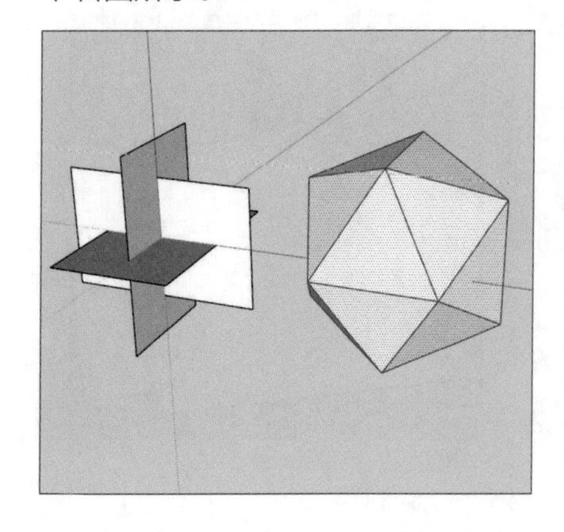

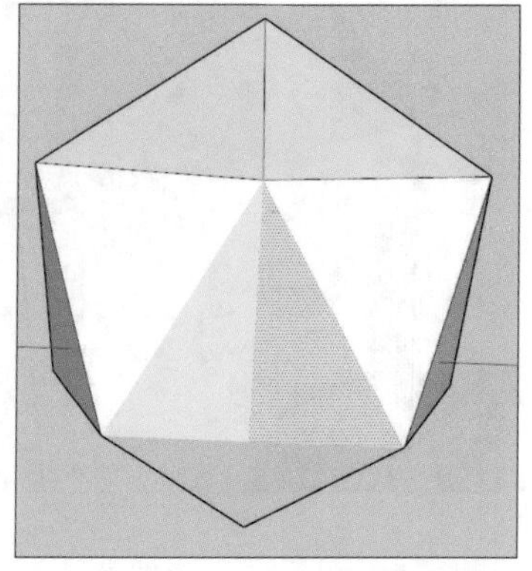

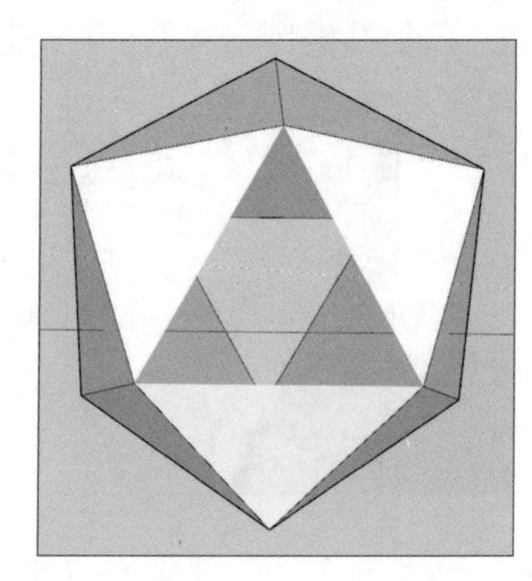

步骤16 取消隐藏，删除旁边的参照面，将其成组，查看是否是实体组，效果如右图所示。

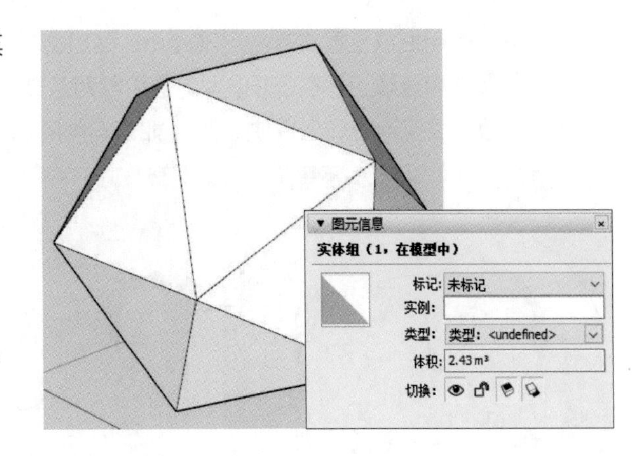

7.3.3 制作扭曲的雕像小品模型

本小节将介绍扭曲的雕像小品的制作过程，在开始建模前用户可以先思考建模的思路，将其分割成不同的部分更好理解，参考模型如下两图所示。用户可以自己尝试建模后，再来参考本节的建模思路。具体操作步骤如下。

扫码看视频

步骤01 首先使用圆工具沿轴线绘制半径为100mm的圆。然后使用偏移工具向内偏移30mm，如下左图所示。

步骤02 使用直线工具沿轴线绘制一条直线将其分割，如下中图所示。

步骤03 删除多余的部分，效果如下右图所示。

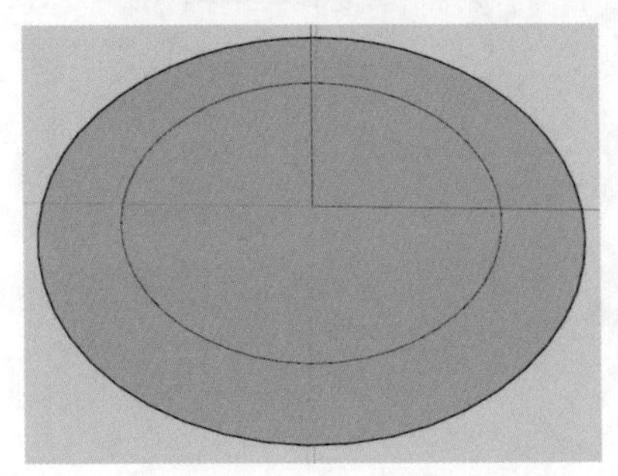

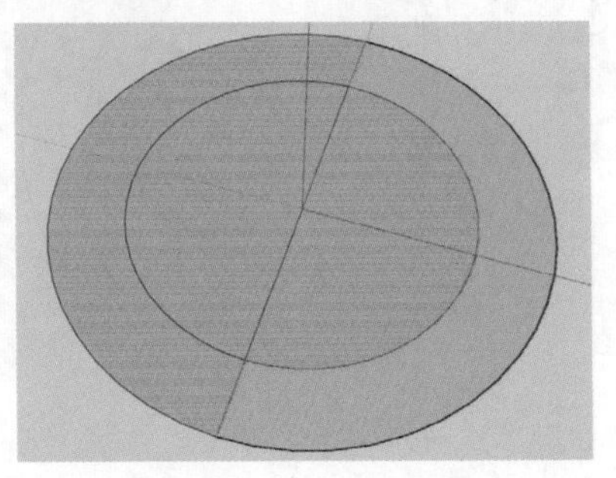

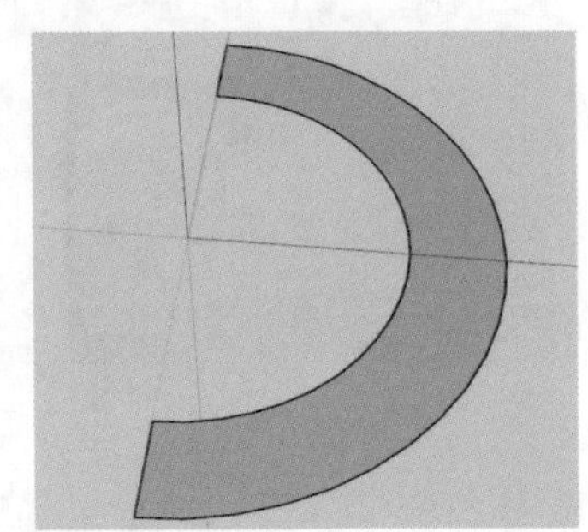

步骤04 使用推拉工具将其推出30mm，然后将其成组，如下左图所示。

步骤05 使用直线工具在C形造型前方绘制两条交叉的线，如下中图所示。

步骤06 沿交叉点旋转90° 并复制，如下右图所示。

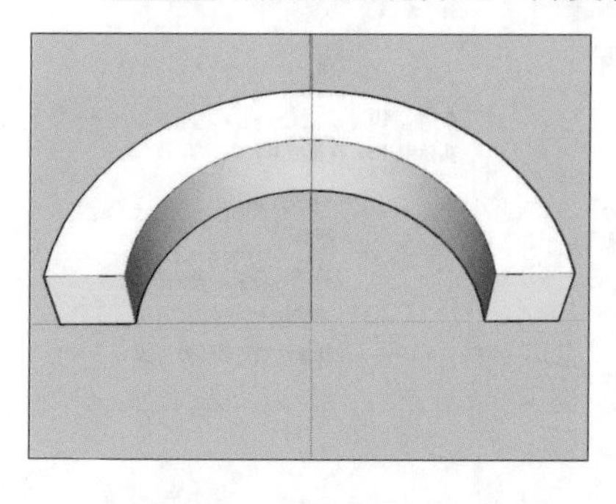
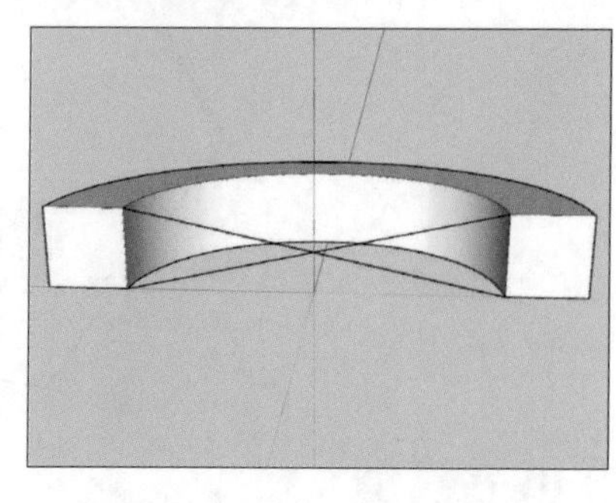
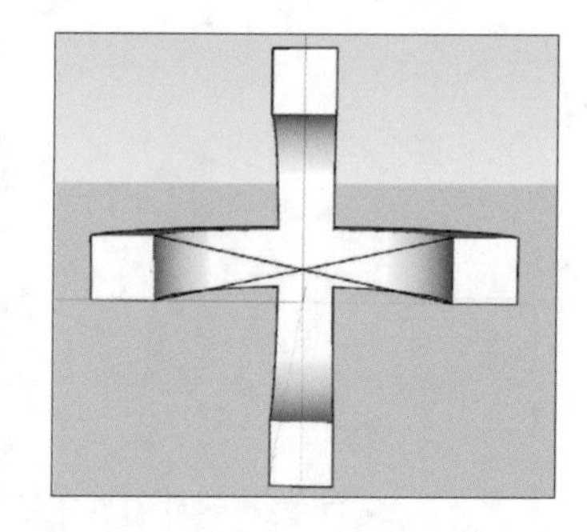

步骤07 使用前面介绍的镜像操作将其镜像，如下左图所示。

步骤08 将原图形移动复制一份并对齐到镜像出的图形上，如下中图所示。

步骤09 双击进入组群，选择接口面，激活移动工具，选择端点，如下右图所示。

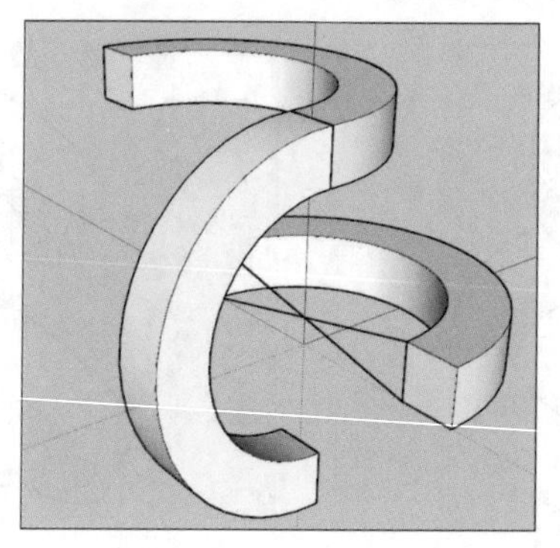
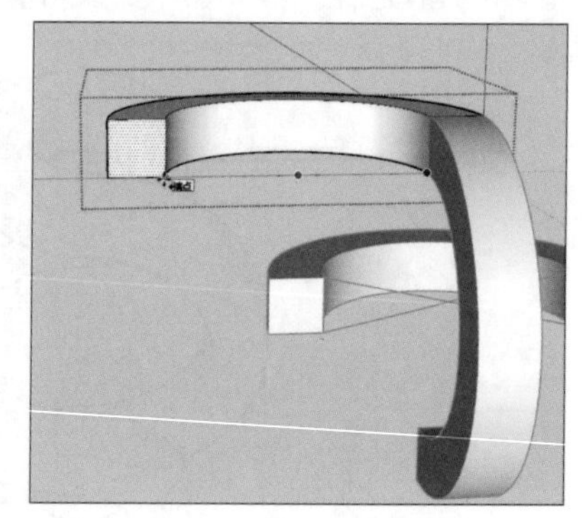

步骤10 锁定平行的轴向（这里锁定绿轴），将其移动至组群外模型对应端点处，如下左图所示。

步骤11 退出组群并查看效果，如下中图所示。

步骤12 绘制辅助线，使用旋转复制功能将变形的图形90° 复制一份，如下右图所示。

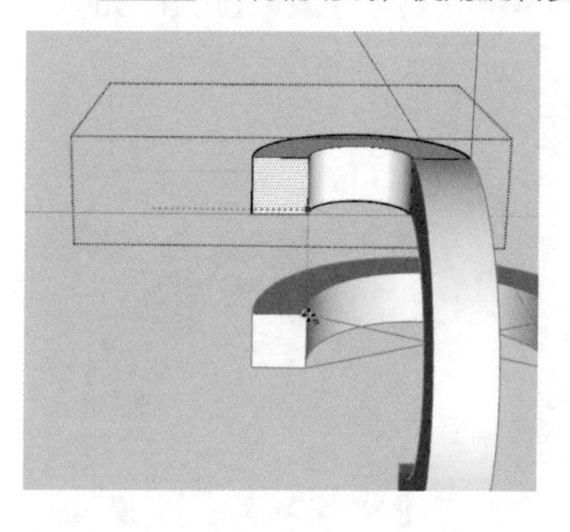
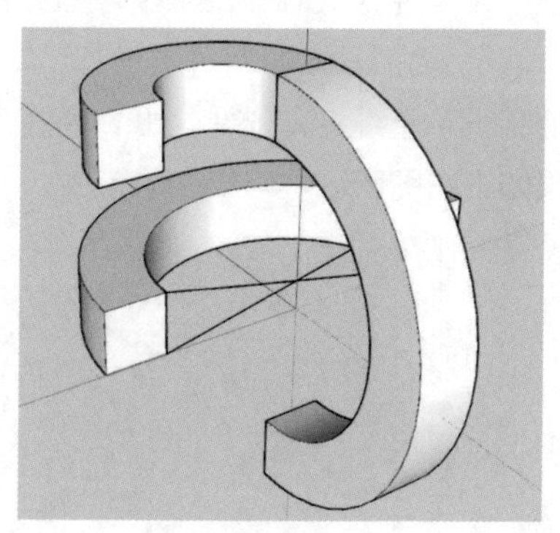
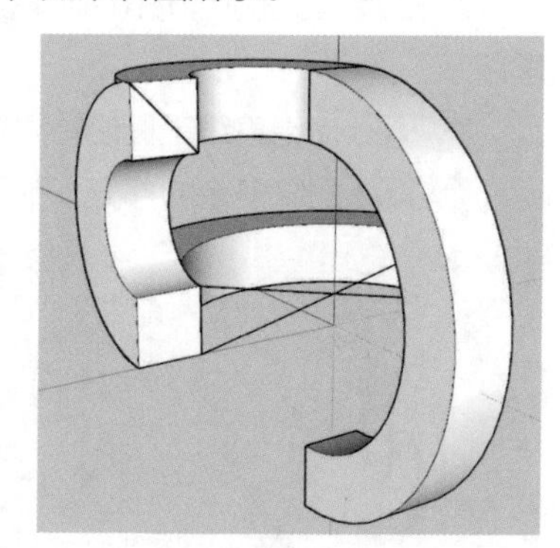

步骤13 使用镜像功能将其镜像，如下左图所示。

步骤14 选择两个小号的C形并执行粘贴操作。然后执行镜像操作，向右侧镜像，如下中图所示。

步骤15 再次执行镜像操作，向下镜像，如下右图所示。

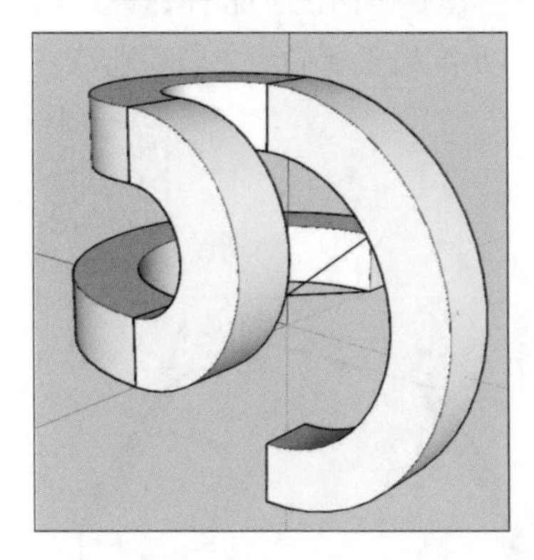

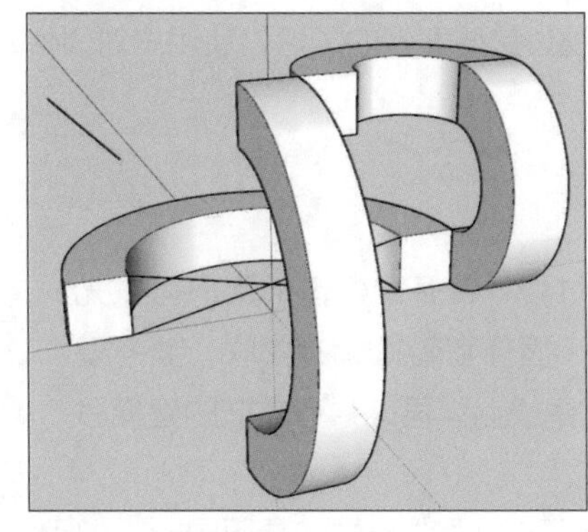

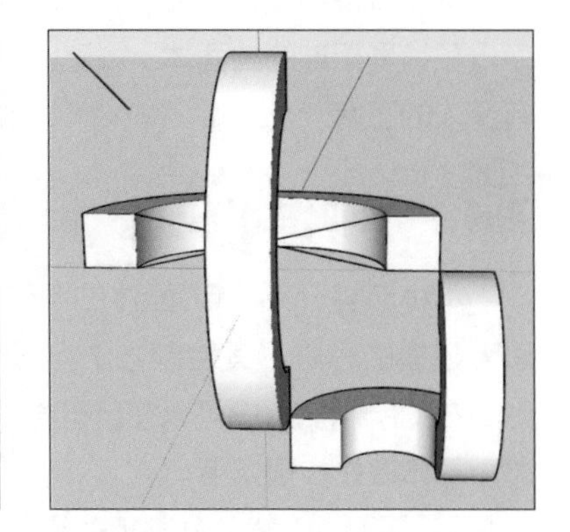

步骤16 将其对齐，如下左图所示。

步骤17 执行定位粘贴功能，将原来的模型复制出来，如下中图所示。

步骤18 选择所有的形体，使用实体外壳工具将其联合，删除参考线，如下右图所示。

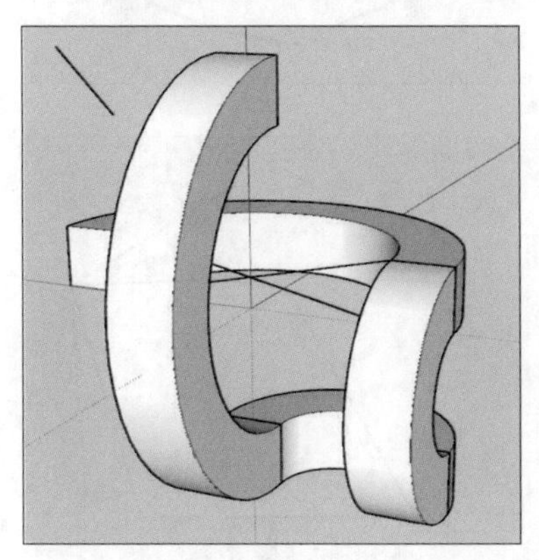

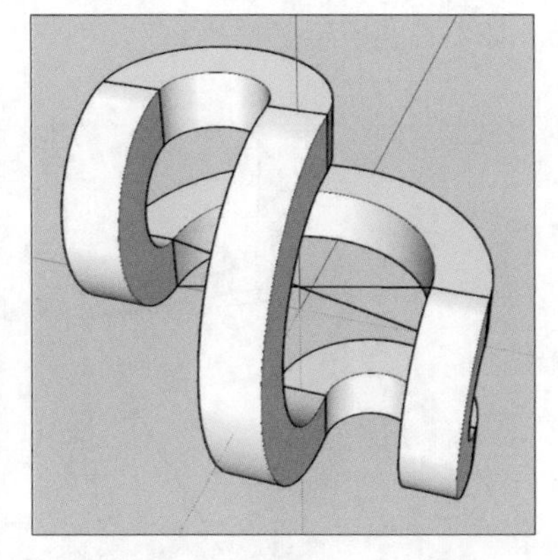

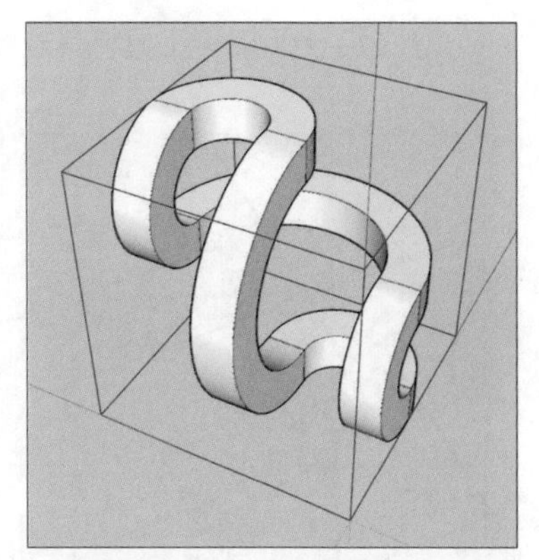

步骤19 使用旋转工具将其旋转45°，然后柔化边线，查看是否为实体组，最终效果如右图所示。

7.4 复杂形体创建

本节将使用SketchUp的深入运行逻辑与隐藏特性，制作一些高难度的形体，包括正60面体、螺栓与螺母和首尾相连的曲面体3个模型。通过这些案例的学习，让用户对SketchUp高级工具的用法与基础特性有深入的了解。

扫码看视频

7.4.1 制作正60面体

本小节将介绍正60面体的制作过程，在开始建模前用户可以先思考建模的思路，其绘制方法与正20面体有着很大的关联，参考模型如右图所示。用户可以在自己尝试建模后，再来参考本节的建模思路。具体操作步骤如下。

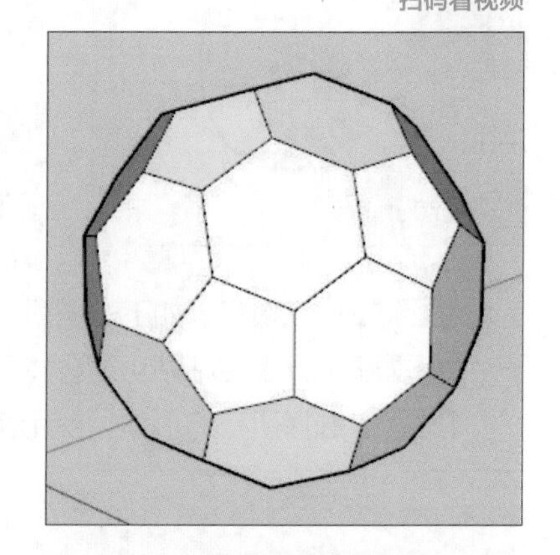

步骤 01 使用黄金分割矩形绘制同正20面体一样的参照图形，如下左图所示。

步骤 02 使用直线工具绘制三角形，将其建立组件，效果如下中图所示。

步骤 03 使用旋转工具将其旋转，如下右图所示。

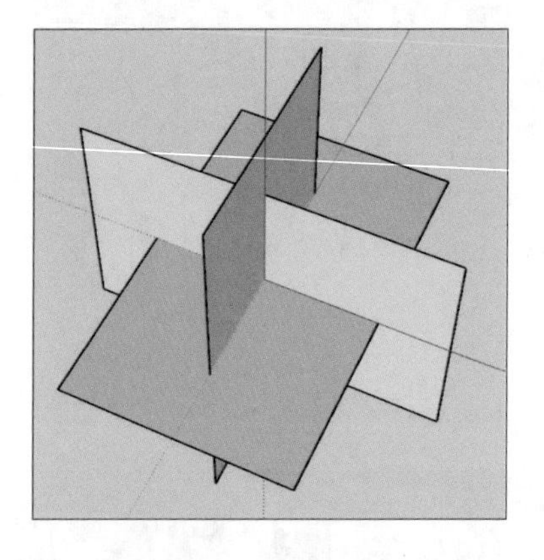

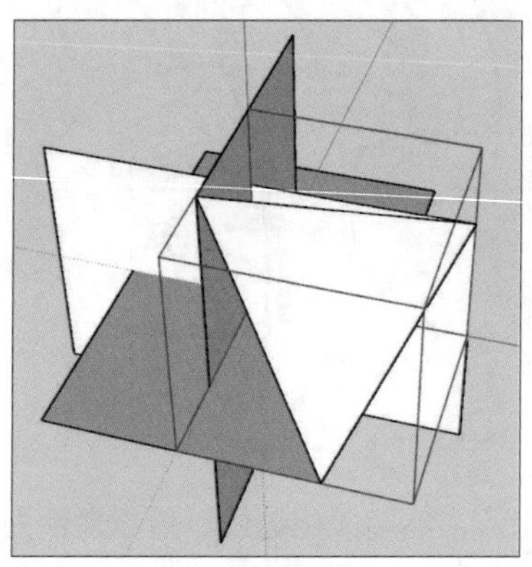

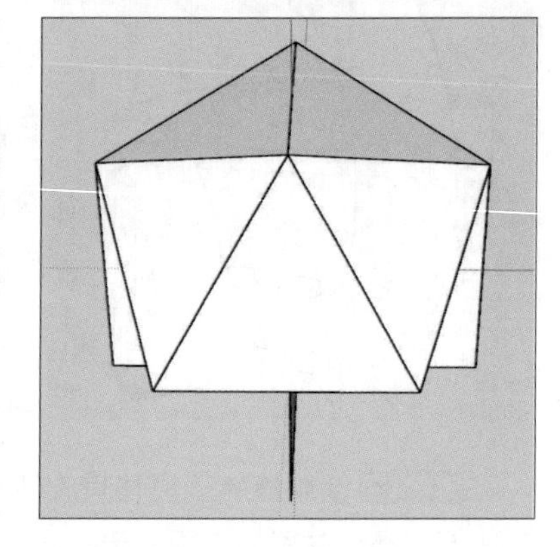

步骤 04 全选所有组件，使用旋转工具向下旋转复制一份，如下左图所示。

步骤 05 选择上方外侧3个组件与下方对应3个组件，如下中图所示。

步骤 06 激活旋转工具，捕捉蓝轴上方交点，锁定蓝轴，如下右图所示。

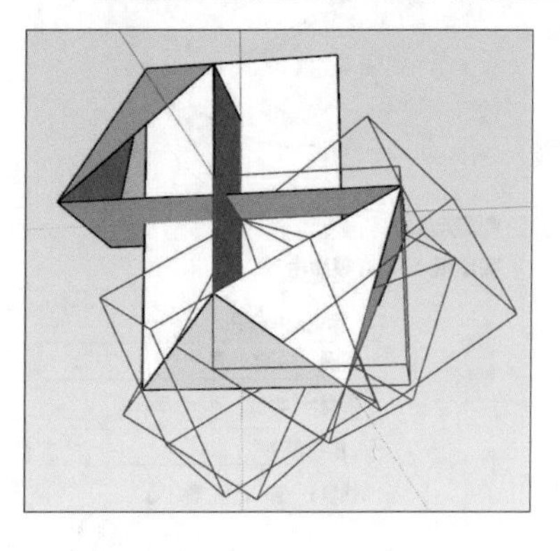

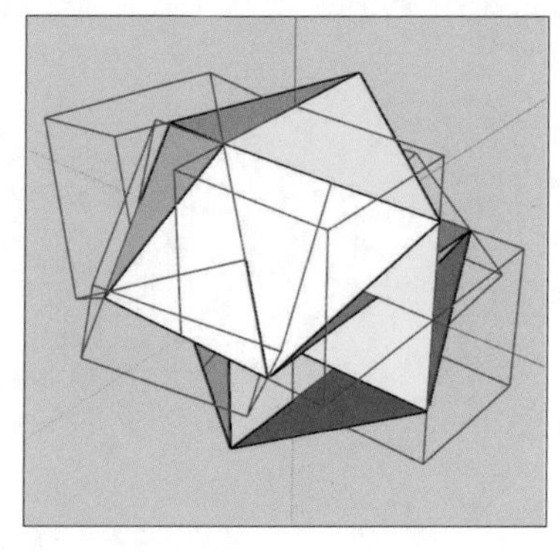

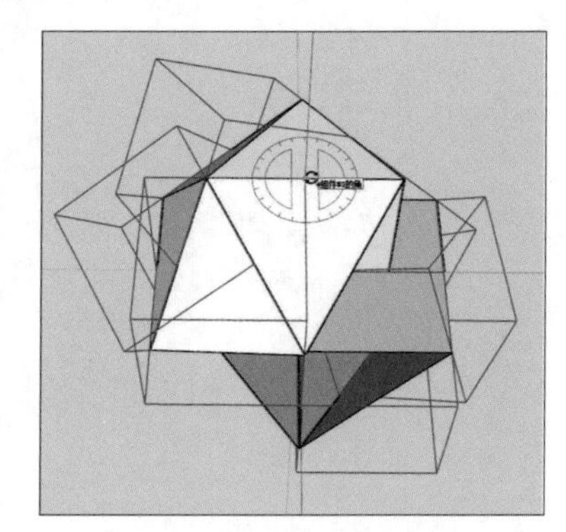

步骤07 然后旋转复制一份，旋转角度为180°，如下左图所示。

步骤08 选择缺口处旁边的组件，使用旋转复制功能以原点为参照补齐缺口，如下中图所示。

步骤09 双击进入任意组件，使用直线工具绘制两条垂线，如下右图所示。

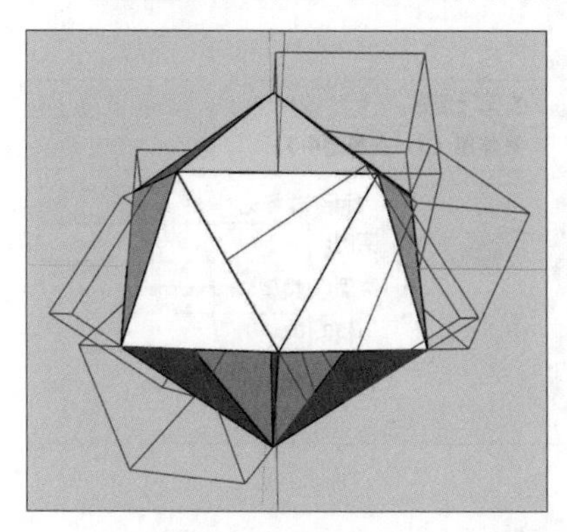
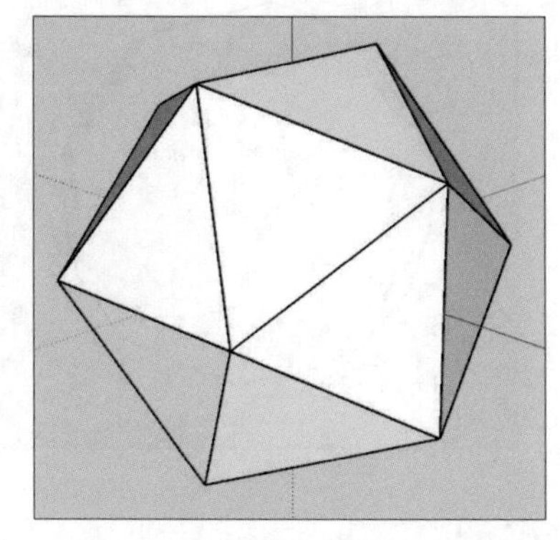
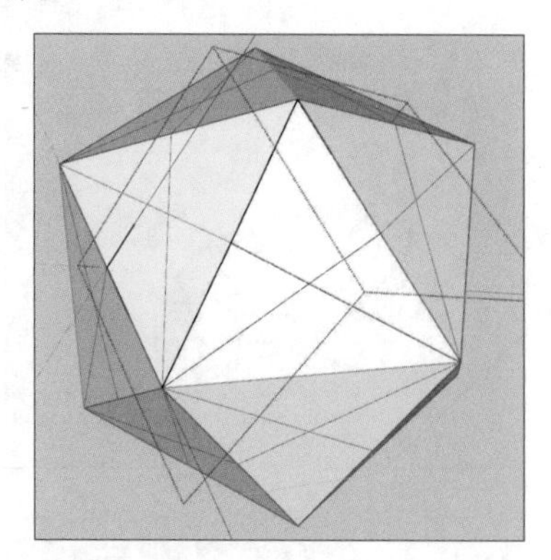

步骤10 激活多边形工具，设置边数为6条，切换至外切圆绘制模式（按住Ctrl键快速切换），以交叉点为圆心绘制六边形，如下左图所示。

步骤11 绘制完成后的效果如下中图所示。

步骤12 选择周围切出的三角面与线，将其删除，如下右图所示。

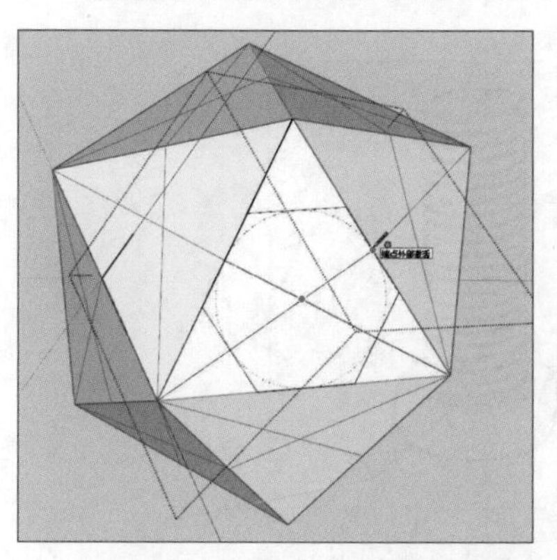
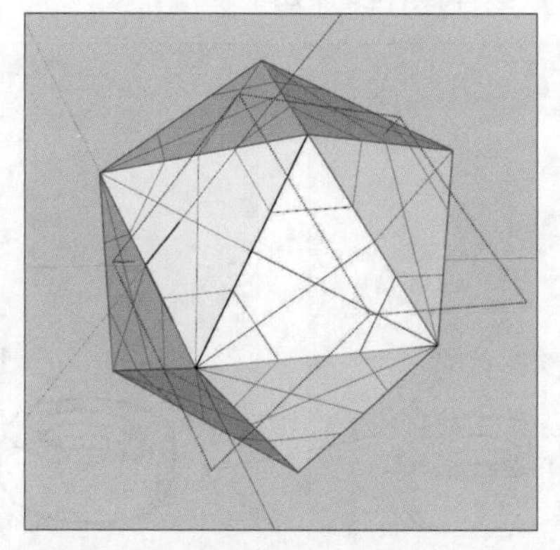
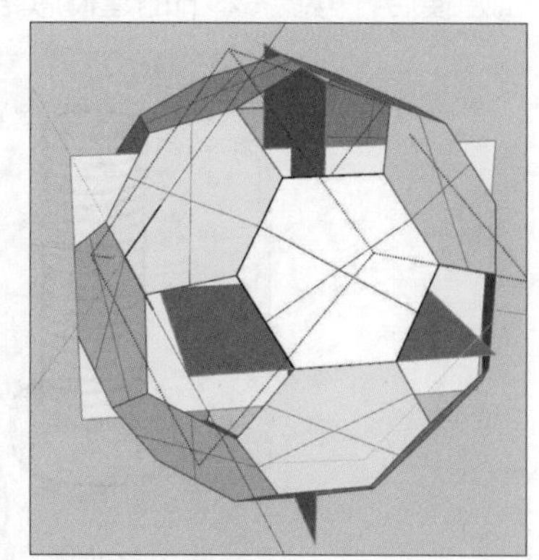

步骤13 删除中心的辅助面与多余的线，完成后的效果如下左图所示。

步骤14 使用直线工具补全其中一个面，如下中图所示。

步骤15 使用Ctrl+X组合键将其剪切，然后进入任意一个组件，执行定位粘贴操作，完成后的效果如下右图所示。

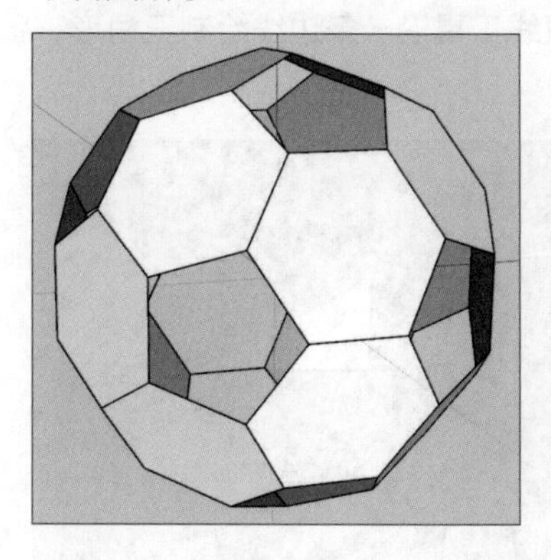
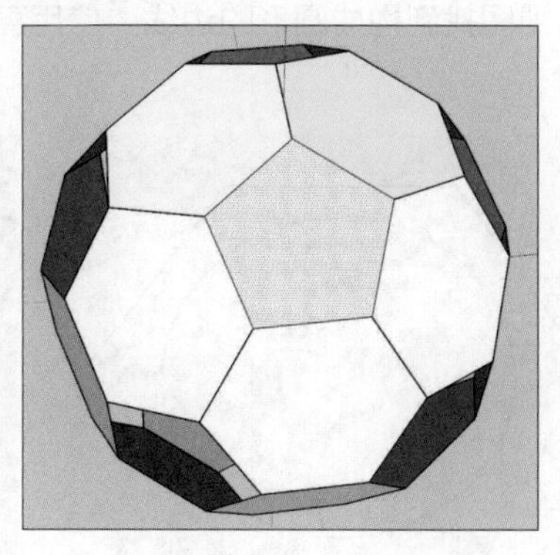
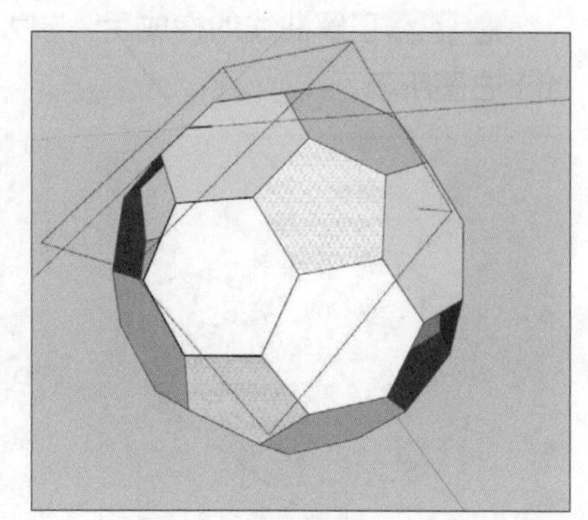

步骤16 退出组件，再进入其他组件再次执行定位粘贴操作，如下左图所示。

步骤17 全选所有组件，将其炸开后成组，查看是否为实体组，效果如下右图所示。

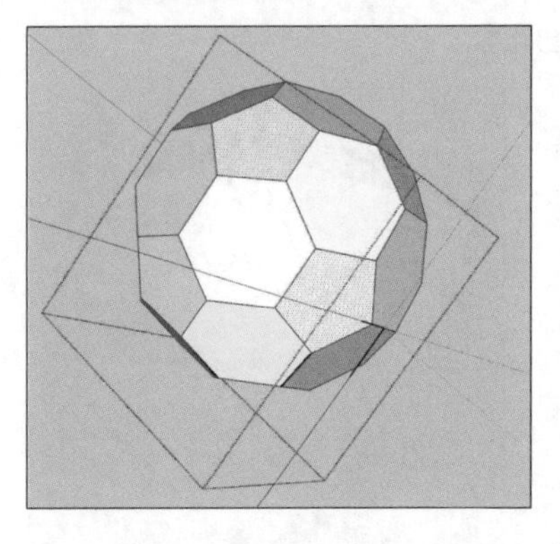

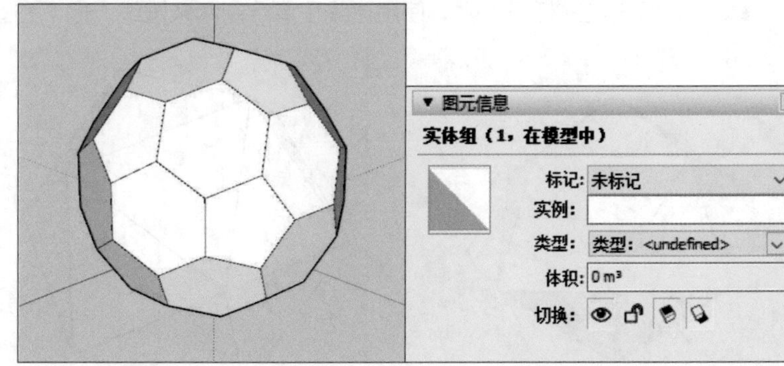

7.4.2 制作螺栓与螺母模型

本小节将介绍螺栓与螺母模型的制作过程，在开始建模前可以先思考建模思路。在绘制的时候，用户会发现SketchUp中并不存在曲线，所有的曲线都是由一条条直线切割而成，就如同绘制圆形前需要设置边数，边数越多越接近圆形，参考模型如下两图所示。用户可以自己尝试建模后，再参考本节的建模思路。具体操作步骤如下。

扫码看视频

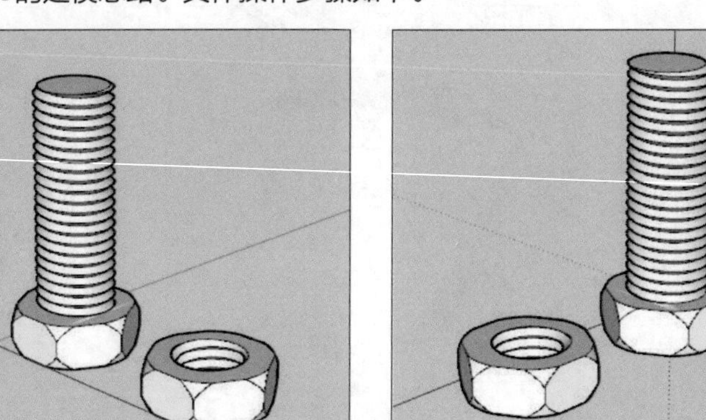

步骤01 使用多边形工具以原点为中心绘制一个六边形，将其成组，如下左图所示。

步骤02 使用圆工具以原点为圆心绘制圆，形状须小于六边形，记录绘制的边数（这里绘制的是48条边），如下中图所示。

步骤03 了解曲线的构成后，放大视图找到构成圆形的边线，使用直线工具沿一条边线绘制三角形，如下右图所示。

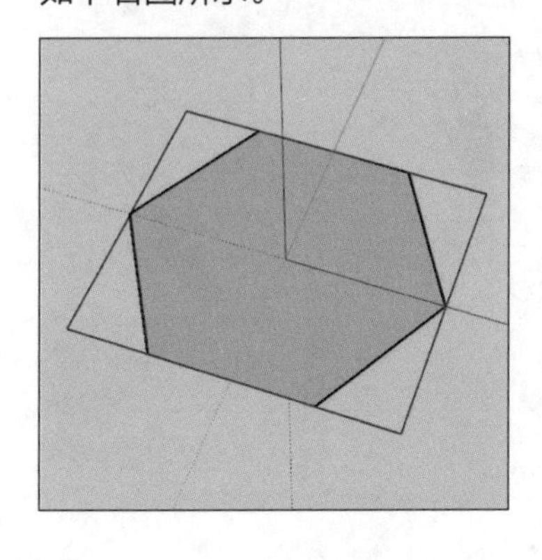

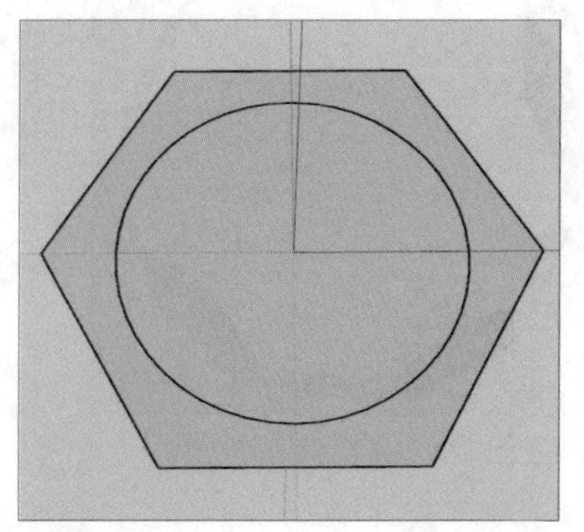

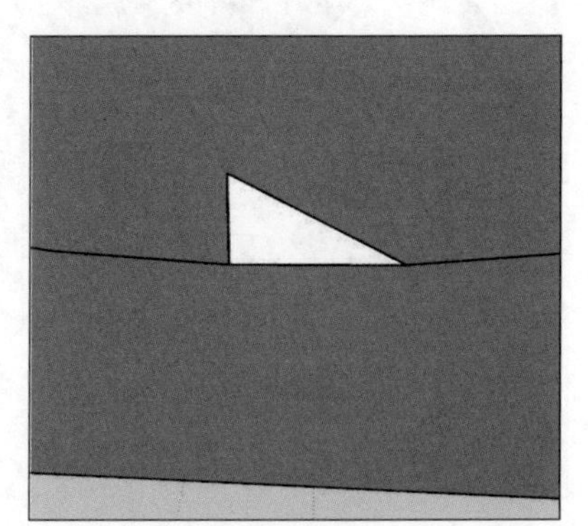

步骤04 删除多余的面与线，仅留下斜边，如下左图所示。

步骤05 选择斜边，使用旋转复制功能，以原点为中心、斜边为角度，旋转复制“开始时圆的边数的个数-1”个（这里复制47个），如下中图所示。

步骤06 选择所有的边，向上移动并复制60个，如下右图所示。

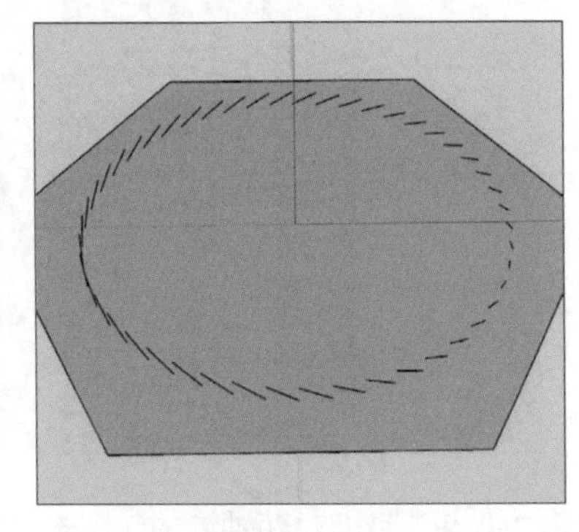
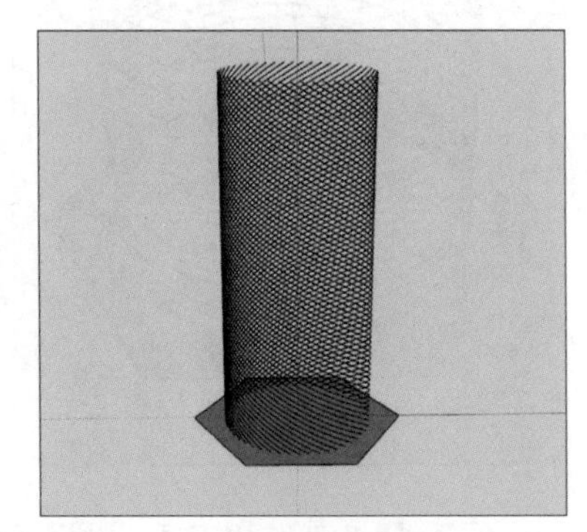

步骤07 三击选择其中一个，进行粘贴，如下左图所示。

步骤08 选择所有的螺旋线并删除，再使用定位粘贴功能复制出一根螺旋线，如下中图所示。

步骤09 使用缩放工具将其压扁，如下右图所示。

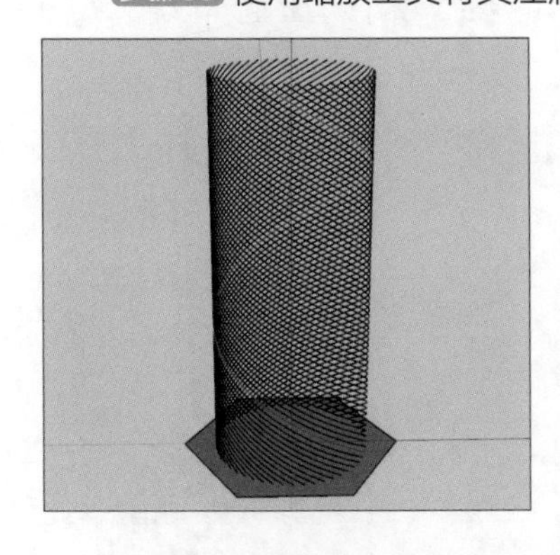
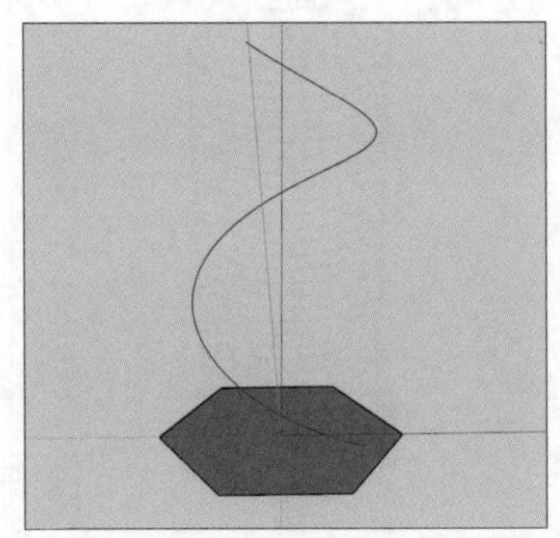
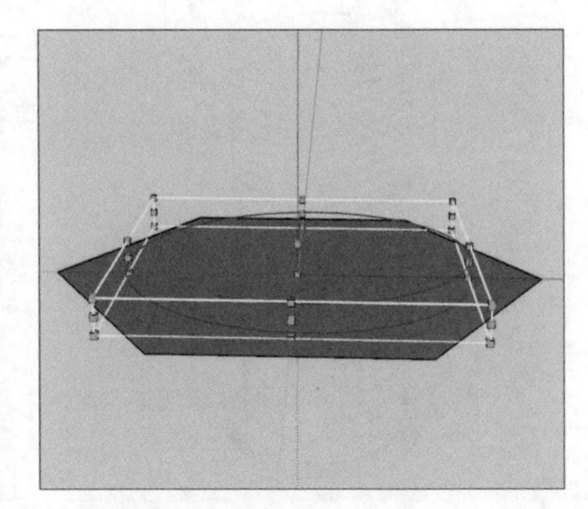

步骤10 使用旋转复制功能以原点为中心旋转复制一份，角度为180°，如下左图所示。

步骤11 同时选择两根螺旋线，以线高为参照，向上移动并复制30份，如下中图所示。

步骤12 三击选择其中一根，将其成组，如下右图所示。

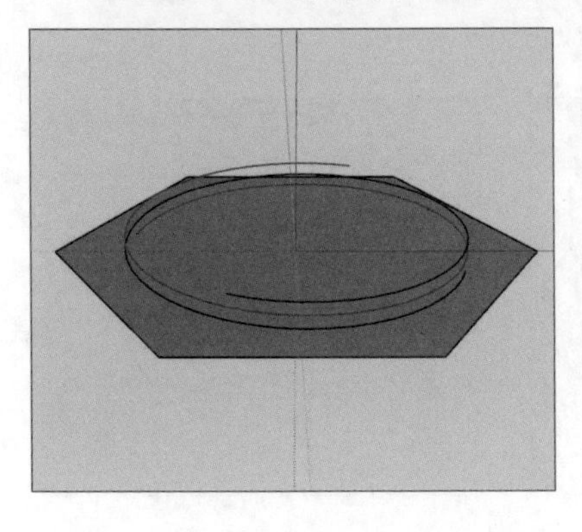
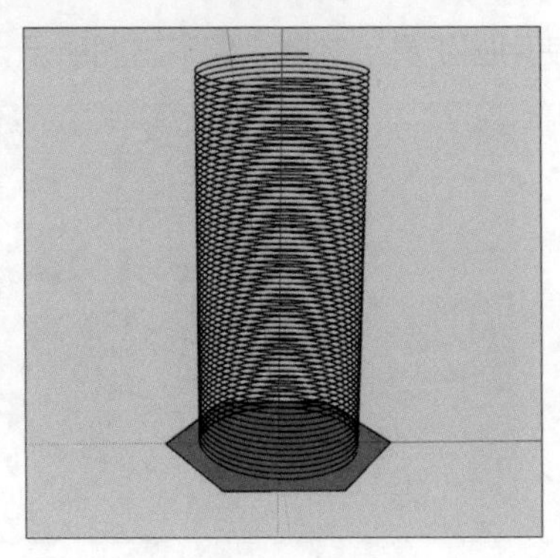
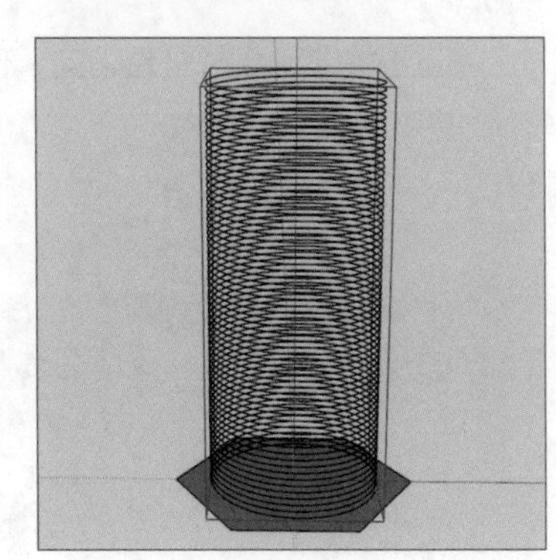

步骤 13 使用圆工具以原点为中心、螺旋线为半径，绘制一个边数与开始相同的圆，如下左图所示。

步骤 14 使用推拉工具将其推至与螺旋线相同高度，如下中图所示。

步骤 15 选择成组的螺旋线，将其炸开，如下右图所示。

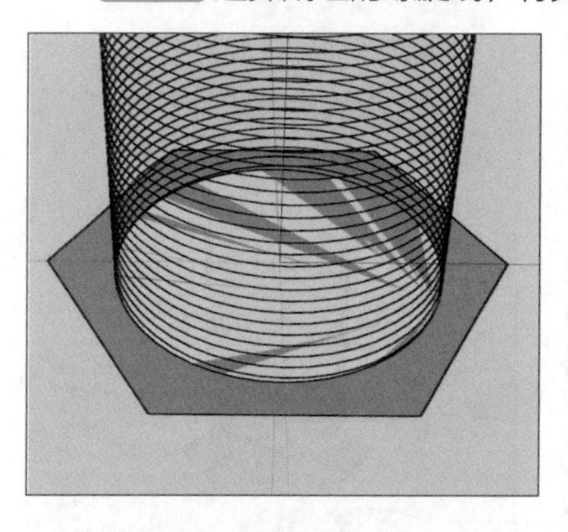

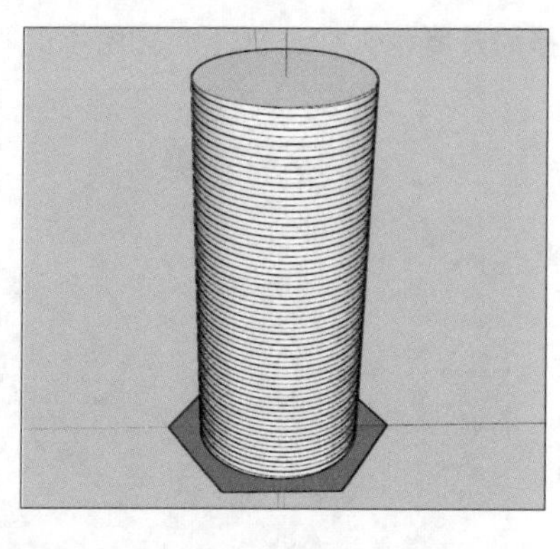

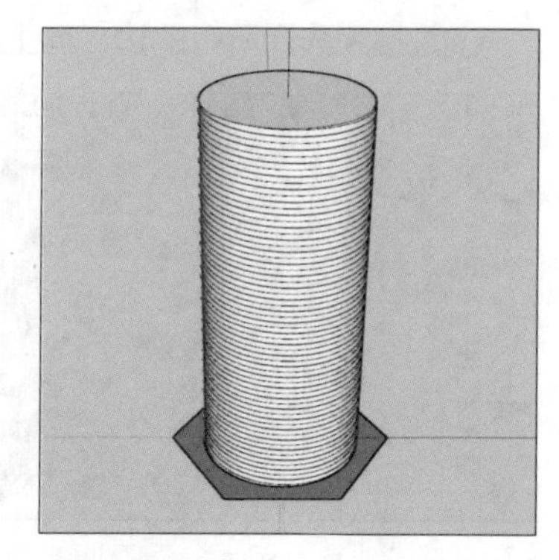

步骤 16 激活缩放工具，选择线段中心点，沿相对两轴缩放0.8倍，如下左图所示。

步骤 17 沿另一边也缩放0.8倍，如下中图所示。

步骤 18 三击全选，将其成组，如下右图所示。

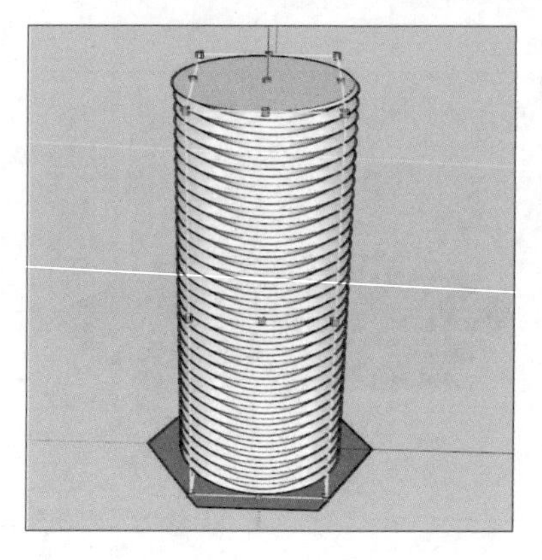

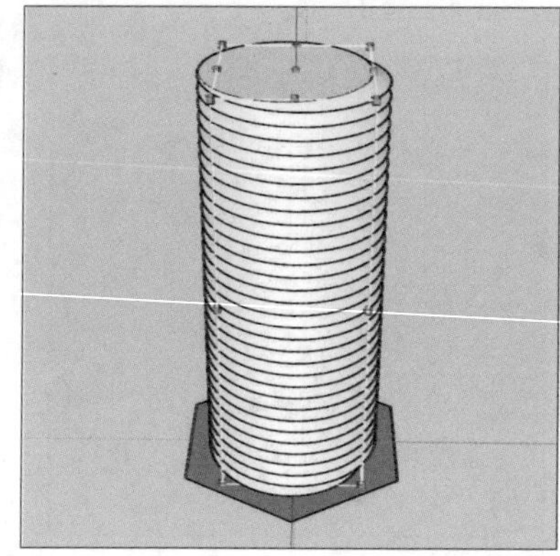

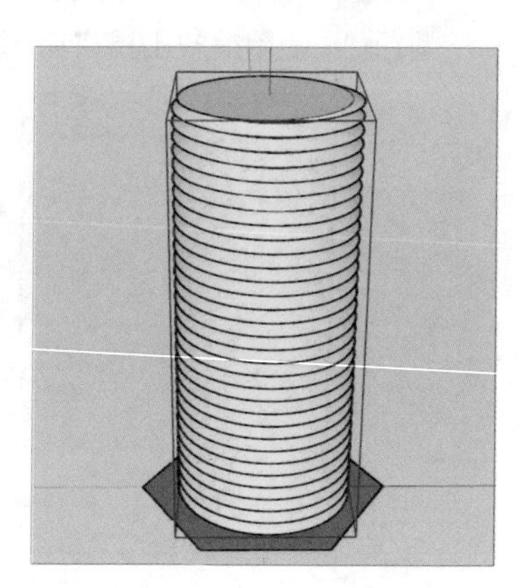

步骤 19 双击进入下方六边形组中，使用推拉工具推至合适位置，如下左图所示。

步骤 20 切换至X光透视模式，使用圆工具，沿圆心绘制圆形，删除中间的面，保留路径，效果如下中图所示。

步骤 21 锁定路径垂直轴向，使用圆工具绘制圆，如下右图所示。

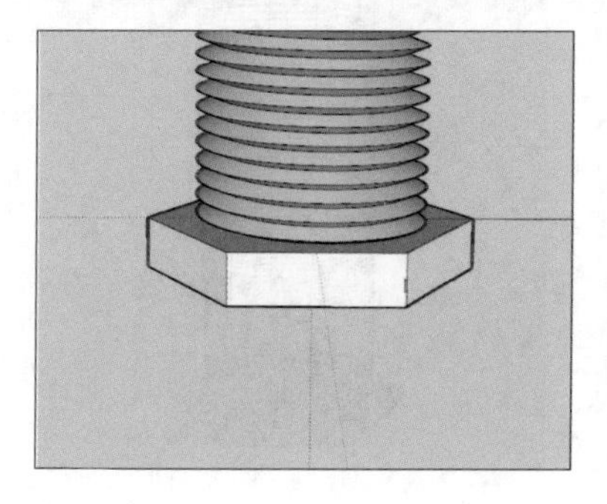

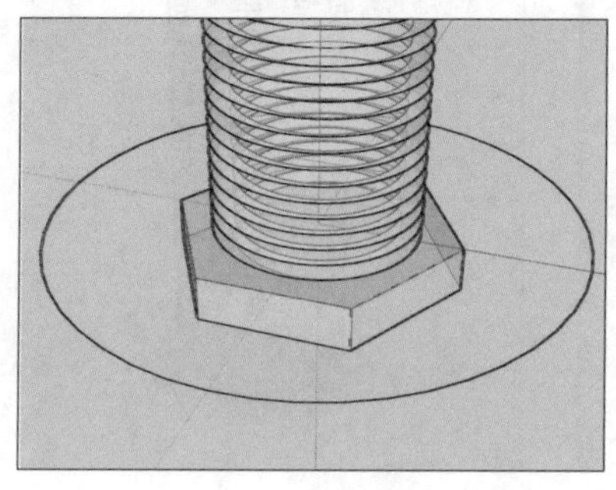

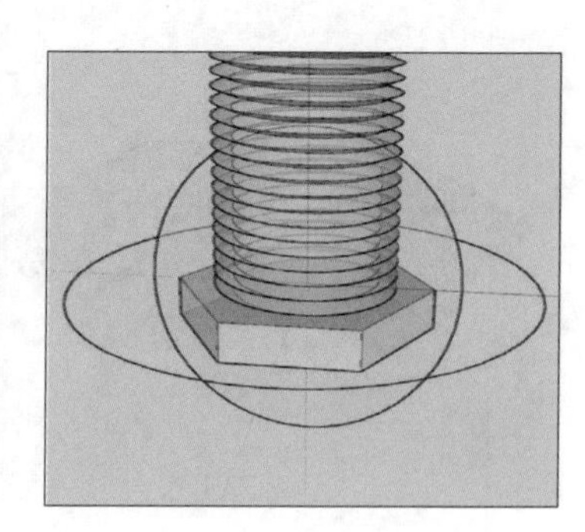

步骤22 取消X光透视模式，选择路径，使用路径跟随工具制作圆球，将其成组，如下左图所示。

步骤23 向下移动至漏出造型，如下中图所示。

步骤24 删除多余的线，使用相交工具对造型运算，完成后的效果如下右图所示。

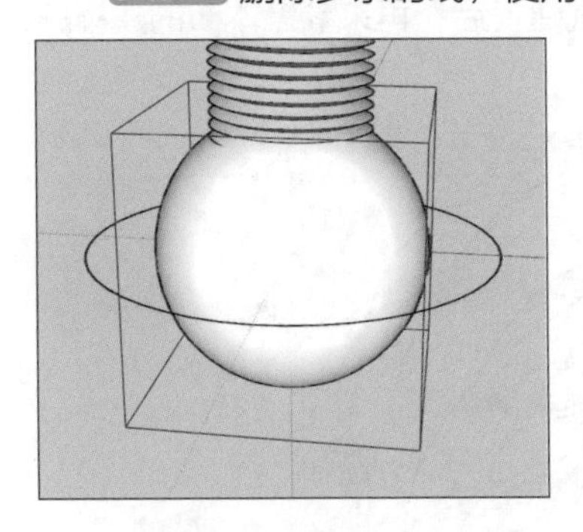
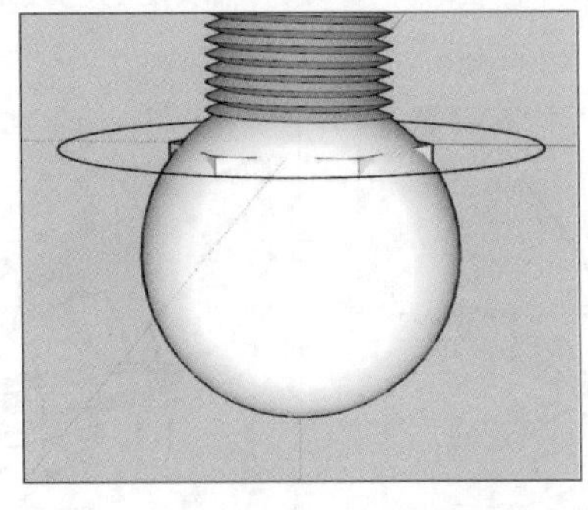
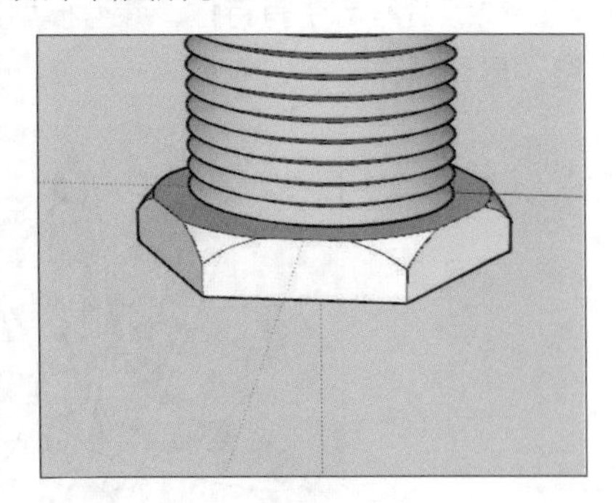

步骤25 选择造型并将其粘贴，执行镜像操作，如下左图所示。

步骤26 再使用定位粘贴功能复制一份，使用实体外壳工具将造型联合，如下中图所示。

步骤27 将螺母向上移动并复制一份，如下中图所示。

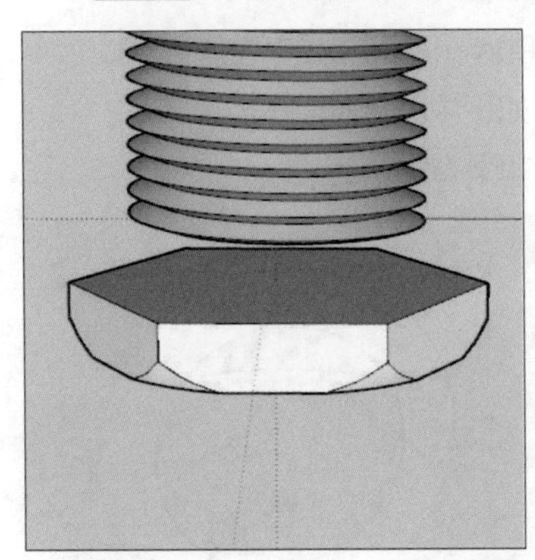
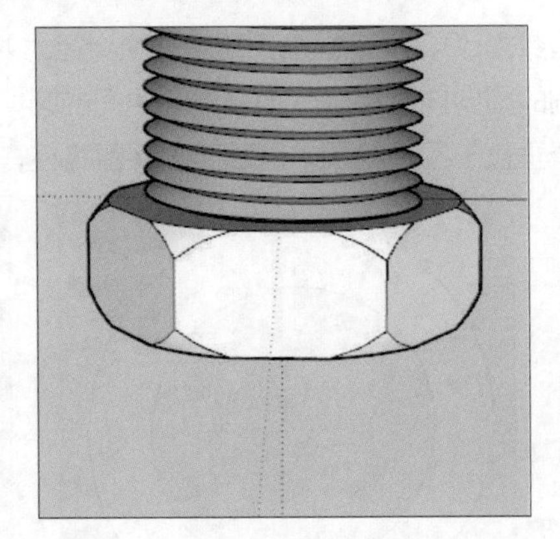
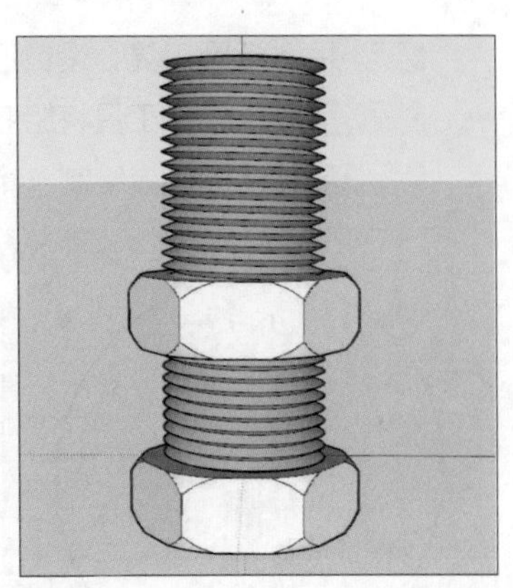

步骤28 对上方的螺母与螺栓使用拆分工具进行运算，运算完成后将螺母拖出，如下左图所示。

步骤29 在使用拆分工具后，螺栓被分为了三个部分，将其全部选中，使用实体外壳工具将其联合，如下中图所示。

步骤30 查看最终效果，检查是否为实体组，如下右图所示。

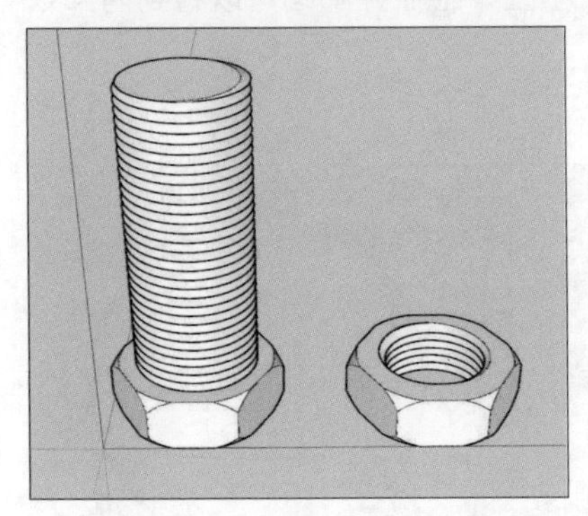
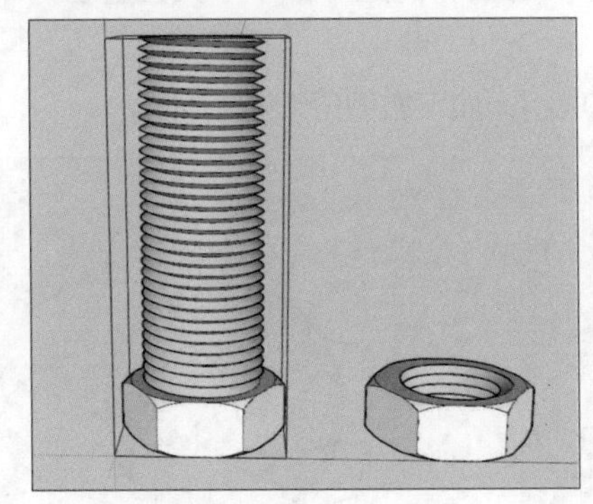
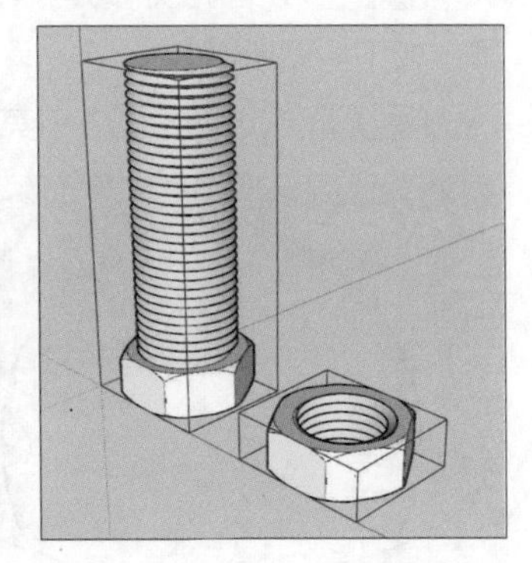

7.4.3 制作首尾相连的曲面球体

本小节将介绍首尾相连的曲面体的制作过程，在开始建模前用户可以先思考建模的思路，在绘制的时候必须综合考虑所有特性，参考模型如下两图所示。用户可以在自己尝试建模后，再来参考本节的建模思路。具体操作步骤如下。

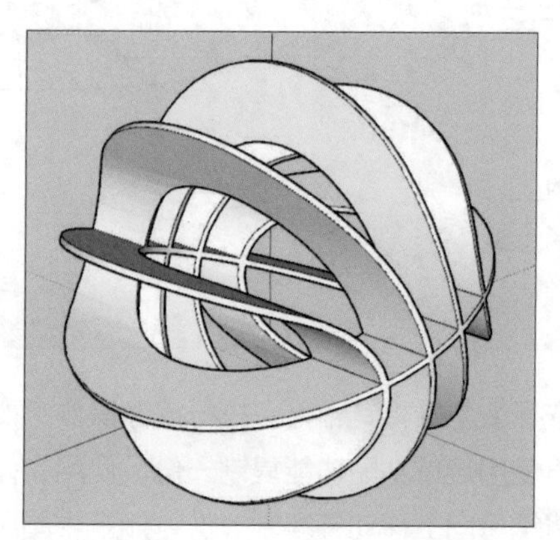

步骤01 激活圆工具，设置边数为50，锁定绿轴，绘制一个半径为100mm的圆，如下左图所示。

步骤02 使用偏移工具将绘制的圆向内偏移30mm，删除中间的圆，如下中图所示。

步骤03 使用圆工具绘制一个垂直于圆环的圆，删除面，保留路径，如下右图所示。

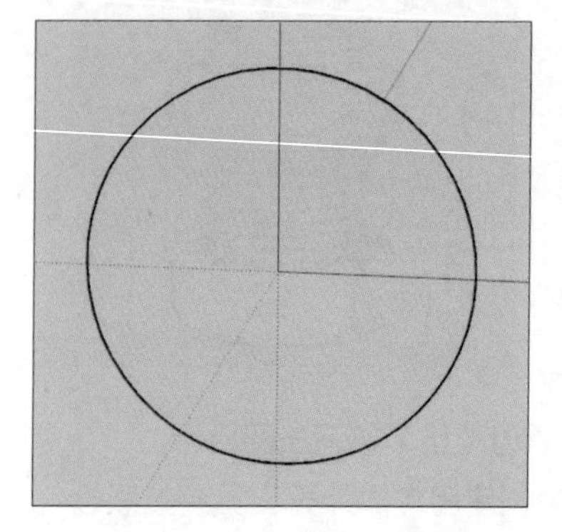
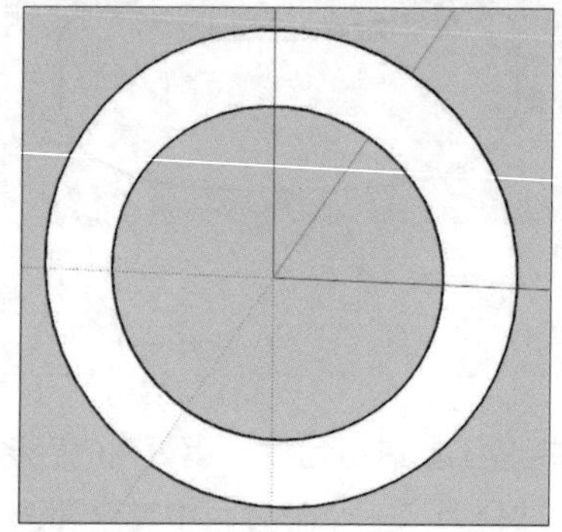
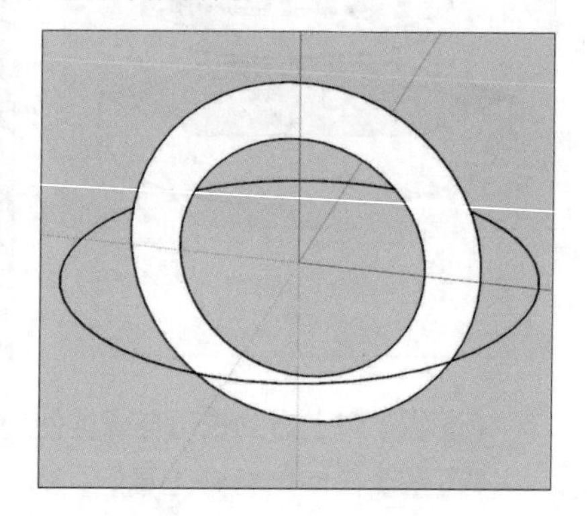

步骤04 选择路径，使用路径跟随工具制作造型，如下左图所示。

步骤05 该图形并不是一个实心圆，而是外部一个大圆套着一个小圆，隐藏外部圆可以看到内部效果，如下中图所示。

步骤06 框选两个圆，将其成组，如下右图所示。

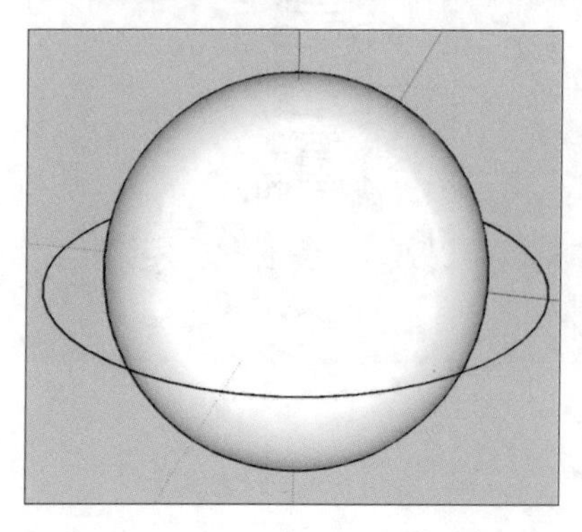
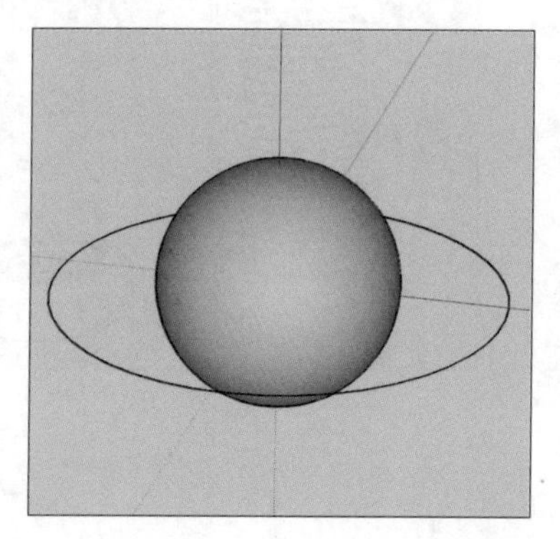
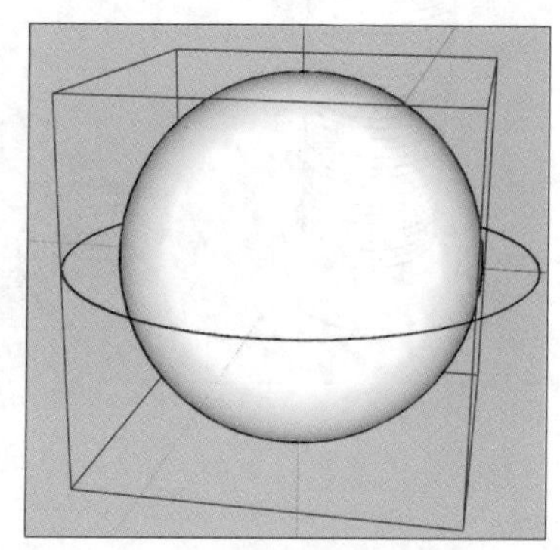

步骤07 将其粘贴，使用Ctrl+Z组合键返回至下左图的步骤。

步骤08 放大视图，使用直线工具绘制下中图的直线。

步骤09 使用移动复制功能，将该直线复制一份至右侧分割圆的直线中点上，如下右图所示。

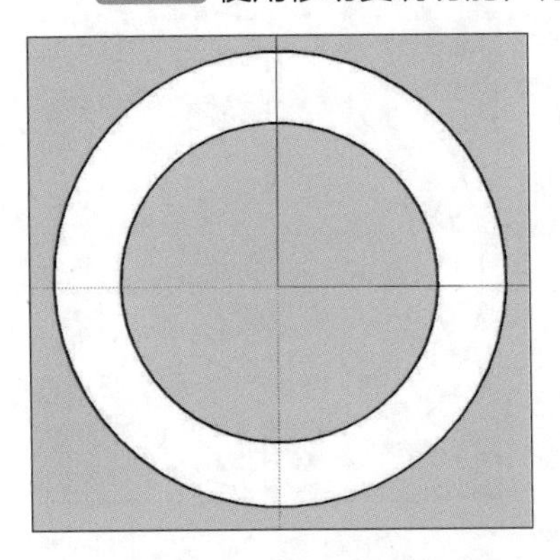
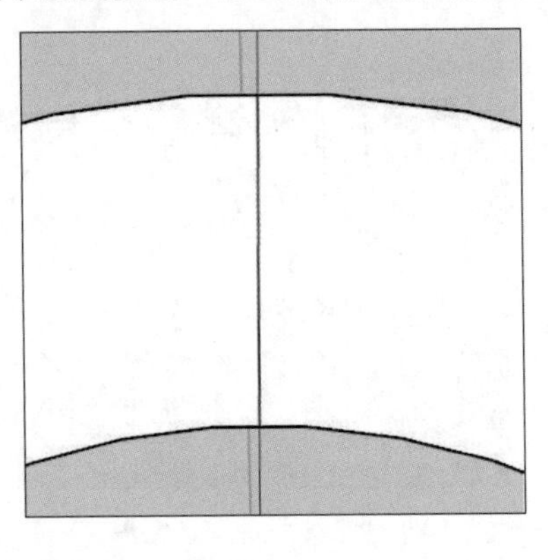
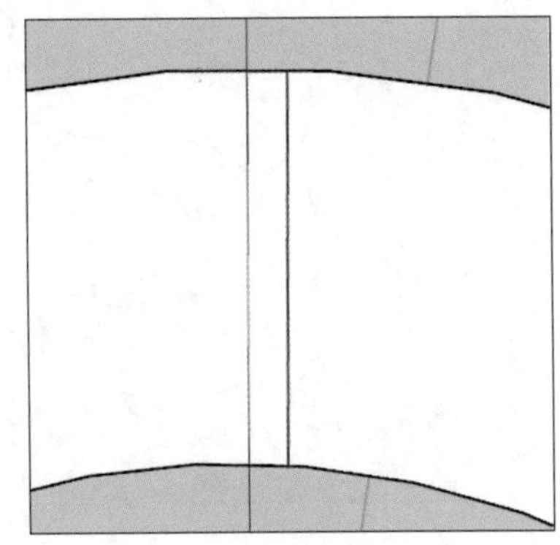

步骤10 选择形成的面，如下左图所示。

步骤11 使用移动复制功能，复制该平面沿中点至下中图的位置。

步骤12 删除下右图的两条线段。

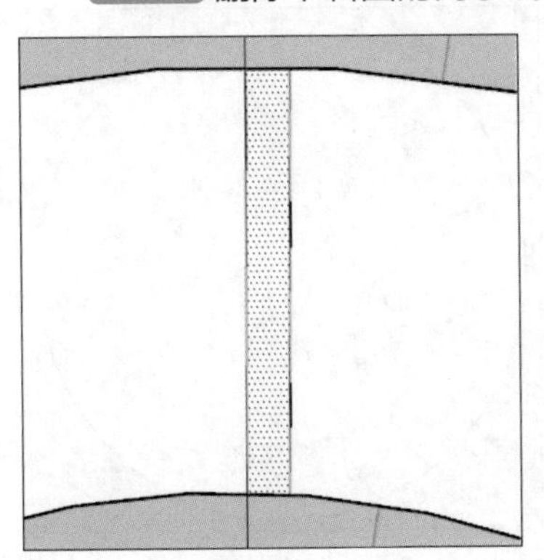
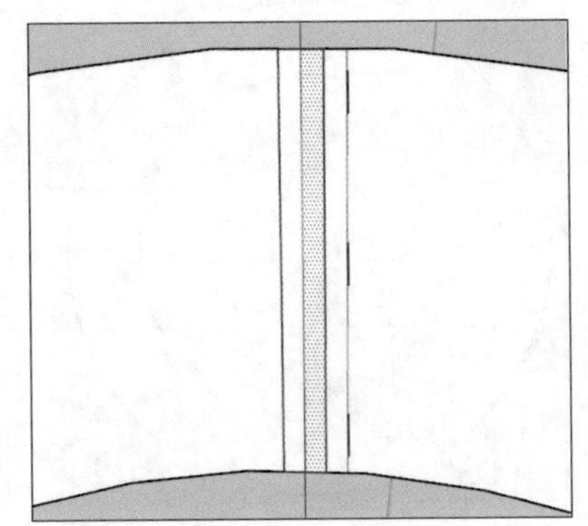
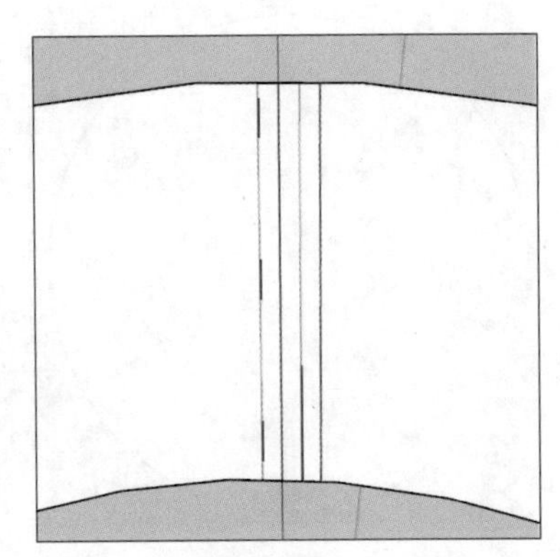

步骤13 选择下左图的平面。

步骤14 使用旋转复制功能，以原点为中心复制5份，角度为36°，如下中图所示。

步骤15 使用卷尺工具绘制下右图的内圆分割线的辅助线。

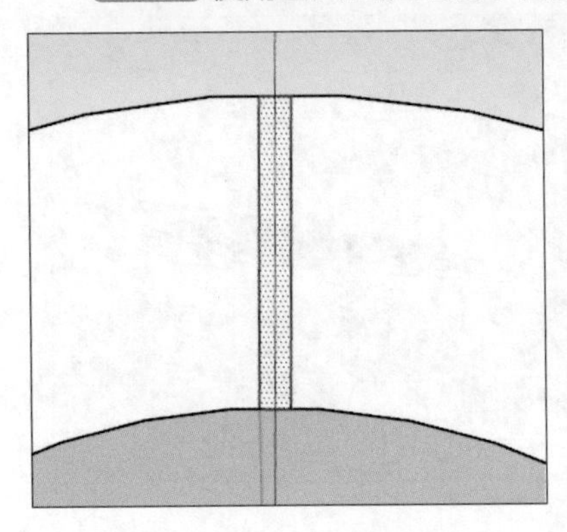
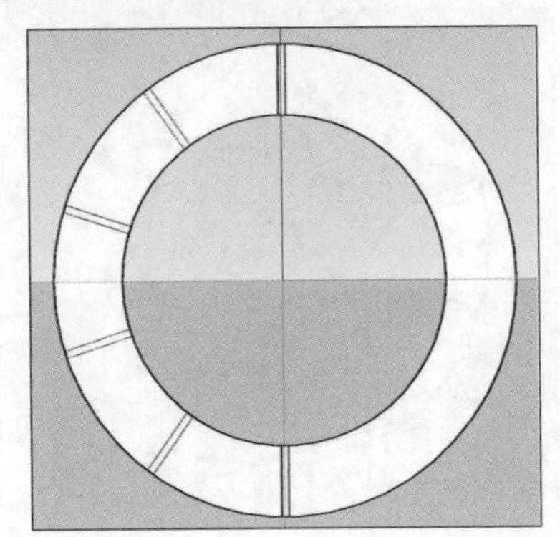
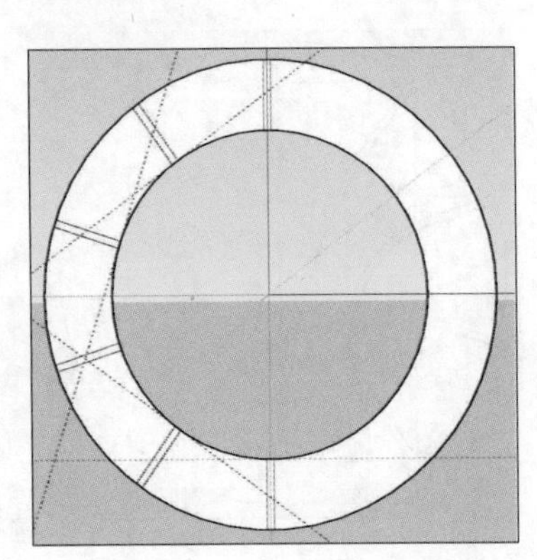

步骤16 使用圆弧工具捕捉下左图的辅助线交点。

步骤17 绘制下中图的两条弧线。

步骤18 使用圆弧工具捕捉下右图的辅助线交点。

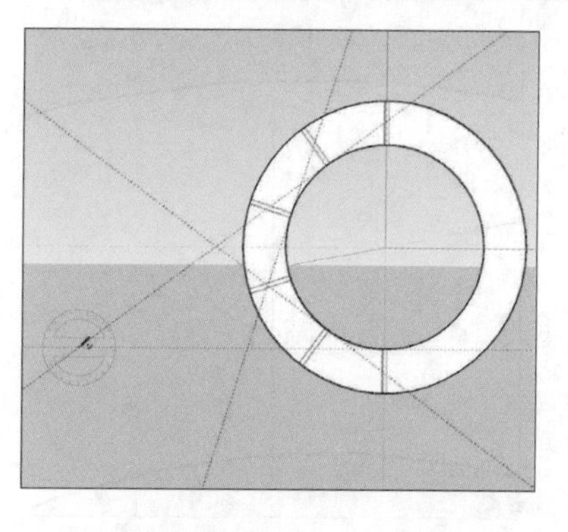

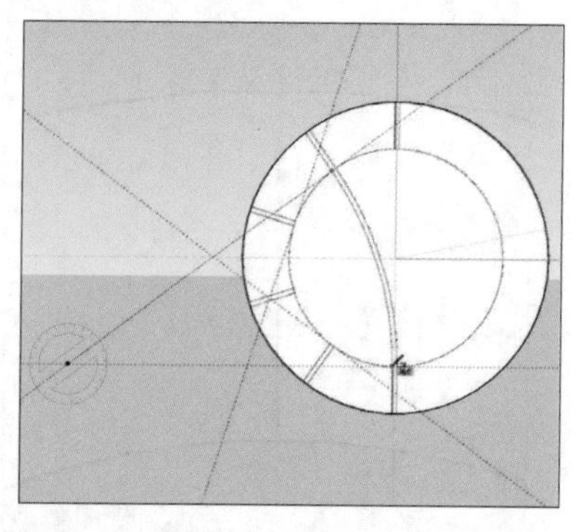

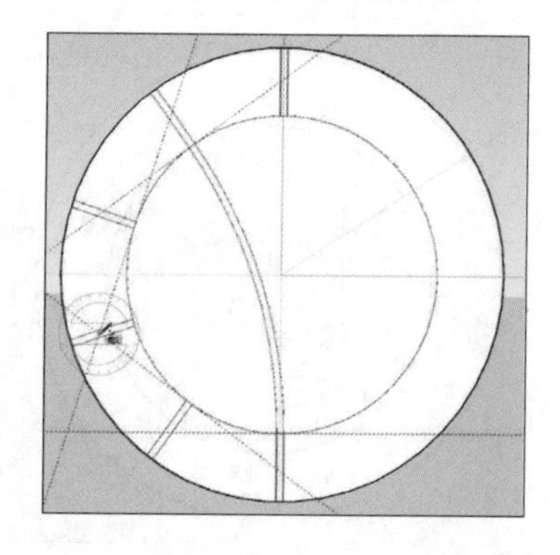

步骤19 绘制下左图的两条弧线。

步骤20 擦除多余的线，如下中图所示。

步骤21 将下右图的三个造型分别成组。

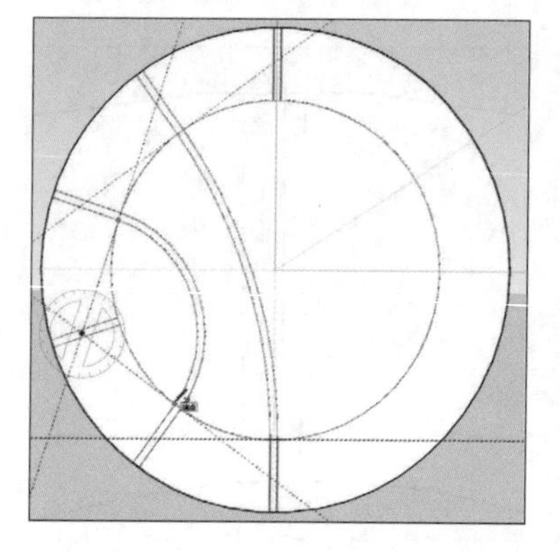

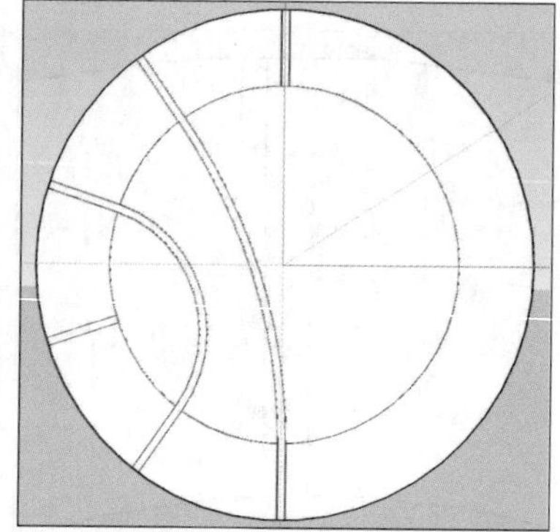

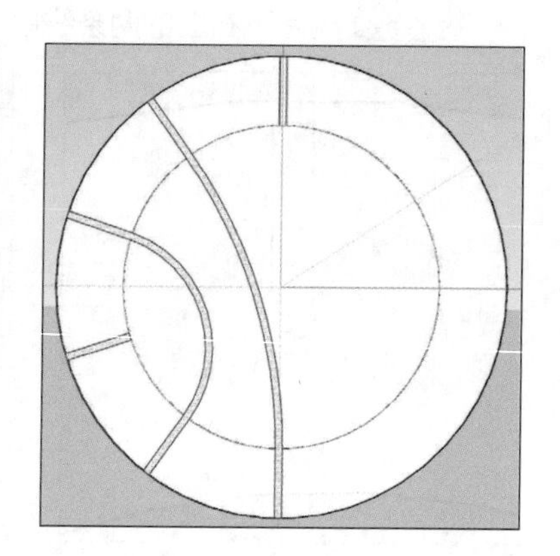

步骤22 完成后的效果如下左图所示。

步骤23 分别进入三个组，使用推拉工具将其推出，距离大于100mm，如下中图所示。

步骤24 删除侧边多余的线，使用推拉工具将左侧的造型延长，具体效果如下右图所示。

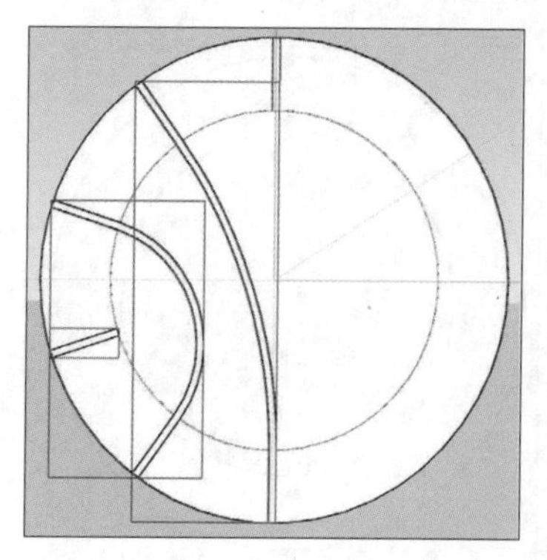

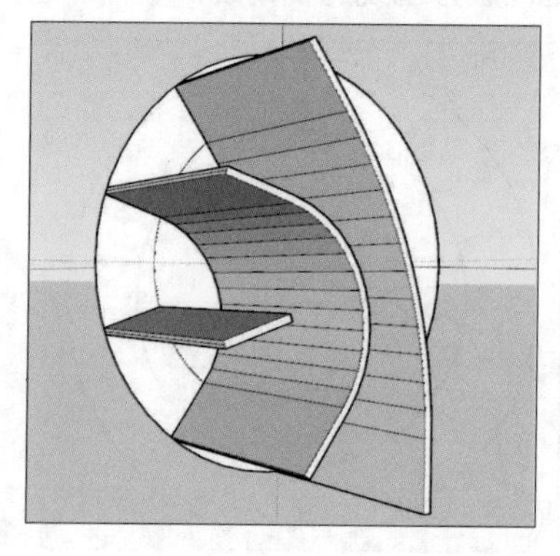

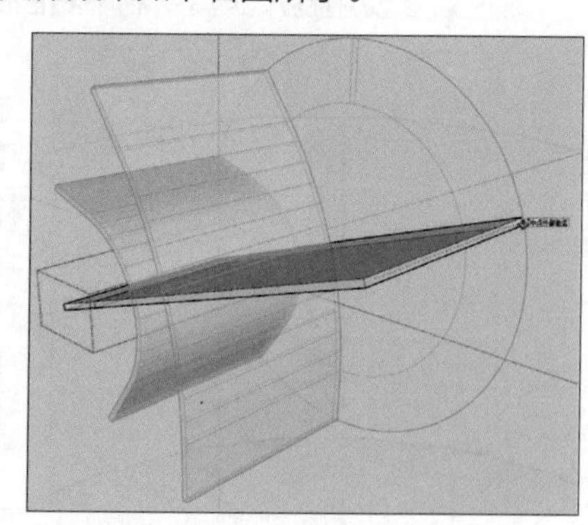

步骤25 选中下左图的两个造型。

步骤26 使用旋转复制功能沿原点复制一份，角度为180°，如下中图所示。

步骤27 选中下右图的造型。

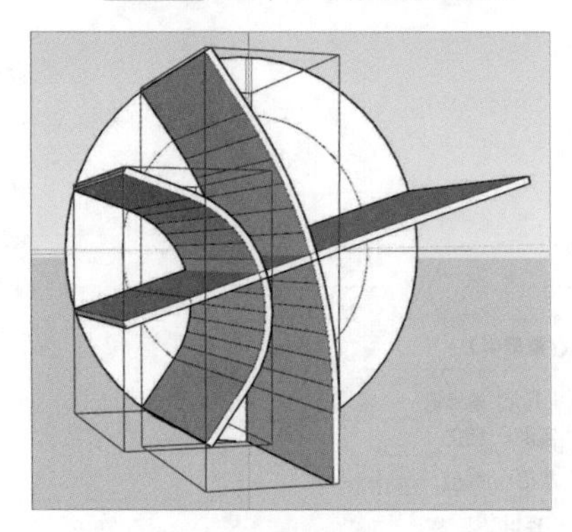

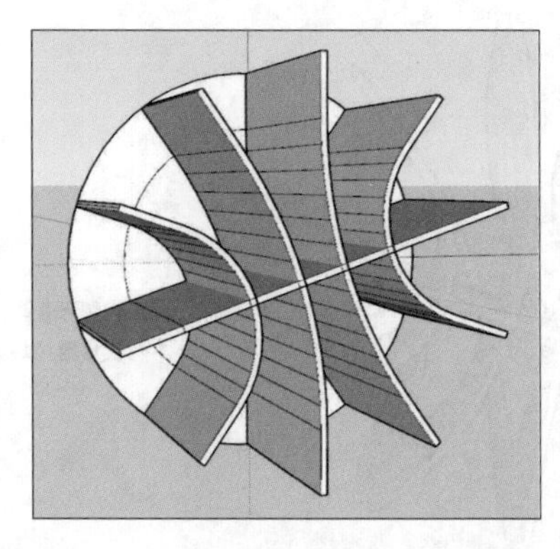

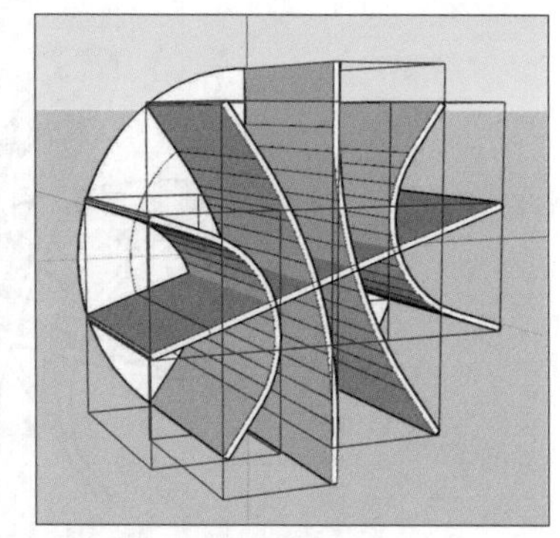

步骤28 删除多余的线段，使用实体外壳工具将其联合，如下左图所示。

步骤29 使用旋转复制功能，以原点为中心复制一份，角度为36°，如下中图所示。

步骤30 对复制出的造型执行镜像操作，如下右图所示。

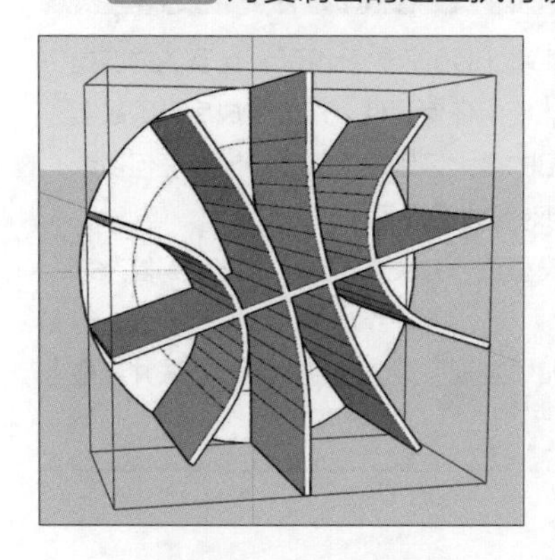

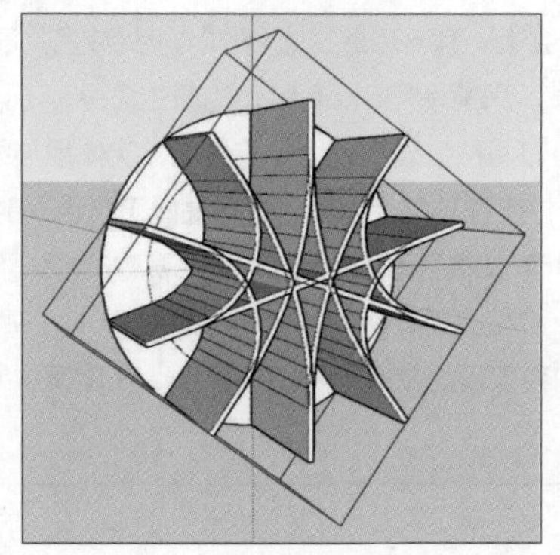

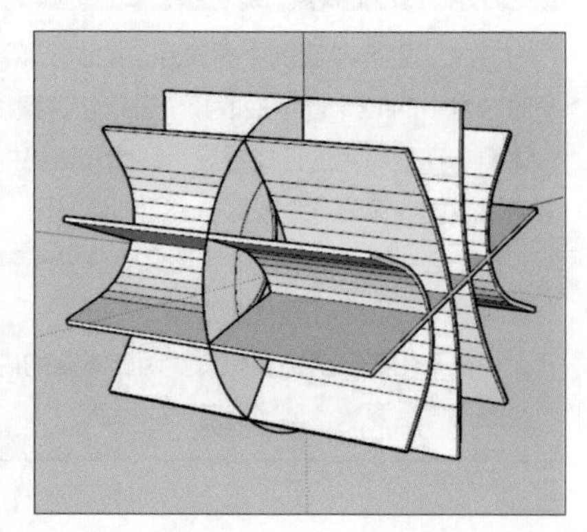

步骤31 同时选中两部分，使用实体外壳工具将其联合，如下左图所示.

步骤32 使用定位粘贴功能将最开始的空心圆复制出来，如下右图所示。

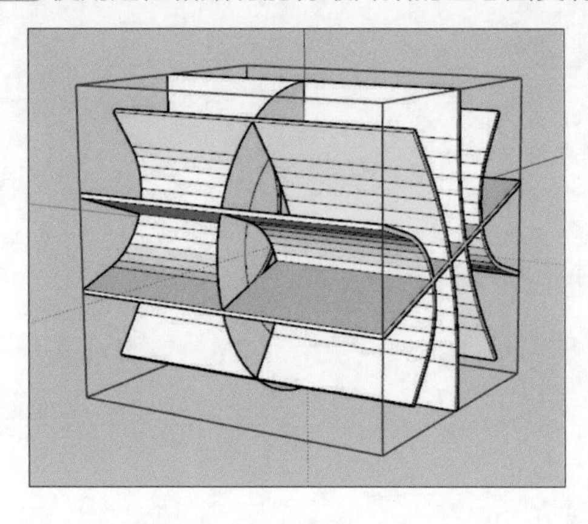

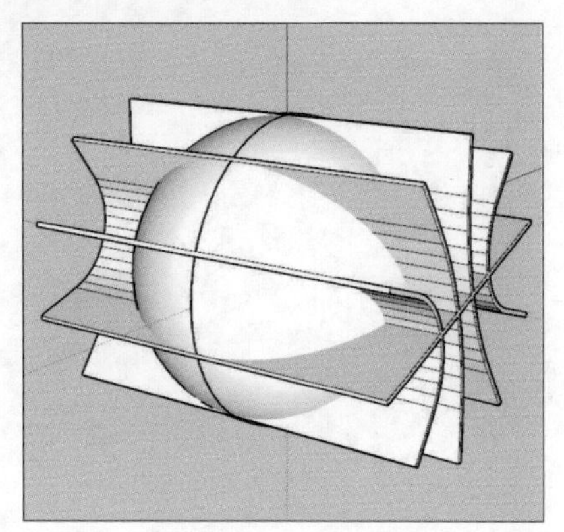

步骤 33 使用相交工具对两部分进行运算，删除多余的线与面，进行柔化边线，查看是否为实体组，最终效果如下图所示。

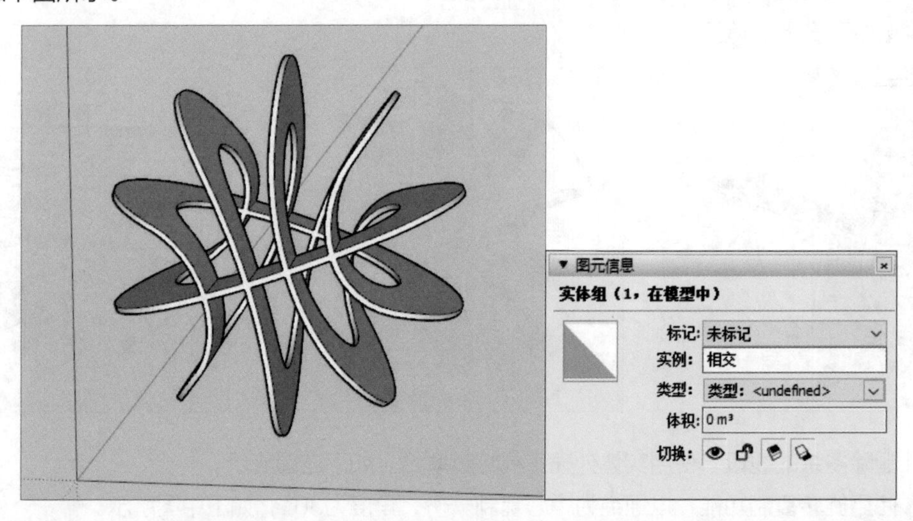

提示：关于“‘一战成名’SketchUp速建模比赛”

在2021年结束的中国SketchUp 3D峰会上，有一项建模比赛：“‘一战成名’SketchUp速建模比赛”，比赛的内容是对题目中的12个模型抽取数个进行快速建模，只能使用SketchUp的原生命令，不能使用任何插件，建模完成后必须是实体组。在建模完进行成组后，在图元信息中有两种组显示：组与实体组，实体组与组的最大区别便是模型中没有任何多余的线或面，每一条线或每一个面都像骨骼一样支撑着整个模型，许多高级工具也只能对实体组进行操作。

来自中国各地的设计师汇聚一堂分享着自己的建模思路，本章对比赛中的12个模型进行分类与讲解，从简单到复杂来讲解12个模型的不同建模思路。

在开始建模前，用户需要明白本章的内容仅仅是带来一种建模思路，在建模中如果发现了更为便捷的制作方法并且最终效果符合要求，请坚持自己的思路。

第8章 商业建筑外观效果设计

本章概述

本章以一栋影视楼与一栋餐饮楼的效果制作过程为案例，详细展示了SketchUp的建模综合应用技巧，主要考验用户的综合软件使用水平，进一步提高熟练度。

核心知识点

❶ 掌握影视楼的效果制作
❷ 掌握餐饮楼的效果制作
❸ 了解建筑外观效果的快速呈现
❹ 了解SketchUp软件的综合应用

8.1 影视楼效果设计

本节主要对影视楼的外观整体进行效果设计，其设计灵感来源于对传统建筑效果设计的偏离，这种倾向主要体现在建筑的外观，显现出“残破”“怪诞”“无序”的特点，其内部具体细节的设计将在综合制作中进行完善。

扫码看视频

8.1.1 影视楼主体制作

本小节将综合使用SketchUp的基础工具来对影视楼一楼进行设计，下面介绍具体操作方法。

步骤01 首先绘制一个60100mm×25200mm的矩形，如下左图所示。

步骤02 在左下角绘制一个13550mm×15780mm的矩形，删除相交的线，如下右图所示。

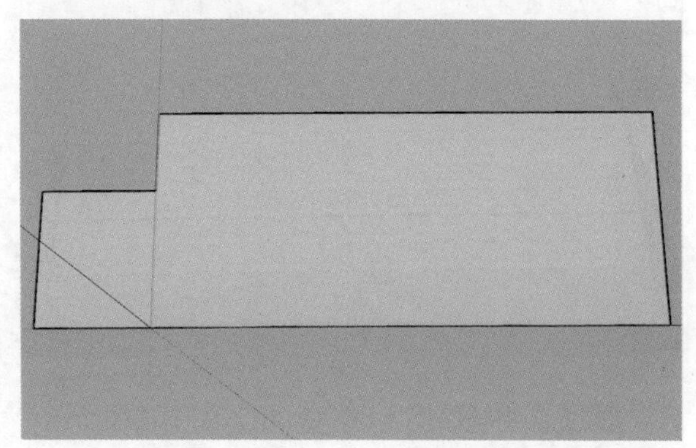

步骤03 将其挤出900mm并成组，如下左图所示。

步骤04 再向上移动复制一份，距离为4500mm，如下右图所示。

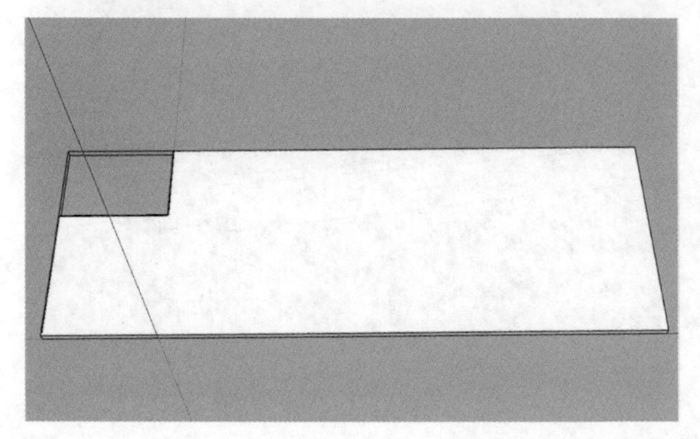

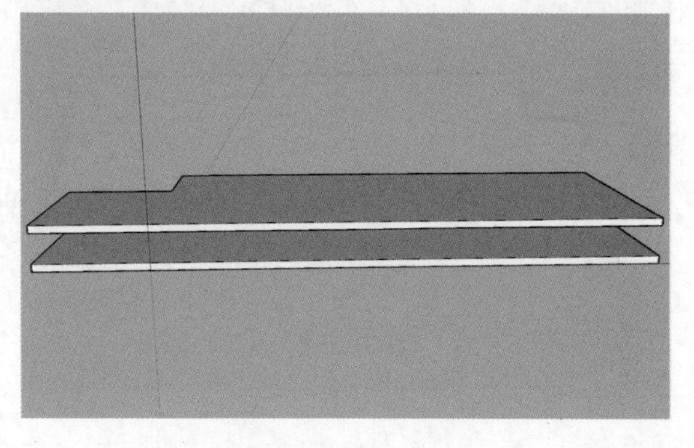

步骤05 将上方的造型隐藏，在下方缺口处绘制一个7800mm×5940mm的矩形，将其挤出900mm，如下左图所示。

步骤06 绘制5条辅助线，每条间隔350mm，如下右图所示。

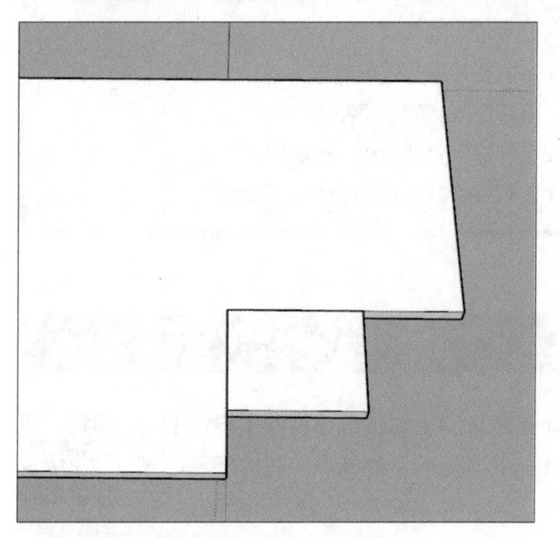

步骤07 每级台阶向下挤出150mm，完成后将其成组，如下左图所示。

步骤08 双击进入底层，在墙面位置出偏移300mm，如下右图所示。

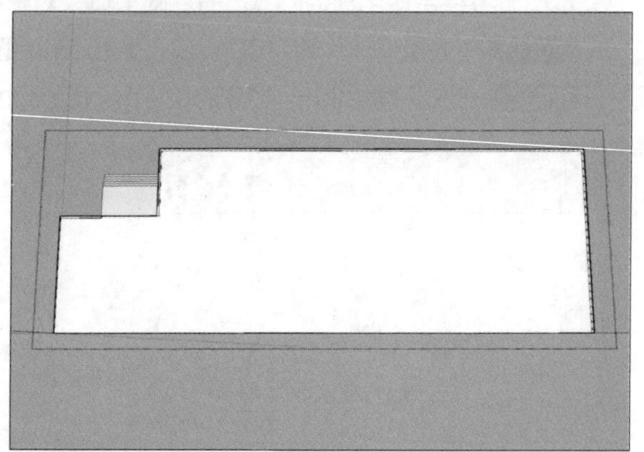

步骤09 将墙面挤出3600mm，如下左图所示。

步骤10 在所有墙面外侧绘制广告板，高为5400mm，厚为10mm，如下右图所示。

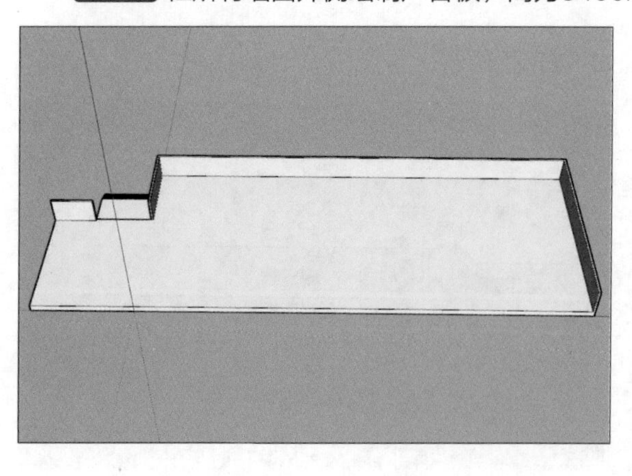

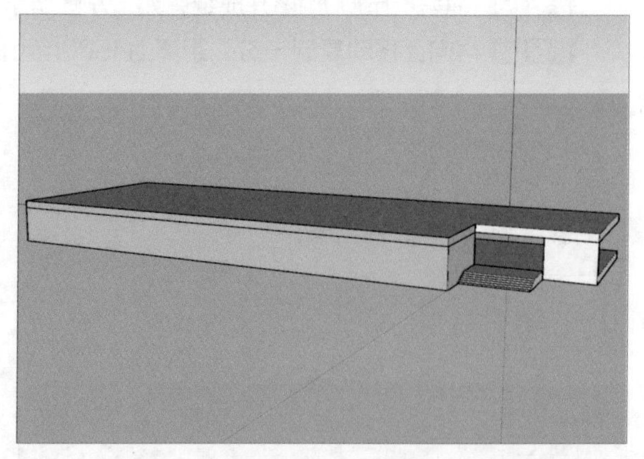

步骤11 在前方绘制一个2000mm×3600mm的矩形，并向内偏移50mm，如下左图所示。

步骤12 删除中间的面，向后挤出100mm，将其成组，如下右图所示。

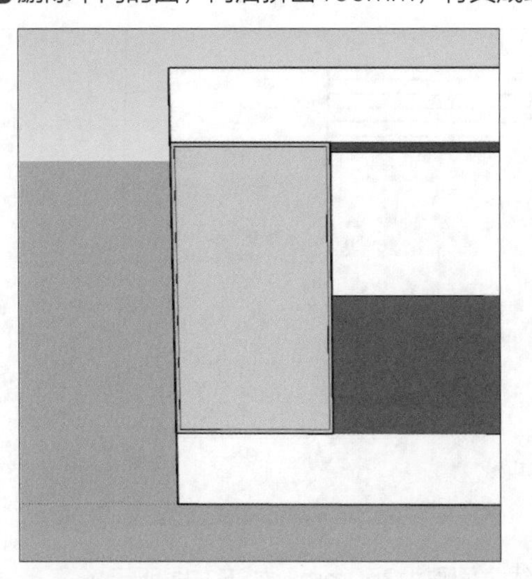

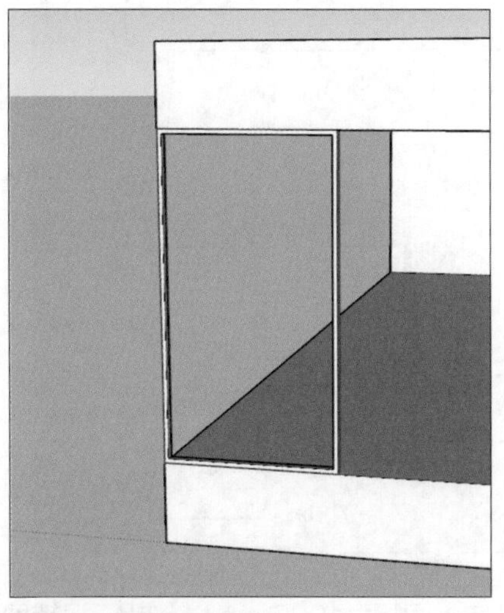

步骤13 在中间位置绘制一块厚20mm的玻璃，并将其成组，如下左图所示。

步骤14 将金属材质与玻璃材质分别赋予对象，将其整体成组，如下右图所示。

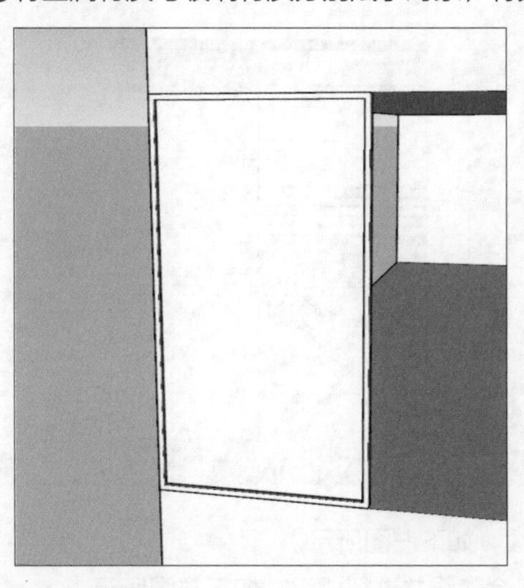

步骤15 然后移动复制多个填充所有位置，如下左图所示。

步骤16 将“淡色水磨石砖”材质赋予地面、隔层与楼梯，如下右图所示。

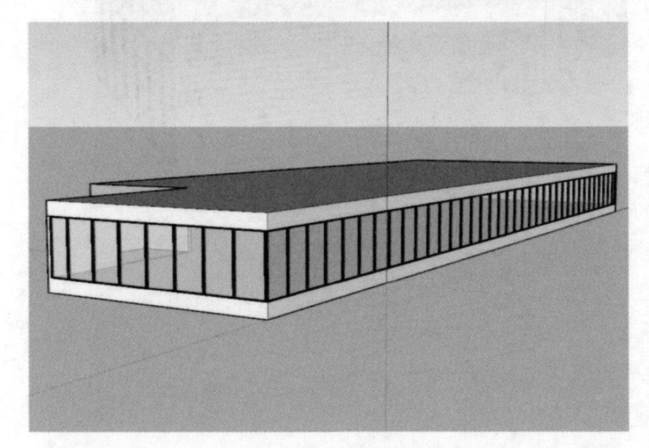

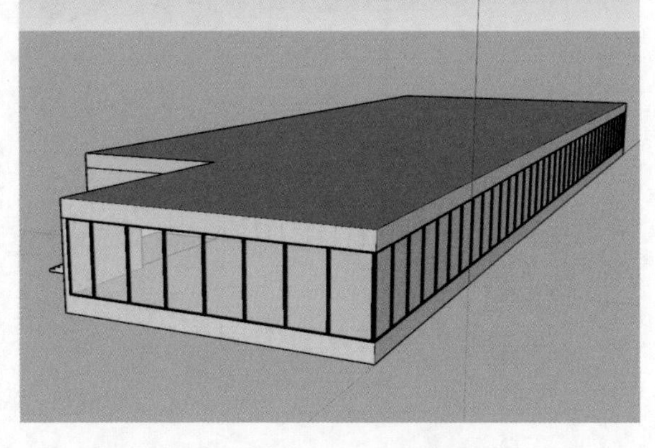

步骤17 在楼梯旁绘制一个13900mm×5750mm的矩形，如下左图所示。

步骤18 在末尾处绘制11根辅助线，间距设置为350mm，如下右图所示。

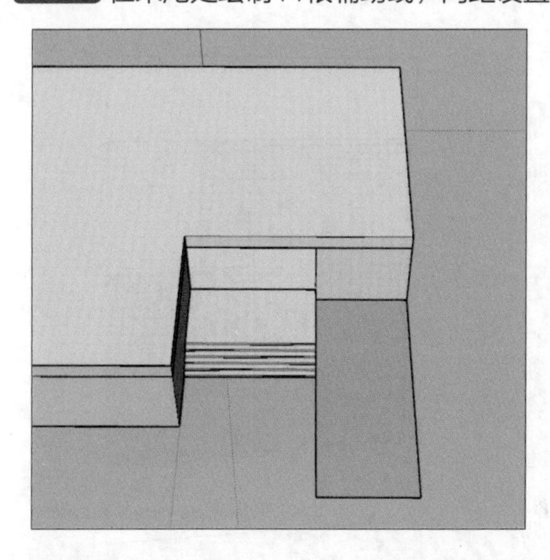

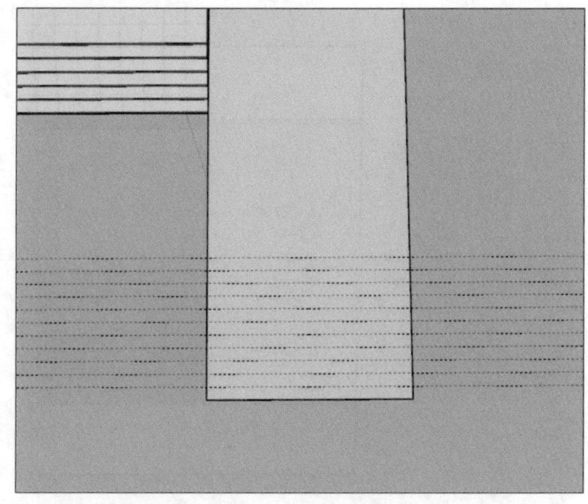

步骤19 向上间隔为1000mm，绘制12根辅助线，间隔为350mm，如下左图所示。

步骤20 再次向上间隔1000mm，绘制12根辅助线，间隔为350mm，如下右图所示。

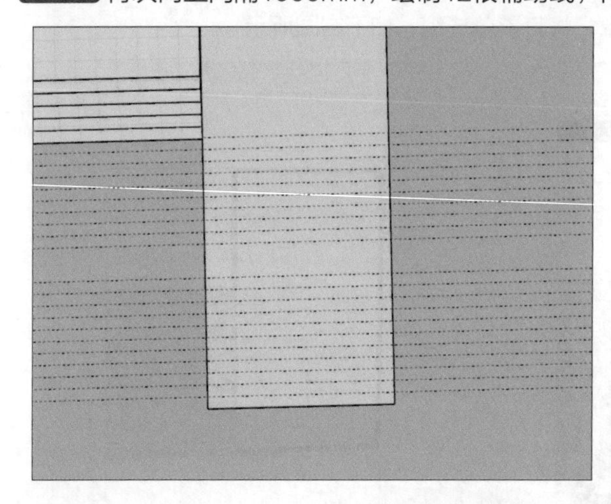

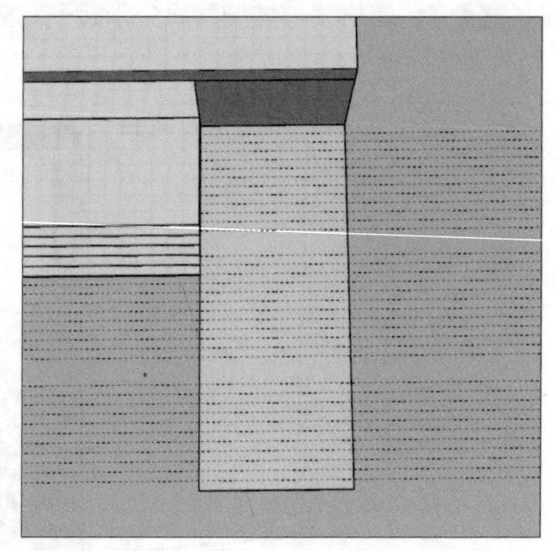

步骤21 在所有辅助线位置绘制直线，删除辅助线，如下左图所示。

步骤22 每级向上挤出150mm绘制楼梯，删除多余的线并进行成组，如下右图所示。

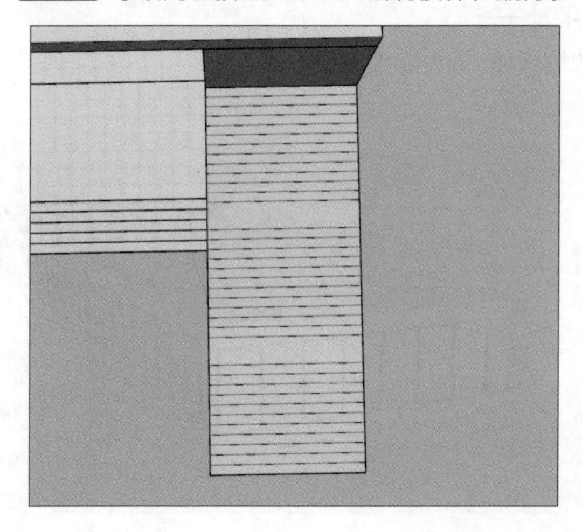

步骤 23 将“淡色水磨石砖”材质赋予对象，如下左图所示。

步骤 24 单击材质列表中的“创建材质”按钮，打开“创建材质”对话框，修改材质名称为“广告”，如下右图所示。

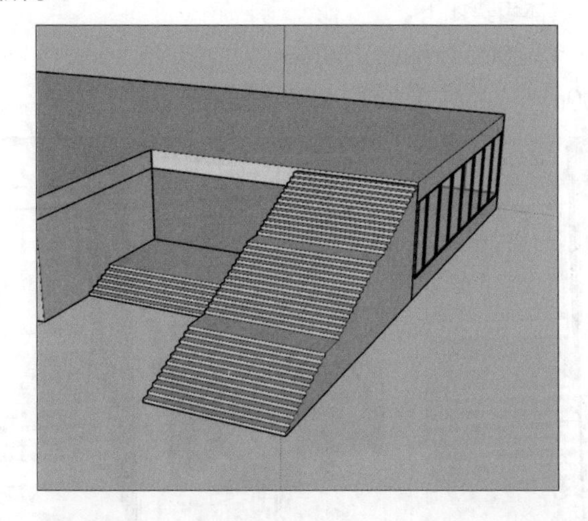

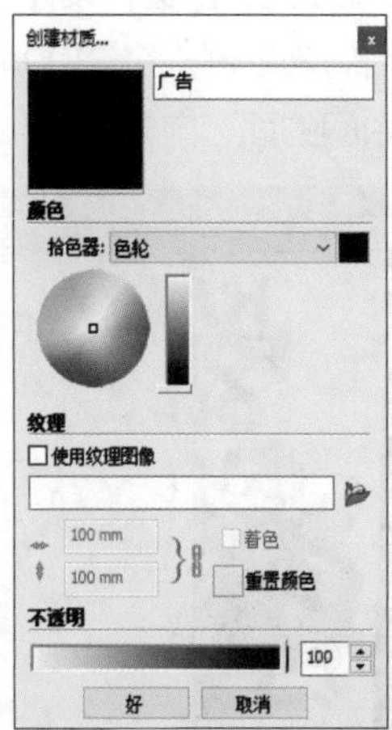

步骤 25 勾选“使用纹理图像”复选框，在案例文件夹中找到“广告”贴图，如下左图所示。

步骤 26 将材质赋予对应的广告牌，如下右图所示。

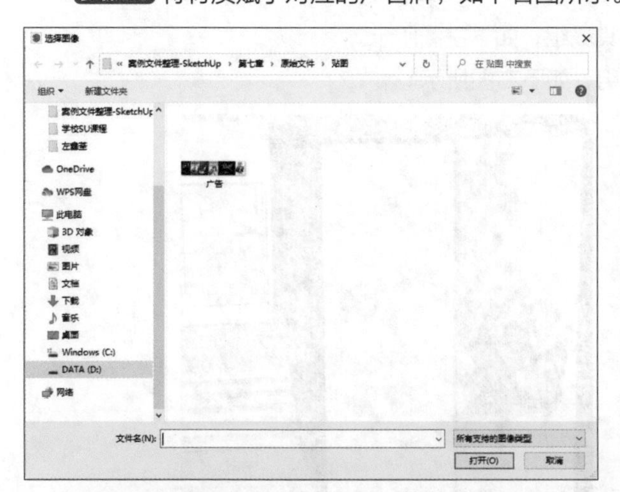

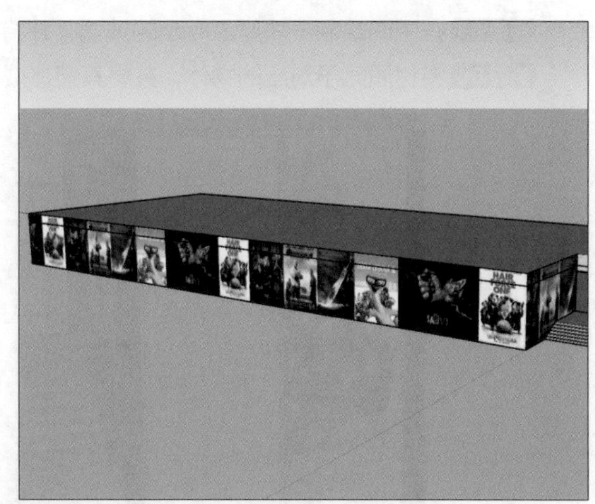

步骤 27 导入案例文件中的“感应门”文件，如下左图所示。

步骤 28 将其移动至合适位置并调整大小，如下右图所示。

8.1.2 影视楼外形制作

通过对建筑比例、色彩、材料的设计，可以使影视楼建筑物表现出具有标新立异的美感，从而吸引顾客。本小节将对影视楼的外形进行设计，具体步骤如下。

步骤 01 在广告牌前绘制一个5400mm × 2000mm的矩形框架，向内偏移50mm，如下左图所示。

步骤 02 删除中间的面，向外挤出100mm，并将其成组，如下右图所示。

步骤 03 在中间绘制一块厚20mm的玻璃，并将其成组，如下左图所示。

步骤 04 将材质赋予对应的物体，并将其整体成组，如下右图所示。

步骤 05 然后复制多个，填充整个广告牌区域，如下左图所示。

步骤 06 在楼梯侧边绘制扶手造型，挤出1500mm，并将其成组，如下右图所示。

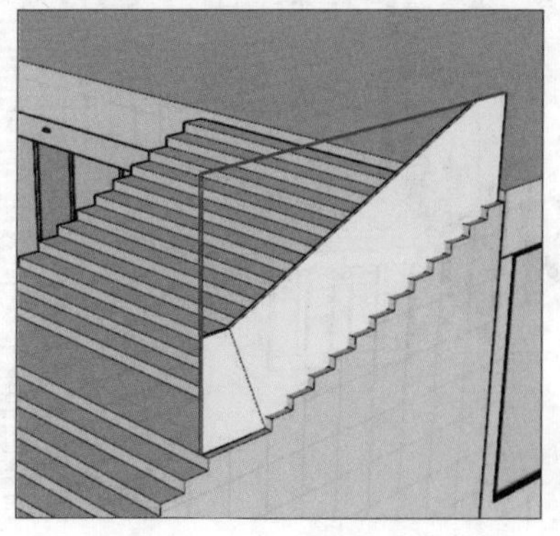

步骤07 将其填满楼梯一侧，使用实体工具将其合并，如下左图所示。

步骤08 然后赋予对应的材质，复制一份至另一侧，如下右图所示。

步骤09 在楼梯右下角绘制一个3350mm×2300mm的矩形与一个1000mm×1000mm的矩形，如下左图所示。

步骤10 删除大的矩形，将小矩形向上挤出9000mm，并将其成组，如下右图所示。

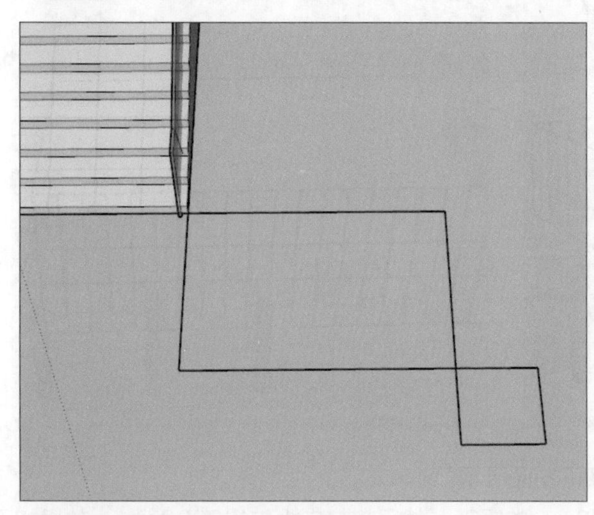

步骤11 赋予其对应材质，间隔8000mm向前复制3个，如下左图所示。

步骤12 间隔8000mm向左复制4个，如下右图所示。

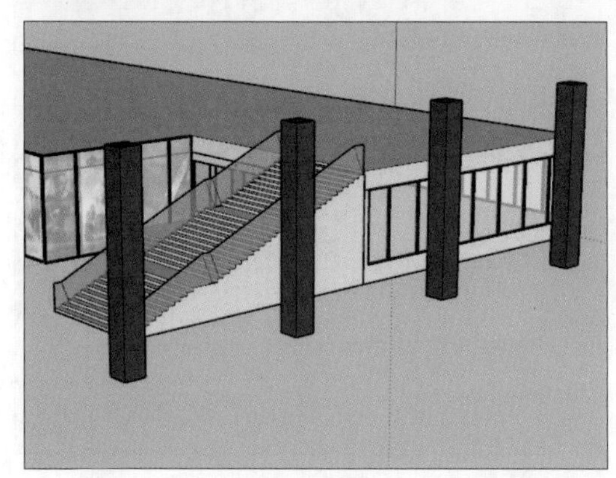

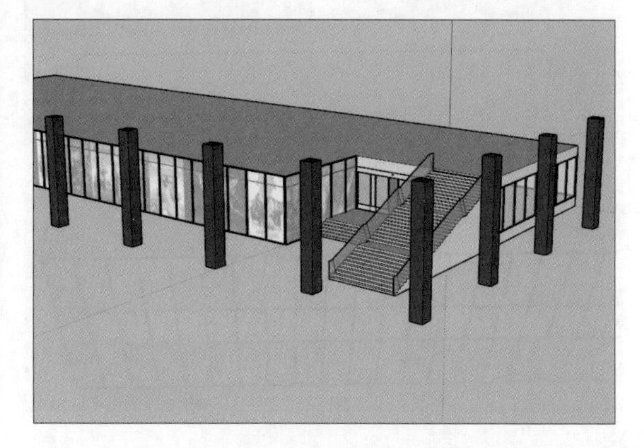

步骤 13 将下方的玻璃挡板向上复制一份，修改高度为3600mm，如下左图所示。

步骤 14 复制多个填充二楼，如下右图所示。

步骤 15 复制一楼玻璃挡板，在上方再增加一层，如下左图所示。

步骤 16 在上方绘制一个厚200mm的隔板，并将其成组，如下右图所示。

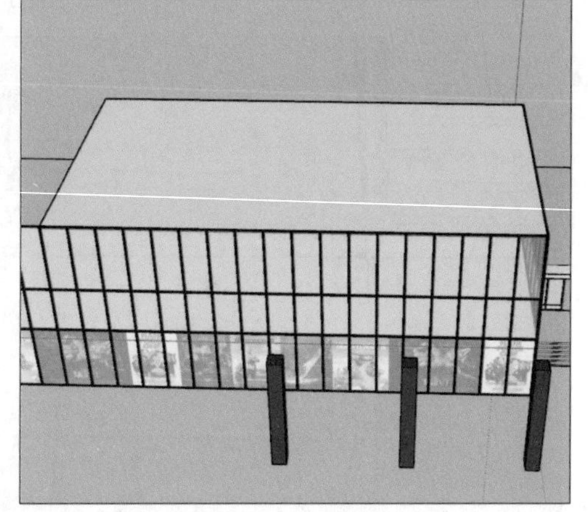

步骤 17 将“淡色水磨石砖”材质赋予对象，如下左图所示。

步骤 18 在模型旁绘制一个47000mm×30000mm的矩形，然后将其向上挤出9000mm，效果如下右图所示。

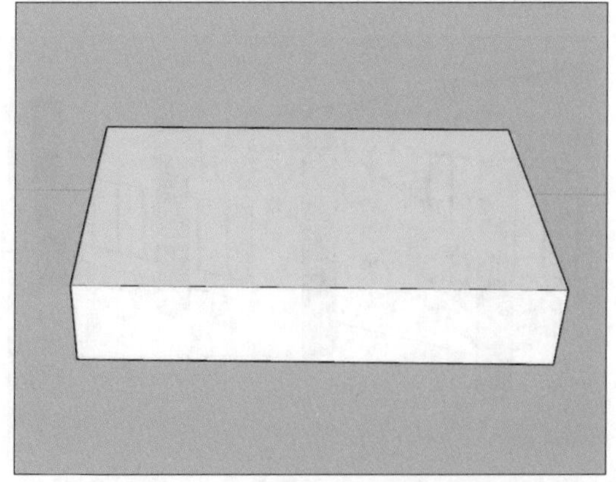

步骤19 在侧方高1000mm的位置绘制3000mm的广告牌辅助线，如下左图所示。

步骤20 绘制线段，向内推入200mm，如下右图所示。

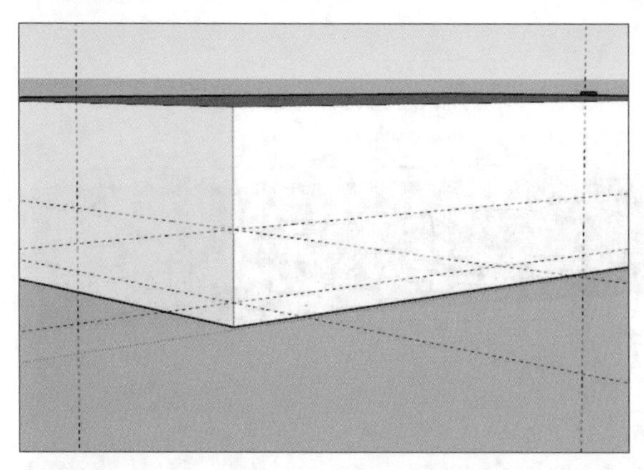

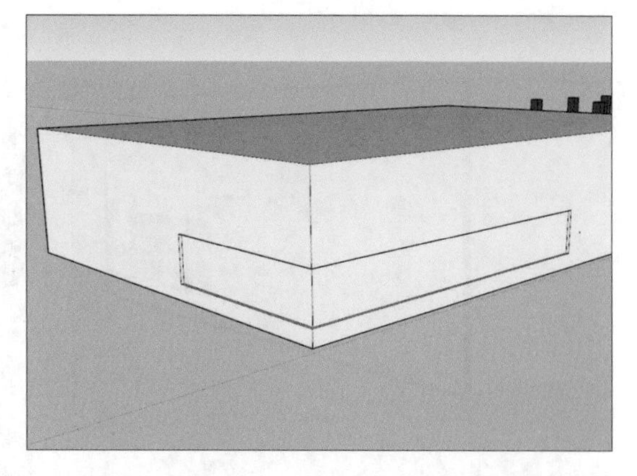

步骤21 在正面高1000mm的位置绘制宽5500mm、高8000mm的广告牌辅助线，如下左图所示。

步骤22 绘制线段，向内推入500mm，如下右图所示。

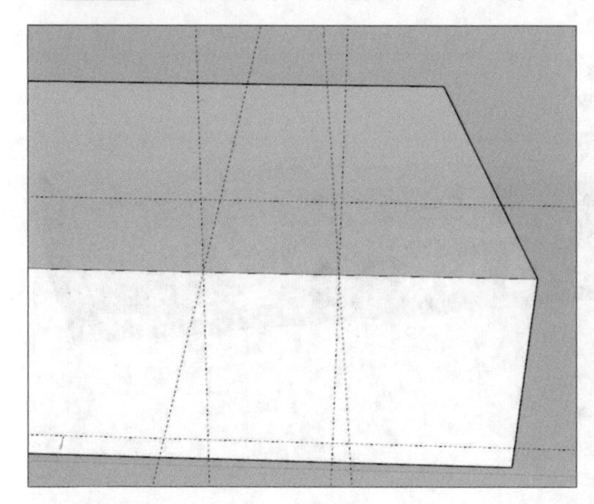

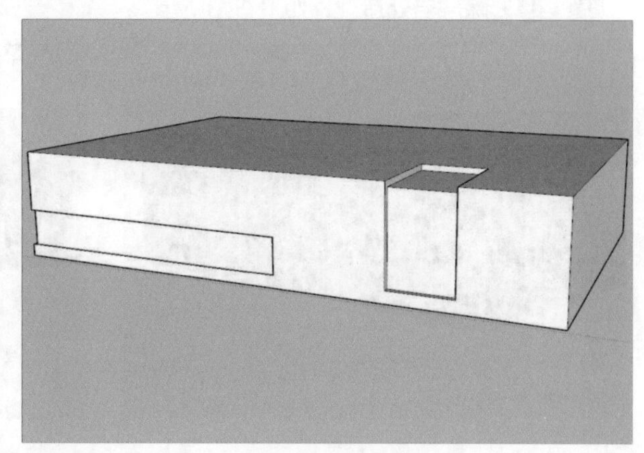

步骤23 将其成组并赋予对应的材质，如下左图所示。

步骤24 绘制一圈宽150mm、厚100mm的环绕造型线，将其成组，如下右图所示。

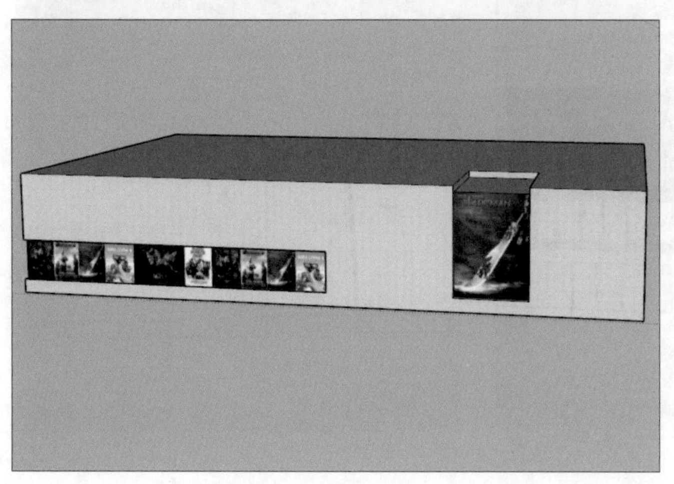

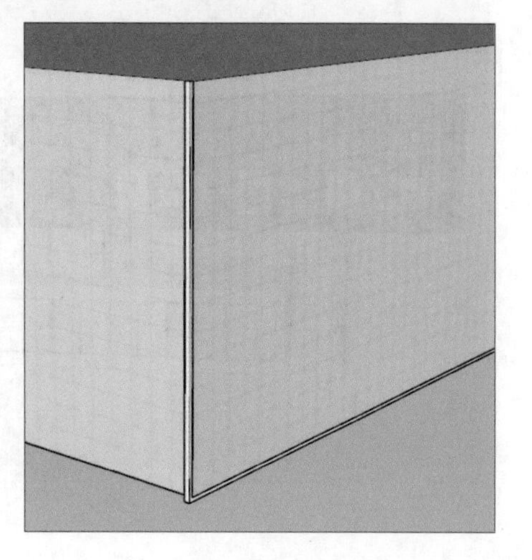

步骤25 赋予其对应材质，如下左图所示。

步骤26 设置间隔距离为100mm并多个复制，制作整体环绕效果，如下右图所示。

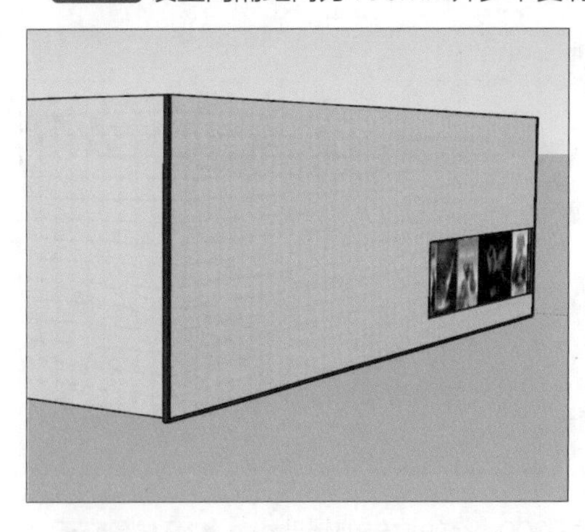

步骤27 在左右两面制作同样的效果，如下左图所示。

步骤28 去除广告处造型，如下右图所示。

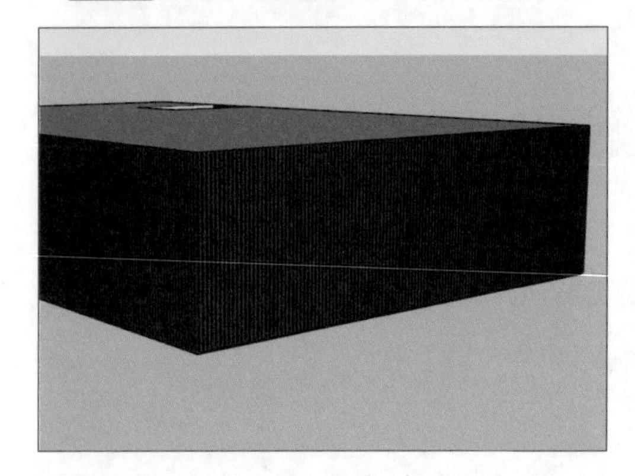

步骤29 将物体整体成组，移动至合适的位置，如下左图所示。

步骤30 在模型旁绘制一个25000mm×29000mm的矩形，如下右图所示。

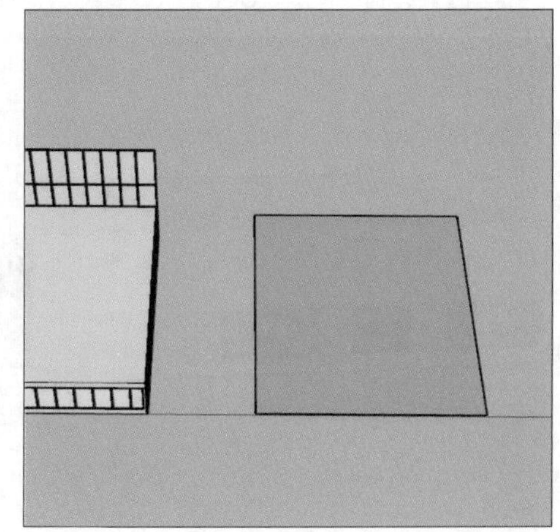

步骤31 在左下角绘制一个7000mm×2500mm的矩形，去除多余的线，如下左图所示。

步骤32 向上挤出11900mm，在左方与上方绘制两条间隔2000mm的辅助线，在下方绘制一条间隔900mm的辅助线，如下右图所示。

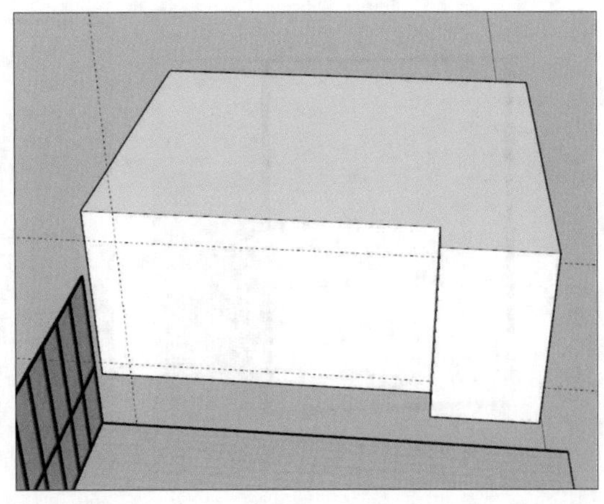

步骤33 绘制直线，删除连接的面，如下左图所示。

步骤34 在正面与侧面绘制间隔底面900mm、高3000mm的辅助线，正面向左绘制20000mm的辅助线，侧面向右绘制10000mm的辅助线，如下右图所示。

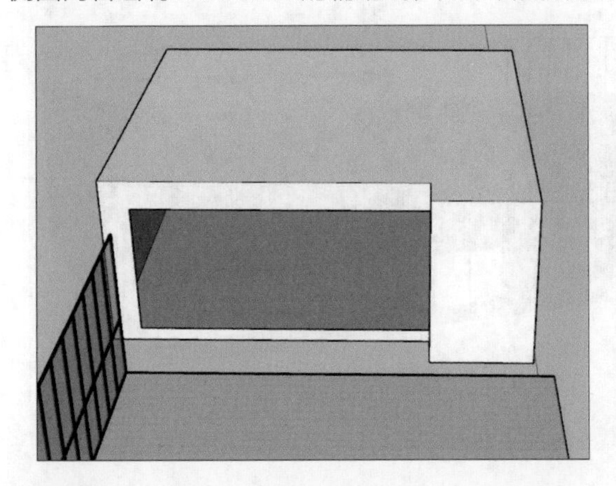

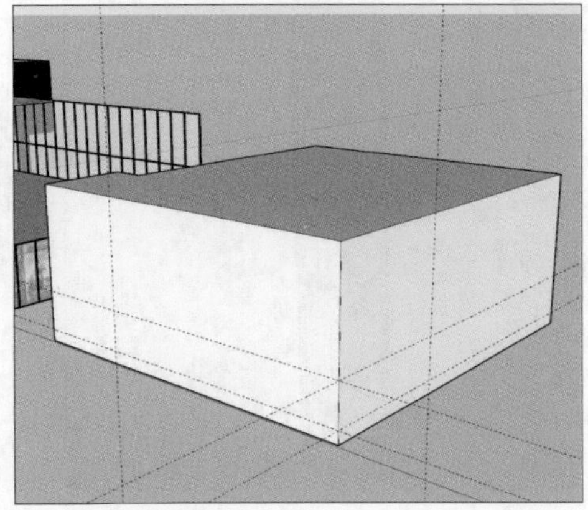

步骤35 绘制直线，向内偏移200mm，删除偏移的面，如下左图所示。

步骤36 将“淡色水磨石砖”材质赋予对象，并将其成组，如下右图所示。

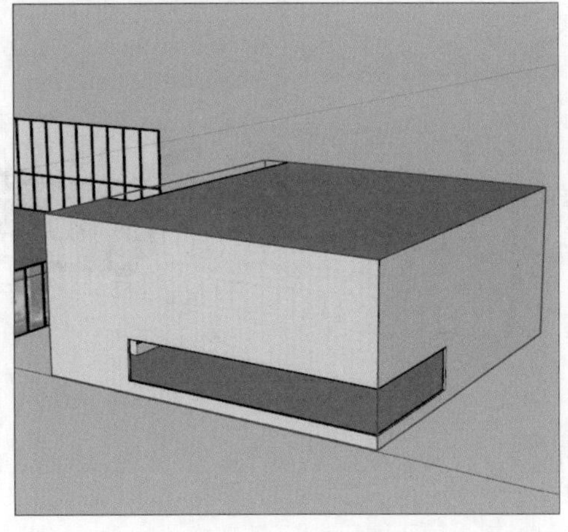

步骤 37 在窗洞处绘制宽50mm、厚100mm的窗框与厚20mm的玻璃，并将其整体成组，如下左图所示。

步骤 38 然后复制填满窗洞，如下右图所示。

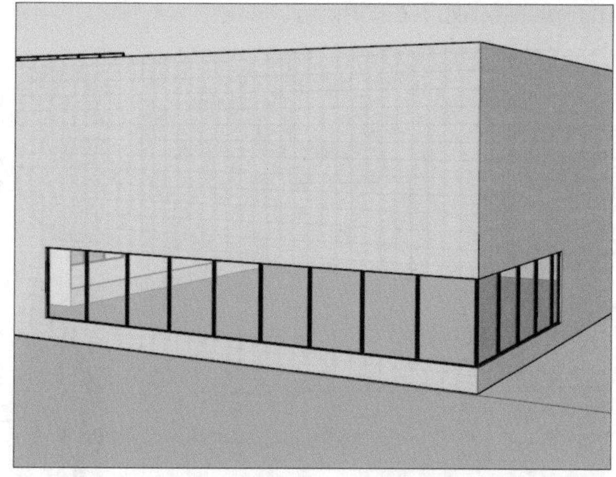

步骤 39 绘制宽150mm、厚100mm的造型板，赋予其对应材质并成组，如下左图所示。

步骤 40 复制填充满四周，如下右图所示。

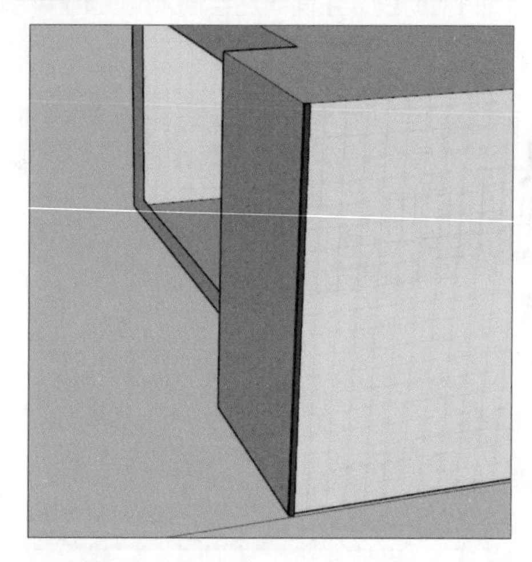

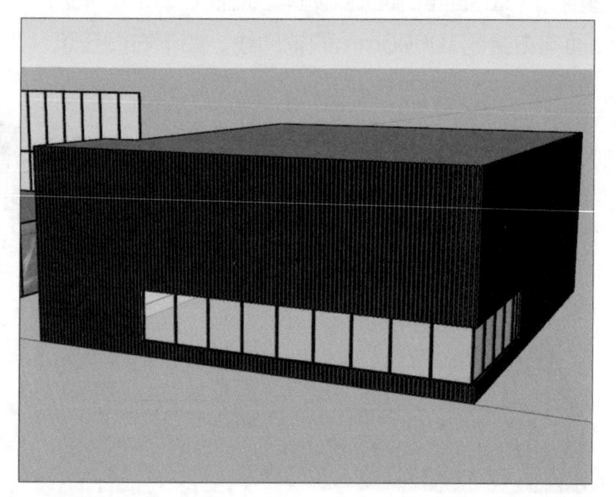

步骤 41 整体成组并移动至合适位置，如下左图所示。

步骤 42 调整二楼楼板，将其与造型对齐，如下右图所示。

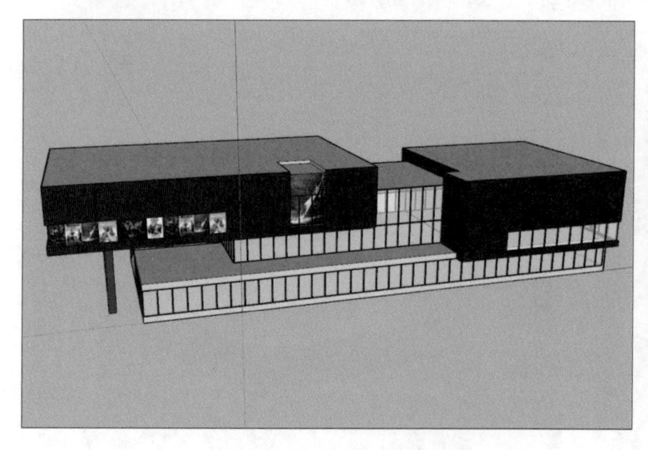

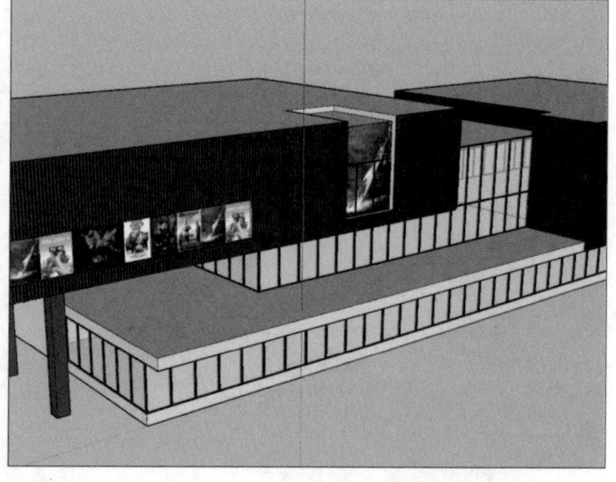

步骤43 为二楼平台添加玻璃护栏，如下左图所示。

步骤44 最后将模型整体成组完成制作，如下右图所示。

8.2 餐饮楼效果设计

餐饮楼的设计思路为“历史的活化”，采用历史上曾经出现过的建筑造型和细部，加以提炼抽象，运用到商业建筑的外观设计中，能够引起人们对过去的回忆。

扫码看视频

8.2.1 餐饮楼主体制作

使用前面所学的技巧，综合应用各种工具来进行快速建模，下面介绍具体操作方法。

步骤01 首先绘制一个17800mm×24000mm的矩形，向上挤出100mm，如下左图所示。

步骤02 将顶面向内偏移200mm，向上挤出4400mm，如下右图所示。

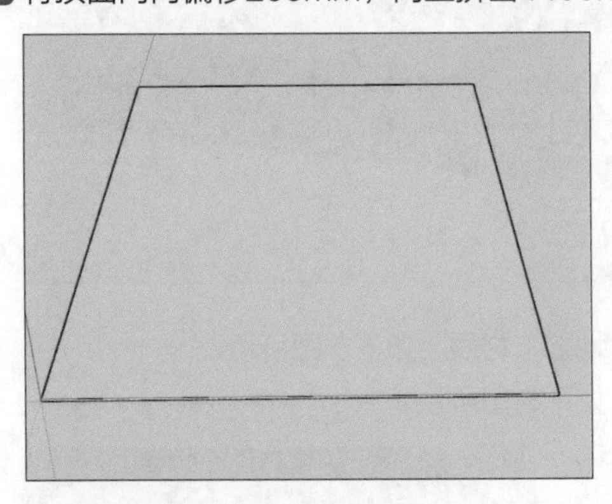

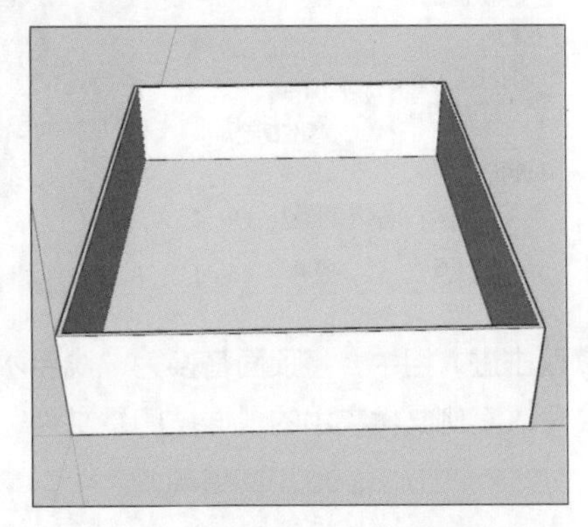

步骤03 在正面偏右位置绘制高2800mm、宽13000mm的门洞辅助线，如下左图所示。

步骤04 沿辅助线绘制直线，去除门洞，如下右图所示。

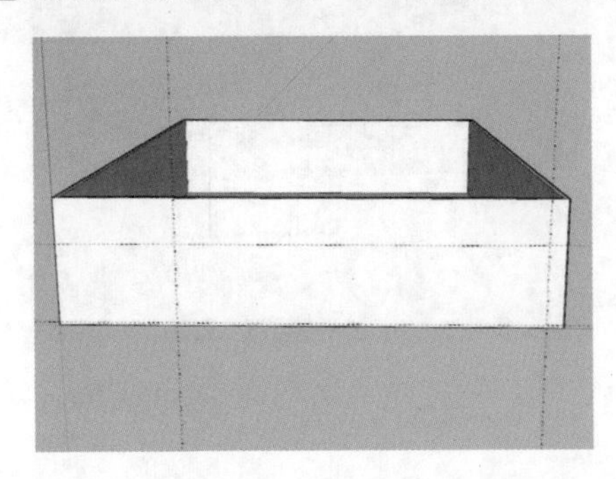

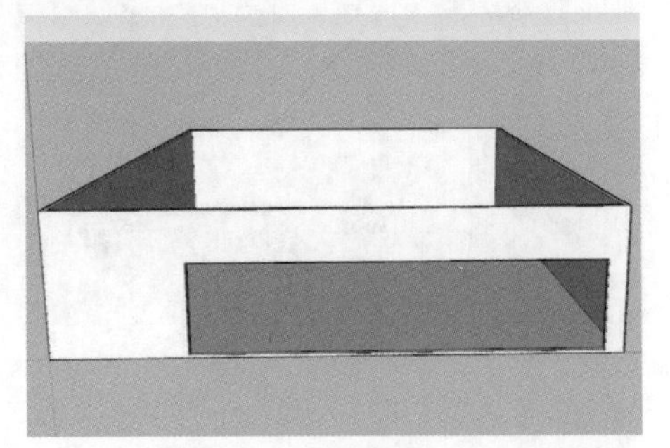

步骤 05 在后方两次分别绘制高2800mm、宽6000mm的门洞，如下左图所示。

步骤 06 添加厚度为140mm的屋顶，如下右图所示。

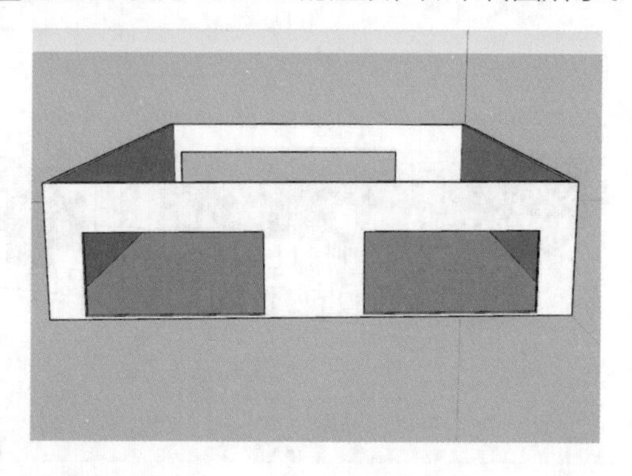

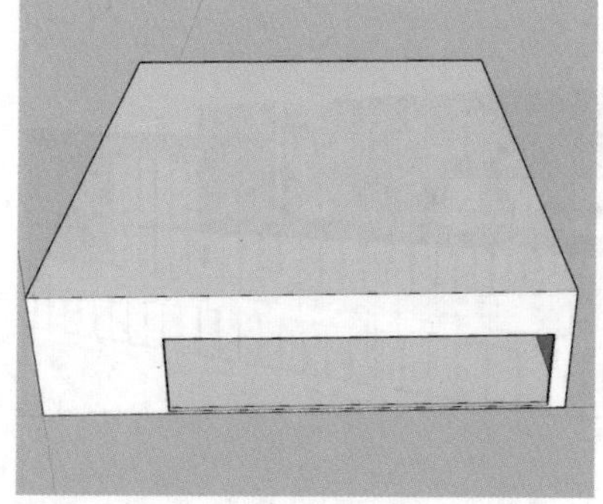

步骤 07 创建木纹材质，加入案例文件中的木纹贴图，具体参数如下左图所示。

步骤 08 将房屋整体成组，赋予其木纹材质，如下右图所示。

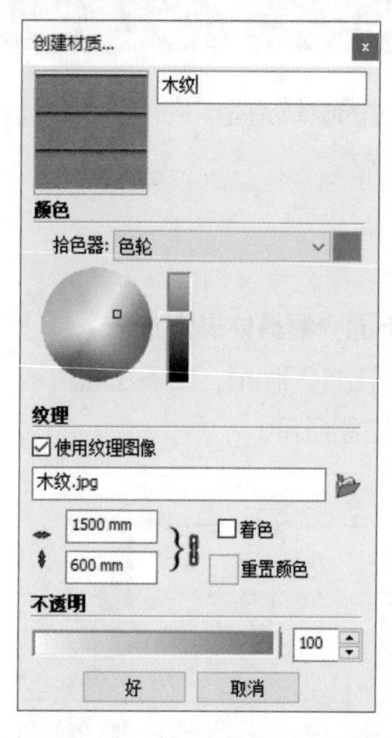

步骤 09 双击进入组中，将顶面替换为“浅色木地板”材质，如下左图所示。

步骤 10 导入案例文件夹中的“推拉门”文件，如下右图所示。

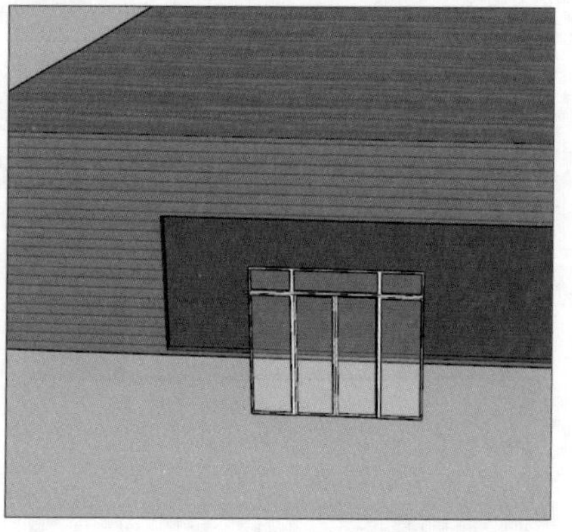

步骤 11 将推拉门多个复制安装在正面，如下左图所示。

步骤 12 导入“玻璃门”文件，将其安装在背面，如下右图所示。

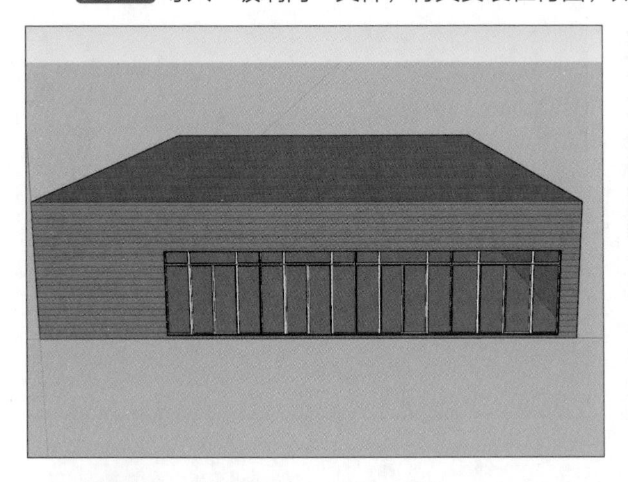

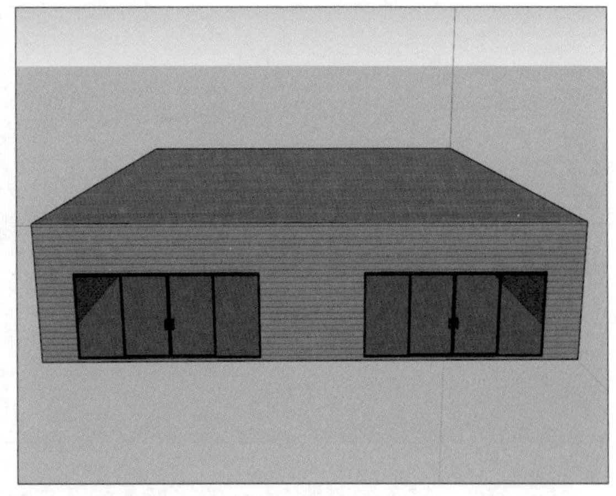

步骤 13 再绘制高2800mm、宽22000mm门洞，如下左图所示。

步骤 14 安装推拉门，如下右图所示。

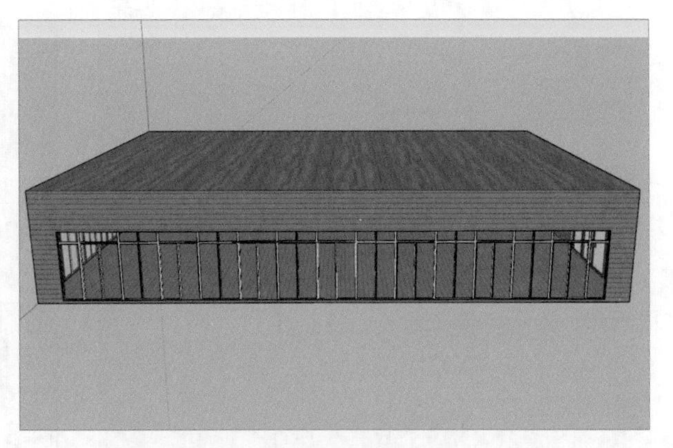

步骤 15 接下来，我们将依次在侧面绘制多个矩形，从左至右的尺寸分别为6000mm × 3000mm、16800mm × 23500mm、23850mm × 18500mm、17200mm × 24750mm，如下左图所示。

步骤 16 删除多余的面与线，如下右图所示。

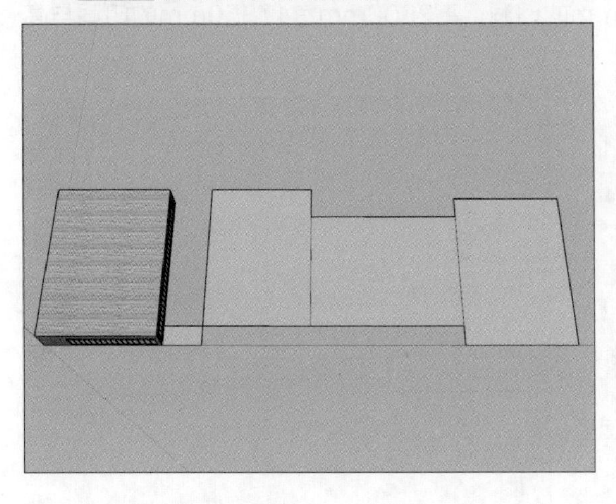

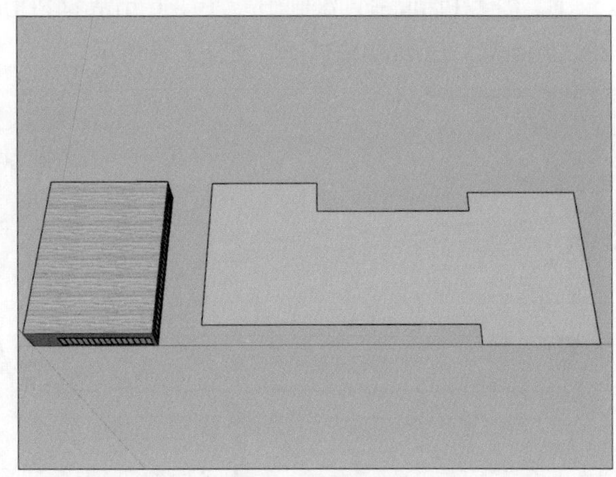

步骤 17 整体向上挤出100mm，如下左图所示。

步骤 18 向内偏移200mm，向上挤出4400mm，制作墙体，如下右图所示。

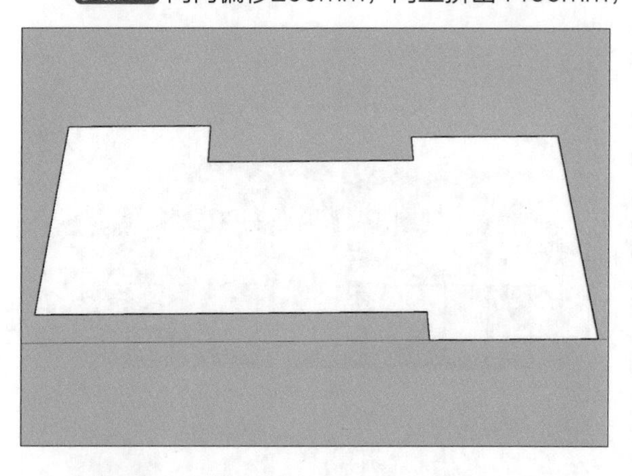

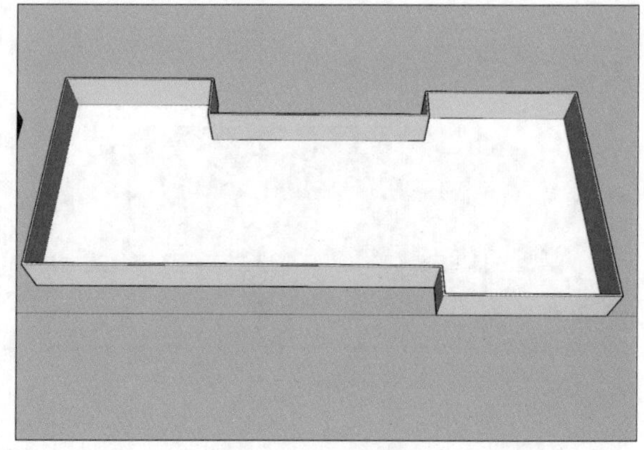

步骤 19 为其添加厚140mm的楼板，如下左图所示。

步骤 20 在正面分别绘制出高2800mm、宽40150mm的门洞与高2800mm、宽15200mm的门洞，如下右图所示。

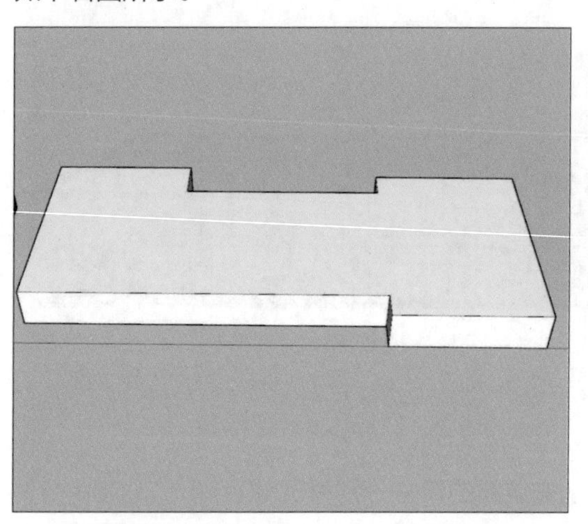

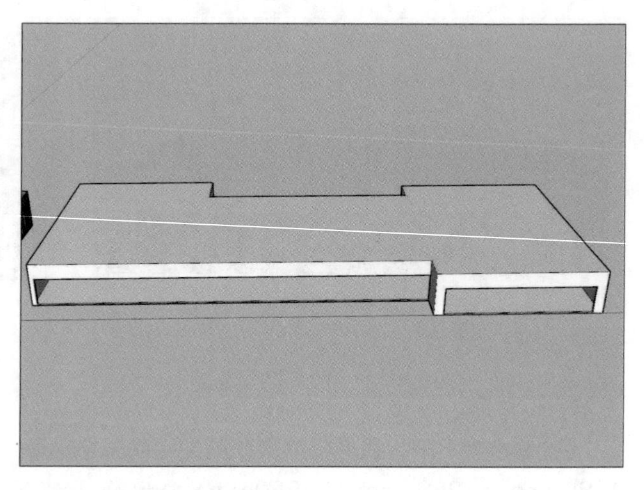

步骤 21 在左侧绘制高2800mm、宽22500mm的门洞，如下左图所示。

步骤 22 在后面分别绘制出高2800mm宽14200mm的门洞、高2800mm宽17850mm的门洞与高2800mm宽13800mm的门洞，如下右图所示。

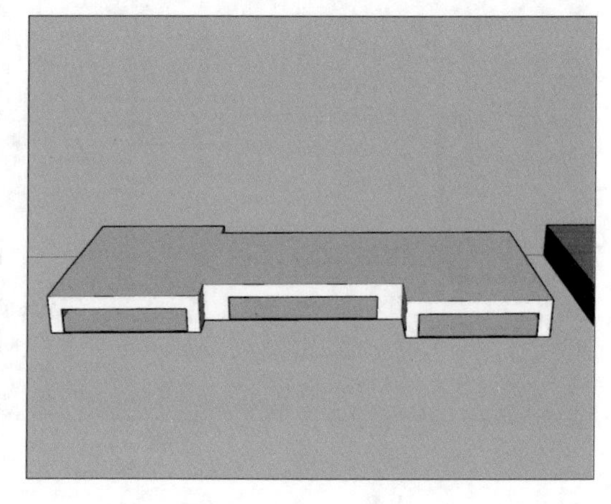

步骤23 创建墙砖材质，加入案例文件夹中的墙砖贴图，具体参数如下左图所示。

步骤24 将主体整体成组，赋予其墙砖材质，如下右图所示。

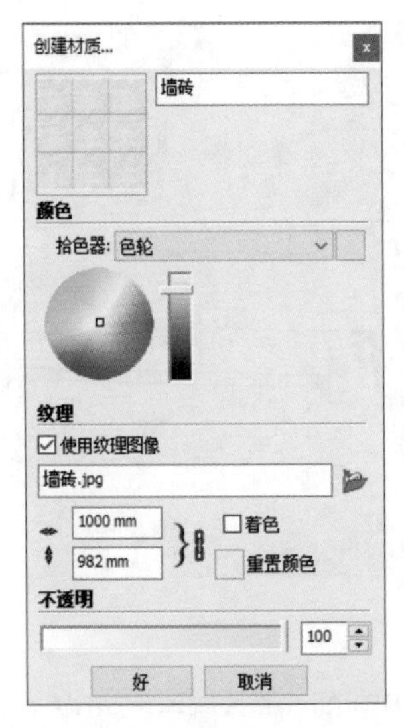

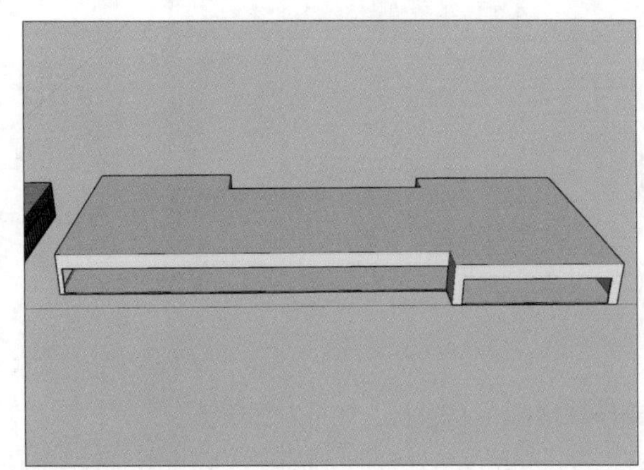

步骤25 双击进入组中，将顶面贴图替换为浅色木地板，将后方贴图替换为木纹，如下左图所示。

步骤26 在正面与侧面安装推拉门，如下右图所示。

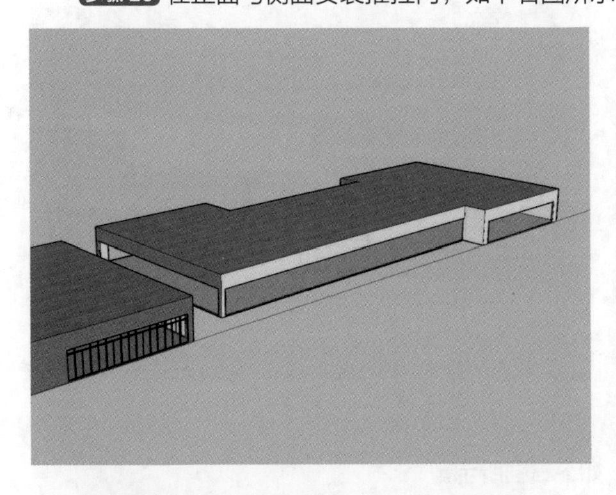

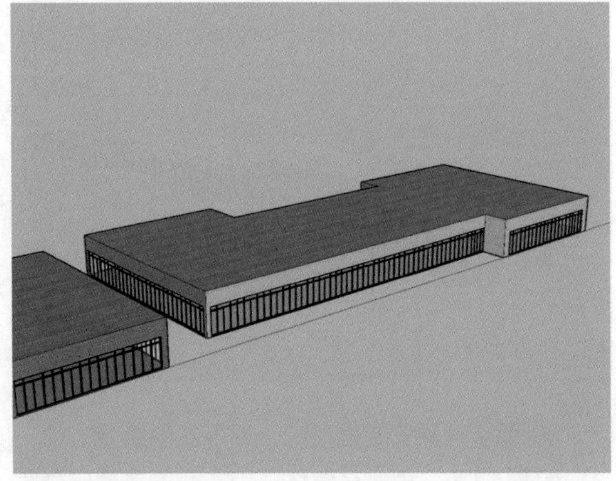

步骤27 在后方安装玻璃门，如下左图所示。

步骤28 接着在二楼依次绘制17800mm×20300mm的矩形、22000mm×12900mm的矩形、24650mm×18500mm的矩形与17200mm×21500mm的矩形，如下右图所示。

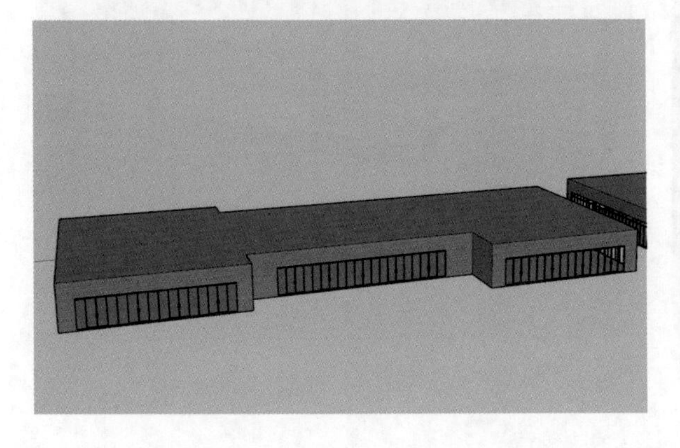

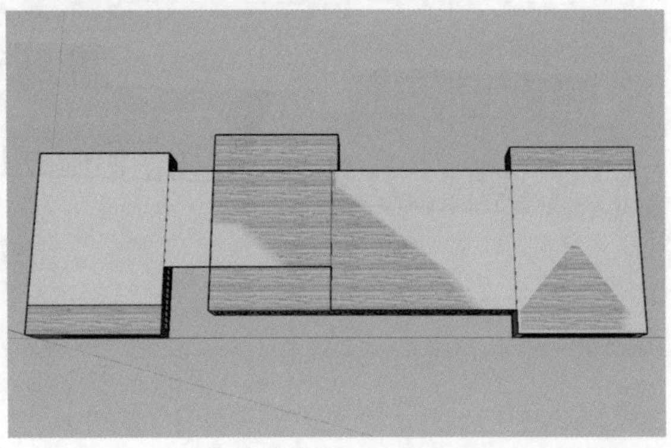

步骤 29 向内偏移200mm，再挤出3600mm制作墙体，如下左图所示。

步骤 30 删除多余的面与线，制作出厚140mm的天桥，如下右图所示。

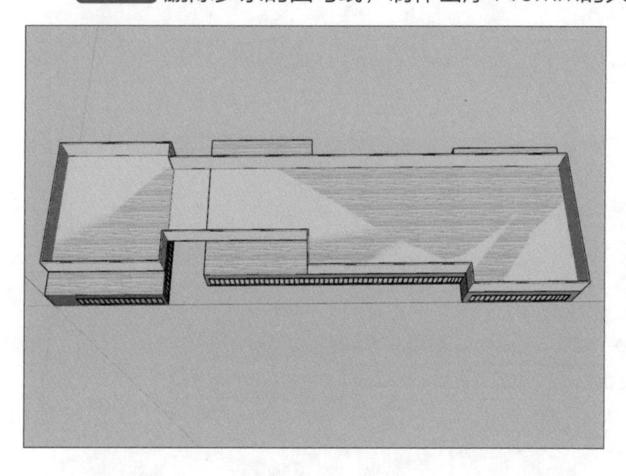

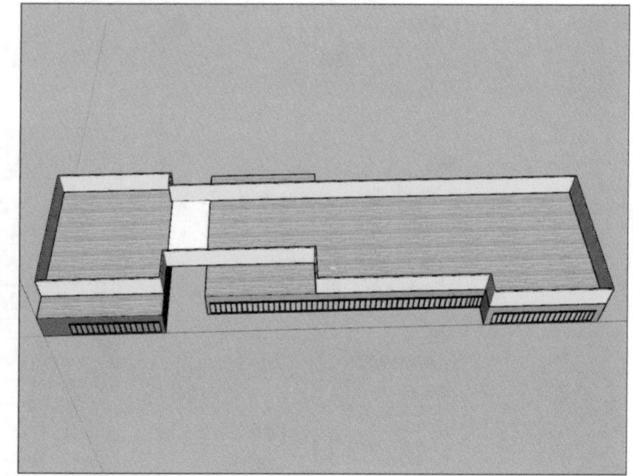

步骤 31 制作厚140mm的楼板，如下左图所示。

步骤 32 在二楼正面两平台处分别绘制高2800mm、宽14800mm的门洞与高2800mm、宽6300mm的门洞，如下右图所示。

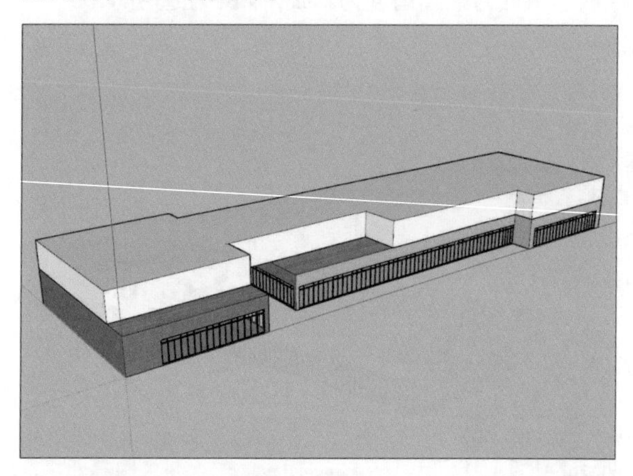

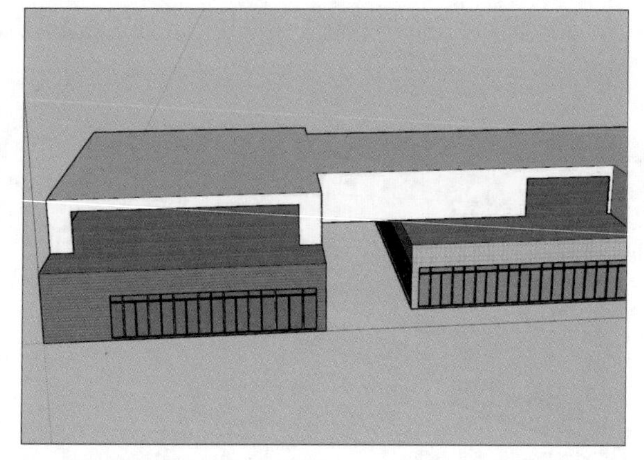

步骤 33 为其安装推拉门，如下左图所示。

步骤 34 将二楼主体整体成组，赋予其墙砖材质，如下右图所示。

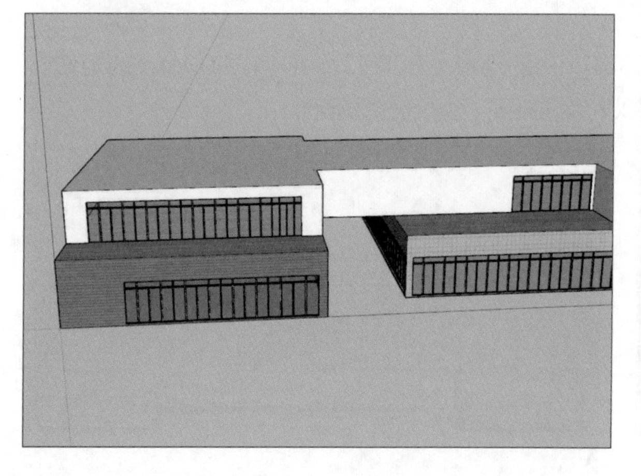

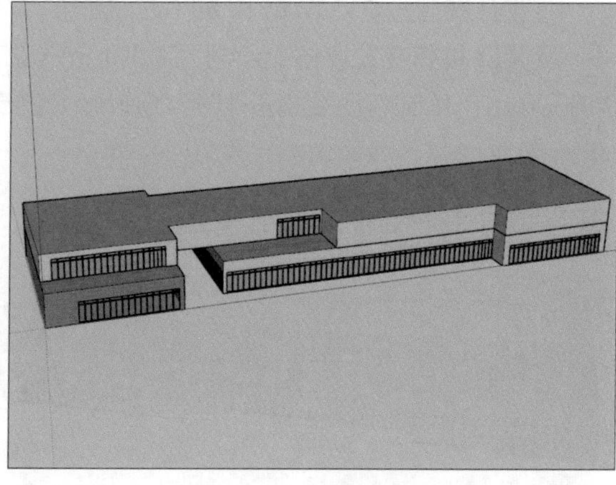

步骤35 在正面绘制高3000mm、宽23650mm的窗洞，如下左图所示。

步骤36 导入“落地窗”文件，将其安装在窗洞中，如下右图所示。

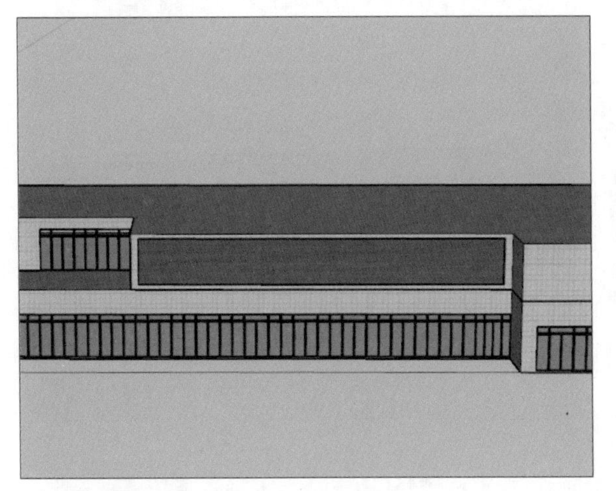

步骤37 在正面绘制多个宽2000mm、高2500mm的窗洞，如下左图所示。

步骤38 导入“窗户”文件，将其安装在窗洞位置，如下右图所示。

步骤39 在正面剩余位置安装窗户，窗高都是2500mm，一般窗洞宽为2000mm，三联窗户宽为6000mm，窄窗宽为1500mm，如下左图所示。

步骤40 在二楼左侧同样安装窗户，如下右图所示。

步骤 41 在右侧安装高3000mm、宽19500mm的整面落地窗，如下左图所示。

步骤 42 在后方平台处安装推拉门，两侧间隔1500mm、高2800mm，如下右图所示。

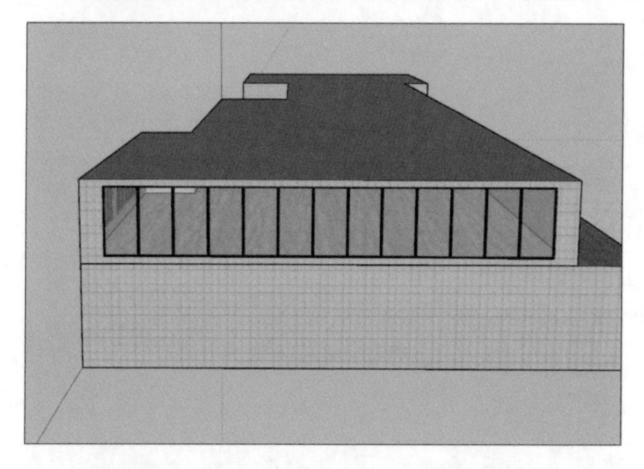

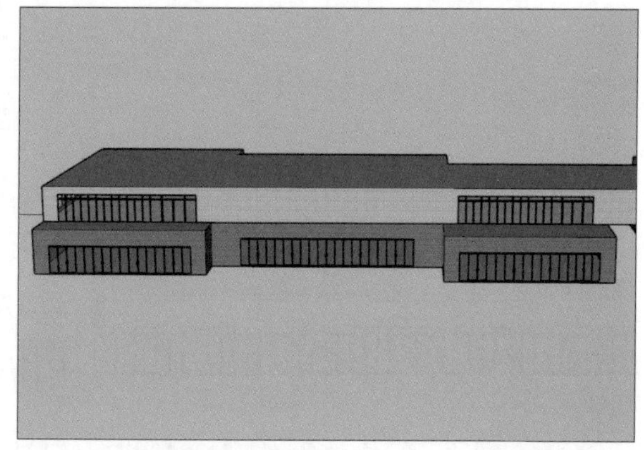

步骤 43 在间隔处安装窗户，如下左图所示。

步骤 44 在剩余位置安装高3000mm、宽15800mm的落地窗，如下右图所示。

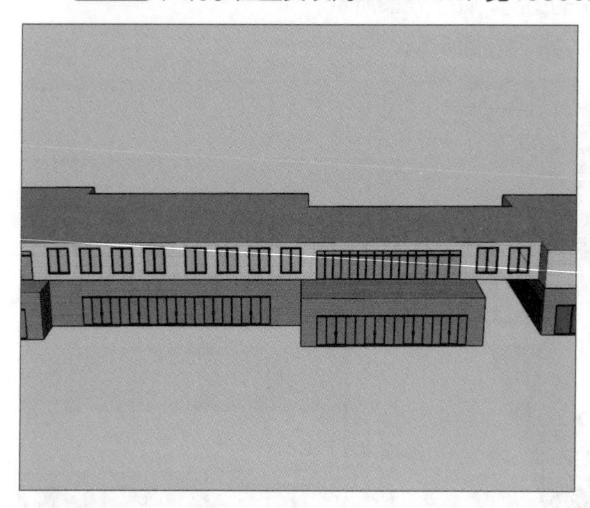

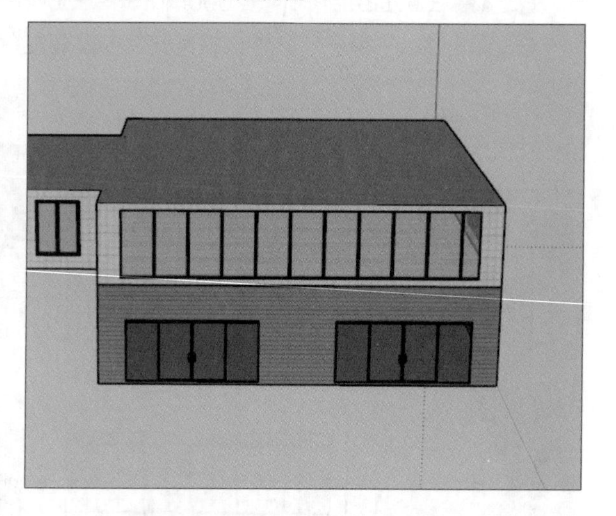

步骤 45 导入“护栏”文件，将其安装在所有二楼平台上，正面效果如下左图所示。后面效果如下右图所示。

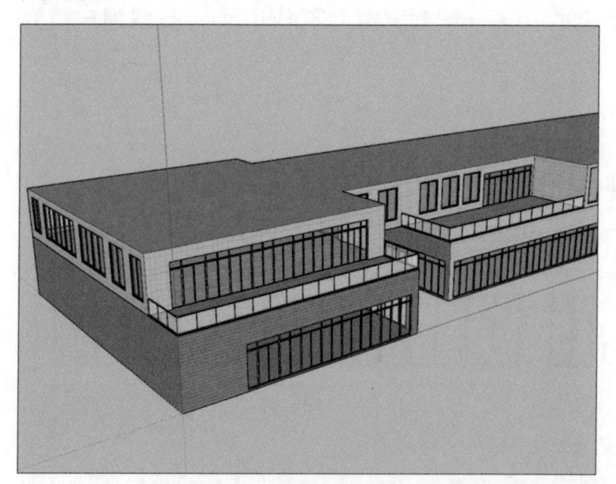

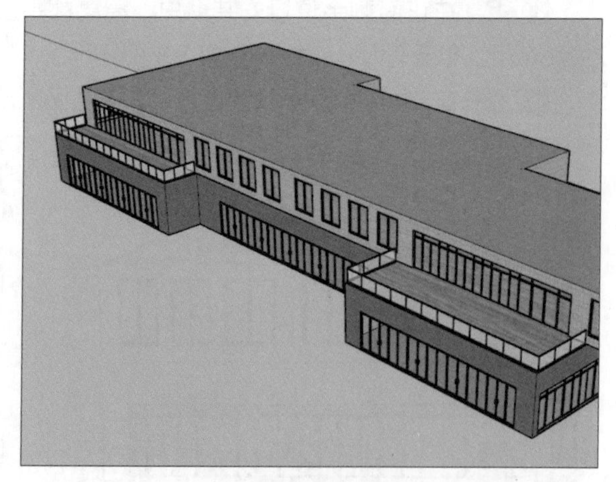

8.2.2 餐饮楼整体制作

完成了建筑的整体制作后，对建筑的美化是必不可少的一步，本小节通过对餐饮楼的整体调整，介绍建筑美化的具体步骤。

步骤01 首先绘制三楼左侧底面，如下左图所示。

步骤02 绘制厚200mm、高3600mm的墙，如下右图所示。

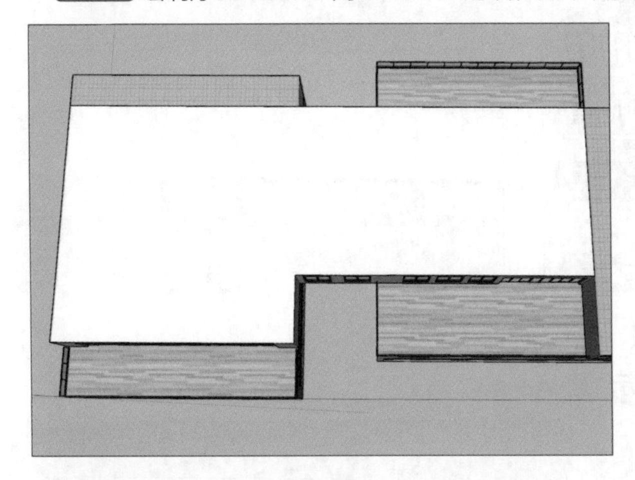

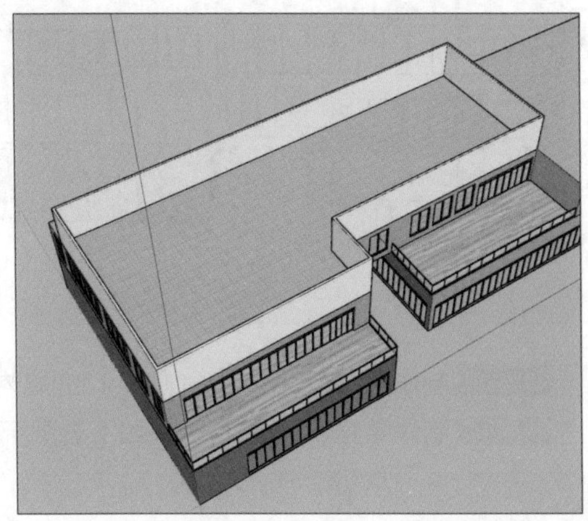

步骤03 添加厚140mm的楼板，如下左图所示。

步骤04 将其整体成组并赋予墙砖材质，如下右图所示。

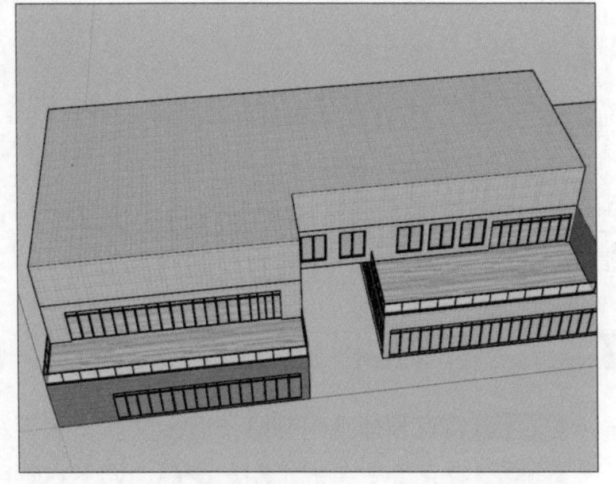

步骤05 在三楼正面安装窗户与落地窗，如下左图所示。

步骤06 在三楼侧面安装窗户，如下右图所示。

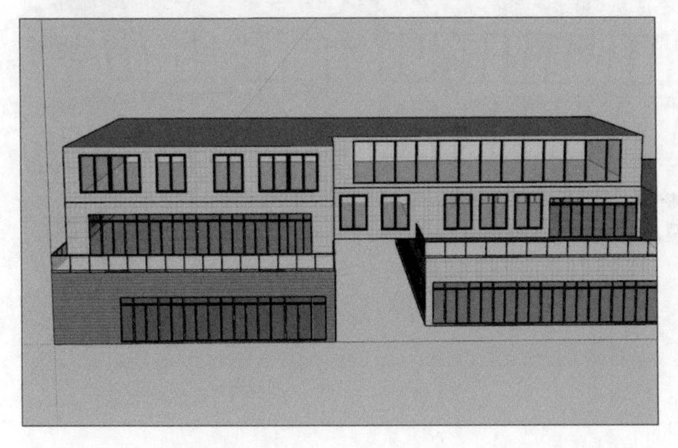

步骤 07 在三楼后面露台处安装玻璃门与窗户，其他墙体安装落地窗，如下左图所示。

步骤 08 在三楼右侧绘制底层，如下右图所示。

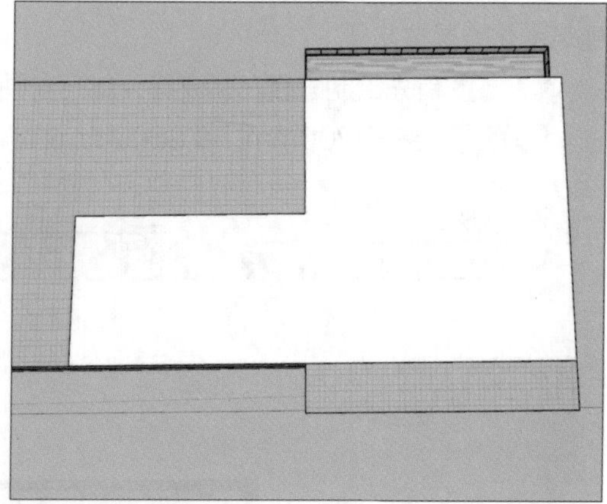

步骤 09 制作宽200mm、高3600mm的墙体，如下左图所示。

步骤 10 制作厚140mm的楼板，如下右图所示。

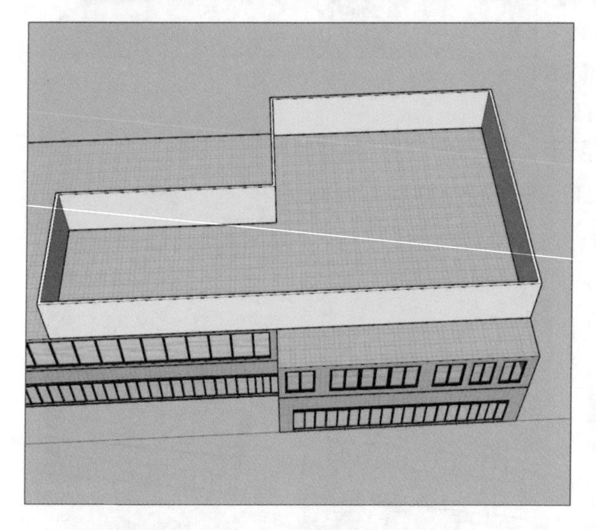

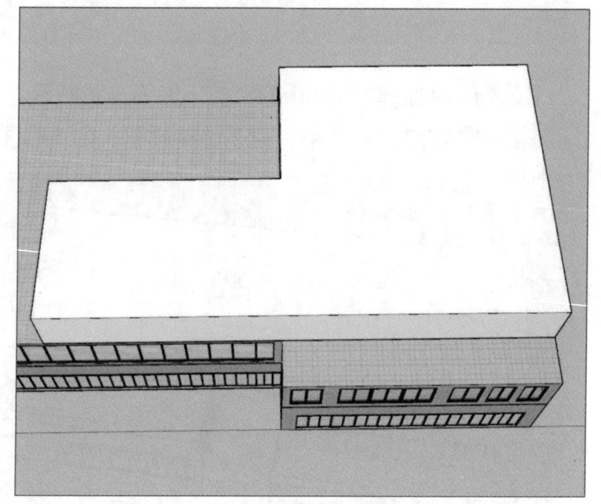

步骤 11 将其整体成组并赋予墙砖材质，如下左图所示。

步骤 12 在正面安装推拉门与窗户，如下右图所示。

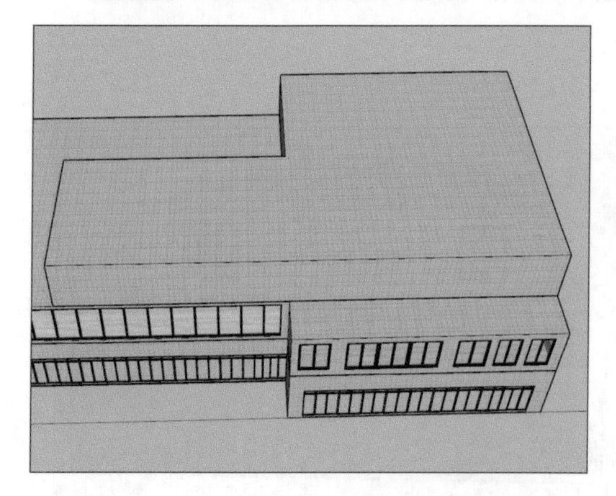

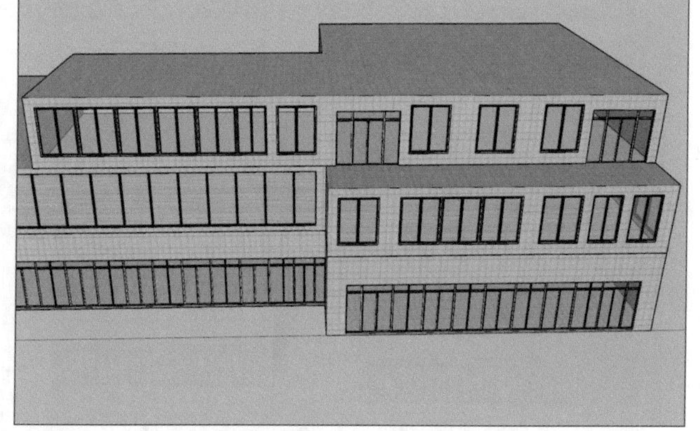

步骤13 在后面同样安装推拉门与窗户，如下左图所示。

步骤14 导入护栏，为三楼所有平台安装护栏，如下右图所示。

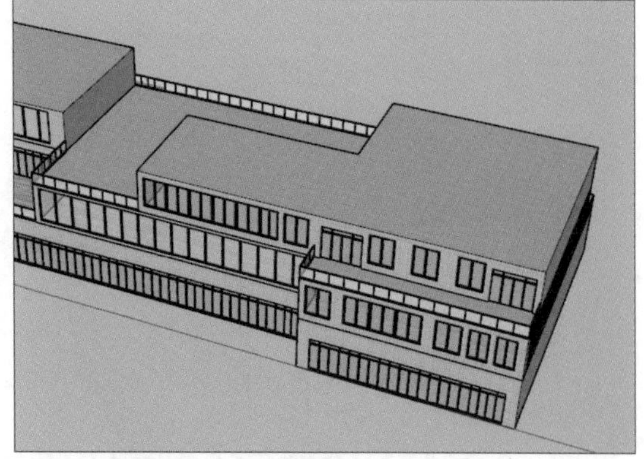

步骤15 在三楼顶部绘制平面且向上挤出2000mm，制作屋檐雏形，如下左图所示。

步骤16 将两侧线段向下移动，制作出大型屋檐，如下右图所示。

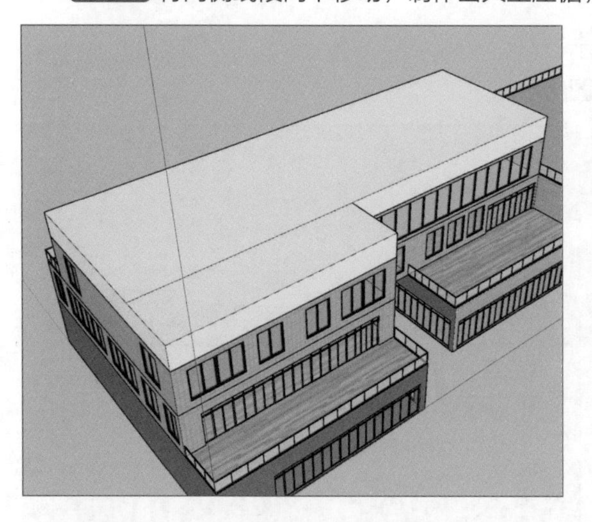

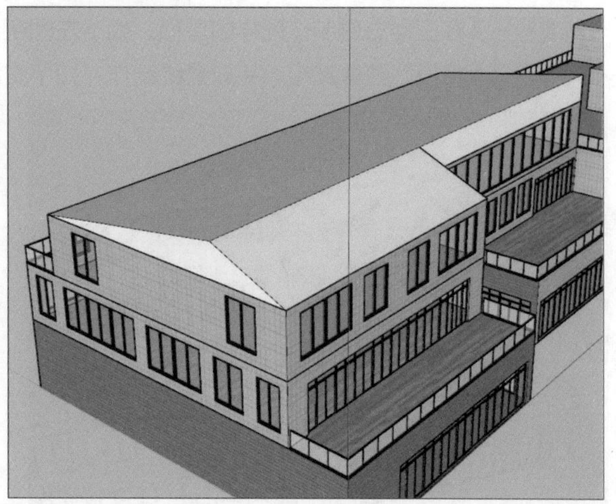

步骤17 在两侧方分别向上挤出100mm，再沿屋檐向四周推出1000mm，制作出屋檐效果，如下左图所示。

步骤18 创建木板材质，载入案例文件夹中的木板材质，具体参数如下右图所示。

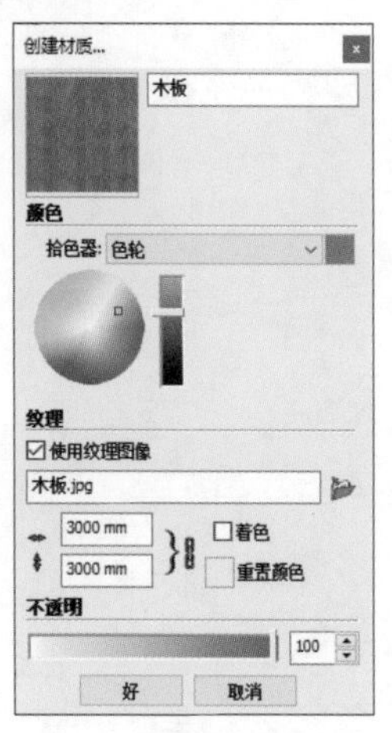

步骤19 将屋顶整体成组，赋予其对应的材质，如下左图所示。

步骤20 在屋顶绘制多个玻璃窗洞，如下右图所示。

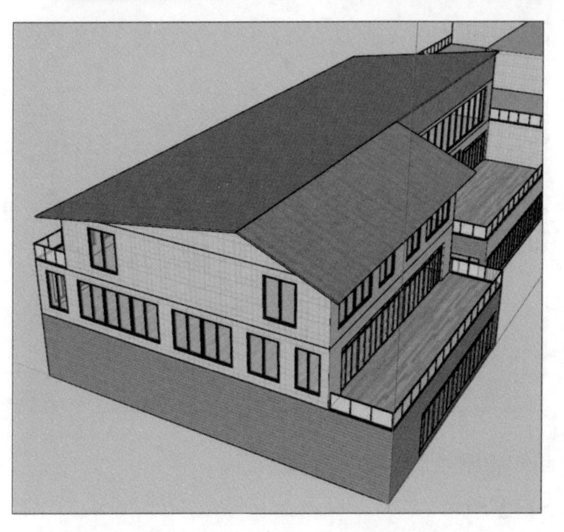

步骤21 在三楼右侧制作同样的屋顶，如下左图所示。

步骤22 将模型整体成组，完成最终制作，如下右图所示。

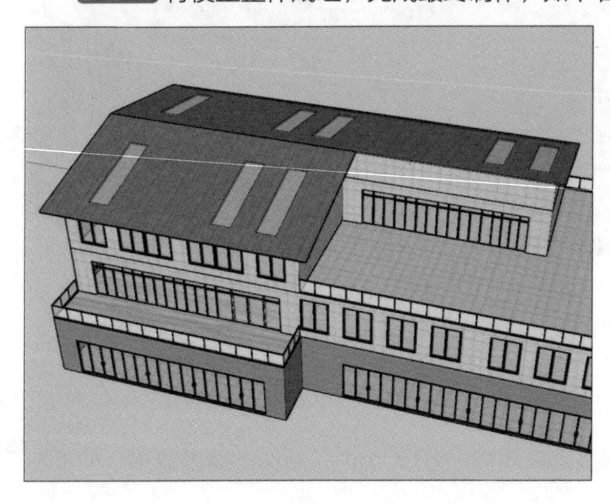

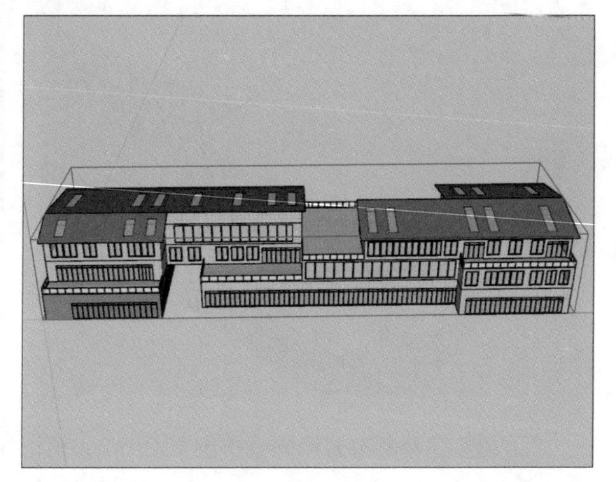

第9章 商业街整体效果设计

本章概述

本章以整条商业街的外观效果设计为例，详细展示了大型场景的整体效果制作与小范围内物体的合理摆放，其主要分为小品建筑外观设计与整体效果设计两个部分。

核心知识点

❶ 掌握小品的快速成型
❷ 掌握模型效果的快速制作
❸ 掌握建筑整体效果的把握
❹ 了解SketchUp软件的综合应用

9.1 小品建筑外观设计

小品设计的过程，需要创作者具有丰富的想象力和灵活开放的思维方式。景观设计者在进行各种类型的小品设计时，必须能够灵活地解决具体矛盾与问题，发挥创新意识和创造能力，才能设计出内涵丰富、形式新颖的园林景观作品。

扫码看视频

9.1.1 制作休闲凉亭模型

本小节将使用形状工具与移动复制功能，进行凉亭的快速呈现，具体步骤如下。

步骤 01 首先制作一个16000mm×7000mm、厚300mm的平台，如下左图所示。

步骤 02 接着绘制300mm×300mm、高3000mm的支柱，如下右图所示。

步骤 03 复制出多个支柱，删除多余的线，如下左图所示。

步骤 04 制作两侧厚200mm的横梁，如下右图所示。

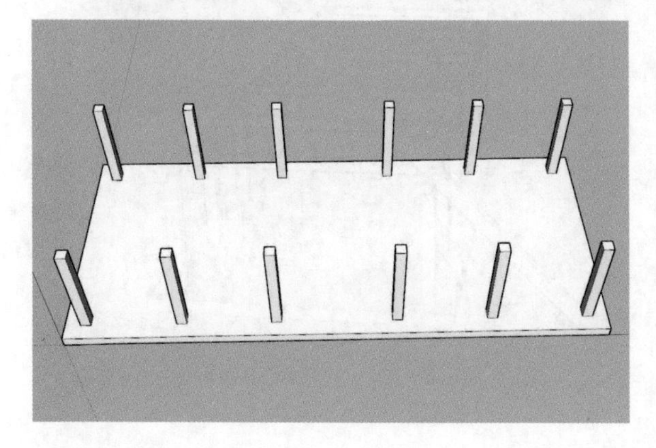

步骤05 绘制中间厚200mm的横梁，如下左图所示。

步骤06 绘制后板与厚100mm的座椅，将其整体成组，如下右图所示。

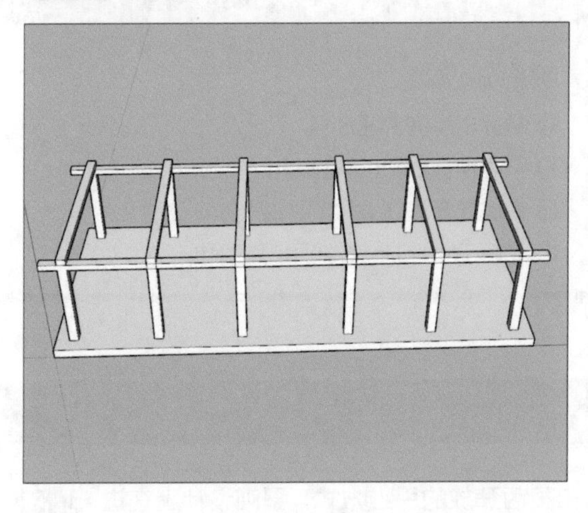

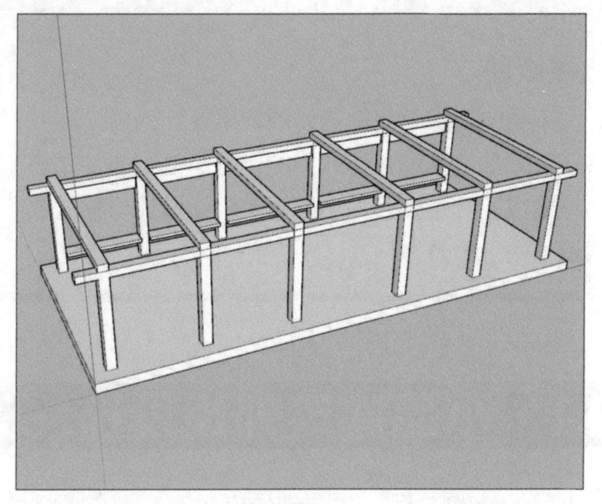

步骤07 绘制300mm×300mm、高4500mm的立柱，将其旋转45°并成组，如下左图所示。

步骤08 将立柱放置在横梁上，调整其造型，如下右图所示。

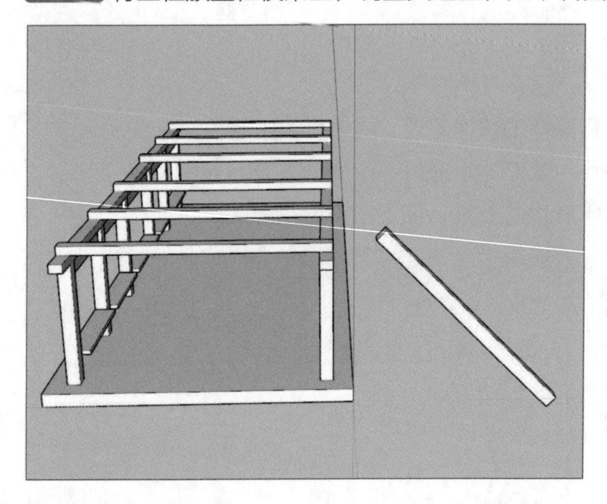

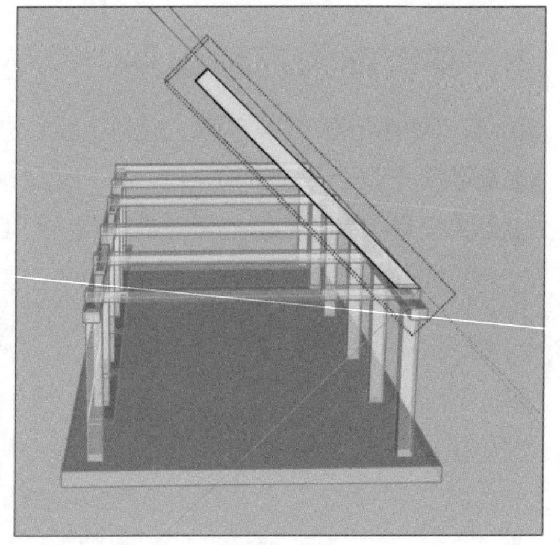

步骤09 绘制300mm×300mm、高10500mm的立柱，将其旋转45°并成组，如下左图所示。

步骤10 将立柱放置在横梁上，调整其造型，如下右图所示。

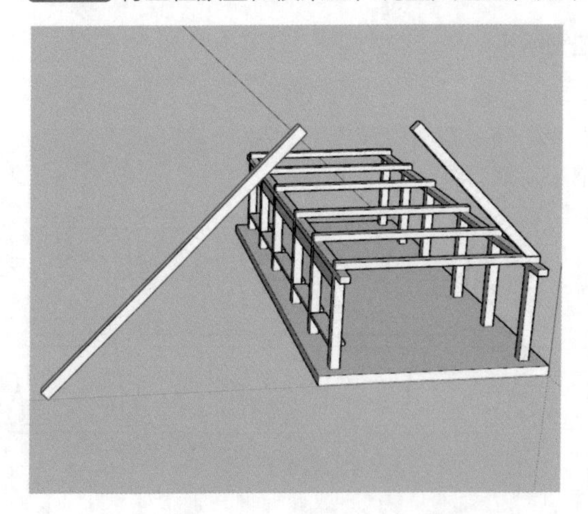

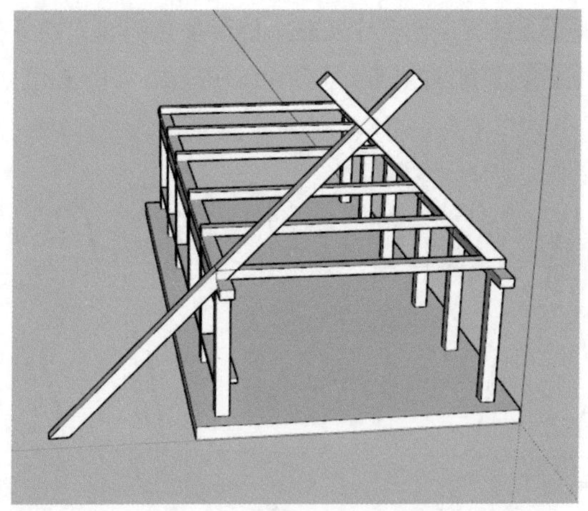

步骤11 制作后方造型支柱，如下左图所示。

步骤12 将两个造型复制到其他位置上，如下右图所示。

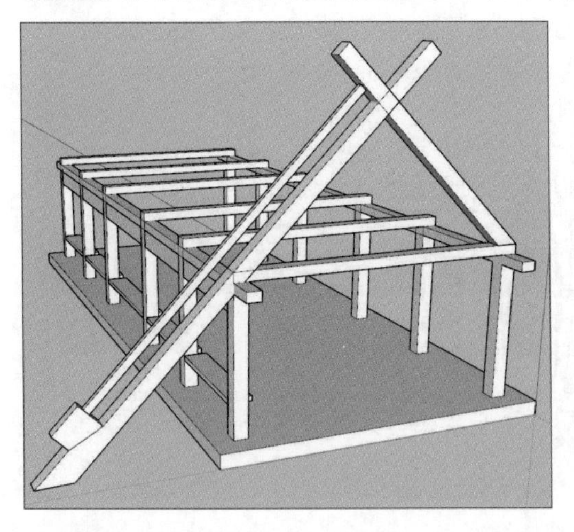

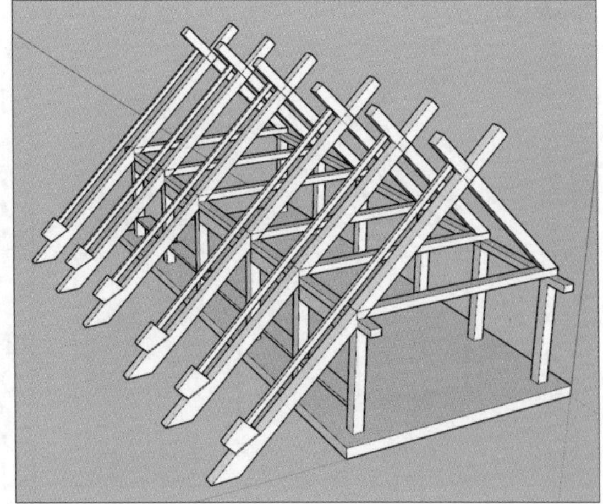

步骤13 制作中心支柱并将其成组，如下左图所示。

步骤14 绘制菱形横梁造型并将其成组，如下右图所示。

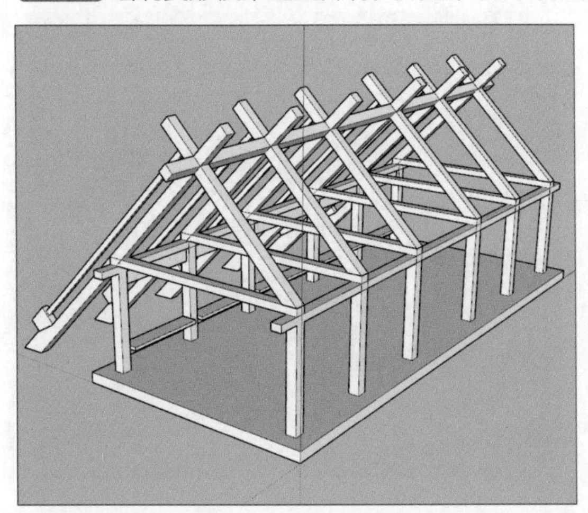

步骤15 将其移动至合适位置，复制多个来制作造型，如下左图所示。

步骤16 将模型整体成组，赋予其颜色材质，如下右图所示。

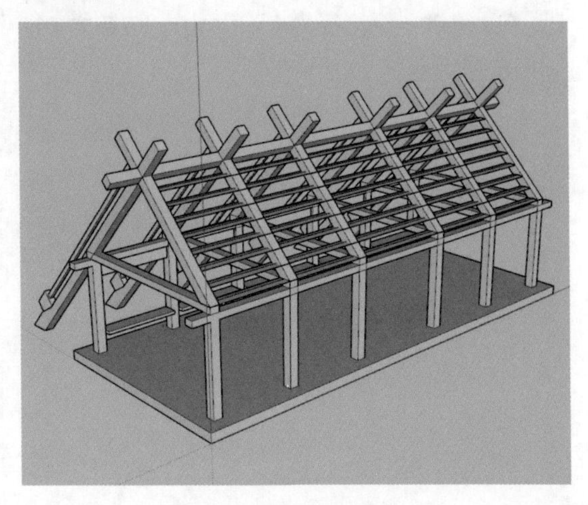

步骤17 在两侧绘制3000mm×3000mm、厚100mm的窗框与厚20mm的玻璃，分别赋予其颜色材质与半透明安全玻璃材质并将其成组，如下左图所示。

步骤18 在前方制作厚40mm、高1200mm的安全玻璃，赋予其对应的材质，如下右图所示。

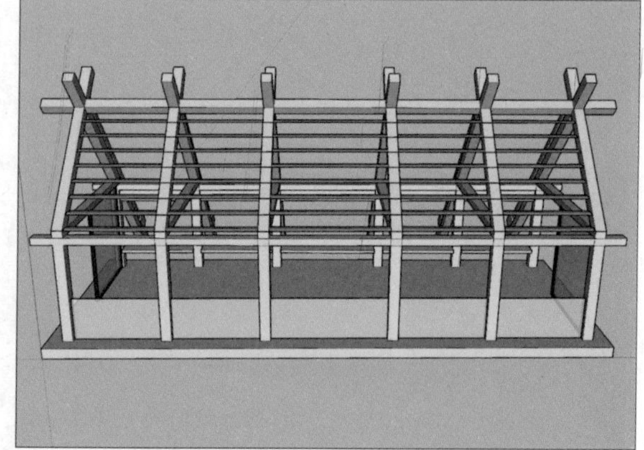

步骤19 在房梁处绘制40mm的安全玻璃，赋予其对应的材质，如下左图所示。

步骤20 整体成组后完成制作，如下右图所示。

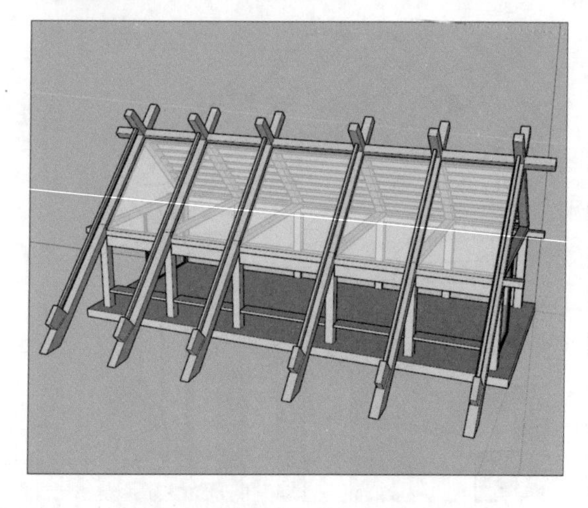

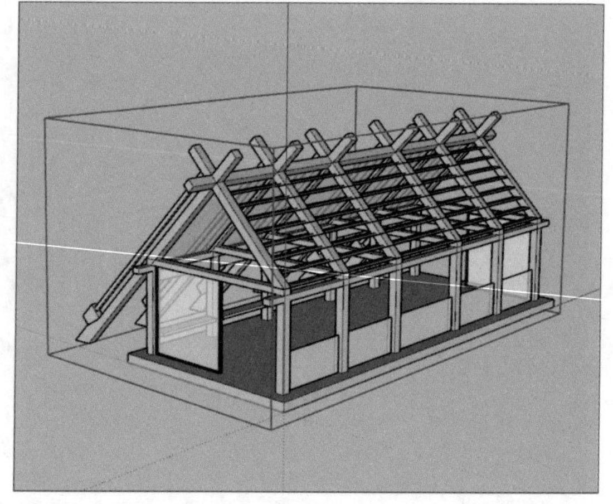

9.1.2 制作椭圆形展示厅模型

善于区分不同的组件，对每个部件进行分别成组，可以快速规范地制作模型，具体步骤如下。

步骤01 绘制一个半径为4500mm、边数为14的圆，如右图所示。

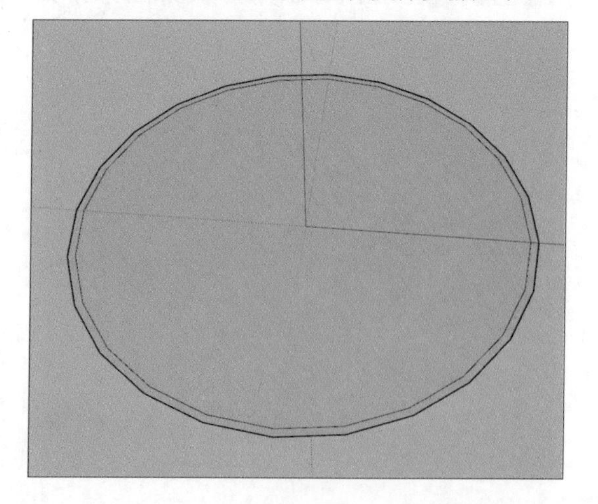

步骤 02 绘制内切圆半径为50mm的六边形，将其推出3600mm，如右图所示。

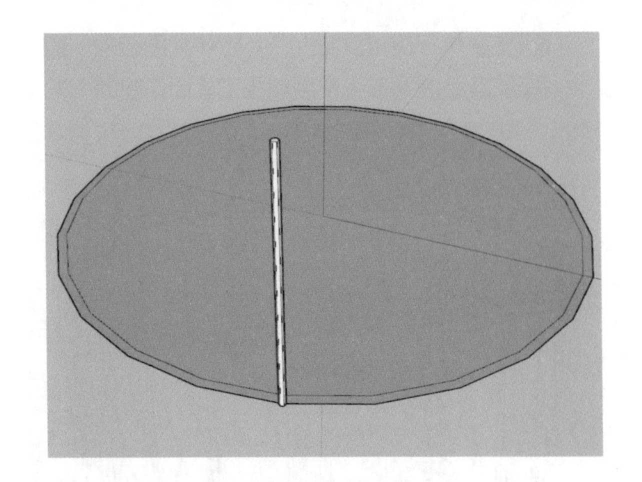

步骤 03 将其成组并旋转复制多个移动至对应的位置，空出门，如下左图所示。

步骤 04 绘制内圈厚20mm、高3600mm的安全玻璃，如下右图所示。

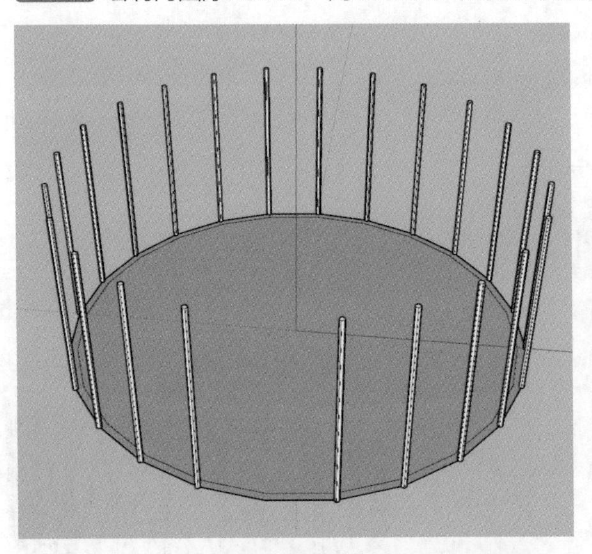

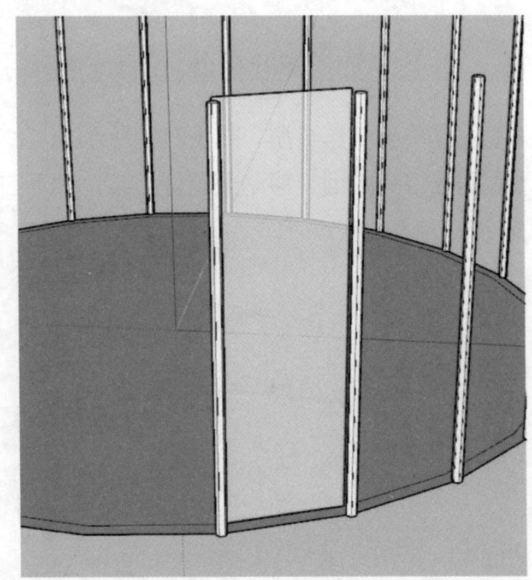

步骤 05 将其成组并旋转复制多个移动至对应位置，空出门，如下左图所示。

步骤 06 制作外圈造型并将其成组，如下右图所示。

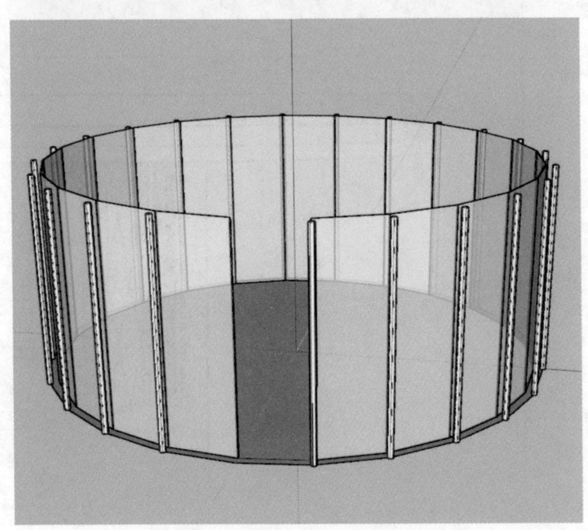

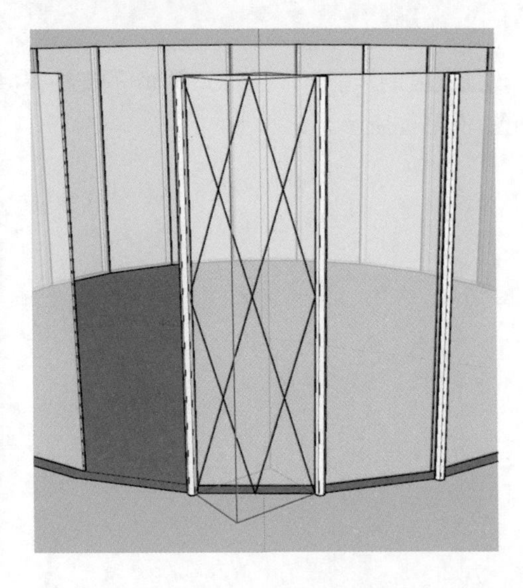

步骤07 执行旋转复制操作，制作外圈造型，如下左图所示。

步骤08 绘制圆形，使用缩放工具制作椭圆，如下右图所示。

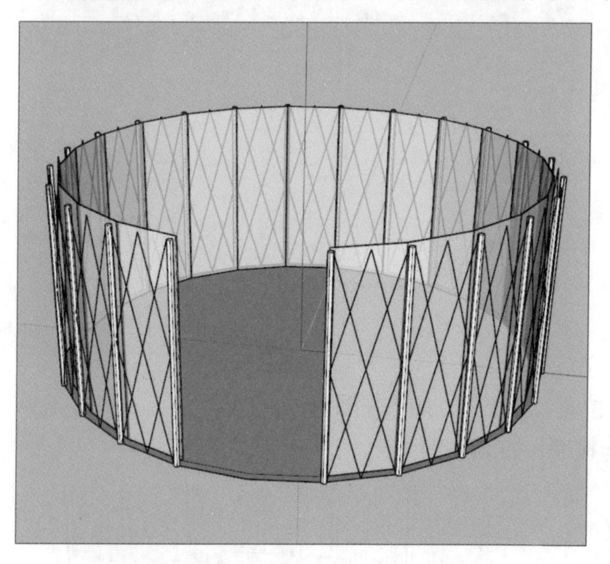

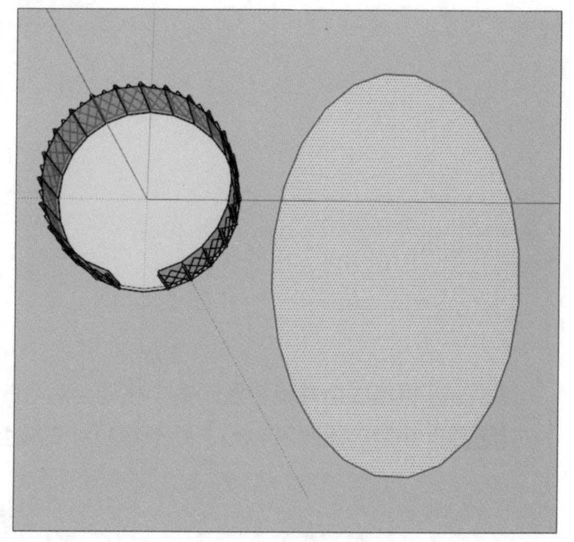

步骤09 挤出制作造型，如下左图所示。

步骤10 将其成组并移动至造型上方，如下右图所示。

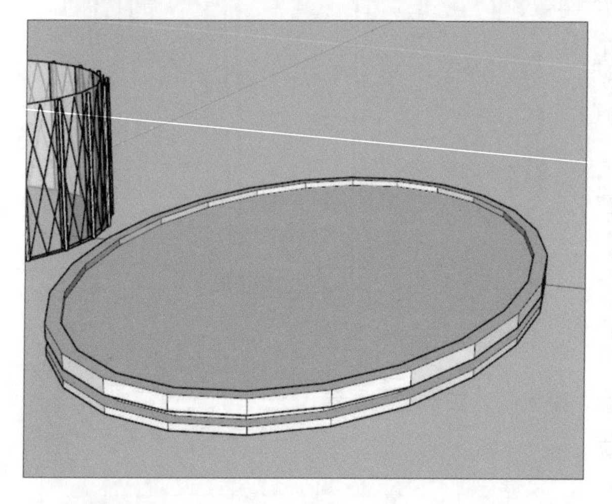

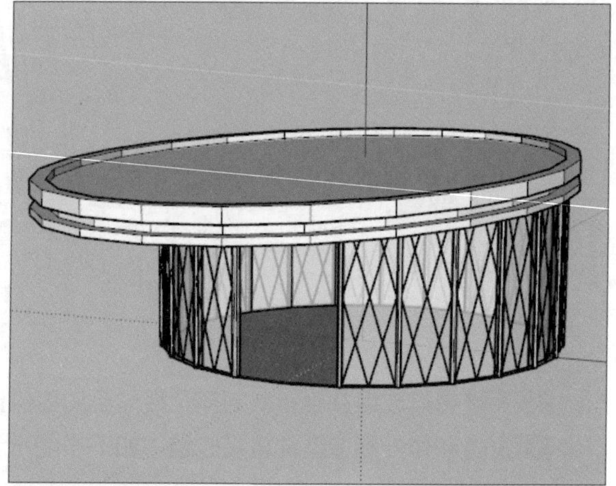

步骤11 制作前方半径为300mm的支柱并将其成组，如右图所示。

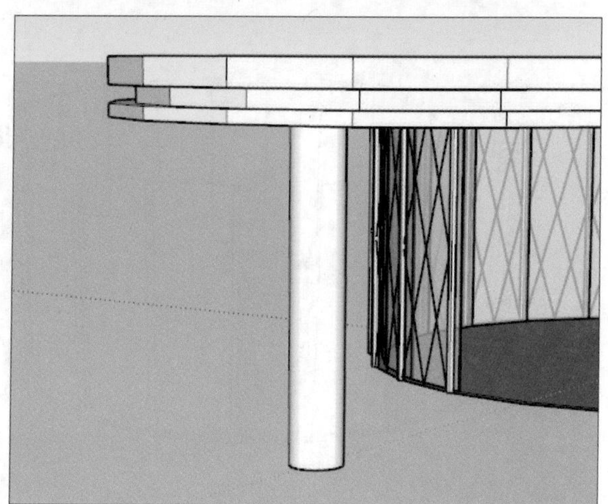

步骤12 整体成组后完成绘制，如右图所示。

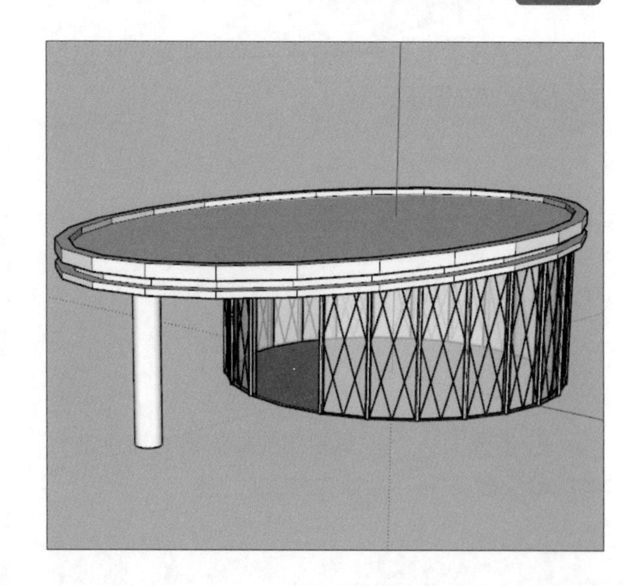

9.2 整体效果设计

整体设计理念是设计师在空间作品构思过程中所确立的主导思想，它赋予作品文化内涵和风格特点。好的设计理念至关重要，不仅是设计的精髓所在，而且能令作品具有个性化、专业化和与众不同的效果。环境艺术发展至今，多元文化的特点尤为明显。本节将对商业街整体的效果设计思路进行整理。

扫码看视频

9.2.1 添加细节模型

本小节将通过不同模型之间的导入与导出操作来添加商业街的细节，具体步骤如下。

步骤01 打开案例文件夹中的地形文件，如下左图所示。

步骤02 导入上一章制作的影视楼并将其放置在下右图的位置。

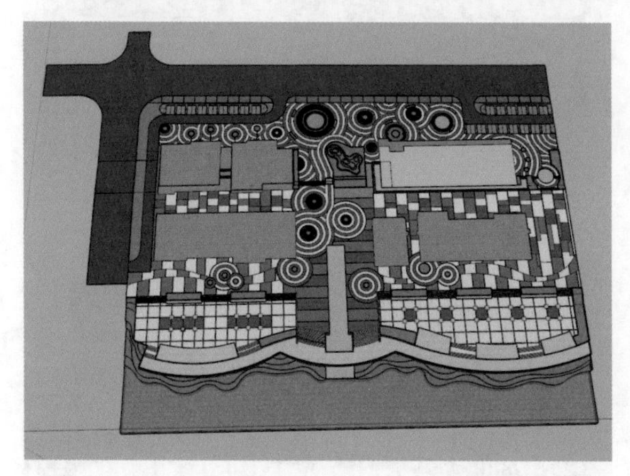

步骤 03 导入广告牌文件，为影视楼安装广告牌，效果如右图所示。

步骤 04 导入上一章制作的餐饮楼与案例文件中的餐饮楼2文件，放置在右图的位置。

步骤 05 导入前面制作的休闲凉亭文件，将其复制放置在右图的位置。

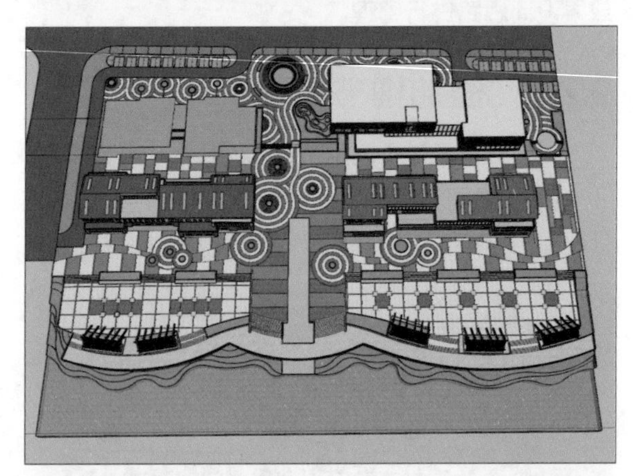

步骤 06 导入椭圆形展示厅，然后将其放置在右图的位置

步骤07 导入案例文件夹中的多功能楼与喷泉文件，将其放置在右图的位置。

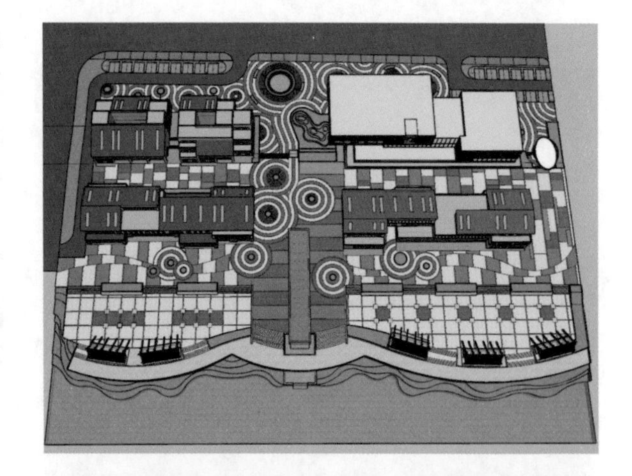

步骤08 在步行街中间绘制高1000mm的花坛，如右图所示。

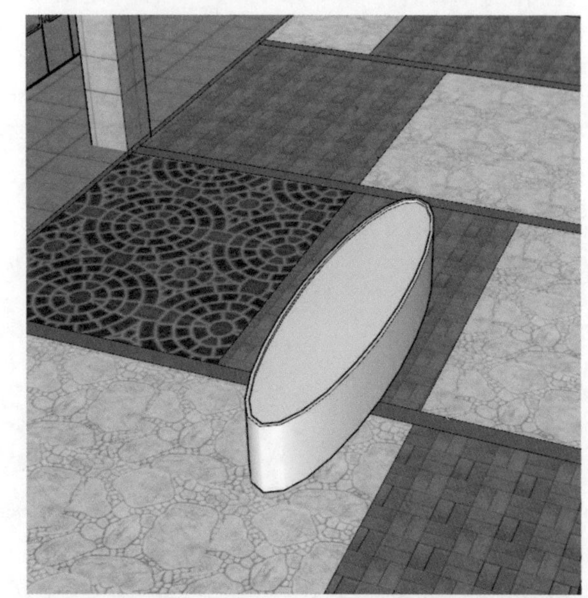

步骤09 分别赋予其木纹与草地材质并成组，如右图所示。

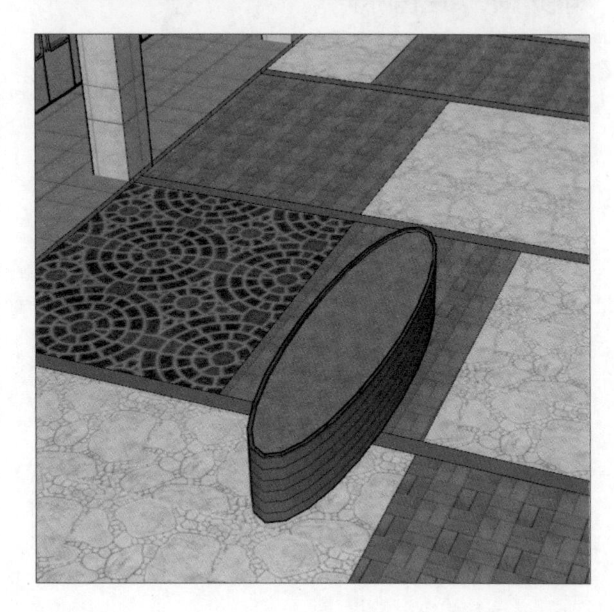

步骤10 执行导入操作导入植物文件，制作花坛效果，如右图所示。

步骤11 将其成组并复制放置在步行街上，如右图所示。

步骤12 在影视楼前的台阶处绘制高700mm的矩形花坛，如右图所示。

步骤13 赋予其对应的材质，然后导入植物文件夹中的植物，如右图所示。

步骤14 将其成组后，复制放置在楼梯处，效果如右图所示。

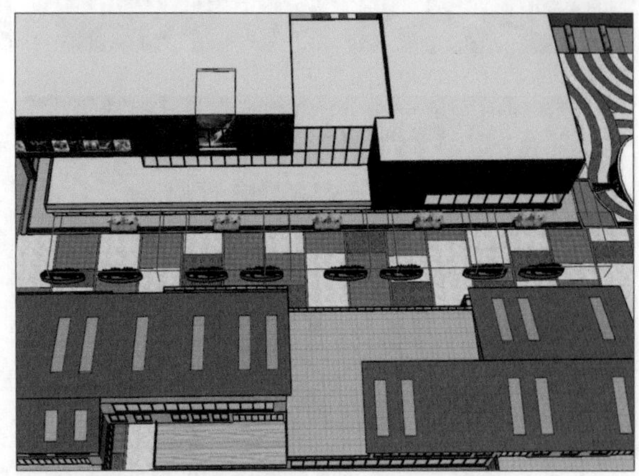

步骤15 使用三维文字工具在前方的花坛前制作商业街标识文字，如下两图所示。

9.2.2 最终效果调整

最后对场景的层次进行丰富，以达到更好的效果，具体操作如下。

步骤01 执行导入命令，导入人物、植物、休闲桌椅、造型装饰等文件，对商业街整体进行装饰，正面效果如下图所示。

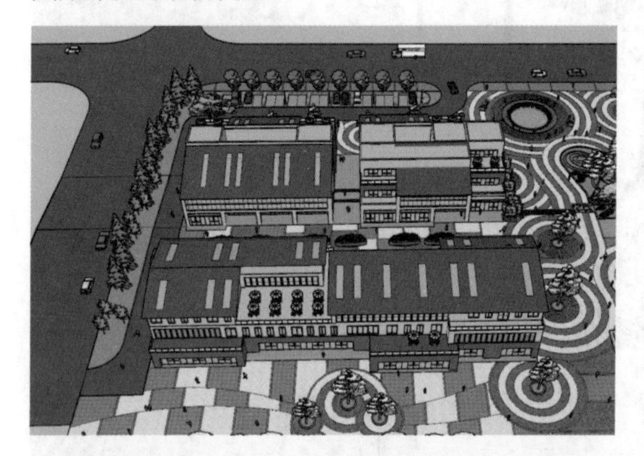
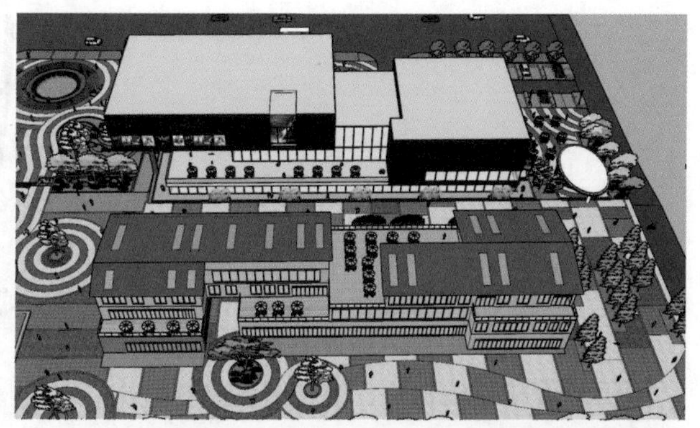

步骤02 然后再查看背面效果，如下图所示。

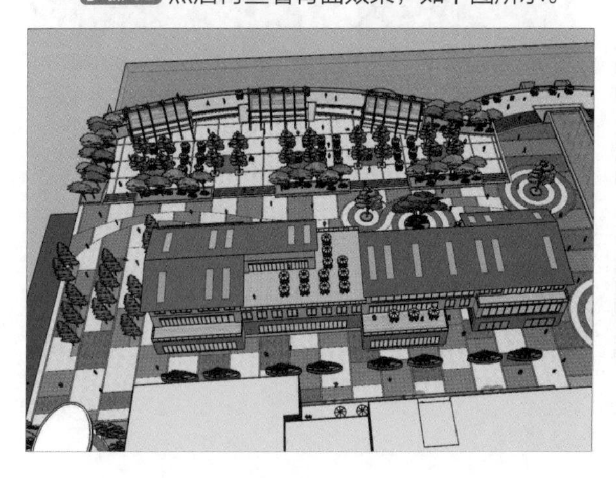
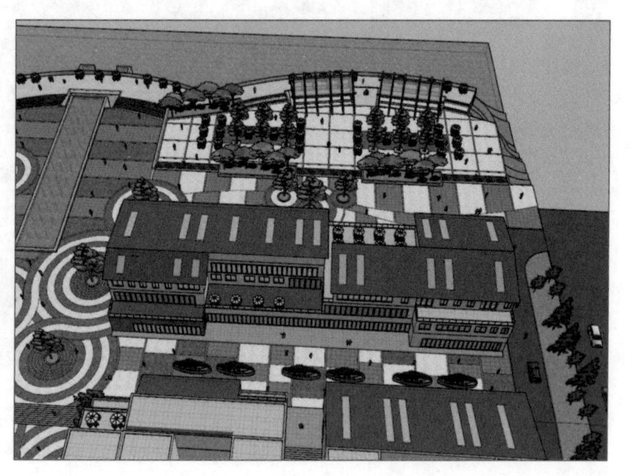

步骤03 调整视角，查看其他位置的效果，如下两图所示。

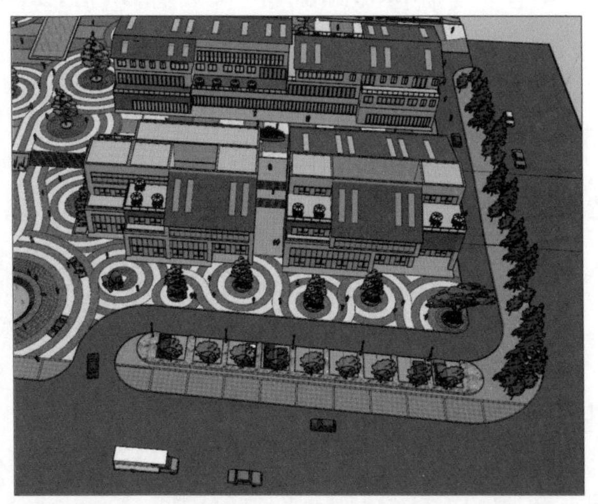

步骤04 整体完成后整体成组，打开光影，查看最终效果，如下图所示。

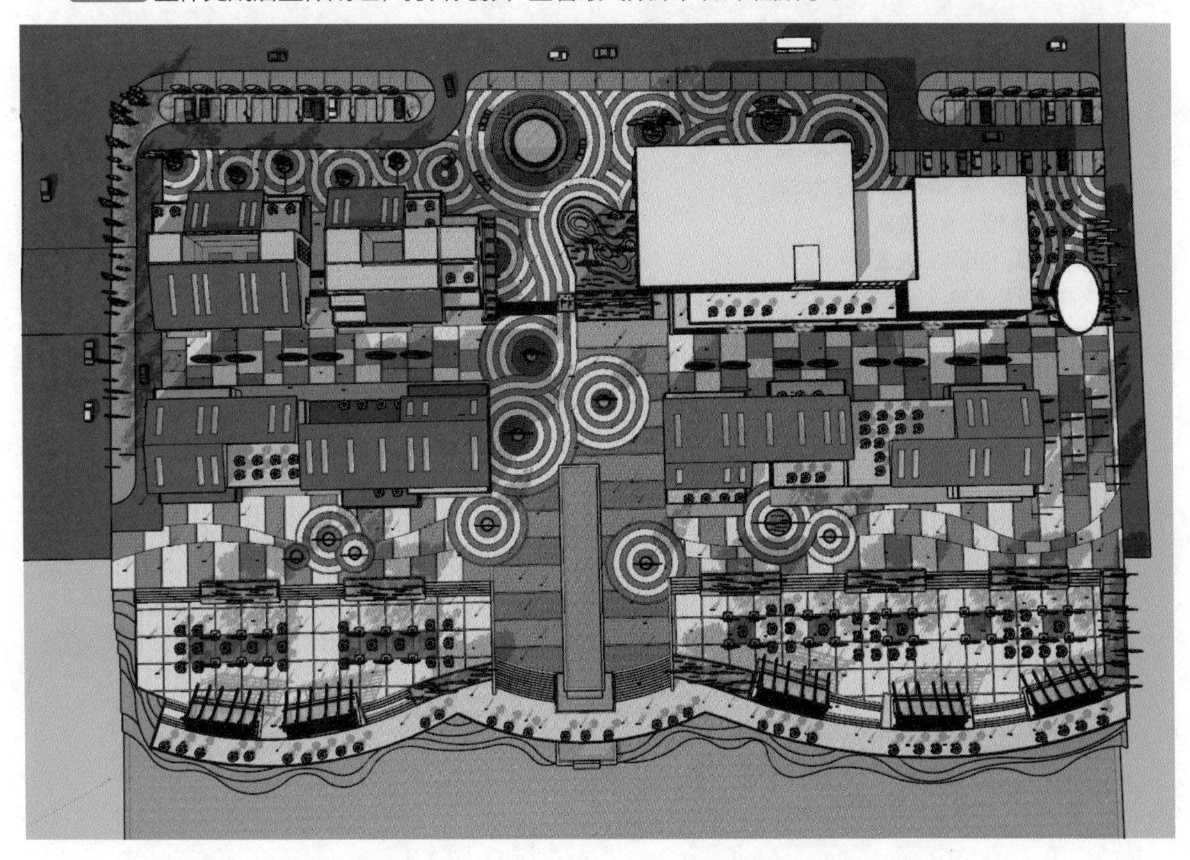

课后练习答案

第1章

一、选择题

（1）A （2）B （3）C （4）D

二、填空题

（1）标题栏、菜单栏、工具栏、绘图区、状态栏、数值输入框、默认控制面板

（2）室内设计、园林景观、建筑方案、城市规划、工业设计、3D打印

（3）环境模拟、空间分析、形体构思、成果表达

（4）Alt+T、T+回车、P+回车

（5）白；灰

第2章

一、选择题

（1）B （2）C （3）A （4）D

二、填空题

（1）OpenGL设置、常规设置、辅助功能设置、工作区设置、绘图设置、兼容性设置、快捷方式设置、模板设置、文件设置、应用程序设置

（2）X轴；Z轴；Y轴

（3）模型、组件、材质、风格、纹理图形、水印图形、导出、分类、模板

（4）色轮、HLS、HSB、RGB

（5）默认；自定义

第3章

一、选择题

（1）D （2）A （3）B

二、填空题

（1）选择、擦除、线段、弧形、形状

（2）移动、推/拉、旋转、路径跟随、缩放、偏移

（3）在推拉工具激活状态下双击鼠标左键

第4章

一、选择题

（1）B；C （2）C （3）A

二、填空题

（1）等轴、俯、前、右、后、左

（2）Shift；Ctrl

（3）X光透视模式、后边线、线框显示、消隐、阴影、材质贴图、单色显示

第5章

一、选择题

（1）B （2）D （3）A （4）D

二、填空题

（1）实体外壳、相交、联合、减去、剪辑、拆分

（2）根据等高线创建、根据网格创建、曲面起伏、曲面平整、曲面投射、添加细节、对调角线

（3）三维打印；人造表面；园林绿化、地被层和植被；图案；地毯、织物、皮革、纺织品和墙纸；屋顶；指定色彩；木质纹；水纹；沥青和混凝土；玻璃和镜子；瓦片；石头；砖；覆层和壁板；窗帘；金属；颜色

（4）日期；时间

第6章

一、选择题

（1）B （2）D （3）A

二、填空题

（1）DWG；DXF

（2）完整层次结构、按标记、按材质、单个对象、仅导出当前选择的内容、导出两边的平面、导出独立的边线、导出纹理映射、从页面生成相机与比例

（3）JPG、BMP、TIF、PNG